ZOOPOLIS

A Political Theory of Animal Rights

动物社群

政治性的动物权利论

[加拿大] 休·唐纳森　威尔·金里卡　著

王珀　译

GUANGXI NORMAL UNIVERSITY PRESS
广西师范大学出版社
·桂林·

DONGWU SHEQUN: ZHENGZHIXING DE DONGWU QUANLI LUN
动物社群：政治性的动物权利论

图书在版编目（CIP）数据

动物社群：政治性的动物权利论 /（加）休·唐纳森，（加）威尔·金里卡著；王珀译. —桂林：广西师范大学出版社，2022.1
书名原文：Zoopolis: A Political Theory of Animal Rights
ISBN 978-7-5598-4361-6

Ⅰ. ①动… Ⅱ. ①休… ②威… ③王… Ⅲ. ①动物—权利—研究 Ⅳ. ①Q95②D034.5

中国版本图书馆 CIP 数据核字（2021）第 210611 号

广西师范大学出版社出版发行
（广西桂林市五里店路 9 号　邮政编码：541004
网址：http://www.bbtpress.com）
出版人：黄轩庄
全国新华书店经销
深圳市精彩印联合印务有限公司印刷
（深圳市光明新区白花洞第一工业区精雅科技园　邮政编码：518108）
开本：880 mm × 1 240 mm　1/32
印张：13.5　　字数：300 千字
2022 年 1 月第 1 版　　2022 年 1 月第 1 次印刷
定价：75.00 元

目　录

第二部分　应用

致　谢

在本书的写作过程中，我们得到了很多鼓励和帮助，对此我们非常感谢。对于研究协助，我们要感谢克里斯·劳里（Chris Lowry）、迈克·科奇斯（Mike Kocsis）和珍妮·森德（Jenny Szende）。对于我们承担本项目所收到的鼓励、灵感和建议，我们要感谢保拉·卡瓦列里（Paola Cavalieri）和佛朗哥·萨兰加（Franco Salanga）。对于有益的书面意见，我们要感谢阿拉斯代尔·科克伦（Alasdair Cochrane）、史蒂夫·库克（Steve Cooke）、克里斯蒂娜·欧弗罗尔（Christine Overall）和朴炳燮（Byoung-Shup Park）。另外，我们有幸在两个不同的时间点得到了牛津大学出版社的审稿人及时而宝贵的建议：克莱尔·帕默（Clare Palmer）和鲍勃·古丁（Bob Goodin）审阅了本书的出版计划，弗兰克·洛维特（Frank Lovett）和乔纳森·邝（Jonathan Quong）对倒数第二稿提出了评论意见。

我们曾在牛津大学实践伦理学尤希罗中心（Uehiro Centre for Practical Ethics at Oxford）、罗马路易斯大学政治理论项目（Political Theory programme at Luiss University in Rome）和匹兹堡大学人文中心（Humanities Center at the University of Pittsburgh）对本书中的观点做了多个版本的报告。感谢听众提出的富有挑战性的问题，感谢罗杰·克里斯普（Roger Crisp）、塞巴斯蒂亚诺·马费托尼（Sebastiano

Maffetone）和乔纳森·阿拉克（Jonathan Arac）发出的邀请，感谢迈克尔·古德哈特（Michael Goodhart）在匹兹堡讲座上的评述。

威尔在2010年秋季学期开设了“动物权利与公民权的边界”（Animal Rights and the Frontiers of Citizenship）研讨班，特别感谢班上的学生们关于本书初稿的讨论。他们提出的有益质疑促使我们做了一些改进。

许多最有用的想法和建议都是在与朋友、家人和同事的非正式谈话中产生的。似乎每个人都有一些关于人与动物互动的有趣故事，这些故事扰乱了我们熟悉的思维方式，迫使我们用新的方法来做动物权利论。我们厚着脸皮借用这些故事作为研究的原材料，其中一些出现在本书中。这样的对话不胜枚举，因此要特别感谢我们的父母和朋友，乔伊斯·戴维森（Joyce Davidson）、科林·麦克劳德（Colin Macleod）、乔恩·米勒（Jon Miller）、克里斯蒂娜·欧弗罗尔、米克·史密斯（Mick Smith）和克里斯蒂娜·施特雷勒（Christine Straehle），感谢他们与我们长期的热烈讨论。休的妈妈安妮·唐纳森（Anne Donaldson）在我们完成这个项目之前去世了。我们知道她是多么希望看到这本书，并且希望这本书能体现她对动物的深厚感情和尊重。

此外，深深地感谢我们的伴侣狗寇蒂（Codie）（以及他最好的伙伴：蒂卡［Tika］、阿尼［Ani］、格蕾塔［Greta］、朱利叶斯［Julius］、罗利［Rolly］和沃森［Watson］）为我们带来全然不同的见解和灵感。寇蒂已于2005年去世，但他的精神一直指引着我们写这本书，我们希望他能同意本书的成果——尽管他其实从不关心书籍。

珍妮弗·沃尔琪（Jennifer Wolch）在1998年提出了“动物社群”（Zoopolis）一词，用来描述一种城市环境伦理学，主张用一种整合视角看待人类和动物的社群 (community)。我们从她的研究项目获得启发，并心怀感激地借用了她的术语，尽管我们关注的是一种对“社群”（polis）的更广义的理解，即政治社群（political community），以及动物在更广泛的意义上与这种社群之间的各种关系。[1]

最后，要感谢我们的编辑——感谢牛津大学出版社的多米尼克·拜厄特（Dominic Byatt）对这个项目的不懈热情，以及卡拉·霍奇（Carla Hodge）在本书写作过程中提供的帮助。

S. D. 和 W. K.

金斯顿，2011 年 2 月

中文版序言

自《动物社群：政治性的动物权利论》（*Zoopolis: A Political Theory of Animal Rights*, 2011）出版以来的10年间，人类–动物关系的状况持续恶化：野生动物及其栖息地继续遭到破坏，养殖业的集约化进一步加深，动物产品的消费不断增加，这对人类和动物都造成了可怕的后果。动物仍然遭受着人类直接暴力的伤害，它们成为猎人的猎物，成为科学家实验摧残的对象，或者成为所谓的“有害动物”控制、野生动物管理的目标。我们和其他许多评论者都认为，人类–动物关系状况的恶化是一场道德灾难。

该如何解释这场悲剧？对许多动物保护者来说，问题在于我们还没有认识到动物的道德地位。好消息是，人们的确愈发能认识到动物具有道德重要性：全世界越来越多人同意，我们对待动物的方式是具有道德重要性的。不幸的是，迄今为止，这种道德关注的增加并没有使我们对待动物的方式发生有意义的变化。简言之，动物越来越频繁地被纳入“道德”的范围，但在“政治”中，它们仍然被无视。“动物问题”在很大程度上仍然停留在关于个人道德义务的辩论，未能渗透到我们的政治理论和实践中去。世界各国政府仍然没有把动物视为有权影响政治决策的政治主体。

我们在《动物社群》中提出了一个将动物问题引入政治领域的思

路。但是，政治就其本质而言，并不服从于普遍性的规定。政治是情境化的，它关注深层的社会与经济关系，关注当地交际与和解的传统，关注现有的法律和宪政的权力结构。我们对如何将动物带入政治的看法植根于西方自由民主传统。我们相信，这一传统中的关键概念和实践——自决权、人民主权和民主公民身份——提供了一条路径，我们可以通过它将动物问题带入政治领域，并从根本上重塑我们与动物的关系。当然，还有许多其他的政治思想传统，每一种传统都有其对政治关系和政治主体性的理解，因此都有其与动物问题相关的挑战和机遇。这的确是比较政治理论中的一个令人兴奋的前沿领域。面对我们的生态环境、技术、对动物的认识和道德情感等各方面发生的巨大变化，世界各地的各种政治理论传统都在重新思考人类－动物关系。我们希望本书能够为这场新兴的全球论辩做出贡献。

我们非常感谢能有机会与中国读者分享这些观点，并且想知道它们能否引起共鸣。

S. D. 和 W. K.

2020 年 7 月 4 日

第一章　导言

动物保护运动目前正陷入困境。在过去180年，围绕着动物福利发展起来的那些用来阐述问题和调动民意的传统策略和论证，在某些问题上取得了一些成功。但是目前看来，这些策略的内在局限性已经变得越来越明显，它们无法解决，甚至无法让我们意识到自己与动物的关系中存在某些最严重的伦理问题。本书的目标是提供一个新的框架，在这个框架中，“动物问题”被视为一个核心问题，关系到我们如何在理论上去理解政治社群之本质，以及公民身份、正义和人权等观念。我们相信，这个新的框架无论在理论上还是政治上，都为克服当前的阻碍打开了新的可能性。

动物保护运动的历史漫长而成就卓著。在现代，第一个反虐待动物协会于1824年在英国成立，主要旨在防止虐待役用马。[1]从那个温和的起点至今，动物保护运动已经成长为一股强有力的社会力量。全世界出现了数不胜数的倡导组织，而且在善待动物问题上，也已形成丰富的公共论辩与学术理论传统。另外，这项运动也取得了一些政治上的成功：从禁止血腥运动（blood sports），到覆盖了科研、农业、狩猎、动物园和马戏团等领域的反虐待立法。在2008年关于加利福尼亚州2号提案的投票中，63%的投票者支持禁止对猪使用怀孕箱（gestation crates），禁用小牛夹栏（veal crates）和层架鸡笼（battery cages）。这只是近期的众多成功案例之一，在这些例子中，动物保护运动者们成功地把公众的注意力吸引到了动物福利问题上，而且使限制极端残忍行为变为一个广泛的政治共识。在美国，过去的 20 年间，41 项关于提高动物福利水平的投票表决中有 28 项获得了通过，相比而言，1940—1990 年间的此类决议总是遭到否决，可见美国已经取得了巨大的进步。[2] 这些事实意味着，动物保护运动已经越来越深入民心。美国之外，欧洲的动物福利立法还要更加先进。[3]（Singer 2003; Garner 1998）

如此，动物保护运动可以被视作由一次次胜利积累起来的成功，它在逐步将目标向前推进。然而，这个叙事还有灰暗的一面。从全球范围来看，我们想说该运动基本上是失败的。让数字来说话：人口的持续增长和发展一直在侵蚀着野生动物的栖息地。我们的人口数量从 20 世纪 60 年代至今翻了一番，而野生动物数量则减少了 1/3。[4] 而且，工厂化养殖场体系的规模一直在扩大，这是为了满足（和刺激）对肉类的需求。如今，世界肉类产量已涨至 1980 年的 3 倍，人类为了获取食物每年要宰杀 560 亿只动物（这还不包括水生动物）。根据联合国报告《家畜的长影》（*Livestock's Long Shadow*, UN 2006），预计到 2050 年肉类产量将再次翻番。而且，不管是在制造业、农业、科研，还是娱乐产业，企业总是在试图压低成本，总是在寻找新的、可以更高效地剥削动物的方式。

这个整体趋势实在是灾难性的。对比之下，动物福利改革所取得的那些微小胜利就相形见绌了。而且，没有迹象表明这一趋势会发生改变。在可预见的未来，我们可以预计每年会有越来越多的动物为了满足人类欲望而被养殖、拘禁、虐待、剥削、宰杀。根据查尔斯·帕特森（Charles Patterson）极具争议的说法，人类 – 动物关系的大致状况最好被比作“永恒的特雷布林卡”[2]，[5]而目前看来这种基本关系几乎没有扭转的可能。现实情况是，我们衣食的形式，休闲娱乐的类型，以及工业生产与科学研究的结构，无一不建立在对动物的剥削之上。动物保护运动只触及了这个剥削体系的边缘，而体系本身仍持久稳固，并且一直都在扩张与深化，这一点很少引起公共讨论。有人提出这样的批评：动物保护运动的所谓胜利（例如加利福尼亚州 2 号提案）事实上是策略性的失败。影响最轻微的弊端是，这转移了人们的注意力，使其看不到更根本的动物剥削体系；而更严重的情况是，这为公民提供了一种缓解道德焦虑的方式，让人们以为事情在好转并因此感到安心，但其实是在恶化。的确，如加里·弗兰西恩（Gary Francione）所指出的，这些改良主义的改革合法化了动物奴役体系，而不是与该体系做斗争，如此，便弱化了那些更为激进的、旨在推动真正变革的运动。（Francione 2000, 2008）

弗兰西恩认为改良主义改革起到了反作用，这一观点极具争议。即使在那些将废止一切动物剥削视作最终目标的动物保护人士内部，他们对渐进改良的策略性问题也是意见不一的，正如他们对教育改革、直接行动、和平主义与更激进的抗议等不同的动物保护策略之间的相对优势也持有不同意见。[6]但可以确定的是，经过 180 年来有组织的动物保护运动，在废除动物剥削制度这件事情上我们并没有取得显著进步。从最早的 19 世纪反虐待法到 2008 年的加利福尼亚州 2 号提案，这些运动也许起到了一些边缘性的助益或阻挡作用，但是它们并没有挑战——事实上甚至没有应对——“永恒的特雷布林卡”背后的社会、法律和政治基础。

在我们看来，这种失败是一个可预见的结果，因为围绕动物问题的公共讨论话语存在缺陷。简单来说，大多数讨论都在以下三个基本的道德框架内进行：“福利论”思路、“生态论”思路和“基本权利论”思路。现在看来，三者都没能为动物剥削体系带来根本性变革。我们相信，要想实现这种变革，必须建立一个新的道德框架，在这个框架中，对待动物的方式与自由主义民主的正义原则和人权原则更直接地联系在一起。事实上，这就是本书的目标。

我们对现有的福利论、生态论和权利论之局限性的讨论将贯穿全书，现在不妨先简要概述一下对这个问题的看法。我们所说的“福利主义”是指这样一种观点：认为动物福利具有道德重要性，但是主张把动物福利放在次于人类利益的位置上。这种观点显然是一种道德等级制立场，认为人类的地位高于动物。动物不是机器，是会感到痛苦的生命，所以它们的痛苦具有道德重要性。事实上，2003 年的盖洛普民意测验表明，96% 的美国人主张对剥削动物加以某种限制。[7] 但是这种对动物福利的关心处于一个被认为理所当然、基本上不可置疑的框架之内：只要可以促进人类利益，动物就可以在某种限制下被利用。在这个意义上，福利主义也可以被称为人类对动物“人道利用”的原则。[8]

所谓“生态论”，是一种关注生态系统健康的理论，它把动物视为生态系统的重要组成部分，但并不关心动物个体本身的命运。生态整体主义反对很多对动物造成毁灭性伤害的人类实践活动——从破坏栖息地到工厂化养殖业所造成的污染和过量碳排放。然而，如果杀死动物对生态系统的影响是中性的，或反而是积极的（例如可持续的狩猎或养殖，或者消灭那些具有入侵性或过度繁殖的物种），那么生态主义的立场则倒向对生态系统的保护、保存和（或）恢复，而不是去拯救那些非濒危物种的个体生命。[9]

福利主义和生态主义思路的缺点在动物权利文献中得到了广泛讨

论，我们对这些论辩没有什么可补充的。福利主义也许可以制止某些实际上不必要的残忍，即那些无意义的暴力或虐待行为，但是当面对那些涉及人类利益的动物剥削问题时——即使那些最琐碎的利益（例如化妆品测试），或者最贪婪的利益（例如在工厂化养殖业中多省一点钱）——就基本失效了。只要道德等级制这个基本前提仍未受到挑战，人们就会对何谓“可接受程度”上的动物剥削的问题争论不休。我们普遍同意应当限制对动物造成“不必要的”残忍，但这个含糊其词的主张总是会被与之相反的利己主义和消费主义的强力所压倒。生态主义思路同样面临着把人类利益置于动物利益之上的基本问题。这里所涉及的利益不会那么琐碎、贪婪或自私，但生态主义者提出了一种关于何谓健康的、自然的、真正的，或可持续的生态系统的独特观点，他们愿意为实现这个整体性愿景而牺牲动物的个体生命。

为了回应上述局限性，很多动物保护的倡导者和运动者采取了一种“动物权利”框架。根据强式动物权利论，动物应当被视为像人类一样拥有某种**不可侵犯之权利**（inviolable rights）：有些伤害动物的事情即使可以促进人类利益或生态系统的活力，我们也不应当去做。动物的存在不是为了满足人类利益：动物不是人类的仆从或奴隶，它们拥有自己的道德重要性，它们自己的主观存在（subjective existence）必须得到尊重。动物像人类一样，都是独立的生命，有权不受虐待、拘禁，免遭医学实验的伤害，不应被强制与亲属分离，也不应因为吃掉太多稀有兰花或改变了周围的生境而被消灭。就这些关于生命和自由的基本道德权利而言，人类与动物是平等的，二者之间不是主人与奴隶、管理者与资源、监护者与被监护者，或者创造者与受造物的关系。

我们完全同意动物权利论的这个核心论点，并将在第二章为它辩护。唯一可以真正有效地防止剥削动物的方式，就是由福利主义和生态整体主义转向一个承认动物拥有某种不可侵犯之权利的道德框架。根据很多动物权利论者的论证，正如我们下文将要讨论的那样，这种基于权利的思路，是对作为人权学说之基础的道德平等概念的一种自然拓展。

然而，我们也必须承认，至少迄今为止，该理论在政治上仍然是边缘化的。动物权利论在学术圈已经占有一席之地，学者们对它进行了 40 多年的精深研究。但是这一理论仅仅在致力于推广纯素食和对动物的直接行动的运动者中小范围流传，并没有得到公众的响应。事实上，即使是那些支持动物权利论的人，在公共宣传中也不倡导这个观点，因为它过于偏离现有的舆论。[10]（Garner 2005a: 41）像善待动物组织（People for the Ethical Treatment of Animals）这样的组织，其长远目标是瓦解动物剥削体系，但其运动通常倡导的却是减少肉蛋奶产业中的痛苦，以及限制宠物产业的过度发展等福利主义的目标。换言之，他们常常以减少“不必要的痛苦”为目标，而没有去挑战如下假定：为了人类利益，动物可以被养殖、拘禁、宰杀和占有。善待动物组织可能同时宣扬更激进的口号（例如“吃肉即谋杀”），但是会有选择地表达该立场，因为其支持者大多并不赞同这种强式权利论，而它们要避免疏离那些支持者。实际上，动物权利论的框架仍然没有政治竞争力。所以，在对抗系统性动物剥削的斗争中，动物保护运动基本上是失败的。

该运动面临的一项核心任务，就是弄清为什么动物权利论在政治上一直如此边缘化。为什么公众越来越愿意接受福利主义和生态主义的改革，例如加利福尼亚州 2 号提案或濒危物种保护法，却仍固执地拒绝动物权利？既然已经承认了动物的痛苦具有道德重要性，为什么人们难以向前迈进一步，承认动物拥有不被用作实现人类目的之工具的道德权利？

我们可以想到很多理由来解释这种抵触，尤其是我们根深蒂固的文化传统。西方的（以及大多数非西方的）文化，几个世纪以来都在坚持某种宇宙道德等级制，认为动物低于人类，所以人类有权为了自己的目的而利用动物。这种观点在全世界大多数宗教中都有涉及，而且渗透在我们的日常习俗和实践之中。[11] 与这种文化传统压力相对抗，无疑是一场攻坚战。

此外，还有数不胜数的自利理由来反对动物权利。人们也许愿意多花一点钱来购买更“人道的”食物和产品，但他们还是不愿意完全放弃以动物为原料的食物、衣服或药物。而且，动物剥削体系中存在巨大的既得利益，一旦动物保护运动威胁到这些经济利益，那些利用动物的产业就会鼓动人们把动物权利论者污蔑为激进分子、极端分子甚至恐怖主义者。[12]

考虑到动物权利在文化上和经济上遭遇的这些障碍，我们也许就不会惊讶于为何如今废止动物剥削的运动在政治上仍然成效甚微。但是我们相信，部分问题也出在动物权利论自身的表述方式上。简单地说，当今的动物权利论总是以一种非常狭隘的方式阐述，即采取一种内容有限的**消极**权利清单的形式——特别是不被占有、宰杀、拘禁、虐待，或与亲属分离的权利。而且这些权利被视为**普遍**适用于一切拥有主观性存在的动物，即所有那些在意识和感受能力上达到了某种水平的动物。

另一方面，动物权利论几乎不讨论我们可能对动物负有的**积极**义务——例如尊重动物栖息地，将我们的建筑、公路和社区设计得更加符合动物需要，救助那些被人类行为无意伤害的动物，或者照料那些已经变得依赖于我们的动物。[13] 相应地，动物权利论几乎没有提及我们的**关系性**义务——这种义务不仅仅源自动物的内在特征（比如拥有意识），更源自那些特定人类群体和特定动物群体之间因地理和历史因素建立起来的特定关系。例如，人类有目的地饲养家养动物[3]，使之变得依赖于我们，这个事实使我们对牛和狗负有的道德义务不同于对那些迁入人类居住区的野鸭和松鼠的。而这两种情况又与那些生活在偏远的荒野中的动物不同，后者与人类少有或根本没有联系。这些历史和地理事实似乎具有道德重要性，而经典动物权利论并没有处理这个问题。

简言之，动物权利论关心的是动物普遍的消极权利，而很少提到积极的关系性义务。值得注意的是，这与我们思考人类问题的方式有多么不同。诚然，所有人都拥有某些基本的不可侵犯的消极权利（例如，不被虐待、杀害或非法拘禁），但是大量的道德推理和道德理论并不关注这些，而是我们对其他人类群体负有的积极的关系性义务。我们对邻居和家人负有什么义务？我们对同为公民成员的他人负有什么义务？对于国家内或国家间的历史不正义，我们负有何种矫正的义务？不同的关系产生不同的义务——关怀、善待、容纳、互惠，以及关于矫正正义（remedial justice）的义务，而很大程度上，我们的道德生活就是在试图厘清这个复杂的道德图景，试图确定何种社会、政治、历史关系会产生何种义务。我们和动物的关系也存在类似的道德复杂性，因为我们和不同种类的动物建立了极为不同的历史关系。

但恰恰相反，动物权利论给出了一个非常扁平化的道德图景，忽视了那些具有特殊性的关系或义务。在某种程度上，动物权利论过于关注不被干预的消极权利。这种单一化思维是可以理解的，因为要谴责对动物日复一日的（而且越来越严重的）暴力剥削行径，就必须诉诸基本权利之不可侵犯性这个重要前提。诸如不被奴役、不被活体解剖或剥皮等消极权利是迫切需要得到保障的，而相比之下，重新设计建筑和公路以满足动物需要，或者为伴侣动物建立有效的监护模式等问题似乎可以留待他日解决。[14]况且如果动物权利论者难以说服公众去接受动物拥有消极权利，那就更不必说让他们相信动物还拥有积极权利了。（Dunayer 2004: 119）

但是动物权利论片面地关注普遍的消极权利，这种倾向不仅仅是优先级或策略性的问题。这还反映了一种根深蒂固的怀疑态度：人类是否应当与动物建立某种关系，并由此产生出关怀、容纳或互惠的关系性义务？在很多动物权利论者看来，人类与动物建立关系的历史本质上是一个剥削性的过程。驯养动物是一个为了人类目的而捕获、奴役和繁育它们的过程。驯养这个概念本身就意味着对动物消极权利的侵犯，因此许多动物权利论者认为，结论并不是我们对家养动物负有特殊义务，而是家养动物这个动物类别本身就应当消失。正如弗兰西恩所言：

> 我们不应当将家养动物带来世上。这个主张不仅仅是针对那些被我们用作食物、实验品、服装材料等等的动物，还包括我们的那些动物伙伴……我们当然应该照料这些已然被我们带到世上的家养动物，但是应该停止将更多家养动物带来世上……一方面说驯化动物是不道德的，另一方面却继续养殖它们，这是讲不通的。（Francione 2007）

这里的基本图景是：人类在历史上与动物建立的关系因其剥削性而应当被终结，[15]因此，我们最后只能留下那些与我们没有经济、社会或政治关系（或者至少不会产生任何积极义务的关系）的野生动物。

简言之，我们应当排斥“积极的关系性义务”这个概念本身，从而实现让动物独立于人类社会的目标。例如，我们可以在琼·杜纳耶（Joan Dunayer）的表述中看到这种观点：

> 动物权利倡导者想要那种可以禁止人类剥削或伤害动物的法律。他们追求的不是在人类社会中保护动物，而是保护动物**免受**人类社会的影响，其目标就是终结“驯养”或其他强制动物“参与”进人类社会的情况。应该让动物在自然环境中自由地生活，建立它们自己的社会……我们要让它们自由，让它们独立于人类。在某种意义上，这带来的威胁要小于把权利赋予某个新的人类群体，因为后者会分享一些经济、社会和政治的权力。而动物不会分享权力，它们只需要免受**我们的权力**的影响。（Dunayer 2004: 117, 119）

换言之，没有必要建立一种积极的、关系性的动物权利论，因为一旦我们废止了对动物的剥削，家养动物就不复存在了，而野生动物将会不受打扰地过着独立的生活。

我们的目标是挑战这幅图景，并提供另一个框架，它对人类–动物关系在经验上和道德上的复杂性更加敏感。我们认为，无论从理论还是政治的角度，都不应当把动物权利论等同于普遍的消极权利，而排斥积极的关系性义务。一方面，传统的动物权利论忽视了人与动物之间紧密的、不可避免地将两者联系在一起的互动关系。它无疑建立在这样一幅图景之上：人类生活在城市或其他被人类改造过的环境之中，其中基本没有动物（除了那些被不正义地驯养和捕获的动物）；而动物则生活在荒野之中，其生活空间是人类能够且应当撤出或不涉足的。这幅图景忽视了人类与动物共存的现实。事实上，野生动物就生活在我们周围，在我们的家里、城市里、通风道和水域里。人类的城市里到处都是非家养动物——野化的宠物、脱逃的外来物种、栖息地被人类发展活动包围了的野生动物、迁徙的候鸟等等，更不用说那些数以十亿计被人类发展活动所吸引，与人类共生，并在这种共生中繁衍生息的投机动物（opportunistic animals）了：例如椋鸟、狐狸、郊狼、麻雀、野鸭、松鼠、浣熊、獾、鼬、土拨鼠、鹿、兔、蝙蝠、大鼠、小鼠等等，数不胜数。我们每砍倒一棵树，改造一条排水沟，修建一条路，开发一处房产，竖起一座塔，都会有动物受到影响。

我们身处一个与无数动物共享的社会之中，即使排除动物"被迫参与"的情况，这个事实仍然成立。动物权利论不应假设人类可以居住在与动物相隔离的环境中，或假设人与动物之交往及其带来的潜在冲突可以在大体上被消除，因为这完全不成立。人类与动物之间持续性的互动是无法避免的，这个现实必须处于动物权利论的核心，而不应被边缘化。

一旦我们承认人类 – 动物交往之必然性是不可否认的生态学事实，一系列规范性难题就出现了——包括这些关系的性质是什么，以及它所产生的积极义务有哪些。在人类的情形中，我们已经确立了用来思考关系性义务的范畴。例如，特定的社会关系（例如，亲 – 子、师 – 生、雇主 – 雇员）可以产生更强的关怀义务，因为这些关系涉及依赖性和权力的不对等。政治关系——例如成为自治的政治社群之成员——同样可以产生积极义务，因为对有边界的社群和领土的管理会涉及与公民身份相关的特殊权利与义务。我们认为，任何有说服力的动物权利论都要面对一个核心任务，就是在动物问题上确立类似的范畴，从而对各种不同类型的人类 – 动物关系，及其相关的积极义务进行分类讨论。

在经典的动物权利论模式中，人与动物之间只存在一种可接受的关系：合乎伦理地对待动物就意味着远离它们，不干涉它们的消极生命权与消极自由权。我们认为，在某些情形中的确不应当干预——特别是对于那些远离人类居住区和人类活动的野生动物而言。但是在其他很多情形中，不干预的做法是非常不适用的，特别是当动物和人类已经通过紧密的相互依赖关系和共享的生活区域而联系在一起时。这种相互依赖性显然存在于伴侣动物和被驯化的农场动物的情形中，它们因为已被喂养了几千年而依赖于人类。由于这种干预过程，我们获得了对它们的积极义务。（如果宣称让这些动物灭绝才是履行我们积极义务的方式，这就太奇怪了！）但是这同样也适用于许多不请自来地闯入人类居住区的动物，这种情形相对复杂。我们也许没想让野鹅和土拨鼠来我们的乡镇和城市探寻，但是随着时间的推移，它们变成了与我们分享空间的共居者，因此，我们可能负有的积极义务就是在设计居住空间时考虑它们的利益。在本书中我们会讨论很多这样的案例，任何有说服力的动物伦理观都应包含积极和消极两方面的义务，要考虑到相互影响和相互依赖的历史，并有志于建立正义的共存关系。

我们认为，把动物权利论限制在一系列消极权利的范围内，不仅在理论上站不住脚，而且在政治上也是有害的，因为这样会使动物权利论缺失一种关于人类－动物交往的积极观念。如果动物权利论承认了基于特定关系的积极义务，那么它将提出更高的要求，[16]而在另一种意义上，这也会使它变得更具说服力。毕竟，人类并非生活在大自然之外，因而无法切断同动物世界的联系。不仅如此，纵观历史，在所有文化中，人类都明显表现出一种与动物建立联系和纽带的倾向甚至需求（而且有些动物对人类也一样），这一情形与剥削史观相去甚远。

例如，人类一直都有伴侣动物。[17]除此之外，自肖韦（Chauvet）和拉斯科（Lascaux）洞穴的最早的岩画开始，动物就一直存在于人类的艺术、科学和神话之中。用保罗·谢泼德（Paul Shepard）的话来说，动物"使我们成为人类"（Shepard 1997）。

不可否认，人类这种与动物世界建立联系（我们与作为伴侣、偶像或神话的动物建立各种"特殊关系"）的冲动，往往体现为一种具有破坏性的形式：我们按照自己的想法并出于自己的利益强制动物参与到人类社会中。但是另一方面，这种建立联系的冲动在很大程度上也推动了动物保护运动。那些喜爱动物的人是该运动的核心盟友，他们中的大多数人并不想切断人与动物之间的一切关系（即使可能实现），而是想重建这些关系，让它变得更具有尊重性和同情心，而非剥削性。如果动物权利论坚持断绝一切关系，那么它将会疏离很多为动物正义而战的潜在盟友。这还会为那些反对动物权利论的组织授以把柄，它们乐于利用动物权利倡导者的那些"反宠物"言论来论证动物权利运动的真正目标是断绝一切人类–动物关系。[18]这些批评总是歪曲性的，但是其中也包含着部分真相，因为动物权利论的确把自己局限在一个狭隘的立场，认为人类–动物关系在本质上是值得怀疑的。

因此，传统的动物权利论把我们的道德图景扁平化了，这使它不仅缺乏理论上的说服力，也缺乏吸引力。因为它忽视了人与动物之间相互联系的必然性，这种联系不仅是人们想要的，也是会持续存在的，更是具有道德重要性的。为了让动物权利论获得政治影响力，我们必须证明，废止与动物的剥削性关系并不要求我们切断动物与人类之间的那些富有意义的互动关系。恰恰相反，我们要论证的是，如果将动物权利论设定为包含积极和消极两方面的义务，那么我们就能使这些关系变得充满尊重、彼此充实，而非剥削性的。

传统动物权利论之所以在政治上不可行，还有另一个原因。它毫无必要地夸大了动物权利运动者和生态主义者之间的隔阂，以致把潜在的盟友转为了敌人。不可否认，动物权利论和生态论之间的某些冲突反映了道德观上的根本差异。例如，在生态系统的健康与动物个体的生命之间存在真正冲突的情形中，大多数生态主义者都会否认动物拥有不被人类宰杀（即使这样做是为了维护生态系统）的权利，而动物权利倡导者则把这种所谓的“治疗性扑杀”（therapeutic culling）视作对基本权利的侵犯（就跟杀戮人类一样）。二者关于人对动物之道德义务的看法存在着根本意义上的重大道德分歧，我们将在第二章讨论这个问题。

此外，在动物权利论和生态主义者之间还存在一些别的冲突，而在一个拓展版本的动物权利论（它包含积极权利和关系性权利）框架中，它们是可以化解的。生态主义者担心，一种只考虑一系列基本个体权利的动物权利论不关心环境恶化的问题，甚至主张对环境进行过度干预。一方面，如果我们只关心动物个体的权利，那么即使栖息地和生态系统遭受大规模的破坏，我们可能都无法提出批评。比如人类对生态系统造成的污染也许会损害一个物种的生存能力，但也许并没有直接杀害或抓捕任何动物个体。动物权利论的辩护者也许会说，动物个体的“生命权”也包括有权得到那些维持生命的手段，包括安全和健康的环境。但是如果我们以这种拓展的方式来解读生命权，这似乎会允许人类大规模地干预荒野，以使动物免遭捕食者、食物匮乏和自然灾害的伤害。保护动物个体的生命权可能会导致人类为确保每个动物个体都拥有安全可靠的食物来源和居所而接管大自然。简言之，如果我们狭隘地理解动物权利论的基本个体权利观，它就无法为防止环境恶化而提供保护；但是如果拓展式地理解这种基本权利观，它似乎又会允许人类大规模地干预自然。

我们将会在第六章看到，动物权利论者想出了各种方法来回应这种“太多－太少”的困境。但是我们相信，这种困境事实上无法在传统动物权利论内部得到解决，因为它仅关注一系列十分有限的普遍个体权利。我们需要一套更丰富、更具关系性的道德概念，以确定我们对野生动物及其栖息地负有何种义务。我们不仅要问自己对动物个体本身负有何种义务，还要问人类社群与野生动物社群之间的恰当关系是什么——这两种社群都可以正当地对自治和领土归属提出要求。我们认为，社群间的公平相处条件（fair terms of interaction）可以为栖息地和干预自然的问题提供符合生态学的指导意见，并避免陷入“太多－太少”的两难困境。

在更普遍的意义上，生态主义者担心动物权利论忽视了人与动物之间的相互联系和相互依赖的复杂性。要解决这个问题，就需要建立一种拓展式的动物权利论，承认人类－动物的相互联系是无所不在、无法避免的，而我们不能通过诉诸一种简单而具有诱惑性的“不干涉”（hands-off）原则来回避这种复杂性。通过上述方式，一种更具关系性的动物权利论可以弥合与生态论之间的分歧。

总而言之，一种更具拓展性的动物权利论，可以把所有动物都拥有的普遍消极权利与基于人类－动物关系之特征的各种积极权利相结合，我们相信这个理论可以为动物保护领域开辟一个最有希望的发展方向。我们要论证，相较于现有的旨在解决人类与动物之间正义问题的福利主义、生态主义以及经典动物权利论，它在理论上具有更高的可信度，在政治上具有更强的可行性，所提供的资源有利于争取更多的公众支持。

我们需要一种更具有差异性和关系性的动物权利论，这种主张其实并不新鲜。很多人都曾批评过动物权利论过于狭隘地关注普遍的消极权利。例如，基斯·伯吉斯－杰克森（Keith Burgess-Jackson）指出，动物们不是“无差别的群体”，所以不能说“不管一个人对**某个**动物负有何种责任，他都对**一切**动物负有同样的责任”。（Burgess-Jackson 1998: 159）类似地，克莱尔·帕默问道：“既然我们与不同的动物建立了不同的关系，那么用‘一刀切’的规则来决定我们对动物的道德义务，这样合理吗？”（Palmer 1995: 7）她认为我们需要一种敏感于语境和关系的、情境化的动物伦理学。我们可以在女性主义和环境伦理传统中的众多学者那里找到类似的观点。[19]

然而我们认为，现有的关系性理论存在一些缺陷。首先，尽管一些学者**呼吁**一种更具关系性的动物权利论，但很少有人真正尝试去建立这样一种理论。大多数学者只是关注某种特定的关系（例如伯吉斯－杰克森关注的是我们对伴侣动物的特殊义务），而没有建立一种能够更系统地研究与动物权利问题相关的各种关系和语境的理论。这导致现有的一些讨论看上去是特设性的（ad hoc），甚或是片面辩护（special pleading），和那些作为义务之基础的更一般性的原则脱节。

第二，很多学者提出，关系性理论是一种**替代**动物权利论的思路，似乎我们必须在承认消极权利**或**承认积极的关系性权利之间做出抉择。[20] 比如，帕默说她的关系性论证“不是对功利主义或权利论的延伸，因为二者倾向于认为伦理规则不会因环境而变——不管是在城市、乡村、海洋还是荒野”（Palmer 2003a: 64）。但是在我们看来，我们既没有必要，也没有正当理由把二者视作相互竞争的，而非相互补足的理论。一方面，某种“不变的”伦理规则是存在的——一切对这个世界拥有主观体验的存在者都拥有某种普遍的消极权利；另一方面，以关系特征为基础的可变的伦理规则也是存在的。[21]

第三，我们相信这些替代性论证都倾向于诉诸一个不恰当的、过于狭隘的基础来为人类–动物关系进行分类。一般来说，这些学者用以区分不同类别动物的依据包括：感情依附的主观感受（例如J.贝尔德·克里考特［J. Baird Callicott］提出的“生物社会性”［biosocial］理论，见Callicott 1992）、生态学上相互依赖的自然事实（Plumwood 2004），以及导致伤害或依赖性的因果关系（Palmer 2010）。我们主张更加明确地从**政治的**角度来看待这些关系，这是我们的核心观点。不同的动物与政治制度，以及关于国家统治、领土、殖民、迁徙和成员身份的实践有着不同的关系，而我们对动物所负有的积极的关系性义务在很大程度上取决于我们对这些关系之性质的看法。通过这种方式，我们希望把关于动物的争论从一个应用伦理学问题转变为一个政治理论问题。[22]

简言之，我们希望提供一个试图把普遍的消极权利与积极的关系性权利结合在一起的动物权利论，并通过把动物问题更明确地置于一个政治性框架中来实现这种结合。这是一项艰巨的任务。我们将会看到，在建立这种拓展版本的动物权利论，以及将普遍的消极权利与更具差异性和关系性的积极义务相结合的过程中，会遇到很多难题，而我们并不保证所有这些问题都能得到解决。

虽然任务艰巨，但我们至少可以从政治哲学相关领域的一些最新进展中得到帮助，因为这个领域一直在努力把普遍个体权利与敏感于语境差异和关系差异的考虑相结合。我们特别关注**公民身份**这一概念，认为它是解决该问题的关键。[23]根据当代公民身份理论，人类不仅拥有基于人格属性的普遍人权，还因归属于某个占据特定疆域的独立自治社会而拥有公民身份。也就是说，人类把自己归属于某个民族国家，而在这种“伦理社群”中，公民成员对彼此负有特殊的责任，因为人们负有管理彼此共有领土的共同责任。简言之，公民身份产生的特殊权利和责任，超越了所有人（包括外国人）都拥有的普遍人权。

一旦接受这个前提，我们马上就会被导向一种复杂的、具有较强群体差异性的义务观。在公民成员和外国人之间显然是存在区别的，但是还存在一些介于这两个基本类别之间的群体——例如移徙工[4]和难民，他们一般拥有“居民”身份，而不是“公民”。他们居留在一个国家的领土内，接受这个国家的管理，但不是公民。人类具有移动性，这个事实不可避免地会导致某些人对于某个自治社群来说，既不完全是自己人，也不完全是外人。还有一种情况是，自治社群的领土边界是有争议的：例如有些原住民会宣称要保留在他们传统领地上的集体自治权，以及他们自己的公民身份权，尽管其领地处于一个更大的政治社群内部。或者还有一种情况，有争议的领土处于各种形式的共享主权的统治之下，这使公民身份制度发生了交叠（例如在北爱尔兰，或者未来一个解决耶路撒冷争端的方案中）。人类历史的复杂性将不可避免地导致一些与自治社群之边界和领土相关的争议。

总之，我们有多重的、交叠的、有限制的、中间形态的等多种不同形式的公民身份，它们都源自一个更基本的事实：人类社会是由不同的、有领土界线的、自治的社群构成的。这个事实要求我们认真看待自己作为特定政治社群成员的道德重要性，还要求我们去应对各种与成员身份、人口移动性、主权和领土相关的问题。所以在今天，自由主义不仅仅是一个关于普遍人权的理论，还是一个关于有边界的公民身份的理论，而公民身份又与以下问题密切相关：国家身份和爱国主义、主权和自决、团结和公民美德、语言和文化的权利，以及外国人、移民、难民、原住民、妇女、残障者和儿童的权利。很多关于这些问题的理论都推出了具有群体差异性的积极义务：人们拥有不同的成员身份、个体能力，以及与之相关的关系特征，由此产生了不同的义务。而这些理论之所以都是自由主义的，是因为它们试图证明这种更具“集体主义”或“社群主义”色彩的主张与基本的普遍个体权利是相容的，甚至常常可以促进个体去行使这种权利。如今，自由主义在进行一次复杂的整合，它要把普遍人权与更具关系性的、有边界的、有群体差异性的，和政治与文化相关的成员身份权结合在一起。

在我们看来，公民身份理论的发展为我们提供了一个有益的模式，有助于我们思考如何把传统动物权利论与一种积极的关系性义务观结合在一起。至少它表明，把不变的伦理规则与关系性义务相调和，在理论上是可能的。而在此基础上我们还想进一步论证，人类公民身份的理论框架也可以帮我们在动物问题上实现这种调和。很多政治问题促使我们建立了具有群体性差异的人类公民身份理论，而很多类似的情况在动物问题上也同样存在，所以同样的分类法也适用于动物问题。有些动物应当被视作在它们自己的领土上组成独立的主权社群（那些生活在荒野的、易受人类入侵和殖民所害的动物）；有些动物像移民或居民那样选择来到人类居住区（边缘投机动物）；而有些动物则应当被视作政治社群的完全公民，因为它们世世代代被圈养，已经变得依赖于人类（家养动物）。所有这些关系（还有其他一些我们会讨论的关系）都有它们各自的道德复杂性，我们可以用主权、居民身份、移民、领土、成员身份和公民身份等概念来厘清这种复杂性。

我们会探讨如何将这些分类和概念从人类语境拓展至动物语境。动物社群的主权不同于人类政治社群的主权，它们的被殖民也不同于原住民的被殖民；住在城市中的移徙动物或投机动物的居民身份，不同于移徙工或非法移民的居民身份；家养动物公民在一些重要的方面也不同于那些若无帮助则无法行使公民身份权的人，例如儿童和智力障碍者。但是我们要论证，这些观念有助于我们认清和确认那些在现有文献中往往被忽略的、具有道德重要性的事实。（其实我们认为，把这些观念应用于动物，反过来也有助于深化我们对人类公民身份问题的思考。）

简言之，我们认为，一个基于公民身份的拓展式的动物权利论，有助于把普遍的消极权利与积极的关系性义务整合在一起，为此既要呼应支撑生态主义关切的强大直觉，同时仍然保留对不可侵犯之权利的核心承诺——这对于改变根深蒂固的动物剥削制度来说是必不可少的。我们相信这种思路不仅具有理论上的说服力，而且有助于突破动物保护运动所面临的政治困境。

在第二章，我们首先捍卫了如下观点：动物拥有不可侵犯之权利，因为作为有感受的个体，它们拥有对于世界的主观体验。如前所述，我们的目的是为传统动物权利论的普遍基本权利立场提供补充，而不是取而代之。所以我们要在开篇阐明和论证这个立场。

在第三章，我们区分了普遍基本权利与公民身份权利这两种逻辑，然后探讨公民身份在政治理论中所具有的独特功能，并且说明为什么这种公民身份理论无论在人类还是动物问题上都是有说服力并且适用的。很多人认为，公民身份的一些核心价值——诸如互惠性或政治参与性——在原则上是无法适用于动物的。我们将指出这种反驳的问题所在：一方面它对公民身份实践的理解过于狭隘——即便在人类的情形中这种理解也是错误的；另一方面它对动物能力的理解也过于狭隘。一旦我们看到公民身份是如何兼顾人类内部的巨大差异性而应用于所有人的，就能理解如何将动物纳入公民身份实践。

从第四章到第七章，我们将这种公民身份逻辑应用于各种人类–动物关系之中。首先是家养动物。在第四章，我们会探讨现有的动物权利论思路在家养动物问题上的局限性，以及这些理论未能认识到人类因为对动物的驯养，使它们融入了社会，而对它们负有道德义务。在第五章，我们要论证应当通过公民身份来看待这种融入，并且还会证明人类对动物的驯养为何使动物获得公民成员身份（co-citizenship）这件事具有道德上的必要性和实践上的可行性。在第六章，我们将探讨野生动物的情况。我们认为，应当把它们视为自己的主权社群的公民，而我们对它们的义务类似于国际正义，包括尊重它们的领土和自治。在第七章，我们会讨论那些生活在人类中间的非家养的边缘动物[5]，并且去论证它们的身份是某种居民，即承认它们是我们的城市空间的共同居住者，但是它们不能也不想参与进我们的公民合作体系之中。

在第八章的结语中，我们将讨论一些更具策略性和推动性的问题。我们在第二章到第七章中关心的主要是对公民身份思路的规范性论证，但是如前所述，我们相信这个思路还有为动物保护运动赢得更多的公共支持和政治盟友的潜力。在第八章，我们试图兑现这一承诺，探讨这种公民身份思路如何可以为人类－动物关系的进步指明一个最有希望的发展方向。个体和社会已经开始在小范围内探索与家养动物、野生动物和边缘动物建立新形式的关系，我们相信这体现了公民身份思路的潜力。我们相信，公民身份思路并非乌托邦式的，它是一种可以跟上那些有创见的生态主义者、动物保护者以及各种动物爱好者的实践步伐的理论。

第一部分　一种拓展的动物权利论

第二章　动物的普遍基本权利

动物权利论有一个重要分支，它的理论前提是：一切拥有主观存在的动物——亦即，所有拥有意识或感受的动物——都应当被视作正义的主体（subjects of justice），并且拥有不可侵犯之权利。这种认为动物拥有不可侵犯之权利的独特观点，已经超越了人们对“动物权利”这个概念的一般理解。所以，很有必要阐明我们所说的“不可侵犯之权利”是指什么，以及为什么我们认为动物拥有这些权利。

通常，一个人只要主张进一步限制对动物的利用，他就被称为动物权利的捍卫者。所以，当有人主张让那些被养殖并屠宰的猪得到更大的猪圈，从而改善它们短暂一生的生活质量，此人就被称为动物权利的支持者。我们也的确可以说，此人相信动物拥有“被人道对待的权利”。有人捍卫更强的权利观，认为人类不应当吃动物，因为我们拥有大量其他的营养来源，但是对动物进行医学实验是可允许的，如果这是获取重要医学知识的唯一方法。或者，扑杀野生动物是可允许的，如果这是保护重要栖息地的唯一方法。我们可以说，这个人相信动物拥有一种“不被人类牺牲的权利——除非涉及一种重要的人类利益或生态利益”。

这些观点，不管表现为较弱还是较强的形式，都非常不同于那种认为动物拥有不可侵犯之权利的观点。不可侵犯之权利观意味着，一个个体的最基本利益不能因他者的更大利益而被牺牲。根据罗纳德·德沃金（Ronald Dworkin）的著名表述，此种意义上的不可侵犯之权利是一张“王牌”，不管他者可以从中获益多少，这种权利都是不可侵犯的。（Dworkin 1984）例如，我们不能为了收割一个人的身体部件而杀死他，即使这样做可以使十多个人受益于其器官、骨髓或干细胞。同样，若非本人同意，他也不能成为医学实验的受试者，不管从中获得的知识可以为其他人带来多大帮助。在这个意义上，不可侵犯之权利是一个环绕于个体的保护圈，确保其不会因他者利益而被牺牲。这个保护圈常常被理解为一系列免受杀害、奴役、虐待或监禁等重大伤害的基本消极权利。

人类是否拥有这种不可侵犯之权利，这是有争议的。例如，功利主义者认为，道德要求我们去实现最大多数人的最大利益，即使这意味着牺牲一个人。如果我们可以通过杀死一个人来拯救五个人，那么在其他条件相同的情况下，我们就应当这样做。正如伟大的功利主义者杰里米·边沁（Jeremy Bentham）的那句名言，不可侵犯之权利“纯属胡扯”（Bentham 2002）。功利主义者不相信人类拥有不可侵犯之权利，显然也不会把这种权利赋予动物。[1]

然而在今天，人类拥有不可侵犯之权利的观点已经被广泛接受，尽管关于人权的基础是什么在哲学上争论不断。不可侵犯性是医学伦理学的基础，也是国家内部的权利法案和国际人权法的基础。所有人类都有资格受到某种不可侵犯之权利的保护，这个观念属于法律上的“人权革命”的一部分，还属于政治哲学中向“基于权利”的理论转向的一部分。约翰·罗尔斯（John Rawls）的《正义论》（*A Theory of Justice*）被广泛认为带来了政治哲学的重生，他写这本书的一个重要动机，就是认为功利主义无力解释为他者利益而牺牲个体为何是不正当的——无论是为获得有用的医学知识而利用个体做实验，还是为满足多数人的喜好而歧视种族或性别上的少数群体。（Rawls 1971）他相信，自由主义民主要想得到充分的辩护，就需要一种更“康德式”的尊重个体的观念，这意味着我们永远不应当仅仅被用作实现社会利益的工具。[2]

尽管人类个体的不可侵犯性已被广泛接受，但是极少有人愿意承认动物也可以拥有不可侵犯之权利。即使有人认为动物具有道德重要性且应当被更加人道地对待，他们也常常认为，在迫不得已的情况下，为了他者的更大利益，动物个体是可以被侵犯甚至被无限牺牲的。虽然杀死一个人并收割其器官以拯救五个人是不被允许的，但是杀死一只狒狒以拯救五个人（或五只狒狒）是可允许的，甚至可能是道德的要求。正如杰夫·麦克马汉（Jeff McMahan）所言，动物是“可以为了更大的利益而被侵犯的”，而人类有人格者（human persons）是“完全不可侵犯的”（McMahan 2002: 265）。罗伯特·诺齐克（Robert Nozick）将这种观点概括为一个著名的标语——“以功利主义对待动物，以康德主义对待人类。”（Nozick 1974: 39）

本书所建构的理论反对这种认为只有人类拥有不可侵犯之权利的观点。人权革命已经取得了重大的道德成就，但它还未完成。我们将会看到，对不可侵犯性的论证并不止步于人类物种的边界。如保拉·卡瓦列里所言，现在是时候把“人权”中的“人”字拿走了。（Cavalieri 2001）如果杀死一个人并收割其器官是错误的——即使可以因此拯救五个人，那么杀死一只狒狒并收割其器官也是错误的。杀死一只金花鼠或鲨鱼，也侵犯了其不可侵犯的基本生命权，与杀死一个人无异。[3]

对于动物拥有不可侵犯之权利的主张，一些动物权利论者已经进行了充分的辩护，对此我们没有要补充的。[4]已经认同这种观点的读者可以跳过本章，直接进入我们论述中更具原创性的部分——关于不同动物群体应当享有的那些具有群体差异性和关系性之权利的论述。

然而，大多数读者不太可能被这种观点说服，而且可能会认为它不可思议。如果是这样，我们希望在本书余下部分所阐述的论点仍具有吸引力。即使是赞同“以功利主义对待动物，以康德主义对待人类”的人，或者赞同对动物和人类都应用功利主义（或都应用其他什么理论）的人，我们仍相信有不可抗拒的理由促使他们去采纳一种更具有政治性和关系性的动物权利论。我们提出要让家养动物得到公民权，让野生动物得到主权，让边缘动物得到居民权等，其中有很多论证并不依赖于不可侵犯的动物权利观。

然而，我们自己对这些观点的论述，将会在一个强式动物权利框架（包括对不可侵犯性的承诺）之中推进。这影响着我们如何推进这些论证，以及由此得出何种结论。所以，在本章我们将试图捍卫这个出发点，并回应这种观点所引起的一些反驳和担忧。

为什么有那么多人认为动物拥有不可侵犯之权利是不可信的？有人认为如下论断是不证自明的：一个人的死亡比一只狒狒的死亡更悲惨，前者为世界带来的损失更大，所以杀死一个人所犯下的错误要比杀死一只狒狒更严重。我们希望本章的讨论可以让读者更真切地感受到动物死亡所带来的损失，了解到这种对损失的比较判断没有那么简单。但是不管怎样，我们整个论证思路是不恰当的。毕竟，当不同的人死去的时候，我们也可以对损失做出类似的比较判断，而事实上我们的确是这么做的。我们可能认为，在一场意外事故中，一个年轻人的死亡比一个非常年老的人的死亡更不幸，一个热爱生活的人的死亡比一个厌世者的死亡更不幸，但是这些对损失的比较判断不会对不可侵犯之生命权产生任何影响。一个年轻人的死亡更不幸，这个事实并不意味着我们可以杀死一个老人来为年轻人提供器官。我们也不能杀死厌世者，收割其器官去拯救热爱生活的人。

事实上，这是不可侵犯之权利的基本要点，也是这种观点与功利主义的不同之处。从一种严格的功利主义视角看来，人们生命权的强弱取决于他们对更大的利益做出多少贡献。我们所有人都可以“为了更大的利益而遭受肆意的侵犯”，所以你必须证明自己的存在对整体利益有贡献，才能争取到生命权。因此，那些年轻的、有才能的、合群的人肯定会比那些年老的、病弱的、潦倒的人获得更强的生命权。一个人的生命权的强弱取决于其死亡所带来的相对损失的大小。

人权革命正是对这种思维方式的否定。根据不可侵犯性原则，人们的生命权与他们对整体利益的相对贡献无关，而且不能因服务于更大的利益而被侵犯。在人类的情形中，这一点已经得到了切实的肯定，而我们认为这个立场必须拓展至动物。某些个体的死亡也许比另一些个体的死亡更加不幸或损失更大，这种比较也许是物种内的，也许是跨物种的，但他们都拥有不可侵犯之权利，都拥有一种不因他者的更大利益而被牺牲的平等权利。

如果说动物拥有一种不因他者的更大利益而被牺牲的平等权利，那么就会引起另一种担忧和反驳。这是否意味着动物拥有与人类“平等的权利”，例如投票权、宗教自由权或接受高等教育的权利？这经常被认为是对动物权利观的归谬论证，但是这同时也误解了权利革命的逻辑。即使在人类内部，很多权利也是根据能力和关系而加以区别分配的。公民拥有一些游客所没有的权利(例如投票或接受社会服务)；成年人拥有儿童没有的权利（例如驾驶）；有一定理性能力的人拥有重度智力障碍者所没有的权利（例如自己决定如何理财）。但是，这些区别仍然不会对基本的不可侵犯性造成影响。公民拥有外国游客所没有的权利，但是公民不能去奴役游客，或者杀死游客以收割其器官。成年人拥有儿童没有的权利，健全的成年人拥有重度智力障碍者所没有的权利，但是儿童和智力障碍者不能因健全的成年人的更大利益而被牺牲。人们拥有不同的能力、利益和关系，所以他们的公民权利、政治权利和社会权利也存在很大差别，这些与平等的不可侵犯性都是相容的。这些在人类的情形中都是再明白不过的，我们认为，在动物的情形中也同样如此。

简言之，我们要谨记这个不可侵犯之权利的问题，而避免将其与其他一些关于我们对人类和对动物的义务的问题相混淆。如前所述，不可侵犯性事关某个体的基本利益能否为了促进他者的更大利益而被牺牲。人权革命赋予人类以这种不可侵犯性。强式动物权利论认为，有感受的动物也拥有这种不可侵犯性。有些读者也许担心，将不可侵犯性拓展至动物，会使权利革命所取得的宝贵成就“贬值”。恰恰相反，我们认为，任何试图将不可侵犯性限制在人类范围内的努力都会严重削弱和破坏人权保护计划的稳定性，使很多人类连同动物一起被排除在有效保护范围之外。

我们在本章对不可侵犯之权利的关注，不应被视为对其他公民、政治和社会权利的重要性的削弱——例如我们对家养动物的医疗义务，或者保护野生动物或边缘动物的栖息地的义务。相反，我们的工作恰恰旨在表明，要想解决这些更宽泛的问题，就必须将它们放置在一个更具有政治性的动物权利论之中。我们的担心是，尽管动物权利论已经为不可侵犯之权利的原则提供了强有力的论证，但是它已经没有足够的理论资源来处理这些更宽泛的问题了，而这些问题需要一种更具关系性的正义理论。但是在建构我们的关系性正义理论之前，首先需要解释的是，为什么我们相信动物的确处于强式权利理论的保护范围之内，而不能因他者的利益遭受任意侵犯。

如前所述，本章所提供的论证并不新鲜。我们相信支持（强式）动物权利立场的论证早已存在，而本书的主要目标是再前进一步，将动物权利论与更广的关于正义和公民身份的政治理论联系在一起，以便探寻一些明显更有潜力的人类 – 动物关系模式。

然而，为了给本书第二部分更具原创性的论证打好基础，我们要简要概述一下围绕道德地位或动物人格性的争论，以阐释我们为什么认为强式动物权利立场是最有说服力的解释。在第一节，我们首先会论证动物的自我性（selfhood），以及为什么这要求我们承认普遍的基本权利。[5] 在第二节和第三节，我们将讨论为什么植物和无生命的自然不具有自我性，虽然这并不意味着我们对它们没有义务，也不意味着它们缺乏内在价值。在第四节和第五节，我们将讨论几个对于基本权利的“普遍性”和“不可侵犯性”观念的误解和反驳。

我们希望这些论证是有说服力的。然而，我们不认为仅仅通过“论证”就能轻易让人承认，动物作为脆弱的自我（vulnerable selves），拥有和人类一样宝贵的生命。对于某些人来说，这种承认是理论的结果，但是对很多其他人来说，这种承认（如果有的话）是与动物个体建立关系的结果。而且部分出于这个原因，我们急于让讨论主题超越基本权利和道德地位的问题，扩展至我们与动物之间的复杂而丰富的现实关系。我们想对读者提出一个请求：即使拒绝我们的起始前提——关于动物自我性和将人权拓展至动物的观点，也请你坚持踏上本书第二部分的旅程。借此我们可以练习拓展自己的道德想象力，从而看到动物不仅仅是脆弱的、受苦的个体，还是邻居、朋友、公民成员，以及属于我们和它们的共同社群的成员。它构想了一个关于人类 – 动物关系的世界，这个世界认真看待人类与动物基于正义和平等的共存、交往，甚至合作。我们希望，尽管我们所勾勒的这幅更积极的人类–动物关系图景稍显粗糙，但对那些至今仍未被标准动物权利论证（关于动物能力、动物痛苦或道德地位之哲学基础的论证）说服的读者来说，也是具有说服力的。

1. 动物自我

当代西方大多数主流的政治理论假定，正义社群就等同于人类社群。所有人都因其人性而享有基本的正义和不可侵犯之权利，人类内部的差异应当被忽略——比如种族、性别、信仰、能力或性取向。动物权利论对这种主流思想背景提出了质疑：为什么只能是人类？人权具有一种普遍化的推动力，使其提供的基本保护超越了生理、精神和文化的差异，那么为什么这股推动力应当止步于人类物种的边界？

在史蒂夫·撒芬提兹（Steve Sapontzis）、加里·弗兰西恩、保拉·卡瓦列里、汤姆·雷根（Tom Regan）、琼·杜纳耶、加里·斯坦纳（Gary Steiner）等人的作品（Sapontzis 1987; Francione 2000; Cavalieri 2001; Regan 2003; Dunayer 2004; Steiner 2008），以及其他人的作品中，动物权利论的前提是：一切有意识或有感受的生命都拥有这些保护性权利，不管是人类还是动物。[6] 有意识或感受的生命拥有自我，即他们对于自己的生活、对于世界有一种独特的主观体验，这要求以不可侵犯之权利的形式对其加以特别保护。而将这些权利限定在人类身上，在道德上是武断的，或“物种主义的”。这种权利可以，且应当在保护一切脆弱的生命时发挥重要作用。

有意识或感受具有一种独特的道德重要性，因为它促成了一种对世界的主观体验。弗兰西恩指出，“我们观察到动物拥有感受，这不同于说它们仅仅有生命。一个生命拥有感受，意味着它是一种可以感觉到痛苦与愉悦的存在；一个生命拥有主观体验，就拥有了一个‘我’”。（Francione 2000: 6）根据斯坦纳的论述：“对一切有感受的存在者来说，为生命和健全生活[6]而抗争是**重要的**，不管它们对于什么是重要的，以及如何重要是否有反思意识。”（Steiner 2008: xi–xii）它们可以从内部体验自己的生活，而且对它们来说生活是可以变得更好或更坏的，它们是自我，而不是物件，因此我们必须承认它们具有脆弱性，敏感于愉悦与疼痛、挫败与满足、喜悦与痛苦、恐惧与死亡。

以这种方式来承认他者是有感受者，这将改变我们对它们的态度。科拉·戴蒙德（Cora Diamond）说要承认他者为“同伴生物”（fellow creature）。（Diamond 2004）斯坦纳说，承认他者是有感受者，这可以创造“一种彼此间的亲缘关系，使他们共同联结为一个道德共同体”。（Steiner 2008: xii）芭芭拉·斯马茨（Barbara Smuts）说：“当我们与他者交会，承认其‘在场’时，他们就不再仅仅是我们所知的什么东西……在交互中，我们感受到在他者的身体中‘有某位在此’（someone home）。”（Smuts 2001: 308）[7]

动物权利论的基本前提就是，每当我们遇到这种脆弱的自我（即遇到“有某位在此”），它们都需要受到不可侵犯性原则的保护，该原则为每个个体的基本权利提供了保护盾。用一种自然的表达方式来说，动物应当被承认为有人格者（persons），而且的确有很多动物权利论者持此立场。例如，弗兰西恩把他的新书命名为《动物的人格》（*Animals as Persons*）。因为现有的人权准则经常被表述为“一切有人格者都拥有……的权利”，所以我们可以把动物权利论的立场重申为：因为动物拥有自我性，所以它们也应当被包含在有人格者的范畴之内。

很多反对这种动物权利论立场的批评者重申了如下传统观点：只有人类有资格得到不可侵犯之权利的保护。有些批评者则诉诸宗教。很多宗教信仰（包括犹太教、基督教和伊斯兰教）的神圣典籍都宣称，上帝赋予人类对动物的支配权，包括为了人类的利益而利用动物的权利。对于很多虔诚的宗教信徒来说，这种来自经书的授权足以用来反驳动物权利论了。[8] 我们不讨论这些，因为我们感兴趣的论证基于公共理性，而不是私人信仰或神启。

另一些批评者试图否认动物拥有对这个世界的主观体验，或者能感受到疼痛、痛苦、恐惧或愉悦。但是这方面的科学证据是压倒性的、与日俱增的，而且帕默指出，这一点现在已经被“绝大多数生物学家和哲学家”（Palmer 2010: 15）接受了，所以我们也不讨论这种批评。[9]

一种对动物权利论更严肃的批评是，虽然动物有感受，但这不足以使它们得到不可侵犯之权利的保护。根据这种论证思路，不可侵犯之权利只属于有人格者，而人格性的含义多于自我性，它所要求的更多，超出了“有某位在此”这个事实。[10] 如前所述，很多动物权利论者实际上把自我性等同于人格性，认为动物是有感受的自我，所以应当被视作有人格者。但是批评者认为人格性要求某种更高的能力，而这种能力只有人类才有。至于这种能力究竟是什么，人们持有不同意见。有人诉诸语言，有人诉诸抽象推理能力或长远计划能力，还有人诉诸文化能力或达成道德同意的能力。根据这些观点，仅仅“有某位在此”这个事实不足以推出不可侵犯之权利：在这里的“某位”还必须具有复杂的认知机能。因为据说只有人类拥有这些认知能力，所以只有人类应得不可侵犯之权利。既然动物缺乏这些不可侵犯之权利，那么它们就理应被利用以造福人类。

这种通过诉诸人格性来反对动物权利论的思路存在多种缺陷，很多文献对此进行了广泛讨论。首先，即使我们可以在“自我”和“人格”之间做出明确区分，事实上也无法证明根据物种成员身份来赋予权利的正当性。任何试图在自我和人格之间划清界限的做法都将超越物种界线，将某些人类和动物视为有人格者，同时把另一些人类和动物降格为“只是”自我。而且，试图明确区分人格性和自我性的做法，在概念上是站不住脚的。它试图在一个实际上连续的谱带（或者更准确地说是一系列谱带，个体在不同的生命阶段沿着这些谱带移动）中划出一条单一、清晰的界线。这反向揭示了诉诸人格性标准的薄弱道德基础：我们找不到有力的道德理由，用以证明应当基于人格性而不是自我性来赋予不可侵犯之权利。

我们不想复述所有这些论点，但是必须指出，这种试图诉诸人格性来证明人类比动物优越的思路不仅是徒劳的，更是非常危险的。我们不能预先假定只有人类可以通过某种人格性测试。例如，不是只有人类可以使用语言，也不是只有人类可以制定计划。我们对动物心智和能力的认识正在与日俱增，而那条据说可以确立人类人格之独特性的界线，就像画在沙滩上的痕迹一样被日渐冲刷殆尽。正是在这个基础上，最近一些学者主张，大型猿类（Cavalieri and Singer 1993）、海豚（White 2007）、大象（Poole 1998）和鲸（Cavalieri 2006）都拥有足够确立其人格性的认知能力和道德能力。

有人也许试图通过抬高人格性的标准来反驳这些观点，比如说要求不仅仅有语言和计划的能力，还要能进行理性的道德论证，并做出遵守所推出的道德原则的承诺。[11] 根据这种观点，人格性要求有能力用达到某种标准的语言（具有公共可理解性［public accessibility］与可普遍性［universalizability］）来清晰地表述自己的信念，要求有能力理解他人的道德论证，有能力通过某种理性思考程序来比较不同观点的相对优点，然后自觉地、有意识地让自己的行为符合由这种道德推理程序所推出的原则。

很显然，猿和海豚不是这种康德意义上的有人格者。但显然很多人类也不具有这种意义上的人格（例如，婴儿、高龄老人、智力障碍者、因疾病而暂时丧失能力者，或者其他有严重认知障碍的人），他们不具备这些所谓的拥有人格性的先决条件，而且在很多情形中他们的能力显然不如猿、海豚和其他动物。然而儿童和认知障碍者不是有人格者吗？他们难道不恰恰是最具脆弱性、最应当受到不可侵犯之人权观念保护的人类吗？

在哲学文献中，这常被称为“边缘例证”（argument from marginal cases）[12]，但是这一表述方式并没有抓住这种反驳的要点。问题并不在于，有绝大多数“正常的”人类可以通过人格性测试，然后有少数人类的“边缘案例”，他们只拥有自我性而没有人格性。准确地说，问题在于康德式道德能动性顶多算是一种不稳固的成就，人类只能在一生中的不同阶段、在不同程度上实现它。没有人在非常年轻的时候就拥有这种能力，而且我们所有人都会在或长或短的时期内出现疾病、伤残、衰老，或者缺乏充分社会化、教育以及其他形式的社会支持和培养，而在这些时期这种能力会临时性或永久性地受到威胁。如果人格性被定义为进行理性论证、有意识地理解并遵守原则的能力，那么它就具有一种波动性的特征，它不仅仅因不同人类个体而不同，还随着人生的不同时期而变化。[13] 如果将这种意义上的人格性作为人权的基础，就会使所有人都无法得到人权的保护。而这将违背人权的目的，因为人权恰恰是为脆弱的自我提供保障，包括（实际上尤其是）当我们处于能力受限的境况或生命阶段的时候。

动物权利论者有时会以另一种方式来表述这种不稳固性。如果人格性受到保护乃基于人类拥有优越于动物的认知能力，那么如果一个进化程度更高的外星物种来到地球会如何？想象一下，我们遇到了一个物种——让我们暂且称之为心灵感应者，他们能够使用心灵感应，或者能够进行复杂的推理，这种推理能力甚至超过我们最先进的计算机，或者他们拥有比人类更强的道德自控能力——人类的意志薄弱和易于冲动是众所周知的。然后，心灵感应者开始奴役人类，将我们用作食物，用于体育比赛，或者当作用以驮运的牲口，或者用来进行医学实验以促进他们的健康。他们诉诸各种标准来为这种奴役和剥削辩护，说因为我们的交流方式、推理能力和控制冲动的能力太低级，无法满足他们的人格性测试。他们承认我们的自我性，却认为我们没有足够复杂的能力，因此缺乏享有基于人格性的不可侵犯之权利的必要条件。

我们该如何回应这种奴役？我们大概会说，缺乏这些能力与我们是否拥有不可侵犯之权利无关。[14] 在心灵感应者看来，我们的交流方式或道德自律水平也许的确比较低级，但是这不应使我们沦为更高级生命的纯粹工具，被用来促进他们的利益。我们有自己的生活要过，有自己对世界的体验，有对自己生活变好或变坏的感受。简言之，我们拥有自我。而正是由于我们的自我性，我们才被赋予了基本权利，而其他所谓更高级生命形式的存在并不会减少我们的自我性。不可侵犯之权利并不是一个奖品，只颁发给那个在某种认知能力量表上得分最高的个体或物种。毋宁说，它是一种对如下事实的承认：我们是主观存在，因此应当承认我们有自己的生活要过。当然，只有放弃对动物的不可侵犯之权利的剥夺，我们才可以用这种方式回应心灵感应者。那个为了排除动物而援引的认知优越性论证，正是心灵感应者用来为奴役人类辩护的依据。[15]

无论以什么方式，如果我们将人权建立在严苛的人格性概念，而不是自我性的基础之上，这就会使人权变得不稳固。事实上，在过去 60 年里，人权的理论与实践一直在朝着与这种做法相反的方向发展，在拒绝用理性或自主性标准来对相关个体加以任何限制。我们可以看到，国际上已经颁布了《联合国儿童权利公约》（UN Convention on the Rights of the Child, 1990）和《联合国残障者权利公约》（UN Convention on the Rights of Persons with Disabilities, 2006），在美国的立法和法庭判例中也存在这种趋势。例如，在一个重要的案例中，当事人是一个不能理解语言、没有死亡观念的重度智力障碍者，对此马萨诸塞州最高法院在 1977 年强调，“法律面前人人平等的原则与智力无关”，也与一个人是否有能力以概念化的方式“珍视”生命无关。[16] 如果我们把人权与这种具有较高认知能力要求的人格性观念关联在一起，那么这种发展趋势就是不合理的。简言之，以人格性为由否认动物拥有不可侵犯之权利，只会使人类的人权理论与实践受到重创。

面对这些反驳，动物权利论的批评者以各种方式做出了回应。有些批评者咬着牙承认，某些人类无法成为有人格者，因此没有资格得到不可侵犯性的保护，尽管某些动物也许拥有这种资格。（Frey 1983）我们可以想象，在一幅关于人格性的地形图中，有一个保护圈，各种“正常”人类和“高级”动物混杂于圈内，而“边缘”人类和“低级”动物则被排除在圈外。[17] 如果在逻辑上诚实地坚持一种要求复杂认知能力的人格性定义，就几乎肯定会推出这种由变动且不稳定的道德地位混杂拼接而成的图景。有人也许认为这是一种在哲学上值得尊重的立场，需要认真对待，但是在我们看来，它是严重缺乏说服力的（更别说可操作性），而且不管怎样，它都与现实世界的人权理论发展方向背道而驰。人权的发展轨迹恰恰是在为最脆弱者建立最强的保护，保护受支配群体的认知能力免受主导群体的质疑，保护儿童不被成年人以各种理由合理化虐待，保护残障者生命的尊严不被优生学家否定。任何认可这种发展趋势的人（希望我们的读者是这样的）都不能认可一种基于复杂认知能力的人格性标准的道德地位理论。

然而奇怪的是，竟有那么多理论家寄希望于用人格性来证明（所有）动物都没有不可侵犯之权利，同时断言（所有）人类都拥有不可侵犯之权利。为了维护这虚无缥缈的希望，他们致力于越来越扭曲的智力体操，以捍卫人类的特权。有人呼吁，所有人类，不管他们的实际能力如何，都拥有获得人格性的"物种潜力"，或者说，所有人都属于有潜力获得人格性的"种类"。（例如，Cohen and Regan 2001）这类论证在所有其他的道德哲学和政治哲学领域中都被广泛否定，却唯独在对人类拥有剥削动物之权利的论证上死灰复燃。一旦这些论证的多重谬误被揭穿（例如，Nobis 2004, Cavalieri 2001），就剩下了最后一种辩护方式，即直接规定：一切人类都应当被视为不可侵犯的有人格者，这仅仅因为他们的物种成员身份，而不管他们实际或潜在的能力如何。例如，玛格丽特·萨默维尔（Margaret Somerville）在否定动物的人格性时说："普遍的人类人格性意味着，每个人类个体都拥有一种'内在尊严'，这仅仅因为他们是人类；一个人拥有这种尊严并不取决于其是否拥有任何其他特质或能力。"（Somerville 2010）在此，我们见到了最糟糕的人格观，这已经成了赤裸裸的物种主义断言。对萨默维尔而言，我们应当把每个人都视为不可侵犯的有人格者，只因为他们是我们的一员（不管他们有何种需要、能力或利益），而且应当断定一切动物都不具有不可侵犯的人格性，因为它们不属于我们的一员（不管它们有何种需要、能力或利益）。[18]

很多动物权利文献都用大量篇幅来讨论这些关于人格性的论证与反驳。然而在我们看来，这种辩论的框架会误导我们。不可侵犯之权利的道德基础在于自我性，而不是那种要求更高认知能力的人格性概念。的确，讨论人格性会让我们误入歧途。它暗示我们必须首先列出一个关于特质或能力的权威清单，并将其作为不可侵犯之权利的基础，然后去考查哪些生物拥有这些特质。而我们认为，对不可侵犯性的尊重，首先且最重要的是一种主体间的认知，即我们首先要问：是否有一个“主体”存在，是否“有某位在此”。这种主体间认知的过程先于对其能力或利益的列举。一旦知道有主体存在，我们就知道自己在面对一个脆弱的自我、一个拥有主观体验的存在者，这个存在者内在地体验到生活可以变好或变坏。正是因此，我们应当尊重其不可侵犯之权利，不论其在智力或道德能动性等能力上存在何种差别。[19]

在人类的情形中，道理显然如此。对于有感受的人类，我们不会根据心理复杂程度，或智力、情感或道德水平上的差异来赋予不同程度的基本人权或不可侵犯性。无论平庸或聪慧，自私或仁爱，懒惰或勤奋，我们都享有基本人权，因为我们都是脆弱的自我。事实上，那些能力最有限的人类往往最为脆弱，也最需要得到不可侵犯性的保护。道德地位并不取决于对心理复杂程度的判断，而仅取决于对自我性的承认。围绕人格性的讨论遮蔽了这一点，并为承认动物权利制造了虚假的障碍。

有人认为，不可侵犯之权利的基础在于语言、道德反思或抽象认知等能力。这种观点与常识相悖，而且似乎脱离了任何一种关于我们的实际道德推理方式的合理解释。[20] 如果某人的目的是将动物排除在不可侵犯之权利的保护之外，那么去关注这些能力可能很有诱惑力。

但是要想达到那个目的，就必须对人权理论釜底抽薪，使保护脆弱者和无辜者的理念沦为笑谈。[21]

考虑到讨论人格性会误导我们的道德推理，而且会被用来实现一些排他性目的，我们也许最好完全避免使用人格性话语。不管在人类还是动物的问题上，我们最好只讨论自我性，以及用来保护自我性的不可侵犯之权利。但是人格性话语已经深深地植入我们的日常交谈和法律体系之中，难以被轻易地剔除。出于诸多法律与政治上的目的，推进动物权利议程必须使用已有的人格性的话语，并把它拓展至动物。所以，有时我们也会像弗兰西恩那样说到“动物是有人格者”，而必须强调的是，我们在下文中将把“人格性”视为“自我性”的同义词，而且拒绝将人格性与作为不可侵犯权之基础的自我性加以区分——因为这种做法在概念上站不住脚，在道德上缺乏理由，而且会严重瓦解普遍人权观本身。[22]

所以我们的基本立场是，动物拥有不可侵犯之权利，因为它们拥有感受或自我性，拥有对于这个世界的主观体验。这自然就带来一个问题：哪些生命确实拥有这种意义上的意识或感受？哪些动物有自我？事实上，我们也许永远都无法回答这个问题。在他心（other minds）问题上，存在着某种根本性的不可知，一种生命形式与我们在意识和体验上的相似度越小，这种沟壑就越大。软体动物有意识吗？昆虫呢？迄今为止的证据表明它们没有意识，但是这也许不过反映了我们在寻找一种人类专属的主观体验形式，而没考虑到其他可能的形式。[23]科学家仍在学习如何研究动物心智，在未来很长一段时间内，对于动物意识的确认肯定还将存在一些难题和灰色地带。然而，这不妨碍我们可以在很多情形中毫不费力地确认动物意识。事实上，那些遭受着最残酷虐待的动物恰恰是最确凿拥有意识的。我们之所以驯养狗和马这样的物种，恰恰是因为它们能够与我们互动。我们之所以用猴子和老鼠等物种来做实验，恰恰是因为它们对剥夺、恐惧和奖赏的反应与我们相似。以很难确定动物是否达到基本的意识水平为由，为继续剥削动物辩护，这是不诚实的。正如弗兰西恩所言，虽然我们对动物心智的认识不足以确定是否所有动物都拥有感受或意识，但我们知道很多动物的确有，尤其是我们一直在剥削的那些。（Francione 2000: 6; Regan 2003）

而且，必须强调的是，承认自我性并不要求我们能够解开动物心智的谜题。斯马茨所说的“有某位在此”意味着，我们即便无法想象成为一只蝙蝠或鹿将会如何，也能指认意识的存在（正如我们可以指认他人的自我性，虽然其主观体验与我们非常不同）。但这并不意味着我们无需努力增进自己对动物心智的了解。近年来，科学在揭示动物心智、情感的范围和复杂程度上取得了巨大进步。[24] 这种认识对于改变人类对动物的态度来说至关重要，特别是它颠覆了过去科学界关于动物没有感受能力的看法——这是一种非常顽固的偏见，对压倒性的反面证据（和常识）视而不见。科学认识也非常有助于我们了解动物个体和物种的特殊利益，以及理解它们向我们传递的关于自己利益的信息。我们对动物了解得越多，就越有机会建立丰富和有益的（且正当的）主体间关系。总有一些动物的生活环境和体验与我们的相去甚远，例如栖息在太平洋底热液喷口的绵鳚，我们能对它们做的最好的事情即承认那里有一个自我，并尊重其基本权利，远离它们，不打扰其生活。[25] 但是还有不计其数的其他生物，我们对它们的认识和关系总是有待进一步加深。这就是关于他心的科学研究的重要之处，其意义不在于确定**谁**拥有基本权利，而在于帮助我们理解**如何**以最恰当的方式与其建立联系。

因此，我们迫切期待那些合乎伦理的对动物心智的研究能取得新进展。然而，对基本权利的道德主张并不依赖于这些发现。我们已经知道，就大多数动物而言是“有某位在此”的。在我们看来，这已经足以要求我们尊重其基本的不可侵犯之权利了。诚然，我们的观点只是少数人的观点，而且我们可以肯定关于道德地位、自我性、人格性和普遍基本权利的激辩将会继续进行。人类优先论的支持者将会继续致力于越来越扭曲的智力体操以捍卫人类的特权，而动物保护者将继续清除我们道德理论中的人类沙文主义残余。如前所述，本书的目标并不是重述所有这些来自正反双方的论证，对此感兴趣的读者们可以参考那些很好地辑录了相关重要文本的文集。（Sapontzis 2004; Sunstein and Nussbaum 2004; Cohen and Regan 2001; Donovan and Adams 2007; Palmer 2008; Armstrong and Botzler 2008）毫无疑问，肯定还会有人提出新的、更精妙的论证，来为物种主义的各种主张辩护。但是正如彼得·辛格（Peter Singer）所指出的，我们可以看到这种尝试已经持续了 30 年，而“哲学界一直没能成功建立一个可以有力证明物种成员身份之道德重要性的理论，这种持续的失败似乎越来越表明：可能根本就不存在这回事”。（Singer 2003）

2. 对有人格者的正义与自然的价值

因此，我们的基本出发点是：跟很多其他动物权利论者一样，我们捍卫动物的不可侵犯之权利，作为对自我性或个体意识具有脆弱性的回应。前文主要是在捍卫这种立场，并反对那些试图把道德人格限制于人类（或者限制在少数“更高级的”动物物种）的批评者。但值得注意的是，动物权利论还受到了另一种来自生态论者的批评。如前所述，他们经常批评动物权利论没有把道德地位拓展得足够远。动物权利论把道德地位拓展至有感受的生命，而不是森林、河流，或更广的大自然。事实上，有些生态学家认为动物权利论本质上仍然是一种人类中心主义的理论：它把人类当作道德地位的标尺，只是认为一些其他物种是因为拥有足够的类人特质，所以才有资格享有人权。

下面让我们先讨论这种关于人类中心主义的质疑，然后再讨论自然价值的问题。根据我们的理解，人类中心主义是一种以人性为标准的道德理论：它始于探问“人之为人”或“具有人性”的本质是什么，并假定人类是凭借这种人性本质才有资格拥有权利和正义。根据这种人类中心主义观点，动物仅在可以被视作具有或接近于具有这种人性本质的某些方面的时候，才能获得道德地位。

这不是我们的思路。我们的理论并不基于对人之为人的本质的解释，或认为人的本质比（譬如）狗的本质更重要，而是基于一种对正义目的的解释，即正义的重要目的之一是保护脆弱的个体。[26] 作为“自我”的生命是拥有体验的，表现出一种特定的脆弱性，它要求得到一种来自他人行动的特定形式的保护，而这种保护的表现形式就是不可侵犯之权利。这不是把人类中心的道德标准施加于动物，相反，有感受的动物的遭遇之所以重要，是因为这对**它们**来说是重要的。有感受的动物关心自己的生活状况，这个事实就为我们带来了一种独特的道德要求。

没错，当我们思考何谓正义时，最好先从我们所熟悉的人类的情形出发，检验我们关于人类正义之构成要素，以及它们为什么重要的直觉。如前所述，我们相信如果认真审视这些直觉，就会发现关键在于是否拥有主观体验（这是所有人类共有的），而不是拥有更高的认知机能（只有某些人类在特定的生命阶段拥有）。但是在这种意义上，从人类的情形出发并不意味着我们倾向于某种人性理论，也不意味着倾向于某种**人类**特有的主体性状态（state of subjectivity）。我们同样可以从我们关于狗的直觉出发，思考它们是否属于那种脆弱的生命，由此能否受到不可侵犯之权利的保护。如果答案是肯定的，那么再思考狗的何种特质使它们具有那种脆弱性。我们将会得到一个关于狗的感受、意识或主体性的答案，这与狗和人类在主体性上的相似程度没有关系。

现在我们来讨论一个更深层次的关于自然价值的问题。如前所述，生态论者认为，不仅仅动物个体易受人类的伤害，物种整体也在被抹杀。水体污染，山岩粉碎，曾经繁兴的生态系统正在衰落。这些变化对人和动物都造成了伤害，但是对生态论者来说，这些危害指的并不是对有感受的生命的影响。很多生态论者都主张，非动物自然（non-animal nature）拥有必须予以重视的、与繁兴相关的利益，植物和生态系统等必须获得道德地位，与人类和动物一样，其利益也需要保护。（Baxter 2005; Schlossberg 2007）根据这种观点，动物权利论由于把权利建立在自我性的基础上，所以缺乏承认更广的大自然的道德重要性的思想资源。

这里部分问题出在关于道德地位的说法，因为动物权利论的捍卫者与对其提出批评的生态论者都在使用它。我们需要其他更准确的术语来把握不同类型的考量因素在道德推理中起作用的方式。称人类、动物和自然都具有道德地位，或者都可能受伤害，这些说法是无益的。一片水域可能受到伤害，一只水獭也可能受到伤害，但是只有水獭能够从主观上体验到伤害。这不是说主观上体验到的伤害必然比其他类型的伤害更严重，但这的确意味着两种伤害是不同的，它们需要不同的补救或保护。试考虑生态论者所提出的一个典型例子：一个生机勃勃的生态系统因为鹿的泛滥而受威胁。由于没有自然捕食者，鹿的数量失去控制，它们破坏当地植物群落，威胁着生态系统——包括一种稀有兰花目前仅存的样株。假设情况进一步恶化，栖息地正处于崩溃的边缘。有一些不涉及杀害的解决方案，例如在其他地方繁殖这种兰花，或者通过控制生育的药物、设立生境廊道来控制鹿的数量，但这些都无法及时奏效。对人类来说仅有的解决办法就是：要么捕杀鹿群，要么任由其破坏生态系统和兰花。

在这种情况下，生态论者批评动物权利论只承认鹿的个体具有道德地位，却不承认生态系统整体的道德地位，或者是某种特别的花朵作为物种的道德地位。但是，赋予生态系统道德地位真的有助于我们理解那些重要的道德考量因素吗？如果我们让鹿和生态系统都拥有道德地位，就意味着这两种考量因素是同类型的，二者彼此抗衡，因此，这有可能允许我们为了防止生态系统恶化或兰花灭绝而杀死鹿。自然的利益也许会压倒鹿的利益，反正鹿在其他地方还多的是。

但这种处理问题的方式无疑遮盖了，而不是厘清了起作用的道德要素。考虑一下，如果把本例中的鹿替换为人类会如何。那样的话，我们不会选择为了保护兰花而杀人。我们会尝试说服人类停止破坏行为，我们会尝试保护生态系统和兰花，但即使最坏的情形发生，我们也不会杀死任何人。那种兰花会消失，而我们会努力下次做得更好。为什么这样？因为在这里所说的道德地位存在着本质上的区别。不管是兰花还是本地生境，都不具有那种可以压倒有人格者的不可侵犯性和不被杀害之权利的利益。

其实，生态论者一般都接受这一点。当生态论者最初提出植物或生态系统应当在正义理论中具有道德地位的时候，就有批评指出保护生态系统或物种有可能被用来为杀人辩护。生态论者很快就回应了这种“生态法西斯主义”的指控，他们认为赋予作为整体的物种或生态系统以道德地位并不意味着允许侵犯基本人权。虽然整体性实体（例如物种或生态系统）具有道德地位，但它不等同于人类的道德地位。如克里考特所说，承认生态系统的道德地位，这是对先在的基于不可侵犯之人权的道德系统的补充，而不能被用来限制或反对那些先在的人权。[27]（Callicott 1999）换句话说，道德地位是等级制的。自然系统具有道德地位，因而我们必须关心生态价值，但是这些价值不能压倒基本人权。[28]

然而，这种动摇表明了，关于道德地位的生态论话语整体上是具有欺骗性的，它掩盖了我们是在根本不同的意义上使用道德地位一词的事实。和动物权利论一样，生态论其实也默认了某些存在者是不可侵犯之权利的拥有者。但是它仅仅假设了（而没有论证），只有人类有资格享有不可侵犯之权利，而把有感受的动物和非动物自然归类到一个次要的道德地位范畴，其基本利益是可以被牺牲的。

生态论也许是一个可辩护的立场，但是对它的阐述或辩护是不能通过询问“非动物自然是否拥有道德地位”来实现的。更恰当地说，重要的问题在于我们该如何找出那类拥有可以产生不可侵犯之权利的自我性的存在者。关于自我性的问题与我们对自然价值的态度是分离的，且对后者形成约束。生态论者隐含地假设了动物的自我性不像人类的自我性那样，可以得到不可侵犯之权利的保护。但是他们对这个立场没有给出任何论证，所以这不过是赤裸裸的物种主义论断，就像萨默维尔一样。

在我们看来，宣称人类、动物、无感受的生命形式都有同种意义上的利益，且因此都具有道德地位，这种观点是具有欺骗性的。它看似在挑战人类中心主义所主张的人类特权，但实际上预设了一种等级制的道德地位观，认为只有一个特定群体内的脆弱个体——人——是不可侵犯的，而其他所有动物都可以被牺牲。而且正如我们在第一章所见，这种等级制观念不可避免地会导致（严重破坏生态系统的）动物剥削体系的巩固和扩大。

我们已经论证了，一个更可行的方法就是从自我性问题入手。何种存在者拥有对世界的主观体验，并因此拥有这一特定意义上的利益？这个关于自我性或人格性的问题决定了哪些存在者应得到正义的对待，并拥有不可侵犯之权利。我们有很多好理由去尊重与保护自然，既包括工具性的，也包括非工具性的理由。但是将其表述为保护兰花或其他无感受物的**利益**，这是错误的。因为只有一个有主观体验的存在者才有利益，我们才负有直接的正义义务去保护其利益。一块石头不是一个有人格者。一个生态系统，或一株兰花、一种细菌都不是。它们是物体。它们可能被毁坏，却不能遭受不义。正义是给予那些能体验这个世界的主体的，而不是给予物体的。无感受物可以正当地作为尊重、敬畏、爱与关怀的对象，但由于缺乏主体性，不能正当地成为公正所关注的对象；它们也不是具有主体间性（intersubjectivity）的能动者，无法激发正义感。

生态论者会反驳我们，认为我们并不是消除了等级制，而只是改变了其成员身份。但这就误解了我们的立场。我们不否认人类对植物和非动物自然负有道德义务，也不认为人类和动物在某种宇宙等级制（cosmic hierarchy）中的地位高于树木或山峰。应当说，我们只是认为动物是不同的，它们的感受能力产生了一种独特的脆弱性，并因此出现了一种被不可侵犯之权利保护的独特需要。如果无感受物也拥有这种利益，而我们拒绝向它提供不可侵犯之权利的保护，那么我们就犯了贬低其地位的过失。但是它们没有这种利益，所以，不将兰花和岩壁视为有人格者，这并不是不尊重。[29]

3. 自然的他性

如前所述，动物权利论关于基本权利的立场遭到了两方批评，一方是那些认为只有人类有道德地位的人，另一方是那些认为自然中的一切都有道德地位的人。两种批评在耍同一套无视动物主体性的把戏，它们将动物问题消解在放大了的自然问题中，否认动物作为主体（不仅仅是作为自然的组成部分）需要得到像人类主体那样的保护。

如何解释有那么多人（既包括人类主义者，也包括生态主义者）拒不承认动物的自我性？这无疑有很多原因，其中就包括把动物污名化为畜生或物品的漫长历史。但值得注意的是，还有另一个看似相反的原因，即我们通常以某种方式欣赏、尊重、珍视动物生命（以及更广大的自然）。

人们常常仅把动物视作自然的部分，因此也视作某种本质上的“他者”——它们不关心人类事业，而且对人类心智来说是不可知的。尽管这种他性（otherness）有时候会导致威胁和疏远，但有时候也能激发人们强烈的审美和道德反应，即尊重和敬畏。有时候，伟大的自然之美让我们超脱自我，使我们得以在更广袤的、根本不关心自我的自然事物之中暂时隐匿、丢弃自我。关于这种“去我化”（unselfing），可见艾丽丝·默多克（Iris Murdoch）对红隼的描述：

> 我正怀着焦虑和怨恨望向窗外，无心留意周围环境，大概正为自己名声受损而郁闷。然后我突然看到了一只盘旋的红隼。刹那间一切都变了，那个因虚荣心受损而郁闷的自我消失了。除了

红隼，别无他物。而当我再去想别的事时，那些好像都不那么重要了。（Murdoch 1970: 84）

这段话有时被引用来例证，自然因其价值超越了其作为资源或商品的工具性价值，可以且应当被人类重视。一个更大的自然秩序存在着，它完全无视我们的日常计划和关切，为我们的生活提供了一个必要的背景和反思视角。

再来看登山者卡伦·沃伦（Karen Warren）的一个相关论述：

> 一个人若能把岩石视为某种非常不同的事物，一种也许漠不关心其自身存在的事物，就会在那种差异中找到值得欢庆的喜悦。他觉察到了“自我的边界”，自我——那个作为登山者的“我”——隐退，而岩石出现了。二者不会合而为一，而**被承认**是相互分离的、不同的、独立的两个实体，但它们相辅相成，处在**关系**之中；二者之所以相关，**只**因爱慕的眼光在感受、回应、留意、关注着岩石。（转引自 Slicer 1991: 111）

德博拉·斯莱瑟（Deborah Slicer）引用了这段话，她把登山者和岩石的关系描述为一种“爱的关注”的范例，这种关注应当成为我们与“他者”——包括动物、植物与无生命自然——之间伦理关系的基础。

爱的关注与尊重自然的他性（包括它的美、独立和自足）为很多人类（也许还有某些动物）呈现了一种至关重要的道德能力和机会。而且，这种忘我的关注或交联的瞬间体验也许对激励人类关爱自然（包括动物）至关重要。因而，如果认为这种“爱的关注”会消耗我们对动物的道德反应和义务，那就不对了。沃伦谈到与岩石处于“关系之中"，不过这是一种单方面的关系，是人类自我单方面地在感受、回应、留意、关注。而在红隼的例子中，有两个自我的存在。当默多克眺望窗外的时候，红隼对她漠不关心（正如另一个人类自我如果没觉察到自己被观察时，也是如此）。但是二者之间是有可能建立主体间关系的，这就带来了不同种类的道德义务。

假设红隼突然撞到了窗户并坠向地面，或者沃伦刚刚攀登时踩过的一块碎石松动并坠落，前一种情况要求采取照料红隼的道德行动。默多克有义务走向那只鸟，尽可能地帮助它。后一种情况则不要求类似的道德行动。沃伦也许会责备自己攀爬动作草率，也许会对破坏岩石表面感到遗憾，但是这里不存在一个可以提出道德要求的、受苦的其他自我（other self）。这次意外也许会让沃伦反思攀岩是否真的符合对岩壁的爱的关注，但是她没有义务爬下去找到并援助那块被她弄掉的碎石。

如果过分强调动物与我们的分离——包括它们的独立、疏远、难以理解或漠不关心，我们面临的犯道德错误的风险并不低于与之相反的情形，即过分强调相似性，把我们自己的需要、欲求或利益投射到它们身上（而这个论断也适用于我们与其他人类之间的关系）。事实上，很多动物绝非对我们漠不关心，它们有很强的能力来充分表达其作为个体自我的需要、欲求和利益。

芭芭拉・斯马茨通过对狒狒和家养狗的研究，非常专业地见证了跨物种交流和联系的过程——"那种探索进入他者之存在的能力"（Smuts 2001: 295）。她走进狒狒群进行田野调查，描述了它们在适应她的过程中所发生的重要变化。起初，它们只是躲避她，这是对一个潜在威胁的单方面本能反应。随着时间推移，斯马茨学着"以狒狒的方式交谈"，改变了她的一切行为方式——从"我走和坐的方式，我控制肢体的方式，到我用眼和发声的方式”。随着渐渐与狒狒建立交流，她能够回应它们表达情绪、动机和意图的信号，于是开始被它们视为一个主体：

> 这也许听上去只是个细微的转变，实际上却标志着一个深刻的变化：一开始我被视作一个只能引发单方面反应（即躲避）的**客体**，到后来我被承认为一个可以与它们交流的**主体**。随着时间的推移，它们越来越把我视作像它们一样的社会性存在，开始接受这种关系所产生的要求与回报。这意味着我有时候不得不优先考虑它们的需求（例如，一个“走开！”的信号），而不是我收集资料的意愿。但是这也意味着我在它们中间越来越受欢迎，它们不再只是忍受一个闯入者，而是把我视为一个偶然的相识，有时甚至是亲密的朋友。（Smuts 2001: 295）[30]

斯马茨在经历了那段与狒狒相处的时光后，对动物的个体性和主体间接触的可能性有了截然不同的认识：

> 在来非洲之前，如果我走在树林里遇到一只松鼠，我会欣赏它，但也会把它看作“松鼠”群体的成员之一。现在，我会把我遇到的每只松鼠都视为一个小小的、拖着毛茸茸尾巴的、似有人格的生命。即使我一般无法区分这只或那只松鼠，但是我知道，如果我试着去认识它，我就能做到，而且一旦我认识它，这只松鼠将展现为一个完全独一无二的存在，它的性情和行为与世界上的所有其他松鼠都不同。此外，我还意识到，这只松鼠如果有机会认识我，他或她与我建立的关系将会不同于与世界上其他任何人的

关系。我觉察到所有存在者都有个体性，而且至少某些存在者能够对我的个体性给予回应，这使世界转变为一个充满着建立各种个体间关系之可能性的宇宙。这样的关系可以是短暂的，比如我们在野餐时与那里的鸟之间的关系；也可以是终生的，比如我们与猫、狗和人类朋友之间建立的关系。（Smuts 2001: 301）

这种对于主体间关系之可能性的关注，非常不同于默多克的“去我化”的时刻。后一种相遇在很多种类的他者之间都有可能发生——不管其是否有感受；而前一种只可能与其他的“自我”建立，它为主体间性和（由其独特的脆弱性所要求的）特殊保护提供了基础。笼统地讨论“他者”（指动物和自然）掩盖了这样一个事实：动物不仅仅是“他者”，它们是其他的**自我**。而正是这种自我性使我们产生了关于公正和同情的特定道德态度，后者构成了我们正义义务的基础。[31]

4. 对“大争论”的总结

前文基本上论述了过去45年里由动物权利论所引发的“大争论”。这场讨论还远未结束，但是我们相信，迄今为止的论证显然是支持强式动物权利立场的。即，我们应当承认动物是脆弱的自我，拥有不可侵犯之权利（反对那些认为只有人类拥有基本权利的观点）；对自我性的保护应当延伸至动物，而这种保护不应当缩水，或者被其他更优先的道德考虑所替代（反对那种认为动物和自然的道德地位等级低于人类，或者宣称动物的道德地位与自我性的重要意义没有关系的观点）。

如前所述，动物权利论还存在巨大争议。然而，动物权利的批评者做了很多努力，却仍然无法证明唯有人类拥有道德自我性。正如玛莎·努斯鲍姆（Martha Nussbaum）不得不承认的："似乎没有一种可接受的论证能够否定不同物种的生命都拥有平等的尊严。"（Nussbaum 2006: 383）

我们不指望本章的简短讨论可以说服任何一个尚未接受这种观点的人。说到底，你如何能说服一个人去注视他者的眼睛然后承认其拥有人格？所以，在本书接下来的部分，我们不尝试提供新的论证来探讨为何动物拥有自我或人格，我们更想探讨既承认动物拥有人格，又视其为朋友、公民成员，以及（我们的和它们的）社群之成员，这将意味着什么。我们希望通过这种方式充实一种关于人与动物有可能建立何种关系的设想，从而使读者再次注视某个动物的眼睛时，更容易认识到那里有一个人格——既熟悉又神秘，那是一个拥有意义与能动性的独立个体。

5. 动物基本权利的不可侵犯性与普遍性

尽管我们的目标是建立一个具有拓展性和群体差异性的人类–动物正义观，这种正义观超越了当前动物权利论对基本权利的执着，但并不是要削减这些普遍权利的重要性。恰恰相反，普遍权利非常有助于终结动物剥削的悲剧和最恶劣的暴力形式。因此本章的最后部分将简要概述我们如何理解这些权利，以及它们如何为我们在下面几章要建立的更具拓展性的观念打下理论基础。

承认动物是拥有不可侵犯之权利的有人格者和自我，这意味着什么呢？用最简洁的话来说，这意味着它们不是实现我们目的的手段。它们来到世上不是为了服务于我们、供我们吃掉，或让我们舒适的。相反，它们拥有自己的主观存在，所以拥有平等且不可侵犯的生命权与自由权，这种权利禁止人类伤害、杀戮、监禁、占有，以及奴役它们。尊重这些权利，就意味着反对所有现有的动物利用产业的实践：人类为了营利、娱乐、教育、方便或舒适而占有并剥削着动物。

我们把这些基本权利描述为“不可侵犯的”和“普遍的”，正如人权也通常被理解为不可侵犯的和普遍的。然而，不可侵犯性和普遍性是需要进一步厘清的概念。首先来看不可侵犯性。正如前文所指出的，这个术语并不意味着基本权利是绝对的、无例外的。比如在自卫问题上就存在例外——无论是在人类还是动物的情形中。人类拥有不可侵犯的生命权，但如果是出于自卫或迫不得已，杀死另一个人是可允许的。[32] 在动物的情形中也一样。在不可侵犯性问题上，还存在一个历史维度。在人类历史的不同阶段，或在特殊条件下，人类为了生存不得不伤害或者杀死动物。在这种意义上，基本的不可侵犯之权利也不是绝对的或无条件的。

这带来一个关于正义之性质的更普遍的观点：正义只适用于特定的环境，即罗尔斯（继休谟之后）所说的“正义的环境”（circumstances of justice）。“应当”蕴含着“能够”：人们只有在不危及自己生存的前提下才能真正尊重他者的权利，此时他们彼此间才负有正义义务。罗尔斯把这个条件称之为“适度匮乏”（moderate scarcity）：正义之所以**必要**，是因为不存在一个可以满足每个人所有欲求的无限资源池；但是要想让正义成为**可能**，对资源的竞争必须是适度的，不能太残酷。也就是说，我可以承认你的正当要求，只要这不会威胁到我自己的生存。

我们就此对比一下人们时常提到的“救生艇难题”，即食物或空间不足以满足所有人生存的情形。在类似救生艇的条件下，最极端的行动也是可以考虑的。为了避免船上所有人都死掉，也许可以决定牺牲一个人，或者牺牲自己。人们提出了各种用来决定谁生谁死的方案。但是，这种极端情况下的救生艇难题并没有告诉我们，在正义的环境适用的一般情形中，我们每个人所享有的基本权利是什么。在资源适度匮乏的条件下（而不是在救生艇难题中），为了食物或空间而杀死其他人是错误的。[33]

类似地，在人类与动物的关系中也存在救生艇难题。的确，在过去，正义的环境也许无法适用于很多人类－动物交往，而且对动物的杀戮也许不可避免地成为一个群体生存策略中重要而持久的部分。此外，也许现今仍然有很多偏远地区的人类社群，他们在当地可选择的生存手段十分有限，可以说他们与动物之间缺乏正义的环境。

但是环境会发生变化。“应当”蕴含着“能够”，但是我们“能够”做的事情是随时间变化的，所以，“应当”也随之变化。今天，我们中的大多数人已经不再处于那种为了获取食物、劳动力或衣物而不得不拘禁并杀死动物的环境中了，不必再为了满足自己的需要而屈从于不得不伤害动物的悲剧必然性。[34]

这并不意味着我们永远不需要杀害动物。动物有时候攻击人类，或者它们的存在就对人类构成致命的风险（例如栖息在人类房屋中的毒蛇）。而且这类风险的性质可以随时间的推移而改变：一个与我们建立了友善关系的特定动物物种也许会感染某种对我们致命的病毒，我们不得不因此采取一些以前并不需要的保护措施；另一方面，我们也许会开发一些新技术（例如疫苗、隔离）来控制来自动物的长期风险，从而使以前会造成伤害的必要自卫手段变得不再必要。

所以，对正义的环境的评估和维持是一个持续性任务。关于一个人是否与动物处于正义的环境中，这个问题不存在一个简单的或一次性的“是或否”的判断。虽然人类社会不再需要为了生存而经常性地杀害或奴役动物，但总是存在一些可能出现致命冲突的情况，而这些情况是随着时间而发展变化的。但不变的是，我们有义务努力维持正义的环境（当其存在时），并努力实现它（当其尚不存在时）。一方面，我们不应鲁莽地让自己落入与动物发生致命冲突的处境中，另一方面，我们还应当付出合理的努力去寻找减少现存冲突的办法，以便尽可能地尊重动物的不可侵犯之权利。[35]

而这具体要求我们如何行动，在很大程度上是因人而异的。对于居住在富足的城市环境中的人来说，我们与动物的大部分日常交往明显都处于正义的环境中。除此之外，有人生活在较偏远的地区，与一些有潜在攻击性的野生动物相伴；有人生活在较贫困的社会中，缺乏足够的基础设施（例如，废物处理、密闭的房屋隔墙）。对这些人来说，日常生活所必需的活动会面临更多经常性的风险，引发更多致命冲突，需要采取更多措施来拓展正义的环境。在上述任何情形中，我们都有义务维持和拓展正义的环境，从而尽可能地尊重动物的不可侵犯之权利，但是很显然，那些生活在更适宜的环境中的人，身负着更高的期望和要求。

所以，动物的不可侵犯之权利不如初看上去那么简单，而且不像听起来那样绝对或无条件。但是上述情况在人类的情形中也一样。我们也许必须牺牲一些人，当他们的存在构成了致命危险，或者身处救生艇难题中。这种悲剧性情形的存在，并不能用来质疑动物或人类的基本不可侵犯之权利，相反，之所以是悲剧性的，恰恰是因为在这样的情形中我们无法尊重人们应当享有的不可侵犯性。所以，在任何情形中，我们都有义务去积极拓展正义的环境，从而确保条件允许我们能够去尊重这些不可侵犯之权利。

而且，尽管不可侵犯之权利并非毫无例外，我们也不应夸大这些例外。对于大多数社会来说，因自卫或生存所需而侵犯动物基本权利的情形实际上是很罕见的。有人试图将自卫逻辑拓展至动物医学实验的问题上，理由是这有助于人类研究出治愈致命疾病的方法，所以符合“要么杀，要么被杀”的情况。根据这种观点，要么动物死，要么人类死，所以人类选择自保是没有问题的。

但这其实严重歪曲了那种关于自卫或生存所迫的观点。试考虑人类的类似情形。对于医学研究来说，人类受试者是比动物更加可靠的模型，但是我们不能容忍把人类用于危险的、侵入性的、非自愿的研究。如果有人想通过牺牲人类个体来获得医学知识或发展医学技术从而帮助其他人类，这理所当然会使我们感到惊恐，因为这正是个体的不可侵犯性所要防止的那类剥削之一。我们之所以需要基本权利，恰恰是为了防止个体的最基本利益因他者的更大利益而被牺牲。不管牺牲一个人所换取的知识是否有可能拯救其他一千个人，我们都不认为“有利于别人”可以成为侵犯个人基本权利的充分理由。在人类的情形中，我们不能混淆“有利于别人”与“自卫”。如果有人劫持了人质并威胁说要开枪杀人质，那么也许有必要将其杀死以拯救人质。但是如果从大街上抓来一个人，给其注射艾滋病毒来研究疗法，这就是一种非常恶劣的暴力行为。

对动物的医学实验常常被认为是关于动物权利的一个难题。即使那些反对工厂化养殖、化妆品测试、娱乐性狩猎的人也常常纵容医学研究，就好像放弃无限制地使用这些不完美的[7]实验受试者是一个不堪设想的巨大牺牲。（例如，Nussbaum 2006；Zamir 2007；Slicer 1991；McMahan 2002）但是如果把这看作一种牺牲，就误解了这种道德处境。毕竟，不计其数的医疗技术与医学进步在今天之所以未能实现，是因为我们拒绝在人类受试者身上做侵入性实验。如果研究者可以使用人类受试者，而不是不完美的动物替身，难以想象这会在多大程度上推动医学和科学进步。然而我们没有将此视为一种牺牲。我们并没有每天醒来就悲叹有多少知识尚未开发；并不因限制使用人类受试者而苦恼，尽管这种限制如此严重地阻碍了医学进步；并不担心那种对尊重少数人权利的过于敏感的态度会阻碍其他人过上更长寿、更健康的生活。事实上，如果有人认为禁止用人类做实验是一种牺牲，就会被认为有悖道德。我们完全理解，在人类的情形中，医学知识必须在伦理的界线内发展，否则它就不是我们有权获得的知识。这也许会迫使我们发挥更大的创造力去探索其他获取知识的途径，或者更加耐心地等待结果。不管怎样，我们不会将其视为一种牺牲。我们要承认，一个以牺牲少数人为代价来换取多数人活得更好或更长寿的世界，不是一个值得我们生活在其中的世界。

要想让社会承认我们无权获得那些通过伤害和杀死动物得来的医学知识，需要做出巨大调整，但这种调整的代价会是暂时的。而几十年之后，当新的实践方式成为习惯，当新一代的研究人员被培养出来，人们对动物实验的看法就会像今天我们对人类实验的看法一样。禁止动物实验不再被视为一种损失，就像禁止人类实验不被视为损失一样。没有人会认为放弃动物实验是人类的牺牲。相反，他们会纳闷我们当初是如何将这种实践合理化的。

这就是我们所理解的不可侵犯性，在人类和动物的情形中，它都要以正义的环境为前提条件，而在正义的环境存在的情况下，它将为基本权利提供可靠的保障。即使在牺牲少数人利益可以促进多数人利益的情形中（其实它主要针对的就是此类情形），这种保障仍然有效。

现在我们来讨论“普遍性”问题。我们追随卡瓦列里和其他学者的观点，把我们的动物权利论视为对人权理论的逻辑延伸，且在普遍性上有着与人权理论共同的追求。（Cavalieri 2001）说它追求普遍性，是指就其中这一含义来看，它并非单纯源于对某种特殊的文化传统或宗教世界观的阐释，而是作为一种全球伦理观，以整个世界都理解并共享的价值观或原则为基础。

所有对于普遍性的主张都要直接面对文化多元主义（cultural pluralism）的问题。既然世界上不同的文化和宗教对动物道德地位的看法如此相异，我们又怎么能说某种看法是具有普遍效力的呢？将“我们的”动物权利观念强加于其他社会，这难道不是一种欧洲中心主义和道德帝国主义吗？这种反驳在原住民的情形中尤其突出，也尤其具有争议性，因为有些原住民从事狩猎和诱捕，而这是动物权利运动者试图禁止的（例如捕鲸和猎杀海豹）。在西方帝国主义压迫原住民的漫长历史背景下，这很难不被视为西方社会又一次以原住民社会的落后、原始，甚或野蛮为由，宣称自己有权对后者施以霸权。所以，即使是那些积极的动物权利运动者，有时也会想方设法使原住民免受那些禁止传统狩猎活动的法律或规矩的约束。

然而，几乎没有哪个动物保护运动者愿意支持一种普遍化的“文化豁免”，它可被用来为任何侵犯动物权利的传统文化实践辩护。例如，当西班牙加入欧盟时，它试图争取一项对欧洲动物福利法的豁免权，允许其以“尊重文化传统”为由举办斗牛。（Casal 2003: 1）大多数动物权利倡导者认为这是不可容忍的：如果不能终止这样的传统，那么动物权利原则有何存在的意义？

还有各种充满争议的例子，它们介于西班牙斗牛和原住民的狩猎传统之间，多与宗教有关。犹太人和穆斯林可以豁免于旨在减少痛苦的动物屠宰法吗？是否允许萨泰里阿（Santeria）教徒举行动物献祭仪式，作为其宗教礼拜的一部分？更广泛地说，尊重文化多样性是否与尊重动物权利相冲突？如果存在冲突，这是否意味着，正如葆拉·卡萨尔（Paula Casal）所说，“多元文化主义（multiculturalism）对动物是有害的”（Casal 2003）？

这是一个重要问题，或者更准确地说，这是一系列不同问题的组合，需要谨慎地拆解分析。我们不能期望这些问题可以在这里得到全面解决，但是必须注意在人权问题上也有同样的争论。自从1948年《人权宣言》的诞生之日起，人们就一直在争论人权观念是不是真正普遍的，或者它是不是欧洲中心主义观念强加给其他文化的，特别是在妇女和儿童权利问题上，或者在更普遍的家庭生活问题上。于是，就像动物权利问题一样，我们看到有人呼吁让一些文化或宗教免受人权标准的约束。很多国家在签署国际人权规范的时候都“有所保留”，特别是在妇女和儿童权利问题上，因为这些问题被认为是一个社会的生活方式或宗教自我认同的核心。这进而引出如下问题：尊重文化多样性与尊重女性权利是否冲突？因此，“多元文化主义对女性有害”（Okin 1999）吗？

如果我们比较这些讨论，就会发现其中存在惊人的相似之处。无论是对普遍性的诉求，还是这种诉求所引发的争议，人权和动物权都是一样的，我们没有理由认为动物权比人权更容易或更难实现普遍性。事实上，如果本章的动物权出自人权的逻辑这一论点是正确的，那么二者的普遍性将共立共废。在根深蒂固的文化差异面前，捍卫动物权的普遍性将遇到严峻的挑战，但是在捍卫人权的普遍性时我们也面对着同样根深蒂固的文化差异，因而我们对后一种挑战的回答可能适用于前者。

面对文化多样性的现实和要求，如何才能更好地捍卫基本权利的普遍性，关于这个问题很多作品都有讨论。我们在此不可能复述这些争论，更不要说解决了。但我们也许至少可以消除某些误解。反对人权或动物权之普遍性的人，大都诉诸一种关于文化价值如何出现或演化的特定观点。正如海纳·比勒费尔特（Heiner Bielefeld）所指出的，当人们讨论人权是否属于西方时，常常暗示了一种由橡子成长为橡树的文化模型。（Bielefeldt 2000）说人权是西方的，就是说人权以某种方式存在于西方文明的橡子之中，写在西方的文化基因里，所以就注定了随着树的生长而开花结果。相反，这一观点认为人权不存在于伊斯兰教或东方社会的橡子之中，不是其文化基因的一部分，所以不是其自然演化的一部分，顶多算是一种外在的嫁接，而不能真正地融入这棵树。类似地，否认动物权之普遍性的人也许会说，动物权属于西方文化基因的一部分，它不属于东方。

这种"橡子与橡树"模型非常具有误导性，不管是在人权还是动物权问题上。一个显而易见的事实是，孕育了人权观点的西方文明同样也孕育了纳粹主义，更不要说多少个世纪以来的父权制和种族压迫，所有这些都源自西方文化中关于秩序、自然、进化和等级制的各种根深蒂固的观念。如果说今天大多数西方人都接受人权观念，这并非因为它是唯一符合我们的文化基因的观念，而是人们认为，在我们的历史和文化中出现的众多不同的、相冲突的道德资源中，人权观念是值得认可并捍卫的，其他道德资源不值得我们继续拥护。

这个选择过程在所有文化之中都会发生，不仅仅是西方。在各种文化和宗教之中，都存在道德资源的多样性（或者是对道德资源之解读方式的多样性），其中有些可以很好地与普遍人权观念相适应，另一些则不能。一个社会中的成员是否认可人权，这并不是由他们的原始文化基因所预先决定的，而取决于他们在多样性道德资源中不断进行判断、择善而从之的过程。所以，人权的普遍化不是通过对那些缺乏合适文化基因的社会进行外来移植实现的，而是通过对多样的道德资源的反思过程，这个过程所导向的理想结果是：对一系列共同的价值或原则达成一种“非强制性共识”（Taylor 1999）。

如今，大多数试图解释人权之普遍性的理论家都诉诸上述模式[36]，而我们相信这个模式也可应用于动物权。没有哪个社会预先注定了会接受或拒斥动物权利论。每个社会中都有关于动物道德地位的多样的道德资源，其中有些能自然地导向动物权利论的方向，另一些则不然，至于这些道德资源中哪些具有说服力，这取决于我们所有人的判断。[37] 我们相信，无论在原住民社会还是在欧洲社会，都是如此。事实上，上文所捍卫的不可侵犯性的观念（即只允许在生存所迫的悲剧性情形中杀死动物）按理说更接近于传统原住民的态度，而不是西方社会在过去几百年间的主流态度。

现有证据表明，在许多人类文化中，杀死动物都被视作悲剧性的生存必需。几千年来，人类为生存所迫而剥削动物这个事实一直都在为人们带来心理压力。而现如今，忘记这一点是很容易的，大多数人在日常生活中几乎都不会考虑到有数十亿的动物正为了满足人类愿望而受苦和死去。但是在古代，我们的祖先把剥削动物视为悲剧性的、存在道德问题的，这种态度值得称道。例如，在很多地中海文化中，食用非献祭的肉类被视为禁忌。人们在献祭动物的时候，象征性地将一部分肉供奉给神，剩余的部分才被分给人类食用。詹姆斯·瑟普尔（James Serpell）把献祭文化视为一种责任转移，最终是神对杀戮动物负有责任，因为是神要求人类献祭。动物被运送给寺庙或祭司，祭司先征得动物（所谓的）同意，然后执行仪式性杀戮，这样就进一步减轻了责任。而且祭司在实施这种恶行之后，必须净化自己。（Serpell 1996: 207）在现代，大多数人都生活在远离直接剥削动物的地方，而且这似乎成功地压制了纠正这一行为的需要，但是在一些传统狩猎社会和宗教群体中，责任转移和缓解内疚的做法仍然存在。[38]

在某些方面，动物权利论会要求主流的西方社会做出比传统社会更大的文化转变，因为在更传统的观点看来，杀死动物是一种要求赎罪的悲剧性的生存需要。而且不难想象，原住民社会内部的确存在关于狩猎和诱捕活动是否明智与必要的争论，而且有些原住民首领很厌恶皮草产业的生产方式，比如，后者在营销和宣传上利用原住民来粉饰其工业化规模的剥削和虐待行为。[39]

不管怎样，说动物权利论以某种方式存在于西方的文化基因之中，而对于其他社会只能是外来嫁接物，这是没有根据的。动物权的普遍性与人权一样，是我们在反思自己道德资源的过程中进行开放式辩论的对象，而不是被某种对文化之原初本质的简单假设预先决定的。

显然，我们相信对人权和动物权的普遍性要求都是可以得到辩护的，而且这种道德反思过程可以导向一种重叠共识：所有脆弱的自我都拥有基本权利。但是我们要强调，主张动物权利论的普遍性并不意味着赞同把它**强加**给其他社会。就跟在人权问题上一样，我们有重要的道德和实践上的理由将强制性干预限制于最严重的侵犯，并集中精力去支持那些社会逐步实现人权和动物权。特别是对那些在历史上受支配的族群来说，他们有充分的理由去质疑前压迫者的动机。[40]

我们还应当注意，主张人权和动物权的普遍性并不意味着可以对这种权利加以**工具化利用**。如前所述，在漫长的历史中，占支配地位的族群曾经以少数族群或原住民对待女性、儿童或动物的方式太“落后”或“野蛮”为由，为其对少数族群或原住民的霸权辩护。在这种语境下，人权和动物权话语并非被善意地用来关照权利持有者，而是被用来为现有的权力关系的再生产辩护。（Elder, Wolch and Emel

1998）在动物问题上，占支配地位的族群往往无视自己直接参与的拘禁和奴役无数家养动物的残酷行径，却假惺惺地抱怨乡村社会和原住民的狩猎活动，或者宗教少数群体的动物祭祀活动，尽管后者只不过展现了人类虐待动物的整体情况的冰山一角。占支配地位的群体还抱怨发展中国家没能保护好那些珍奇或濒危的野生动物，与此同时却在本国境内大肆屠杀那些不构成太大威胁的非濒危动物。通过这种方式，占支配地位的族群以动物福利为工具，重新确认了他们对其他民族和文化的优越感。[41]

在所有这些例子中，对动物的关心都是幌子，被用来有选择性地为人类间的不正义行为辩护，这败坏了其背后的道德规范的名声。我们必须警惕这种形式的道德帝国主义。但是我们认为，应对这种工具化的办法并不是否定人权或动物权的普遍性，相反，应当让这种普遍性更加明确，以确保我们对这些原则的解读具有一致性和透明度，以创造对话条件，使得所有社会群体都能够公平地参与讨论，并塑造这些原则。人权运动者已经采取了同样的策略来回应对于人权工具化的担忧。

所以，我们对普遍性的理解是这样的：我们认为，主张动物是拥有不可侵犯之权利的脆弱自我的观点，在所有社会的各种道德资源中都能找到，它不应被视为哪种文化或宗教的独有财产。如果这些对动物权利的辩护确实具有说服力，那么只要处于正义的环境之中，我们就都有义务尊重动物的不可侵犯之权利，并努力促成这种环境。这对不同的社会有不同的要求，但这是我们所有人都要面对的一项任务。

6. 结语

承认动物拥有自我或人格，这有诸多含义，其中最明显的就是承认各种普遍的消极权利——不被虐待，不被用作实验品，不被占有、奴役、拘禁或杀害。这将要求禁止当前的养殖业、狩猎、商业性宠物产业、动物园经营、动物实验，以及其他许多活动。

这是动物权利论的核心计划，而且对于很多动物权利论者来说，这是该计划的全部内容。动物权利事关废止剥削以及解放被奴役的动物。如前所述，动物权利论中极具影响力的一派（有时被称为动物废除论者或动物解放主义者）认为这些反对剥削的禁令会否定几乎一切形式的人类－动物交往。

但是我们不认为动物权利论可以止步于此。尊重动物的基本权利不必也不能切断一切形式的人类－动物交往。一旦承认动物拥有基本权利，我们就得探寻何种人类－动物交往形式是适当的，是尊重这些权利的。终结人类对动物的剥削是一个必要的起点，但是我们得知道人与动物之间的非剥削性关系可能是什么样的。在人类和动物之间建立互惠性关系的可能性有多大？以及，我们对（无论是那些受到我们照料，与我们建立了共生关系的，或是那些更远、更独立于我们的）动物负有何种积极义务？这些都是我们接下来要讨论的问题。

第三章　以公民身份理论拓展动物权利

我们在导言中论证了，在动物权利论者所捍卫的一些更为常见的普遍权利的基础之上，我们有必要用各种具有关系性和差异性的动物权利来补充和拓展动物权利论。在这个过程中，我们首先要研究人与动物之间的何种关系可以产生具有道德重要性的义务和责任。如前所述，这是一项复杂的任务，因为这些关系具有巨大的差异性。人类和动物之间的关系因以下要素而异：利害影响、强迫和选择的程度、相互依赖性和脆弱性、情感联系，以及物理上的距离。所有这些（以及其他）因素似乎都具有潜在的道德相关性。

我们需要为这些混乱的关系建立某种理论秩序。在本章，我们要论证公民身份[8]理论可以帮我们完成这个任务。用我们熟悉的公民身份理论的范畴（例如公民、居民、外国人、主权者）来思考人类－动物关系，这可以帮助我们确认来自特定动物的不同要求，以及我们使它们遭受的不同种类的不正义。我们将首先解释公民身份理论的含义，以及它为我们思考关系性权利问题所提供的思想资源，然后讨论并反驳目前的两种反对将该框架应用于动物的观点。

1. 普遍权利与公民权利

我们首先来讨论人类的公民身份。想象一下，在国内的某个机场，有一群人刚走下飞机。即使我们不知道与人群中的特定个体之间具有何种更特殊的关系，我们也知道自己对他们所有人都负有某种普遍义务，仅仅因为他们是拥有着主观善（subjective good）的有感受者。我们所有人都拥有这种普遍权利（例如不被虐待、杀害、奴役）。

但是当这群人接受入境护照检查的时候，差别马上就出现了——他们有着完全不同的关系性权利。其中有一些是我们的公民成员，因此拥有无条件地进入和居留本国的权利，而且一旦进入本国，他们就有权被视为这个政治社群完全的、平等的成员。也就是说，他们是这个国家的共同守护者，在决定国家前进方向的时候，其利益和关切与其他人的同等重要。作为公民，他们是"人民"的一员，政府以他们的名义进行管理，他们有权利共同参与行使人民主权，而社会有义务建立某种代表或协商制度，以确保他们的利益在确定公共善或国家利益时得到平等考虑。

而飞机上的其他人不同，他们是游客、留学生、商务访客，或临时务工者，而不是公民。因此，他们没有无条件进入这个国家的权利，入境前需要首先获得许可（例如通过获得签证）。即使获得了入境许可，他们也许仍没有在这个国家永久居留或工作的权利。这个签证也许只允许他们停留一小段时间，此后必须离开。因此，他们不被包含在作为政府管理之名义的人民之中，不参与行使人民主权，而且我们没有义务通过建立代表制度来确保他们的利益在关于公共善的决策中得到考虑。

当然，我们要再次强调：他们虽然不是公民，但仍然是人，所以拥有某种普遍人权。杀害或奴役他们，或其他否认其基本人格和尊严的行为，都是不被允许的。但是我们没有义务为了让这些非公民感到更舒适、为了照顾他们而重构我们的公共空间，或者为了让他们更易于参与政治而重构我们的政治制度。当下也许有几十万中国游客在世界各地度假，如果纽约或布宜诺斯艾利斯设置更多中文路牌，那么会使他们的旅行体验更佳。一个城市要想吸引游客，完全可以选择做出这样的改变，但是公民没有义务让他们的城市变得更吸引游客。而且，是公民在集体决定如何塑造社会和公共空间，而不是游客。在选举中，或者关于路牌政策的公投中，游客没有投票权。

简言之，我们通常要区分**普遍人权**和**公民权利**，前者不取决于一个人与特定政治社群的关系，而后者需要特定政治社群的成员身份。所有登机的乘客都拥有前者，而只有某些乘客拥有后者，这与飞机在哪个国家着陆有关。而这意味着他们的利益会得到不同的考量。简单地说，公民的利益决定了政治社群的公共善，而非公民的利益则为政治社群追求那种公共善的方式设定了**边界约束**（side-constraints）。例如，在决定是否要建造更多的公共住房、养老院、地铁的时候，起决定作用的是公民的利益，而不是游客的。然而，我们不能奴役游客，让他们为我们建造房子或地铁，因为非公民所拥有的普遍人权为政治社群的公民追求他们的公共善的方式设定了边界约束。

这是一种过度简化的表述，我们下文会讨论，存在许多处于“中间”范畴的人，他们的身份既不仅仅是访客，也不是（或者尚不是）公民，考虑他们的利益必须以一种更为复杂的方式，而不是这种简单的二分法。例如获得长期居留权的移民，他们拥有某种不同于临时访客的法律和政治地位，尽管还没有得到公民身份。还有一些族群，他们不具有标准的公民身份，但因某种历史上的政治联系而归属于某个国家，比如作为“国内附属民族”（domestic dependent nations）的美洲印第安部落，我们要承认，他们在一个更大的主权人民（sovereign people）的边界内组成了一个独特的主权人民的群体。但是，这种具有部分的或重叠的公民身份的中间群体的存在，不过是确认了如下要点：一个人是拥有普遍人权的“有人格者”这个事实，尚不足以确定他的法律权利和政治地位（而且我们还必须记得所有那些从一开始就没有被允许登上飞机的潜在访客，他们因此仍然居留在其他主权政治社群）。

乍看起来，这种法律身份的多样性似乎令人费解。毕竟，所有的乘客都是人，拥有着相同的内在道德尊严和脆弱性自我。那么，为何他们最终享有如此不同的法律权利？事实上，有些世界主义者不认为这种区分是正当的。他们认为，对于任何地方的任何人，其利益都应当在政治决策中自动地得到平等的考虑——或通过建立一个边界开放的世界，让所有人都有权在地表自由移动，且随身携带着完整的公民权利；或取消公民身份这个范畴本身，仅仅根据人格性授予权利。而无论是废除公民身份，还是将其普遍化，结果都是一样的：每个人都有登上飞机的平等权利，而且下飞机时，每个人都拥有相同的社会权利与政治权利（定居、工作和投票）。

但这不是我们生活的世界，而且也不能说是一个理想的世界。人类将自身组织为不同的政治社群，并对其成员进行管理，这是有充分理由的。部分理由基于实用主义：当人们将彼此视作同胞（co-nationals）的时候，民主自治的实践更易维系。作为同胞的人们拥有共同的民族语言和对于共同领土的归属感，而不仅仅是偶然暂居于此的环球旅行者。民主和福利国家要求一定程度的信任、团结和相互理解，而这在一个无国界的世界上也许是难以维持的，在那样的世界中人们没有一种有边界、有根基的政治公民身份意识。

除了上述实用主义的理由之外，这种对有边界的公民意识的推重还基于其他考量。有些重要的道德价值是与公民身份关联在一起的，包括民族认同和文化的价值，以及自决的价值。很多人认为自己所归属的集体有**权利**去管理自己及其有边界的领土，有权利以反映自己的民族认同、语言和历史的方式进行自治。这种对民族自治的愿望反映了对特定社群和领土的深切归属感，而这种归属是具有正当性的，值得被尊重。事实上，所谓尊重人，部分含义是尊重他们发展其具有道德重要性的归属和联系的能力，包括归属于特定个体和社群、领土、生活方式，以及合作与自治的体系。有边界的公民身份可以表现和促进这种归属关系。任何形式的世界主义，如果以普遍人格性为名去否定这种归属关系的正当性，那么它就忽视了尊重人格性的一个核心要求——尊重我们与固定的社群和领土建立具有道德重要性的归属关系的能力。[1]

因为这些以及其他原因，实际上所有主流的政治理论传统——无论是自由主义的、保守主义的，还是社会主义的——都假定人类会将自身组织成有明确边界的政治社群，并在此基础上运作。不管怎样，基于本书写作目的，我们要假定自由主义政治理论应用于一个由众多有边界的政治社群所组成的世界，所以它既依靠一种公民身份理论，也依靠一种普遍人权理论。自由主义的普遍人权理论告诉我们，一切人类都因为其人格而享有权利；而自由主义的公民身份理论需要告诉我们，如何确定不同政治社群内的成员身份权。而这又要求回答一系列难题：哪些人在哪些政治社群内拥有哪些**成员身份**权？我们如何确定各种互不相同的、有边界的政治社群的**界线**？我们应当如何管理跨社群的**移动**，以及我们应当如何确定不同自治社群之间的**互动**规则？

在过去30年里自由主义政治理论的研究中，最有趣的一些正是针对这些“公民身份理论”相关问题的（我们这里所说的“公民身份理论”是广义的，它研究所有关于如何在独立的政治社群中界定边界和成员身份的问题，因此也包括关于主权和领土权、跨国移徙的管理，以及新来者获得公民身份的问题）。我们的核心主张是：在动物问题上诉诸一种类似的公民身份理论是合适的，事实上也是必要的。我们认为，与人类的情形一样，我们最好将某些动物视为政治社群的公民成员，在确定我们的集体利益的时候要考虑它们的利益；将另一些动物视为临时访客或非公民居住者，它们的利益为我们追求集体利益的方式设定边界约束；而另外一些则最好被视为它们自己政治社群的居民，其主权和领土应当得到我们的尊重。

这种将公民身份理论拓展至动物的想法，在很多读者看来是反直觉的。这无疑会遭到一些人的反对，他们认为动物不具有那种能被赋予不可侵犯之权利的自我或人格。然而，即使那些承认动物拥有道德人格的动物权利论者，也很少认为它们可以或应当被视为公民。出于各种原因，人们难以把“动物”和“公民身份”两个概念联系起来：二者分属不同的思想范畴。[2]

我们对这种担忧的全面回应将在接下来的四章展开。实践是最好的证明。我们希望可以表明，一种基于公民身份理论的框架不仅仅是融贯的，还有助于解决动物权利论迄今所面临的一些矛盾和困境。而在此之前，需要指出的是，它也许有助于解决我们在思考动物和公民身份问题时遇到的两大障碍。在我们看来，反对将动物和公民身份理论联系起来的主要原因在于：（1）一种对公民身份之本质和功能的误解，这种误解即使在人类的情形中也存在；（2）一种对人类－动物关系之本质的误解，无论是对现有的关系还是未来可能的关系。在本章的剩余部分，我们会简要地回应一下这两种误解，从而为接下来更加详细的讨论做铺垫。

2. 公民身份的功能

很多人难以将动物视为公民的一个原因是，我们日常理解的公民身份观念总是关联着积极的政治参与——公民被认为是那些投票、参与公共辩论，以及围绕有争议的公共政策进行政治动员的人。乍看起来，动物们根本无法成为这种意义上的公民。不管动物拥有何种身份，都肯定不可能是公民身份。

然而，这种推论太草率了。我们需要厘清公民身份观念。积极的政治参与只是公民身份的一个面向，我们需要更全面地认识公民身份在我们的规范性政治理论中的功能，然后才能判断它如何可能适用于动物。我们可以认为公民身份在政治理论中至少具有三种不同的功能，即国籍权、人民主权，以及关于民主政治能动性的权利。

（1）国籍权：公民身份的第一种功能——而且至今仍是国际法中最主要的一种——就是把个体分配至地域国家。成为某国的公民，意味着有权居住在该国的领土内，并有权在出国旅行后回归该国。每个人都应有权生活在地球上某个地方，所以国际法试图确保没有人是无国籍的。每个人都应当是某个国家的一名公民，并拥有居留在这个国家以及回归其领土的权利。需要注意的是，这种护照意义上的公民身份并没有告诉我们公民所属的国家应具备何种性质。人们可以是非民主的神权制、君主制、军政府制，或极权主义统治之下的公民，因而完全缺乏政治参与的权利。这是一种意义非常单薄的公民身份。

（2）人民主权：自法国大革命始，公民身份的观念开始具有一种新的意义，它关系到一种关于政治合法性之根基的独特理论。根据这种新观念，国家属于“人民”，不属于上帝或某个特定的王朝或种姓，而拥有公民身份意味着成为主权人民之一员。如艾伦·布坎南（Allen Buchanan）所言，国家不是社会中的王族或贵族阶层的财产，而是属于人民的，这属于自由主义理论“信条”的一部分。[3] 国家的合法性在于，它体现了人民的固有统治权——简称“人民主权”。这最初是一种革命性的观念，曾与更古老的政治合法性理论相抗争，且这种抗争常常是暴力的。然而，它在今天几乎被普遍接受了，还成为国际法和联合国的基本前提。国家要想获得承认与合法性，就必须将自己定义为人民主权的体现。所以在今天，即使那些非自由和非民主的政权也坚称自己代表了人民主权。不是每个第一种意义上的“国民”都必然属于第二种意义上的“人民”之一员。例如，美国的奴隶就曾被认为是美国的“国民”，至少出于某种目的，他们不被视为其他国家的国民或无国籍的难民。但他们不是美国的“公民”，不被包含在作为政府管理之名义的主权人民之中。很多少数种族和教派都遭受过这种待遇：虽身为某国之国民，却不被视为属于主权人民之公民（例如在中世纪和早期现代欧洲的犹太人）。成为这第二种意义上的公民，对应着另一种比单纯的国民身份更实在的公民身份观念，它与一种独特的现代国家之合法性观念相关联。但这还不是一种完全的民主观念，因为它不意味着公民能通过民主手段去行使其人民主权。

（3）民主政治能动性[9]：我们经常说生活在非民主政体下的人民实际上是“臣民”（subjects）而非“公民”。根据这种新的理解方式，成为一个公民不仅仅是成为一国之国民（在第一种意义上的），也不仅仅是以其名义进行管理的主权国家的人民之一员（在第二种意义上的），而是同时要成为民主进程的积极参与者（或者至少有权投身这种积极参与）。根据这种观点，拥有公民身份意味着成为法律的共同制定者，而不仅仅是被动遵守者。所以它的基本预设是，家长主义统治是不合法的，而且个体有能力代表其自身去参与民主进程。一个非民主政体下的臣民也许可以受益于法治，但是公民身份意味着拥有塑造法律的权利和责任。而这又要求有与政治参与相关的技能、意向和实践，也包括与审议、互惠和公共理性相关的观念。

我们认为，在讨论公民身份的时候，所有这三个维度都发挥着至关重要的、不可化约的作用。在思考是否以及如何把公民身份理论拓展至动物的时候，三者都需要考虑。

遗憾的是，不管是在日常用语中，还是在当代的许多政治理论文献中，关注点完全落在第三个维度。人们普遍认为，公民身份理论首先是一种关于民主政治能动性的理论。而且看上去似乎正是这第三种意义上的公民身份排除了动物的公民身份。毕竟，动物没有能力参与“公共理性”或审议理性的进程，而约翰·罗尔斯和尤尔根·哈贝马斯（Jürgen Habermas）等理论家都认为这种参与是民主能动性的本质要素。[4]

我们反对那种认为政治能动性与动物不相关的观点，但是在讨论这一点之前，我们必须强调：公民身份不能被化约为参与民主政治的能动性，即使在人类的情形中也是如此。如果我们把公民身份狭隘地界定为践行民主政治的能动性，就会立即将大量人类排除在公民权之外，例如儿童、严重精神障碍者或认知障碍者。这些人全都没有能力参与罗尔斯式的公共理性或哈贝马斯式的审议。然而就前两种意义而言，他们肯定属于政治社群内的公民。也就是说，他们有权居住和返回本国领土。而且在确定公共善，以及在分配公共服务（例如医疗和教育）的时候，他们有权让自己的利益被纳入考量。

在这两种意义上，儿童和精神障碍者都非常不同于游客或商业访客。后者没有公民身份，所以没有国籍权，也没有被纳入主权人民的权利，尽管他们也许有高度的政治能动性。一个游客也许拥有很强的发挥民主能动性的能力和意愿，但是这些技能和意愿本身并不能让他有权居住在一个国家内，或者让自己的利益被纳入公共善之考量范围。前者则不同，他们是公民，所以拥有国籍权，以及作为主权人民之成员的权利，尽管他们在政治能动性方面的能力有限。如果我们不承认儿童和精神障碍者的公民身份，那么就无法理解他们的权利。他们不仅拥有与游客或商业访客相同的普遍人权，还拥有某些基本的**公民身份权**，这些权利不依赖于发挥政治能动性的能力。对于前两种意义上的公民身份来说，发挥政治能动性的能力既不是必要条件，也不是充分条件。

所以，我们一定不要忽视公民身份的前两个维度。任何公民身份理论都有一个核心任务，就是去解释谁有权居住和返回某块特定的领土，以及谁属于主权人民之成员，而国家以其名义进行管理。我们认为，对于这些问题，任何有说服力的答案都既适用于人类，也适用于动物。在前两种意义上，某些动物群体应当被视作我们政治社群的公民。它们有权居住和返回与我们共享的政治社群的领土，有权让自己的利益在关于社群的公共善的决策中得到考虑。我们认为，这个主张尤其适用于家养动物。

不是所有动物都将成为我们政治社群的公民，正如不是所有人类都是我们社群的公民。有些动物是它们自己领土上的独立社群的公民，我们对它们的主要义务是遵守社群间的公平相处条件。另有一些动物是我们社群内的居民，而不是完全的公民，我们的主要义务是尊重它们的权利，以作为我们追求公共利益的边界约束。不管是对人类还是对动物来说，公民身份理论的核心任务都是要解释我们如何确定政治社群内的成员身份，并以此为基础来确定哪些公民身份权适用于哪些个体。事实上，我们认为按照这种公民身份框架对动物进行分类，可以厘清动物权利论在历史上遇到的很多难题。

所以，即使我们认为动物没有发挥政治能动性的能力，这也无法推出公民身份理论与它们的权利是不相关的。但其实我们并不认为动物没有发挥政治能动性的能力。公民身份的这第三个维度是现代公民身份观的根本特征，而且在很多方面，它都可以被视作前两种含义的顶点与实现。如果一种公民身份观止步于国籍权和人民主权，而不关心与政治能动性相关的权利，那么它就是一种贫乏的公民身份观。正如之前提到的，在如今对公民身份的理解中，能动性观念具有非常重要的地位，以至于我们会说如果人的能动性被否定，那么他实际上是臣民而非公民。公民身份理念内含着对政治能动性的深刻承诺。

我们也认同这种承诺，但必须澄清这种承诺的性质。把政治能动性视为确定**谁是公民**的门槛或标准，使那些缺乏各种政治能动性的人被贬为非公民，这是一个严重错误。如前所述，这会导致不良后果，即剥夺儿童和精神障碍者的公民身份。更恰当地说，我们应当把这第三个维度视为一种价值——或相关价值的集合，它告诉我们如何（基于先在的、独立的理由）去对待那些被我们承认为公民的人。在这个维度上，公民身份理论肯定了诸如自主性、能动性、同意、信任、互惠、参与、本真性（authenticity）与自我决定的价值。把人**作为公民**来对待，这部分地要求以肯定和尊重这些价值的方式对待他们。

我们同意，把某人视为公民，意味着促进与支持他的政治能动性。之所以有这种信念，是因为我们认识到家长主义的危险、强制的危害，以及个体根据自己的欲求和情感采取行动的能力。但是必须注意，不管是在人类还是在动物的情形中，我们承认和尊重这些价值的**方式**都存在巨大差异性。

以当代的残障运动为例。很多评论者指出，该运动“把公民身份视为核心组织原则和标准”（Prince 2009: 16），要求让残障者得到“作为公民”的对待，而不是作为受“监护人”照料的“受保护者”或“接受者”（Arneil 2009: 235）。这样，它被普遍视为当代“公民运动”的典范之一。（Beckett 2006; Isin and Turner 2003: 1）很显然，在这个语境中的公民身份涉及关于能动性的第三个维度，因为残障者一般已经被认为属于前两种意义上的公民了——他们已经拥有居住和返回某个国家的权利，而且已经被认为属于“人民”之一员，国家以其名义进行管理。然而，直到最近，残障者还一直被视为由其监护者决定的家长主义政策的被动接受者，他们很少或没有参与决策过程。残障运动反对这种旧模式，主张残障者拥有与能动性、参与、同意相关的权利，这种主张反映在那句著名的运动口号之中：“没有我们参与，就不要做关于我们的决定。”这是让残障者得到“作为公民”的对待的核心主张。

然而，将残障者视为公民，这个要求的含义很复杂，特别是在智力障碍者的情形中。因为他们也许缺乏语言交流的能力，所以不能只是邀请他们参与罗尔斯式的公共理性或哈贝马斯式的审议。（Wong 2009）也不是说要给他们为某个政党或某个立法提案投票的权利，因为他们也许没有能力去理解政治纲领或立法提案，或者预先判断这些纲领会对他们自己的利益产生何种影响。（Vorhaus 2005）如果他们要参与，这就要求对“非交流公民”（Wong 2009）建立所谓“依赖式能动性”（dependent agency）（Silvers and Francis 2005）或“受协助的决策”（supported decision-making）（Prince 2009）的新模式。这种新模式挑战了旧的家长主义监护模式，它的目标是想办法引导出一个人对于自己的主观善的感受，这往往要通过“具身的”（embodied）而不是语言交流的方式来实现。在这些新模式中，精神障碍者可以胜任公民身份，但是这要求他们在其他人（即莱斯利·皮克林·弗朗西斯［Leslie Pickering Francis］和阿尼塔·西尔弗斯［Anita Silvers］所称的“协作者”）的帮助下，根据他们自己偏好的表达方式——语言或非语言的，来勾画一种关于他们美好生活的“草图”。[5] 如他们所说，“合作者的作用在于关注这些表达，把它们整合在一起，形成一种对持续性偏好的解释，这些偏好构成了一种个体关于善的观念，而且还要研究如何在给定环境中实现这种善”（Francis and Silvers 2007: 325），并把这些信息带入政治进程，从而使他们的观点可以影响到正在进行的关于社会正义的辩论。

关于公民身份理论，近年来一些最有趣的文献已经在关注这种通过“依赖的”“受协助的”，或是“相互依赖的”能动性来保障和行使公民权的思想了。这听起来像是一些特殊情况，但实际上我们所有人都要经历这种生命阶段，无论是在婴儿和儿童期，或者在因疾病临时丧失能力的时候，或者在老年，我们都需要这种受协助的能动性。移民也许需要在翻译的帮助下理解政治辩论。有意愿参与政治的语言障碍或听力障碍者也许需要得到照顾或协助。任何有说服力的公民身份观念都必须承认能动性的价值，也更要承认，与能动性相关的能力是因人而异的，并且会随时扩展和萎缩，而公民身份理论的核心任务就是支持并保障那些常常不完善且脆弱的成果。这对于一种公民身份理论来说，必定是一个核心的问题，而不是次要的问题。正如弗朗西斯和西尔弗斯所说，“多数人和少数依赖式能动者之间的区别，仅在于依赖性程度的不同，而不在于是否具有依赖性”。[6]（Francis and Silvers 2007: 331; Arneil 2009: 234）

换个角度说，政治能动性——作为公民身份的第三个维度——应当被视作某种存在于公民间关系之中的固有物，而不是先于这种关系存在的个体属性。人们并不是先成为能动者，然后因此被赋予公民身份。我们也不会因为本国同胞的认知能力或理性能动性暂时或永久地受限，就剥夺其公民身份。相反，建立公民关系，要求我们至少在某种程度上去促进公民成员的能动性，不管他们处于哪个人生阶段，以及具有何种水平的精神能力。

这种新视野为残障者的公民身份开辟了更多重要的可能性，但我们相信它同样为动物的公民身份开辟了可能性，至少对于那些与我们生活在一起的（家养）动物，以及因为我们的驯养而依赖于我们的动物而言。[7] 这里也一样，我们也可以引导家养动物表达自己的偏好，以此来勾画关于家养动物之利益的草图，并将其带入政治进程之中，以帮助我们确定长久的公平相处条件。我们认为，家养动物应当被视为在此意义上的公民成员，它们有权在我们的政治决策中以依赖式能动性的方式被代表。我们将在第四章指出，只要那些关于人道对待家养动物的提议不能使这种意义上的公民身份得以实现——有些不主张让家养动物消失的动物权利论者持此立场——那么剥削、压迫关系，以及不正当的家长主义就会持续存在。

和前两种意义上的公民身份一样，不是所有动物都可以在积极参与政治的意义上成为我们的公民成员。建立依赖式能动性的关系，意味着一定程度上的亲密和接近，而这对于生活在野外的动物来说既不可行，也不可取。但请注意，这在人类的情形中也一样。公民身份是一种关系，它存在于那些居住在同一块土地上，且受共同制度管理的成员之间。人和动物都是如此。我们认为，对于那些被我们带到社会中的（家养）动物来说，公民身份既是可行的，也是道德上的要求；

而对于那些（野生）动物来说，这既不必要也不可取，它们应当被视为属于自己的独立社群。而且，同人类的情形一样，还存在其他一些介于不同类别之间的动物群体，既不完全处于我们的政治社群之中，也不完全出乎其外，因此有自己的独特身份。在所有这些情形中，动物的公民身份——同人类的情形一样——都不由它们的认知能力决定，而由它们与某个有特定边界的政治社群之间的关系决定。[8]

简言之，那种认为动物不能成为公民的普遍观点乃基于一种对公民身份的误解，这种误解也存在于人类的情形中。很多人假定动物不能成为公民，原因如下：（1）公民与践行政治能动性相关；（2）政治能动性要求具有足够高的认知能力以参与公共理性与审议。这两种说法都是错误的，即使对人类而言也不成立。公民身份不仅仅关涉政治能动性，而且政治能动性也不仅仅体现为公共理性这一种形式。公民身份具有多重功能，而所有这些功能在原则上都适用于动物。公民身份负责把不同个体分配至不同领土，分配主权人民的成员身份，还为不同形式的政治能动性提供条件（包括受协助的和依赖式的能动性）。将公民身份的三种功能都应用于动物，这不仅仅具有理论上的融贯性，而且我们在下面几章还要论证，这更是阐明我们道德义务的唯一一种融贯的方式。我们要论证，有些版本的动物权利论不能或不愿按公民身份框架来为动物分类，无法认识到我们与不同动物之间的关系具有重要的道德差异性，因此也就无法认识到某些动物所遭受的特定形式的压迫。

3. 人类 – 动物关系的多样性

人们之所以不愿意将公民身份理论应用于动物，不仅仅因为人们对人类公民身份的理解过于狭隘，更重要的原因可能是，人们对于动物与人类社群的关联方式的理解过于狭隘。接受公民身份的框架，就意味着承认动物与人类会不可避免地建立多种不同的相互交往与相互依赖的关系，公民身份理论的任务就是评价这些关系的正义性，并且在更公平的条件下重建这些关系。正如我们将要讨论的，事实上的确存在许多种相互交往与相互依赖的关系类型，公民身份理论对这些关系类型具有潜在的相关性。

然而，在人们的日常观念中，以及在很多动物权利的学术文献中，动物被认为只能归为两种可能的类型：野生的或家养的。前者是自由而独立的，它们生活在“远处”的荒野中（除非被捕捉用于动物园圈养、外来宠物饲养或研究）。后者是被圈养的，具有依赖性，它们接受我们的管理，生活在我们的家中（作为家养宠物）、实验室中（作为实验受试者），或者农场里（作为家畜）。（Philo and Wilbert 2000: 11）如果从这种二分法出发（正如很多动物权利论者的做法），那么动物的公民身份观念就是无关紧要的，甚至会为持续性的压迫提供借口。

根据经典的动物权利论，那些野生的（独立于人类的）动物或者有能力在野外生活的动物应当受到免于人类干预的保护。我们应当“由它们去”（let them be），让它们自在生活。野生动物不需要被纳入人类的公民身份制度，相反，它们所需要的恰恰是免于同人类相处，不与人类相互依赖。公民身份观看上去与家养动物更相关，它们被驯养得依赖于人类，失去了在野外独立生存的能力。将公民身份地位拓展至家养动物，这可以确保它们在人类 – 动物混合社会中得到公正对待。然而，很多动物权利论者认为，对于这些被驯养得依赖于人类，且被迫参与人类社会的动物来说，是不可能得到正义的。这种依赖地位被认为本身就具有内在的剥削性和压迫性。因此某些动物权利论者要求彻底终止驯化，并让家养物种消失。改良是不可能的。根据这种观点，赋予家养动物以公民身份，不过是提供了一个道德幌子，粉饰了家长主义依附关系和被迫参与人类世界所内在固有的压迫性。

所以对很多动物权利论者来说，把公民身份拓展至动物是无关紧要的，而且具有潜在的危害性。如果我们的目标是在人类与动物之间建立更好或更公平的相互交往与相互依赖的模式，那么公民身份理论会是一个合适的框架。但是对很多动物权利论者来说，问题就在于相互交往与相互依赖这个事实，而解决的办法就是结束这些关系模式：首先是不干涉野生动物，再者是断绝与家养动物之间的关系。在一个理想世界中，所有动物都是“野生的”或者“无约束的”，自由地过着独立于人类的生活，没有动物对人类提出关于公民身份的要求（反之亦然）。

我们认为，不管是在描述性意义上还是规范性意义上，这种排除了人类－动物之间的相互交往和相互依赖的持续性关系的世界图景，都存在着严重的缺陷。一个最明显的问题是，它没看到很多人类－动物关系类型既不属于野生范畴，也不属于家养范畴。以松鼠、麻雀、郊狼、老鼠、加拿大黑雁为例。这些“边缘动物”不是家养的，也并非独立于人类生活在荒野之中。它们生活在我们之中，在我们的车库、后院、公园中，它们常常来找我们，因为与人类相邻可以得到种种好处。它们不同于野生和家养动物，表现出自己独特的相处和依赖的类型。这些边缘动物不能被归为异常情况，它们的数量多至亿万，而我们面临的许多最棘手的伦理困境都与它们有关。然而，动物权利论实际上没有为这些问题提供任何指导。

但即使我们只关注野生和家养动物，它们仍然会与人类长期处于相互交往与相互依赖的关系之中，这种关系应当由正义规范来约束。在家养动物问题上，的确应当废止对它们的奴役，而且正如我们在第四章要讨论的，很多改善家养动物地位的提议只不过被用来粉饰对动物的继续剥削。然而，这还不足以证明纠正这种不正义的最佳或唯一方式就是让它们消失。历史上的驯养过程是不正义的，我们现在对待家养动物的方式亦是，但是不正义的历史（不管在人类还是动物的情形中）往往会产生持续性责任，用以创造符合正义规范的新的关系。我们在第五章将论证，这种关系是可能的，而且如果要求让家养动物消失，这不过是在推卸我们对它们的历史性与持续性责任。

就野生动物而言，它们的确往往需要不受干涉，但即使是野生动物，也处于与人类相互依赖的复杂关系之中，这种关系应当由正义规范来约束。假设某些动物以某种单一的植物为食，而这种植物因为酸雨或气候变化而面临灭绝。这些动物在某种意义上是“不被干涉”的——没有被人猎杀或捕捉，甚至没有人踏入它们的栖息地，但它们却非常易受人类活动的伤害。

在更一般的意义上来说，如果认为我们对野生动物的义务可以通过划定无人区（例如野生保护区）来履行，那就大错特错了。首先，把野生动物的栖息地全都转变为无人区是不可能的。1991 年有科学家在一匹狼身上安装了信号发射器以跟踪它的行动，发现它在两年内的足迹遍布 40000 平方英里（约 103599.52 平方千米），从亚伯塔省（加拿大）启程，南至蒙大拿州，西至爱达荷州和华盛顿州，北至不列颠哥伦比亚省，最后返回亚伯塔省。（Fraser 2009: 17）狼这种野生动物会躲避人类，而且这匹狼的部分行程穿过了野生保护区（例如国家公园），但是我们很难把它行经的所有范围都转变为无人区。这片区域中的大部分都被公路、铁轨、农场、电力线、围栏甚至国界线切割，这就使狼及其他野生动物受到了不同形式的人类影响。绝大部分的野生动物都生活或穿梭于那些直接受人类影响的区域。根据国际野生动物保护协会和哥伦比亚大学的国际地球科学信息网络中心的研究数据，地球 83% 的地表直接受人类影响，包括被人类利用的土地，人类的道路、铁轨、河流干道、电力基础设施（即夜晚可见灯光的地方）所涉及的区域，以及被人类以大于 1 人 / 平方千米的密度所直接占据的土地。[9] 野生动物生活“在野外”，但是它们很少生活未被人类涉足的原始荒野之中，而我们所需要的动物权利论，必须可以处理这种人类与野生动物之间不可避免的纠缠关系。

这不是说我们不应当再努力设立或拓展野生保护区。实际上，第六章所建立的基于公民身份的主权模式是支持这项事业的，它为野生动物领土权提出的理由比当前动物权利论更为清晰。然而我们必须承认，仅仅划定让野生动物自在生活的无人区是无法解决野生动物问题的。考虑到人类的不断扩张以及对栖息地已然造成的破坏，这种保护区无疑太小，无法覆盖很多野生动物所需要的栖息地范围。由此可推知，野生动物已经适应了人类对其环境的影响，因此对它们来说某种形式或某种程度的共存已经很自然了。正如加里·卡洛雷（Gary Calore）所言，人类对这个星球的支配实际上使“独立于人类”的演化策略日渐被淘汰，并导向一个“相互依赖的时代”。（Calore 1999: 257）当然，这种相互依赖性不同于体现在家养或边缘动物身上的那种相互依赖性。但是如我们下文所讨论的，这种关系提出了一个独特的正义问题，而我们需要用某种方法来分析这种人类与野生动物之间的共存和相互依赖性。

简言之，人类 – 动物关系有各种不同的形式，体现了不同程度上的相互交往、相互脆弱性，以及相互依赖性。我们认为，在所有这些情形中，我们都需要公民身份理论，它能提供一种具有差异性和关系性的权利模型，对动物权利论迄今所关注的普遍权利构成必要的补充。

我们认为，动物权利论之所以没考虑到这种公民身份模式，在很大程度上是因为它不承认多种不同形式的人类－动物关系是必然存在的。但是这背后的一个问题是：为什么他们不愿意承认人类－动物关系的这种持久性？毕竟，那种认为动物和人类分别属于相互隔离的不同领域——人类生活在自己的人化环境中，而动物生活在人类未涉足的荒野中——的观点甚至经不住最起码的推敲。这与我们关于人类－动物相互交往的日常经验是相冲突的，而且也不符合所有关于这种互动关系的科学研究。那么这种观点是如何被动物权利论接受的呢？

一种刻薄的解释是，这可以让动物权利论者逃避一系列棘手的难题，一旦我们承认人类－动物之间具有持久的相互依赖性，就会带来这些问题。一种更宽容的解释是，动物权利论者关注那些最恶劣的侵犯动物权利的行径，所以把积极的关系性义务留待日后去解决。但是我们认为，一种完整的解释在于，有多种因素导致了人类－动物之间具有持久的相互依赖与相互交往的关系模式，而人们对这些因素怀有某些更深的误解。人们把动物简单地划分为两种，一种是生活在荒野的“自由且独立的”动物，另一种是与人类生活在一起的“被圈养且具有依赖性的”家养动物。这种二分法乃基于一系列被普遍接受的迷思，对此我们必须一直保持警惕。我们会列举其中三种迷思，分别关于能动性、依赖性和地理学。动物权利论对于这些迷思的执着，反映了人类－动物关系方面的一种更普遍的文化盲区。

能动性

传统动物权利论假设，在人类－动物关系中，人类是主要能动者和发起者。人类既可以选择远离动物让其独立、自在地生活，也可以选择为满足人类的需求和欲望而去猎杀、捕捉或饲养它们。如果我们不再干涉动物，那么人类和动物之间的关系就基本上终止了。

然而在现实中，动物也表现出不同形式的能动性。动物可以选择躲避人类的居住区，也可以选择去那里寻找机会。实际上，有不计其数的边缘动物生活在人类居住区域，并且可以选择躲避特定人类，或向其索要食物、援助、住处、陪伴，以及提出其他要求。只要给出一系列非强制性的备选项，动物就可以表达关于自己想要如何生活，以及在何种环境下以何种方式与人类接触的偏好（即“用脚投票”）。任何动物权利论都要面对的一项重要任务是，去思考在由动物发起的与人类的关系中，以及在由人类发起的与动物的交往中，正义有何要求。[10]

可以肯定的是，不同的动物在能动性方面的能力存在巨大差异。像狗、老鼠和乌鸦等适应能力强的社会性动物，其行为具有较大的灵活性，有能力根据环境和需要来对不同的选项加以选择。另一些动物则更加“循规蹈矩”，它们是“生态位特化者”（niche specialists），无法轻易适应环境变化，要么因为它们的需求是固定的，要么因为它们缺乏探索其他可能性的认知灵活性。但是，任何有说服力的动物权利论都必须注意到动物是能够发起互动的，且能够对人类发起的互动做出自主的回应。

依赖性或独立性

传统的动物权利论倾向于误解动物对人类的依赖性或独立性的本质。如前所述，传统动物权利论认为野生动物过着“独立”于人类的生活（所以只需不被干涉即可），而家养动物则“依赖”于人类（所以被断定处于压迫性的从属关系中）。在现实中，依赖性是一个多维度的连续谱带，每个个体因其活动、环境和时间的不同而具有不同的依赖性。在一些重要情形中，即使生活在最偏远的荒野中的动物也有可能依赖于人类，而家养动物也有可能表现出独立性。

在思考依赖性的时候，有必要区分两个维度：不灵活性（inflexibility）和特定性（specificity）。一只生活在约翰尼卧室中的笼子里的小鼠，其依赖性既是不灵活的，又是特定的。不灵活性在于，如果约翰尼不给她喂食，她绝无别的出路。她无法自己转移到另一个地方，或者开始靠吃玩具滚轮和纸盒通道来获取营养。特定性在于，她依赖于一个特定的人（或者一个特定的人类家庭）的喂养。我们把她和另一只生活在城市下水道里的大鼠相比较。后者的食物来源是依赖于人类的，但不依赖于任何特定的人类。对这只大鼠来说，约翰尼和家人在哪个星期是否倒过垃圾都没关系，只要作为整体的人类不关闭垃圾填埋场并撤走所有垃圾就行。而且即使整个垃圾场都被关闭，这只大鼠的依赖性仍然不是完全不灵活的，他也许能去别处定居，寻找其他食物来源。

如此看来，家养动物常常是在特定性维度上表现出依赖性，即它们一般依靠特定人类来获取食物和住处。相反，野生和边缘动物（实际上根据其定义）并不依靠特定人类来获取食物、住处或满足其他基本需求。但是要注意，在不灵活性的维度上，野生动物常常具有更高的依赖性。很多生活在荒野的动物是生态位特化者，极易受到人类活动的影响（哪怕只是间接副作用）。例如，某种鸟类一直沿着特定路线迁徙，如果人类在这个路线上设置了一个巨大的障碍而它们找不到绕过障碍的办法，它们就会因无法继续迁徙而陷入困境。再比如北极熊，它们的浮冰栖息地因全球变暖而消融；或者帝王蝶，它们依赖于单一食物来源——乳草。这些动物也许生活在荒野中，没有人去猎杀、捕捉或驯养它们，即使在这个意义上它们“不被干涉”，但仍然易受那些改变着它们生活环境的人类活动的影响。相反，很多边缘和家养动物虽然与人类生活在一起，但对我们的依赖也许并不那么一成不变。家养和边缘动物往往是适应性泛化者[10]（而非生态位特化者），可以轻松应对自然环境或建筑环境的变化。例如浣熊和松鼠，它们在适应（并攻克）每个新一代“防松鼠”喂食器或封闭式垃圾箱时，表现出了惊人的能力。例如遍布在莫斯科、巴勒莫和无数其他城市中的那些野狗，它们在适应不断变化的城市环境时展现了高超的技能。

卡洛雷指出，在这方面，某些野生动物其实比很多边缘或家养动物更“依赖”于人类。一些我们认为“壮美、凶猛、自由”的动物，例如尼泊尔的老虎，实际上依赖于人类复杂精细、成本高昂的“再野化”（rewilding）干预计划，然而很多边缘动物却可以在人类几乎毫不关心它们的情况下生存甚至繁衍生息。[11]（Calore 1999: 257）我们应当更加深入地认识这些不同形式的（相互）依赖性。

人类 – 动物关系的空间维度

文化社会学家和文化地理学家长期以来一直在强调，现代社会的运作依赖于一种非常具体的空间观念。某些空间——城市、郊区、工业区和农业区——被定义为属于“人类”而不是“动物”的，“文化的”而不是“自然的”，或者“已开发的”而不是“天然的”。这些二分法固化了我们的“那些关于动物与社会之间合适的、道德上恰当的空间关系的现代主义文化观念”。（Jerolmack 2008: 73）在这种文化想象中，伴侣动物被安全地拴住（而不会变成野生的），野生动物要么待在动物园中，要么生活在远离人类的原始荒野中，家畜则待在农场中。一旦我们发现有动物离开了它“合适的、道德上恰当的”空间，就被视为“出现在了错误的地方”，因此在道德上有问题。[12]“城市生活把一些动物纳入私人领地（作为宠物），城市文化把另一些动物归入一个真实或想象的‘野外’，或归入某种过往的乡村生活”（Griffiths, Poulter, and Sibley 2000: 59），而一旦有动物越界，它们就“注定被视为僭越道德，因为它们越过了那些被我们定义为‘专属于人类’的空间”（Jerolmack 2008: 88）。

这种非常现代主义的空间观念系统性地扭曲了我们对于人类－动物关系的理解。它承认宠物有权存在于城市之中（前提是被拴牢），却无视我们周围的非家养动物。所以，边缘动物只有因其数目和行为变成“有害动物”的时候，才会进入人类的视野。换言之，只有当成为一个问题时，它们才是可见的，而我们不会将其视为社群的常驻成员。我们竟如此无视这些动物的多样性、所栖息的空间种类，及其与我们交往的方式——不管是住在我们家中的老鼠，出没于市中心的松鼠和野鸽，生活在郊区的鹿和郊狼，还是那些在传统农业活动中与人类共生进化的无数物种（例如各种以农作物为食的鸟类、啮齿动物、小型哺乳动物，以及以这些动物为食的大型哺乳动物和猛禽）。

我们与野生和家养动物的关系也存在同样的空间复杂性。有些野生动物的确生活在远离人类居住区的地方，例如太平洋底热液喷口的绵鳚。然而，另一些野生动物则生活在被人类发展区域所包围的小块荒地之中，而且很多野生动物至少要费一些工夫穿越人工环境，因为我们的道路、水运航线、飞行航线、围栏、桥梁和高层建筑干扰了它们的游历与迁徙路线。就家养动物而言，它们中的有些（例如宠物鼠和金鱼）终其一生都生活在我们室内的微型世界中；有些（例如狗）则陪伴我们走在街上，进入公共空间；另有一些（例如马）则一般生活在乡下，因为它们的居住和活动需要大得多的空间。

人类–动物关系的这种空间维度与上文所讨论的能动性和相互依赖性维度会发生相互作用，从而产生令人眼花缭乱的关系序列，它们有着不同起因、互动类型，和不同程度的脆弱性，而所有这些变量都对相关的正义问题研究，以及我们道德义务的确定具有重要的影响。对野生与家养动物的简单二分法——及其相应的简单指令“由它们去”——应当被一个更复杂的关系矩阵和一系列更复杂的道德要求取而代之。事实上，本书的一个主要目标就是打破简单的野生与家养的二分法，并代之以珍妮弗·沃尔琪所说的“一个关于动物的**矩阵**，它体现了不同的动物因人类干预而发生的不同程度的生理或行为变化，以及与人类建立的不同交往类型”（Wolch 1998: 123）。在接下来的四章中，我们将重点讨论几种不同类型的人类–动物关系，并展示如何用公民身份理论来阐明这些关系。

第二部分　应用

第四章　动物权利论中的家养动物

要把公民理论应用于动物，得先从家养动物说起。人类驯养了各种动物，用于不同用途：提供食物、服装、可置换的身体器官（比如心血管）；作为军事和医疗研究中的受试者；作为苦力（比如耕地、运输），或是技术工（比如巡逻、搜寻和营救、狩猎、看守、娱乐、治疗、协助残障者）；以及提供陪伴。

这是一个具有多样性的范畴，在许多有关动物的文献中，不同类型的家养动物是被分开讨论的：农场动物的伦理、饲养宠物的伦理，以及实验动物的伦理。而在我们看来，决定动物政治身份的一个关键因素恰恰在于驯养这一事实本身。驯化使人和动物之间产生了一种特殊关系，而任何关于动物权利的政治理论的核心任务，就是去研究应当让这种关系接受何种正义条件的约束。

在人类历史的大部分时间里，这种关系都是极不正义的：驯养，往往意味着为满足人类利益而强制拘禁、操控和剥削动物。是的，这种不正义是如此严重，以至于在许多动物保护者看来，这一状况是无法修补的；一个人类继续驯养动物的世界不可能是一个正义的世界。就此而言，剥削性驯养的“原罪”无法通过改良来解决。然而，我们认为说此话还为时尚早。如果承认家养动物拥有成员身份和公民身份，那么我们就可以用一种正义的方式来重构人类和家养动物之间的关系。如果在一个以人类成员和动物成员的共同名义进行管理的政治社群中，家养动物获得了公民成员身份，那么正义就是有可能实现的。

无需赘言，当人类最初开始驯养动物的时候，并没打算把它们纳为社会的“成员”或“公民”。由此看来，对动物的驯养类似于从非洲引进奴隶，或是从印度或中国引进契约劳工，他们仅仅被用作劳动力，没有人打算让他们获得成员身份或者拥有成为公民的权利。事实上，那些购买奴隶和契约劳工的人如果意识到这些被他们视为低等或没价值的人最终会获得公民成员身份，他们很有可能就不会这么做了。然而，不管最初目的是怎样的，今天唯一正当的应对方式就是：废除旧的等级关系，在一个共享社群内建立新的基于公民身份与同胞成员身份的关系。这是在正义的基础上重构关系的唯一方法。

同理，我们认为家养动物也一样。是人类把这些动物带到了人类社会中来，驯化它们从而使其适应人类社会，并断掉了它们的其他后路。由于在这个过程中人类扮演着始作俑者的角色，我们必须承认家养动物现在是我们社会的成员。它们属于这里，而且必须被视作人类–动物共享的政治社群的成员。

而在一个共享的政治社群内，动物的存在会导致一些伦理难题。下文我们会看到，把家养动物重新定义为公民并不是解决所有这些难题的灵丹妙药。但这的确为我们思考动物权利提供了一个新的视角，我们认为这一视角比动物权利论提出的现存的其他替代方案更有说服力、更有成效。

1. 对驯化的定义

首先，我们要搞清楚“驯化”这个概念的含义。根据《大英百科全书》，被驯化的动物是“由人工创造的，它们被用来满足特定需求或喜好，而且适应了人们为其提供的持续照料与关心”。[1]在这一定义中，有一些在逻辑上相互独立的要素在起作用，对它们分别进行讨论会有所助益：

（1）驯化的**目的**：培育和使用动物的身体以供人类“满足特定需求或喜好”。

（2）驯化的**过程**：通过“人工”的选择性培育和基因控制，使动物的性状适用于特定目的。

（3）被驯化动物的**待遇**：“人们为其提供持续的照料与关心”。

（4）被驯化动物对于人类长期照料的**依赖状态**：动物“适应了”接受持续照料的条件这一事实。

我们可以想象这几个要素中的一个或多个是独立存在的，或者以不同的方式相互组合。在这个意义上来说，它们是相互独立的。即便人类停止培育动物，并且停止对它们的剥削利用，仍然会有一些动物依赖于人类的持续照料。我们也可以想象人类继续培育动物，但是这样做是为了动物的利益，而不是为了人类的利益。例如，可以设计一个培育方案，旨在消除折磨着某个特定物种或品种的先天缺陷，让它们的后代受益（还可能存在动物和人类的利益相一致的情形，例如消除一种人畜共患的疾病）。或者可以想象一个培育方案，旨在防止某个动物物种过度繁殖，并因由此造成的资源匮乏而陷入困境。或者设想另一个培育方案，它不会导致相关物种对人类的依赖，甚至还有助于使其更加独立，不再那么需要人类的管理或照料（就像现有的一些旨在为濒危物种重建野生种群的项目）。再或者我们可以想象，有些动物个体得到了正义的待遇（例如一只特别幸运的伴侣动物），尽管其所属的物种总体而言一直并还将继续遭受不正义的培育和对待。

在思考人类 – 动物关系的伦理问题时，我们需要区分驯化的上述多个方面。驯化的总体方向，是培育家养动物的某些特性，使之更加依赖人类，且对人类更有用，而不关心动物自身的利益。但是在考查人类和家养动物之间伦理关系的潜在可能性的时候，有必要对目的、过程和待遇等不同问题加以区分。并不是所有形式的操控性繁殖都涉及工具化或对基本权利的侵犯，也不是所有形式的依赖性都意味着虐待或支配。现在有太多的动物权利论文献都没能做出这些区分，并过于草率地断定人类和家养动物之间不可能存在正义的关系模式。

2. 人道对待与互惠的迷思

迄今为止，动物权利论的文献都更倾向于详细列举目前家养动物的待遇有什么问题，而不是探讨对这些问题有什么可能的补救方法。这是可以理解的，因为阻碍人们为家养动物权利付出实际行动的一个巨大障碍，就是人们对于人道对待动物还存有浪漫化的幻想。

在任何一个严肃对待动物权利的人看来，人类驯养动物的历史都是一个不断加剧的奴役、虐待、剥削和谋杀动物的故事。集约化养殖使动物沦为器具，它们短暂而残酷的一生被彻底地机械化、标准化和商品化了。[2] 生物技术则进一步改变了动物的遗传特性，从而让它们成为更好用的器具。动物权利运动一直在坚持不懈地揭露这些虐待行为，并指出其背后根源在于人们相信动物不具有道德重要性，相信自己有权随心所欲地利用动物。

这种糟糕的情况不仅限于实验室和工厂化养殖场。大多数动物权利论家都认识到现代养殖业的极度残忍，同时他们也确信即使在工业化程度没那么高的条件下，也根本不存在所谓的“人道的肉”。与工业化养殖场相比，在传统的养殖技术下动物也许享受着一种更自然的环境，但仍然要被剥削和杀害，并且经常遭受忽视和虐待。如今看来，剥削的程度和强度加大了，但是其背后的支配关系始终未变。对于家养动物来说，从来就没有什么“过去的好时光”一说。[3]而认为“现代的”“整洁的”“高效的”方式有助于建立一个“人道屠宰”体系的想法，不过是用一个美丽新世界的新神话，替代了快乐的种植园奴隶的旧神话。

当这些人道对待的神话被揭穿时，为剥削动物辩护的人们通常会退而采取另一种神话：驯化实际上符合动物利益，而且表现出一种道德互惠。就家养动物而言，我们给予它们生命、住处、食物和照料，它们则回报以肉食、皮毛和劳动力。要不是因为家养动物对我们有用，它们根本就不会存在。而与从未存在相比，在适宜的照料下度过短暂的一生，并接受快速的死亡，这是一个合理的互惠约定。[4]

但我们从不允许此类情形发生在人类身上。想象一下，有人提议把一些人带到世上，只为把他们养到 12 岁时实施剥削和杀害，或者收割器官。这更像恐怖电影的情节或种族灭绝的罪行，而不是道德推理。如果父母没把孩子带到这个世界上，那么孩子就不会存在，但这个假设没有赋予父母一种剥削子女或侵犯子女其他权利的权利。这种专门为农场动物构想出来的合理化辩护，反映出我们赋予动物的价值是多么的低廉，表明了驯化在多大程度上是以否认动物的道德尊严为前提的。

类似的迷思也歪曲了关于宠物的讨论。许多人很爱他们的伴侣动物，并对其照料有加，然而对不计其数的动物来说，故事并没有一个圆满的结局。每年都有数以百万计的猫狗在动物收容所里被安乐死。这包括走失和流浪的动物、被家庭遗弃的动物（根据一项被广泛引用的统计数据，平均每个家庭饲养自己宠物的时间只有两年）[5]，以及因其年龄、健康状况或性情等原因而被认为不宜收养的动物[6]。伴侣动物通常是在宠物繁殖场里被一些不择手段的逐利者培育出来的。人们有时会为了让它们长得好看而牺牲其基本的健康和活动能力。为了使它们更可爱或者更适合陪伴人类，让它们经受痛苦的、不必要的折磨（如剪尾、去声带、去爪），以及充满了暴力和强迫的训练方式。它们对于食物和栖身处的基本需要也常常得不到满足。即使生活在喜欢有它们陪伴的好人家，也常常因为人类对它们完全不了解，而无法满足其运动和陪伴需求。[7]当灾难发生时，比如战争、饥荒或洪水，伴侣动物和其他家养动物一样，经常被自顾不暇的人类抛弃而面临悲惨的命运。[8]

3. 对家养动物的废除论 / 绝育论

动物权利倡导者坚持不懈地揭露我们从古至今对家养动物的残酷虐待行为，这些行为证明了人类对家养动物实行仁慈统治的神话是多么虚伪。然而，一个仍未回答的问题是：我们应当如何对待这些不正义？

用过于简化的方式来概括，动物权利论文献提供了两种思路，我们称其为废除论 / 绝育论[11]和门槛论。前者要求废除人类与家养动物之间的关系，而因为家养动物很难独立生存，所以这实际上就意味着家养动物的灭绝。根据这种观点，我们应该照料好现有的家养动物，但也应该采取有计划的绝育手段以确保不会有更多的家养动物出现。后一种观点则设想在人类和家养动物之间建立持续性关系，通过各种改革和保障手段来确保互利和家养动物的基本利益。我们将依次讨论这两种观点，并解释为何我们认为两种观点都不够好，之后我们将在

第五章阐述我们自己的基于公民身份的另一种方案。

根据废除论/绝育论的观点，动物在历史上遭受的严重不正义必然会导向这样一个结论：我们必须自行退出这种关系，不管是作为主人、领主、管理者，还是表面上的共同契约者。我们对家养动物的权力和控制将不可避免地导致对它们的支配和虐待。我们不可能在没有虐待的前提下去驯养，因为虐待正是驯养这一概念的内在要素。加里·弗兰西恩说：

> 我们不应当将家养动物带来世上。这个主张不仅仅是针对那些被我们用作食物、实验品、服装材料等等的动物，还包括我们的那些动物伙伴……我们当然应该照料这些已然被我们带到世上的家养动物，但是应该停止将更多家养动物带来世上……一方面说驯化动物是不道德的，另一方面却继续养殖它们，这是讲不通的。（Francione 2007: 1–5）

根据这种观点，尊重动物权利就要求我们终止驯养，并且让现存的家养动物物种都消失，这是废除论/绝育论的代表性立场。（Francione 2000, 2008; Dunayer 2004）[9] 其基本要求就是终结人类对家养动物的一切利用，终止与它们的一切交往。而一旦我们思考在人类与家养动物之间建立正义关系的可能性，就会陷入福利改良主义的错误。

捍卫这种立场的人提出了多种论证，包括最初驯化行为的错误性、当前对动物的虐待，并且谴责了家养动物对人的依赖状态本身。在弗兰西恩的论述中，我们可以看到所有这些论据都在起作用：

> 家养动物在方方面面都依赖于我们，包括它们是否与何时进

食、是否有水喝、何时何地排便、何时睡觉，以及是否外出运动等等。家养动物不像人类儿童，后者（除特殊情况外）假以时日总会成为独立而有能力的人类社会成员，但家养动物既不是非人类世界的一部分，也不完全是我们人类世界的一部分。它们永远处于一个易受伤害的下等世界，方方面面都依赖于我们。我们将其培养得温顺而屈从，或者使其具有一些实际上对它们有害的特征以取悦我们。我们也许在某种意义上能让它们快乐，但这份关系永远不可能是"自然"或"正常"的。不管我们对它们有多好，它们都不应当被困在我们这个世界。（Francione 2007: 4）

请注意这种立场是如何把之前提到的驯化活动的不同要素结合到了一起——包括驯化的目的、过程、所导致的依赖状态，以及家养动物的待遇。不管我们对待现存的动物是好（"在某种意义上让它们快乐"）还是坏（剥削和杀害它们），都不能改变它们处境的内在错误性和"不自然性"（unnaturalness）。这种内在错误性污染了我们和家养动物之间的关系，使其完全不可能合乎伦理。弗兰西恩的这种立场引起了一些环境主义者的共鸣，比如克里考特有一个广为人知的观点，他把家养动物描述为卑贱的、不自然的，是"活的人工物品"，被人类培育得"温顺、驯服、愚蠢，且具有依赖性"。（Callicott 1980）[10] 类似地，保罗・谢泼德认为宠物是人类的造物，是"有教养的用品"，它们"残缺而不健全"，是"弗兰肯斯坦发明的怪物"。（Shepard 1997: 150–151）

在我们看来，废除论者和绝育论者呼吁结束人类与家养动物的一切关系，这为动物权利运动带来了一场策略上的灾难。毕竟，许多人之所以开始关心动物权利，正是因为与某个伴侣动物建立了关系，这使他们看到了动物生命丰富的个体性，看到了与动物建立一种非剥削关系的可能性。如果坚持认为支持动物权利需要谴责所有这些关系，就会疏离许多潜在的动物权利支持者，也为那些对动物权利论有敌意的人提供一个很容易攻击的靶子。比如那些猎人和饲养者组织就利用这些绝育论的话语作为对动物权利观的归谬。[11]

然而，即使抛开策略问题，我们认为废除论在智识层面也根本站不住脚。它建立在一系列关于人类–动物关系的谬论与误解之上。某些版本的废除论乃基于一个非常粗陋的主张：因为把家养动物带到世界上是历史性的不正义，所以我们应当想办法让这些动物消失。重新思考弗兰西恩那句话："一方面说驯化动物是不道德的，另一方面却继续养殖它们，这是讲不通的。"这显然是一个谬误。可以对比一下被从非洲带到美国当奴隶的黑人的情形。正义当然要求废除奴隶制，但这并不意味着让曾经的奴隶及其后代不复存在。把非洲人运送到美国当奴隶当然是不正义的，但解决的方法不是要让非裔美国人灭绝，或是将其遣返非洲，对于这种历史性不正义的解决办法，并不是把时钟拨回美国没有非洲人的时刻。事实上，如果让非裔美国人灭绝或遭受驱逐，否认他们拥有美国的社群成员身份权，并剥夺他们建立家庭和繁衍后代的权利，这非但没解决最初的不正义，反倒加剧了它。[12]

类似地，我们没有理由认为，要补救最初驯化过程的不正义，就得让家养物种消失。事实上，我们完全可以认为这种废除论的提议加剧了最初的不正义，因为只有增加对家养动物的强制性限制（例如，通过阻止它们继续繁殖）才能实现该目标。正确的补救办法，应该是将它们接纳为社群的成员和公民。

有些废除论者可能会回应说，这种类比是失败的，理由有二：（1）曾经的奴隶及其后代有可能过上好生活，而家养动物不可能，因为它们陷于不自然的或退化的境地；（2）阻止曾经的奴隶繁衍后代，这属于不正义的强迫，而控制家养动物繁衍后代不会导致类似的不正义。

这两种观点在之前引用的文献中都有提及，但鲜有深入论证。在我们看来，它们并不成立。首先来谈控制生育的问题。在很多废除论的文献中，谈及逐步消灭家养动物时，用词总是非常含糊甚或委婉。来看弗兰西恩的观点，他认为我们“当然应该照料这些已然被我们带到世上的家养动物，但是应该停止将更多家养动物带来世上”。再对比一下李·霍尔（Lee Hall）“不再创造更多有依赖性的动物是一个动物权利运动者所能做出的最好的决定”（Hall 2006: 108）的说法，以及约翰·布莱恩特（John Bryant）所主张的宠物“应当完全地从世上淡出”（Bryant 1990: 9–10）。这里的用词很耐人寻味：“停止把更多家养动物带来这个世界”“不再创造”“淡出”。这些表述描绘出一幅幻想的实验室画面：人类“创造”了家养动物，就好像一旦收手，它们就不想要繁殖，或对繁殖没有兴趣。

没错，当前大多数家养动物是在人类的控制下繁殖的，而这个过程可能是高度强迫性和机械化的。人工授精被广泛运用（有些家养火鸡品种没有能力在非人工的条件下完成繁殖），比如使用强奸架（也被更委婉地叫作“交配篮”）。在其他例子中，繁殖是在人类的严格监控下完成的，但不提供器械辅助（例如，饲养者把动物们聚集到一起，并“允许”它们自行选择是否、何时、如何进行交配）。

废除论在暗示，如果人类停止“创造”家养动物，那它们将不复存在。但事实并非如此。因为让家养动物“从世上淡出”不仅要求人类停止创造家养动物，还要求投入更大规模（也许是不可能实现的）的人力，对所有家养动物进行强制绝育，或限制所有家养动物的行动。这不仅意味着限制，甚至意味着完全禁止家养动物的繁殖，剥夺它们交配和繁育家庭的机会。简言之，这恰恰涉及动物权利论者所反对的那种强迫和约束，在这个意义上这加剧而不是矫正了最初的不正义。

在我们看来，这里涉及对个体自由的严重侵犯，这个问题却被诸如“不再创造”或“从世上淡出”等说法所掩盖。废除论将此粉饰为一种由人类而非动物发挥能动性的过程，以此来回避关于侵犯动物的基本自由的重要问题。

这不是说控制或限制家养动物的生育总是错误的。例如，我们可能有一些正当的家长主义理由，为了动物的利益而控制其生育。阻止一个不能再次承受怀孕的年老母羊受精，或者推迟一个年龄太小的动物受精以免影响健康，这些都是正当的。就像对儿童或智力障碍者采取家长主义管制一样，这种限制行为必须满足相称性（proportionality）标准，应当使用侵犯性或强制性最低的手段，来实现一个旨在保障个体利益的正当目标。在第五章，我们将立足于一种互惠的公民身份模式，为限制家养动物生育的家长主义提供一个更复杂的辩护基础。所以，我们不否认正当的限制动物繁殖的可能性。我们只是担心废除论 / 绝育论的立场会支持一种大规模干预，而不去试着从那些被限制自由的个体的角度来证明这种干预的正当性。[13]

但是，即使暂且不谈何种程度的强迫才能让某些物种“从世上淡出”，废除论还有一个更深层的问题，即它无法设想家养动物是可以过上好生活的。它假定家养动物将继续被剥削，它们及后代都不可能过上好生活。在我们看来，这个判断是非常不合理的。我们都知道有些伴侣动物是可以过上好生活的。至于农场动物，任何一个去过农场庇护所的人都知道，即使是那些从工业化农场中被救出的动物，也能在人类的照料下，在众多其他动物的陪伴下，过上充实而快乐的生活。很多动物似乎可以在多物种社群中过上很好的农场生活，建立跨物种的友谊，创造一种整体大于部分之和的农场文化，这为各种各样的生命个体（包括人类）提供了一种富足的生存形式。如果这种没有剥削的世界是有可能实现的，这难道不比灭绝家养动物更可取吗？[14]

那么，废除论者有什么理由断言家养动物不能过上好的生活？如前所述，这种观点很难得到深入的辩护。至于它现在的辩护理由，似乎基于一些很有问题的假定，它假定自由、尊严与依赖性是相互冲突的，还声称人类-动物交往是“不自然的”。

依赖性与尊严

虽然我们和废除论者一致认为人类对动物的驯化是错误的，但是我们必须弄清楚这到底错在哪。我们在前文解析了驯化的不同方面——它的目的、过程，及其所导致的依赖状态。我们和废除论者一致认为，人类家养动物的最初**目的**——为了人类而改变动物——是错误的，正如有选择地培育某个人类群体从而让其服务于其他人类是错误的。此外，我们还一致认为驯化的**过程**——拘禁和强制生育——涉及对基本的自由权和身体完整性的侵犯。任何基于正义来重建人类与家养动物之关系的尝试，都要求改变人类支配家养动物的特有目的和手段。我们的公民身份模式正是旨在推动这种改变（详见第五章）。

然而，废除论者进一步认为，驯化所导致的依赖状态本身也是一种错误，而这种错误是无法加以纠正和补偿的。现在这种依赖性已经成为这些动物天性的一部分，这是经过长年累月培育的结果，而在许多废除论者看来，这种天生的依赖性致使家养动物过着不健全、没尊严的生活。让我们再回顾前面引自弗兰西恩的那段话：

家养动物在方方面面都依赖于我们，包括它们是否与何时进食、是否有水喝、何时何地排便、何时睡觉，以及是否外出运动等等。家养动物不像人类儿童，后者（除特殊情况外）假以时日总会成为独立而有能力的人类社会成员，但家养动物既不是非人类世界的一部分，也不完全是我们人类世界的一部分。它们永远处于一个易受伤害的下等世界，方方面面都依赖于我们。我们将其培养得温顺而屈从，或者使其具有一些实际上对它们有害的特征以取悦我们。我们也许在某种意义上能让它们快乐，但这份关系永远不可能是“自然”或“正常”的。不管我们对它们有多好，它们都不应当被困在我们这个世界。

这正是针对家养动物之特征的谴责：它们是“不自然的”，“方方面面都依赖于我们”的，“温顺而屈从”的，和人类儿童相比永远无法成长为能力健全者。类似地，霍尔认为灭绝家养动物之所以是正确的，是因为“让它们得到一种不完全的自主性，这是不尊重的表现，而且也不符合它们的最佳利益”（Hall 2006: 108）。

所谓的家养动物的不自然性，包含两个维度。就生理和心理特征而言，有选择性的培育已经造成了它们的**幼态化**（neotonization），即某物种的成年个体仍留有幼年特征，比如可爱的外表、较低的攻击性、爱玩耍以及其他特征。狗更像是幼年的狼，而不是成年的狼（在体型、头形、对学习和玩耍的热情、讨食和吠叫行为等方面）。就家养动物立足于这个世界的能力而言，它们已经被培养得具有**依赖性**。和人类儿童相似的是，它们的“方方面面都依赖于我们”；但不同的是，它们被永远困在了这个“易受伤害的下等世界”。在废除论者看来，幼态化和依赖性这两个特征将家养动物永久锁定于一种不成熟的无尊严状态。

在我们看来，这种对家养动物的理解方式是错误的，而且其实是道德上不正当的。幼态化或依赖性本身并非无尊严或不自然，以此为由来谴责家养动物不仅不正当，而且也会给人类带来恶果。

先来看依赖性的问题。如今，更广泛的哲学和政治理论越来越注意到，这种将独立性（或自主性）和依赖性视为二元对立的思维会带来很多谬误和曲解，而让人感到奇怪的是，动物权利论者还在继续不加反思地使用它。与废除论的动物权利论一样，传统的人类政治理论都把独立状态视为自然的，视为人类生活的最高目标。数十年来的女性主义批判已经使我们看到，这种观点是男性偏见的产物，源于一种社会建构的对公共领域与私人领域的划分。（Okin 1979; Kittay 1998; Mackenzie and Stoljar 2000）我们越来越多地认识到，人类在每个生命阶段都具有脆弱性和依赖性。我们对独立性和自足性的看法都建立在一个脆弱的根基上。当我们面对自然或人为的灾祸时，当我们失去至亲、生计或家园时，当我们遭受严重的创伤或疾病时，或者当我们开始肩负赡养责任时，这种脆弱性都会变得尤其明显。一个重要问题是，这里面存在程度上的差别，而且有些人（比如身体残障者或精神障碍者）终其一生都非常依赖于他人。但即使在那些具有极高的脆弱性和极强的依赖性的人类例子中（例如那些严重精神障碍者），我们也已经意识到，仅仅根据他们的依赖性或所谓的能力缺失来看待他们，这是非常不尊重的。残障权益倡导者一直在强调，这种观点是如何蒙蔽了我们的双眼，让我们看不到残障个体如何可以在各种保障条件的帮助下，实现各种重要的能动性和独立性。类似的论点也出现在女性主义文献，以及关于儿童权利的作品（如 Kittay 1998）中。根据这种含义更丰富的观点，依赖性与独立性并不是二元对立的；相反，我们必须首先承认我们具有不可避免的（相互）依赖性，才能更好地支持人们表达偏好、发展能力和做出决定。

依赖性本身并不意味着丧失尊严，但我们**对待**依赖性的方式的确会导致这种后果。[15] 如果我们把依赖性贬低为一种弱点，那么当一只狗用爪子扒他的饭碗，或者当他轻蹭我们以提醒是时候遛弯了，我们都会觉得这是逢迎或屈从。[16] 然而，如果我们不认为依赖性是内在缺乏尊严的，就会将狗视为一个有能力的个体——知道自己想要什么，也知道如何通过与人交流来得到它，有潜力去实现能动性、表达偏好、做出选择。一旦把他者视为屈从的依赖者，我们就不必再将其视为拥有独特的视角、需求、欲望，以及可培育之能力的独特个体。相反，如果不止看到它们的依赖性，我们就能学习如何去理解并回应它们的愿望、需求和贡献，从而去思考如何重建社会，使它们能够最好地发挥潜能。

认为"自然和正常的"关系不包含依赖性，这种观点是很奇怪的。家养动物依靠人类获得食物、住处和陪伴，这使其具有较高的脆弱性。但是非家养动物也具有很高的脆弱性，因为它们受到气候条件、食物来源和捕食者的威胁。有些野生动物行动相对自由，适应性和社会性较强，因此具有较强的独立能动性，能够满足自己对于食物、住处和陪伴的需求，躲避危险，或者在大体上享受生活；另一些动物则具有较高的脆弱性，它们因为行动能力有限或生态位特化，完全依赖于单一的食物来源或气候条件。我们人类有时也会强烈地意识到自己的依赖性，例如当网络崩溃、电力系统故障，或者"准时制"食物配送系统运转不畅的时候。虽然不同个体的依赖性程度不尽相同，但依赖性是所有生命中的一个不可逃避的事实。这个事实不会导致无尊严。无尊严的情况只会发生于，当我们的需要被他人轻视、利用，或不予满足（而他人本应更好地去了解我们的需求）时，以及当这种依赖性被用来阻碍或扼杀个体发挥能动性的机会时。毫无疑问，家养动物的尊严在遭受着严重侵犯（包括但不限于对基本权利的直接侵犯）。然而，我们不能将它们对人类的依赖状态本身等同于无尊严。无尊严的根源在于我们以错误的方式对待这种依赖性：一方面，我们未能在他者确实依赖于我们的时候满足其需求；另一方面，我们没能认识到家养动物能够以多种方式在很大程度上发展独立能动性。[17]

幼态化是不自然的吗?

驯化和幼态化现象是相伴而生的。当人类在驯化中挑选了一项幼年特征，如较低的攻击性或者说“温顺”，其他的幼年特征也会一同出现，比如耷拉的耳朵、扁平的鼻子、喜欢玩耍等等。[18]随着时间推移，被驯化物种的成年个体会呈现出一些过去仅在其祖先的幼年阶段才会有的特征。废除论者似乎觉得这一过程是不自然的、卑下的。但果真如此吗?

恰恰相反，幼态化是一种非常自然的演化形式。如果幼年特征在特定环境中最具适应性，那么它们就会被选择。幼年特征包括探索的意愿、学习的能力、在社交活动中对物种界线的不敏感性。我们可以看到在很多不同的环境条件下，这些特征具有极高的适应性，可以保持至成年。例如，斯蒂芬·布迪安斯基（Stephen Budiansky）指出，上一次冰川期的气候变化更有利于适应性较强的动物，而不是生态位特化的动物。大自然选择了幼年特征（例如喜欢探索新领土以寻找食物、有能力通过学习来适应环境变化、愿意进行跨物种合作），使某些物种幸存下来，而另一些物种则灭绝了。（Budiansky 1999）在这个气候与环境的剧变期，许多动物经历了一个“自我驯化”的过程。

事实上，布迪安斯基与其他学者已经论证了，狗和其他某些家养动物是在经历了长期的自我驯化之后，人类才开始主动有选择性地培育它们的某些特征。另一个自我驯化的物种是倭黑猩猩。如果对比一下倭黑猩猩和黑猩猩，你会发现二者的关系非常类似于狗和狼。倭黑猩猩是幼态化的黑猩猩，在生理特征上表现为较小的头部尺寸（以及较小的牙齿、下颌和大脑），在社会特征上表现为较低的攻击性、较高的玩耍和学习热情、较强的社会性和合作性、更多的性兴趣和性开放性。家养狗和狼之间也存在非常相似的关系。

还有更出乎意料的研究成果。斯蒂芬·杰伊·古尔德（Stephen Jay Gould）、理查德·兰厄姆（Richard Wrangham）和其他学者指出，人类也是经过自我驯化的。在上面的例子中，你如果用人类替换倭黑猩猩，就会看到人类也显示出幼态化黑猩猩的特征（这包括脑容量，人的大脑在过去三万年中缩小了10%，与此同时，身体、头部、下颚和牙齿都缩小了）。[19] 这一自我驯化的过程对人类的发展至关重要，使我们获得了在更大规模的社会中生活与合作的能力。

当我们考查人类发展过程时，会看到如下趋势：体型变小，攻击性降低，玩耍、学习和适应的能力提高，以及社会联系和合作行为的增多等，这些都被视为积极的发展。这些特征在人类身上被赋予了积极的价值，可对于家养动物，有人却抱怨它们经培育变得愚蠢（较小的脑容量）、幼稚、温顺和屈从。[20] 在人类的情形中，幼态化与尊严显然是相容的，而到了动物这里，幼态化却被视为有损尊严的。和对依赖性的看法类似，我们认为所谓的无尊严只是基于旁观者的视角，并不符合家养动物的内在本性。正如伯吉斯－杰克森所说："如果猫和狗被视为其野生亲戚的不纯正或幼稚化的版本，那么基于逻辑一致性，人类就应当被视为灵长类动物（作为人类过去的祖先和如今的亲戚）的不纯正或幼稚化的版本。"（Burgess-Jackson 1998: 178 n61）

废除论者对家养动物受监禁和强制性、选择性培育的谴责是对的，特别是为了对人类更加有用而有目的地筛选那些对动物们有害的特征。我们与废除论的分歧在于它对依赖性和幼态化本身的谴责。家养动物不会因它们的演化特征而具有一种内在的低劣性，以至于没机会过上好的生活，或者没有生育方面的利益。所以，对于家养动物在历史上和当前所遭受的不正义待遇，正确的矫正方式不是让它们消失，而是在正义的基础上重建我们的关系。

不可避免的联系和共生

废除论假设动物对人的依赖是不自然的，这种假设与另一个废除论的核心假设相关——动物与人类的交往从一开始就是不自然的。在之前引述的弗兰西恩的那段话里，他认为让家养动物“被困在我们这个世界”是不自然的。类似地，杜纳耶把驯化等同于“强制”动物“参与”到人类社会中来。（Dunayer 2004: 17）这暗示着，如果让动物自行生活，不受人类的干预，它们将会远离人类而生活在自己的世界中。生活在人类社会对它们来说是一种不自然的状态，是人类不正当干预的结果，而且这导致它们具有不自然的依赖性。

这又是一种对人类－动物关系的误解。我们将在第七章更详细地讨论，对许多动物来说，在人类社会中寻找机会是非常自然的。有些适应性强的投机动物，如浣熊、野鸭、老鼠、松鼠和不计其数的其他动物，在人类居住区繁衍生息，即便面对着人类的攻击与驱赶，也坚持在城市生活。[21] 人类并非与周围环境相隔绝，而是属于其中的一部分。一个经过人类改造的环境和一个未受干扰的野外环境一样，都是一个生态系统。自然厌恶真空，一旦我们的定居和行为方式改变了环境，其他物种必然会适应这种环境以填补空缺的生态位。总有些动物会适应人类活动并与人类共生，被我们提供的各种机会所吸引（包括栖身处、废弃物、农作物和其他资源），过去一直是这样，未来也会是这样。[22]

从驯化史看来，如今的狗、猫和家养食草动物的祖先在它们那个时代都是适应力很强的投机动物。狗的类狼祖先为了残羹剩饭、取暖和栖身处而接近人类的居住地。农业的发展和大规模的粮食仓储吸引来了啮齿动物，进而吸引来了猫和其他啮齿动物的捕食者。食草动物（比如今天的鹿）被吸引到了人类定居区，一是为了食物，二是为了躲避某些警惕人类的捕食者。在人类对动物进行主动驯化之前，人类和许多动物物种之间的共生关系就已经建立起来了。在最初建立这种关系的过程中，动物的能动性和适应性所起的作用，与人类的能动性和干预的作用是同样甚至更大的。后来，随着时间的推移，人类学会了如何操控投机动物的繁殖，以筛选对人类有用的特征，这改变了动物的演化轨迹。然而，如果人类从来不懂得选择性培育，我们现在也不会生活在这样一个将人类和其他动物进行清晰界分的世界里——人类在城市中，野生动物在野外。更恰当地说，我们与不计其数有适应能力的物种共享着我们的社群。这意味着我们无法只是通过废止驯养来回避人类–动物关系的道德复杂性。不管我们是否“邀请”（或强迫）动物来到“我们的世界”，它们都是我们日常生活的一部分。不存在一个不包括动物的“我们的世界”，而我们的任务是确定何种形式的人类–动物关系是恰当的。

一个有趣的例子是斯堪的纳维亚北部的萨米人与驯鹿建立关系的过程。驯鹿仅被视为半家养动物。它们聚集成群，以自由放养的方式生存，而且其繁殖没有受到操控。然而随着时间的推移，它们适应了人类的存在，适应了一定形式的畜牧管理。人类管理着驯鹿群，宰杀一些驯鹿以获得它们的肉、皮和角，有时还从它们身上挤奶。它们不受限制，假如愿意，可以随时离开人类的身边。

这种例子提出了一些重要问题，它们在废除论框架里是无法得到解决的，甚至是不被承认的。与某些非动物权利论者的观点不同，我们的观点并不是：只要动物"选择"了驯化（或是在本例中的半驯化），人类对动物的利用就应当被视为非剥削性的。[23] 我们已经反驳了这一观点。[24] 一些投机动物被吸引来到人类的社群这一事实并没有让我们得到剥削它们的许可（正如在人类的情形中，绝望的难民会把自己卖作奴隶这一事实并不使奴隶制正当化）。[25]

事实上，我们的意思恰恰相反。即使人类－动物关系源于共生，而非"强制参与"，这里仍然存在一些与公平相处条件相关的重要道德问题。我们必须确定何种与这些具有适应性的动物或半家养动物交往的方式是可允许的，因为无论是否喜欢，它们都会与我们交往。人类－动物关系是不可避免的，而且因为人类拥有压倒性的权力，这种关系面临着转变为剥削关系的特有风险。任何一种动物权利论都有一项核心任务，即确认在何种条件下这种关系是非剥削性的。我们需要一个将寄生性、剥削性关系与互惠性关系相区分的根据。我们要搞清楚人类对动物的何种利用方式属于可接受的范围，以及对那些适应了我们存在的动物（不管它们是否被邀请）负有何种义务。而且一旦确认了非剥削性关系的原则，就没有理由否认我们按照正义的要求来重建与动物的关系的可能性。废除论的框架忽略了这些问题，它假设只有强制参与才能把人类和动物带到一起，因此预先排除了这种重要的道德可能性。

简言之，我们相信废除论的思路存在多种缺陷，它错误地把依赖状态视为内在无尊严的，并且错误地把人类和动物的交往视为某种意义上的不自然。一旦我们摒弃这些错误观念，就没理由认为家养动物被困在内在不可改变的不正义状态之中，这种不正义只能通过消灭它们（而这个目标只能通过施加更不正义的强制和约束才能实现）才能得到补救。

我们要马上补充一点：不管怎样，我们都不是在试图否认或贬低家养动物在最初所遭受的不正义的严重性。驯化涉及多个层面的错误：它通过强制性监禁和繁殖侵犯了动物的基本自由，用危害动物的健康和寿命、减损其回归自然的能力的方式来繁殖动物。而且在更普遍的意义上来说，这使它们沦为实现人类目的的工具，而不被视作目的本身来尊重。我们完全同意废除论者的如下观点：这些对家养动物的伤害处于人类对动物压迫的核心，是家养动物在遭受着人类压迫的完全恐怖，虽然公众似乎更关心比如猎杀海豹或濒危物种等问题。

回顾充斥着无尽苦难的历史记录，我们就能理解废除论者为何想要彻底终结家养动物的存在。在他们看来，要想纠正历史上的这些错误，就得让将时钟拨回至家养动物出现之前。用弗兰西恩的话说，“一方面说驯化动物是不道德的，另一方面却继续养殖它们，这是讲不通的”。但这是一个错误的补救方案，事实上也是适得其反的，它加剧了最初的不正义。在这里，我们需要再次考虑一下在19世纪早期美国关于废除奴隶制的讨论。当废奴主义最初被严肃讨论的时候，许多白人主张，正义要求我们拨回时钟。当欧洲人俘获黑人，把他们运往美国并奴役他们时，黑人遭受了错误的对待。为了纠正这个错误，唯一的方法就是把他们运回非洲并重置历史的时钟。但是，这当然既不是唯一的，也不是正义的解决方案，而是在试图逃避向前看的正义要求。非裔美国人被强迫以奴隶的身份进入白人社会，然后成了次等公民。随着时间推移，这段被奴役的经历改变了他们。这改变了他们的文化，他们的身体，他们的认同感、期望和选择。终结奴隶制之后，正义之道不是让非裔美国人按历史的原路返回，因为这条路对他们而言已经不复存在了，而是应该向前迈进，承认他们是完全的、平等的公民。在家养动物问题上，我们面临着相似的道德挑战。

当然，这就要求我们彻底改变对待家养动物的方式，包括驯化的根本目的（为人类利益服务）、驯化的手段（强制性监禁和繁殖），以及被驯化动物的待遇（剥削并杀戮它们以获得食物、用作实验品和劳动力）。但是我们将会看到，这种改变是可能实现的。

4. 门槛论

并非所有的动物权利论者都赞同废除论 / 绝育论的主张。我们把另外一些学者的观点称为门槛论，这种理论认为，为了实现正义的要求，人类和家养动物的关系有可能要发生巨大改变。门槛论并不要求让现存的家养动物逐步消失，而是追求人类和家养动物之间的互利共生。这种观点的目标是确定某些门槛，以界定怎样的“利用”方式对家养动物来说是可允许的，而什么又是必须禁止的“剥削”或“牺牲”。比如，史蒂夫·撒芬提兹就主张，解放家养动物并不排除人类对它们的所有利用方式：

> 更恰当地说，我们的目标是为动物提供目前只有人类才享有的那种保护，免受日复一日的利益牺牲。正如通常来说对我们最有利的不是去做隐士而是以某种方式惠及他人一样，动物也以某种方式惠及我们，这完全可以符合动物的最佳利益……有争议的只不过是对动物的何种利用才是真正互惠的。（Sapontzis 1987:

102）

撒芬提兹本人并没有建立一种关于人类与家养动物之间的互惠关系的理论——他将这一问题推给“一个比我们的世界好得多的世界”，在那里所有形式的剥削都已经被终结了。（Sapontzis 1987: 86）这真是一篇相当典型的非废除论的动物权利论文章：学者们承认我们需要某种互惠关系理论，却把它推给未来的某个时刻。[26]

然而，为确定用以调整人类和家养动物关系的原则，已经有几位学者做出了一些重要的尝试。在本节我们要讨论戴维·德格拉齐亚（David DeGrazia）、察希·扎米尔（Tzachi Zamir），以及玛莎·努斯鲍姆的观点。其中每种观点都提供了有价值的见解，但也都存在严重的局限性。特别地，我们认为他们误解了社群正义之本质。在我们看来，人对动物的驯化使它们现在应当被视为我们社会的成员，而成员身份意味着：居住的权利（这里是它们的家，它们属于这里）、在社群决定集体善或公共善时让自己的利益被纳入考量的权利，以及参与确立和调整交往规则的权利。在人类的情形中，这种关于社会成员身份的事实体现在公民身份观念之中，而我们认为这也是一个思考家养动物问题的合适框架。我们将看到，现有的动物权利论关于利用动物的恰当门槛的说法并不承认动物之成员身份的重要性，而这就使一些不正义得到了合理化。

德格拉齐亚和扎米尔论利用和剥削

门槛论预设了我们能够区分对动物的（可允许的）“利用”与（不可允许的）“剥削”或压迫。利用动物的想法似乎本质上就意味着以一种不可接受的方式把动物视为工具，仅仅将其作为实现我们目的的手段。但其实并不是这样。我们经常正当地利用他人——我们的家人、朋友、熟人和陌生人——来达成我们自己的目的。大多数关系都有工具性的一面，只要我们不以一种完全工具化的方式看待他者，就是没有问题的。这种利用属于社会给予与索取的一部分，它只有在某些特定情形中才会转变为剥削。是的，在人类的语境中，我们不仅对现成的可用之人加以利用，实际上还把新人带入社群，至少部分是为了利用他们。例如，父母常常是出于多种动机而决定生孩子。他们也许只是想赠予他者一份生命的礼物,但生孩子也实现了他们自己的目的——为人父母、获得陪伴、拥有继承家族传统或家族生意的后代等等。也可考虑一下移民政策的问题。东道国一般偏爱特定年龄段的申请者，或者拥有特殊技能者，这要看该国对劳动力的需求情况。我们把个体带入社群，期望利用他们来使特定产业或（更广意义上的）社会受益。正是因为有人可以从这种利用中获利，儿童和移民才如此容易受到剥削。但是解决方案不是要禁止生育或移民，或者禁止用儿童和移民来实现我们的目的。更恰当的方式是，正义要求我们制定一系列规则和保护措施，以确保这种利用是互惠的，即它确实体现了共享社群内的成员之间在社会生活中的互相给予和索取，而不是强者对弱者的单方面剥削。

从原则上看来，我们没理由认为在家养动物的问题上不能做出一个类似的区分，从而使我们可以鉴别对动物的正当利用与不正当剥削。也许我们可以一方面允许将家养动物当作伴侣，或者某种形式的劳动力（例如保护羊群），或者用来获取某种产品（例如肥料），另一方面禁止过分损害动物自由和福祉的剥削（例如长时间劳动、环境不安全、缺乏选择）。

但在家养动物的情形中，我们应当如何做出这种区分呢？在人类的情形中，如前所述，我们用理想的成员身份来回答这个问题：利用涉及共享社群的成员之间在社会生活中的互相给予和索取；而剥削不同，它把人们贬低为（或致其成为）次等公民——作为奴隶或低种姓成员。因此，要防止剥削，就需要一系列的标准和保护措施来对成员身份和公民身份观念予以肯定，并确保那种利用仍属于成员之间在社会生活中互相给予和索取的范围。

然而，这并不是现有的门槛论用来论证家养动物权利的框架。相反，像德格拉齐亚和扎米尔等学者给出了一套弱得多的标准和保护措施（DeGrazia 1996; Zamir 2007），我们认为那套标准再现了从属和剥削的关系。

德格拉齐亚和扎米尔都承认，人们因为驯化活动而对动物负有一种特殊的义务——禁止剥削动物的义务。然而，这两个学者对剥削的定义都不是根据某种关于社群成员间互相给予和索取的理想，而是根据两个标准：（1）某种"福利的底线"，从而确保动物们的生活是值得过的，并使其最基本的需求得到满足；（2）某种反事实假设——没有人类活动会怎样，也就是说，动物们不能过得比在没有人类的照料和控制的情形中更差。

正是这第二条标准引起了我们的兴趣和担忧。[27] 这两位学者用两种不同的方式定义了这种反事实。在德格拉齐亚看来，这一标准要求用野外生活来做对比。如果一个动物在野外能生活得更好，那么我们把它作为宠物、养在农场或关在动物园里就是伤害了它。但是只要我们对待动物的方式不会使它们过得比在野外更差，那么对它们的利用就是可允许的。[28] 德格拉齐亚承认，这是一个非常弱的要求，至少对家养动物来说。这可能会强烈反对将野生动物抓来用于动物园展览，因为如果这些动物在野外不受干涉地生活，它们基本上总能活得更好。

然而，就家养动物而言，它们中有很多在野外连生存都很难，更别说活得好了。毕竟它们已经被人类饲养了好几个世纪，以致太依赖于人类了。即使一只狗被当作纯粹的驮畜，被利用（且榨干）来从事艰苦的劳动，没有机会玩耍或得到陪伴，它仍然会比被丢到大街上自生自灭要活得更久一些。[29]

而在扎米尔看来，应当用没存在过来做对比。对家养动物来说，它们的存在本身取决于人类是否将其带到世上，所以扎米尔关心的问题是：来到世上被人类利用对动物来说是否有益。他认为，总体而言，动物的确是受益于活着的机会，只要人类利用它们的方式不会使其遭受太严重的痛苦或伤害，以至于其生活不值得一过。[30]在扎米尔看来，很多对于家养动物的利用都可以达到这个标准，比如无宰杀的蛋奶业、宠物饲养、让狗和马参与的动物辅助治疗。他承认这些活动也会对动物造成伤害，但伤害程度不足以使它们的生活质量变差。如果这些伤害是人类愿意把这些动物带来世上的“合理的”前提条件，那么它们就是可以得到辩护的。比方说，只有当饲养的鸡群规模足够大，从而能支撑起具有经济可行性的鸡蛋产业的时候，人们才会养鸡，但这可能意味着有必要对鸡进行痛苦的去喙。而对鸡来说，如果这能换来生存就是值得的。如果不把牛崽从母牛身边带走，它们就会喝掉太多奶，以至于牛奶产业无法运作。扎米尔说，如果我们认为把牛崽从母牛身边带走更多是一种暂时的不幸，而不是长远的伤害，那么这种分离就是可以接受的，对牛来说这能换来生存，因此是值得的。换句话说，他允许各种对权利的侵犯（骨肉分离、未经同意的外科手术、强制性训练），只要能换来生存的机会。扎米尔排除了对动物极端的侵犯（例如杀死动物，或使它们遭受持续的折磨），但是他允许不太严重的侵犯，因为这（据说）在总体上符合动物的利益，总比它们从没来过世上的反事实情形更好。

德格拉齐亚和扎米尔给出的两个不同版本的反事实论证存在很大的区别，但我们很容易看出：两者都很没有说服力，而且它们与我们在人类的情形中关于利用和剥削的思考是多么的不同。我们可以做一下比较。如前所述，我们经常会出于工具性理由把新成员带到我们的社会中来：我们把孩子或移民带到社会中来，部分原因是希望他们对我们有用。然而，一旦一个孩子降生了，或者一个移民永久定居了，他们便成了这个社会的共同成员，对他们的利用就必须受到公民身份规范的约束。我们不允许父母以若非如此他们就不会生孩子为由侵犯其子女的权利。试想有人为切除自己孩子的声带辩护，说他假如知道自己将不得不听孩子的哭喊声，那么从一开始就不会选择做父母；而且即使没有声带，这个孩子的生活仍然是值得过的。在人类的情形中，我们不认为孩子存在的价值可以为这种伤害辩护。

或者想象一下，有一对父母生了两个孩子，他们决定从收养所再领养一个原本疏于照料的孩子。那对夫妻满足了这个孩子的基本需求，使他的生活值得过，也比原来在收养所的生活好得多。然而，在音乐课、体育活动，或者大学教育上，那对父母只给亲生孩子花钱，还把他们收养的孩子用作家仆。或者假设一个富裕的国家有一项积极移民政策，就是从贫穷国家引进劳工，主要干那些本国人不愿意干的工作，并且允许他们永久定居。这个富裕国家确保移民能得到足够的酬劳以满足其基本需求，却拒绝为他们提供加班和休假政策、就业保险、工作培训机会、养老金等方面的法律保护。这些工人比原本在他们贫穷的国家里生活得更好，基本需求得到了满足，却是次等公民，没有资格享有东道国的财富和机会，不管他们在那里生活了多久、做了多大的贡献。在这两个例子中，我们当然都应当谴责这种对待养子或移民的方式是不正义的。

这些例子表明，我们对于家庭内和更大社群的正义的看法，并不仅限于满足德格拉齐亚和扎米尔的门槛标准。这种正义感取决于一种成员身份观。不管是设想没来过世上，还是设想被驱逐或回归某个社群之外的先前状态，这两种反事实假设都不能成为衡量正义的依据。我们应当依据一种平等主义的社群观，把新人带入社群（通过生育或移民）时，我们必须允许他们成为完全的成员，而非将其贬低至永久性的次等地位。为什么当我们带入社群的是动物时，标准就不一样了？我们凭什么把人类当作第一阶层成员（被平等主义观念涵盖），却把动物当作第二阶层成员（只要求满足较低的基本需求门槛，以及两种反事实要求）？这几种思路非但不质疑对动物的剥削，反倒使它们的受支配地位被正当化和制度化了。

在我们看来，这两种版本的反事实论证都忽略了一件事，即人类已经把家养动物带到了一个混合社会中了。任何可靠的家养动物权利观都必须从如下事实出发：它们已经在这儿了，生活在我们之中，这是相互影响和相互依赖的漫长历史的结果。在德格拉齐亚和扎米尔的文章中，好像人类能够轻松地离开家养动物，如果我们真的决定继续跟它们交往，唯一的义务就是不让它们过得比我们离开它们的情形更糟糕。这是一个相当奇怪的观点，它忽略了如下事实：人类社会（作为一个整体来说）因为对家养动物的几个世纪的圈养和繁育，已经负有了对它们的特殊义务。经过一代又一代，我们的行为已经使很多家养动物失去了在野外生存的可能性。我们不能通过个人选择不收养宠物，或者不在我们的院子里养鸡来消除这种责任。这是一种集体义务，源于我们对待家养动物的方式所产生的日积月累的影响。[31]

再一次与人类移民做对比是有启发意义的。在新人进入一个社群的时候，通常会有专人履行帮助他们的特殊义务（例如提供支持的家庭成员或教会群体）。然而，社会成员对于新人负有一种集体义务——一种帮他们融入并成功成为社会成员的义务。这种集体义务常常通过政府的语言培训、公民教育、定居支持、职业培训等方式来履行。类似地，对儿童的义务也包括私人义务（父母对自己孩子的义务）和公共义务（社会有义务通过提供教育、卫生保健等来支持其发展与社会化）两个方面。德格拉齐亚和扎米尔忽略了社会–政治的维度。家养动物属于共享社群的一部分，这个混合社群一直都是存在着的，它带来了集体的和代际的义务。所以，我们不仅负有一种不使他者因我们的个人行为而过得更糟糕的个体义务，还因为驯养行为而负有一种创立公平的成员身份条件的集体义务。

现有的门槛模式所存在的这些问题也许可以解释为什么这么多动物权利论者支持废除论 / 绝育论的思路。因为驯养是由人类目的所驱动的，而且人类有巨大的剥削动物的动机，所以如下危险是不可避免的：这种门槛论只会沦为人类继续剥削动物的借口，而人们对伤害的评估将被自利所扭曲（可参见扎米尔的如下论断：把牛崽与母牛分开对于母子来说只是暂时的不幸，以及对马的“驯服”不会造成严重的伤害）。现有的各种门槛标准也许只能成为某种福利主义改良论的新版本，而我们已经看到，这种改良在面对动物剥削问题时是多么乏力。不管是旨在减少“不必要的痛苦”的福利主义改良论，还是旨在减少“剥削”的门槛论，都不能有效阻止人类对家养动物的支配。只有彻底的废除论 / 绝育论，才能终结这种不正义。

我们认真对待这种反驳。然而，如前所述，废除论也以它自己的方式推卸了我们对家养动物的责任，甚至可能会加剧最初的不正义。在我们看来，门槛论或废除论的观点都没有足够认真地对待我们对家养动物的持续性责任。二者分别以各自的方式为人类逃避这些责任提供了许可。我们在第五章建构的公民身份模式提供了一种截然不同的思路。

5. 努斯鲍姆与物种标准原则

在详细论述我们的公民身份模式之前，我们想简单地讨论另一种思路，它是玛莎·努斯鲍姆在她《正义的前沿》中论述的。（Nussbaum 2006）不同于扎米尔和德格拉齐亚，她试图将同一种普遍的正义框架应用于动物和人类：在这两种情形中，我们的义务都是使得个体能够尽可能充分地实现其“能力”。我们对动物的义务并不局限于某种虚设其没存在过或生活于野外的反事实论证，而是说，我们作为人类负有一种开放的义务（open-ended obligation），去通过促进能力来实现健全生活。

在这个非常抽象的层面上，我们认同努斯鲍姆的“能力进路”。[32]然而我们认为，和德格拉齐亚与扎米尔一样，她在阐述自己的理论时也忽视了人类和家养动物已经形成了混合社会这个事实，因此没有看到这种共同的社会政治语境对动物正义所带来的影响。简言之，努斯鲍姆的问题在于她把自己的能力正义论与她所谓的“物种标准”（species norm）绑定在了一起。根据努斯鲍姆的观点，个体是以本物种成员的典型方式过上健全生活的，因此正义要求我们去支持个体（尽可能充分地）实现的能力是由其物种成员的典型情况来界定的。她这种思路所关心的问题，不是某一个体需要什么条件才能过上健全生活，而是这一种类（即物种）的个体一般需要什么条件。

努斯鲍姆用这种物种标准论来确保，即使对那些不具备其物种“正常”能力的个体来说（例如严重残障的人），社会政策的目标也应当保障他们能够尽可能地获得那些由其物种来界定的能力。一个人要想过上健全生活，就需要学习人类语言并融入人类社会，以便享受与其他人类的交流和联系。人类个体能否实现这些能力事关正义。就严重精神障碍者而言，他们不太可能获得完全的能力，但是正义的责任要求我们投入必要的时间和资源去帮助他们尽可能地获得这种能力，并提供给他们一个尽可能“正常”的生活。“我们应谨记，任何一个以某一物种成员的身份诞生的个体都拥有与该物种相关的尊严，无论其看上去是否具备与该物种相关的‘基本能力’。出于这个原因，这一个体也应该拥有与该物种相关的所有能力，不管这种能力是其自身具有的，还是通过监护制获得的。”（Nussbaum 2006: 347）

把这种理论应用于动物身上就意味着，对动物的正义要求它们有条件获得作为特定物种之成员的典型能力：

> 简言之，（经过恰当评估的）物种标准为我们提供了一个恰当的标杆，用来判断一个特定生命是否有充分的机会过上健全生活。这对动物来说也一样：不论情形如何，我们都需要对核心能力给出一种基于特定物种的说明……再努力将该物种的成员提升至那种标准，即使在这个过程中会遇到一些特殊的障碍。（Nussbaum 2006: 365）

在努斯鲍姆看来，物种的成员身份不仅设定了正义的基线，还设定了外部的限制。比如她说：“对于黑猩猩来说，使用语言不过是一种由人类科学家建构的点缀；它们在自己的社群内特有的健全生活的模式并不依赖语言。”（Nussbaum 2006: 364）手语（或在计算机辅助下的语言）之所以对于黑猩猩来说只是一种点缀，是因为正常的黑猩猩不用手语，也不和人类用同一种语言。与之相对的情况是，正常的狗是行动自如的，所以当你的伴侣狗受伤时，你就应该为其提供能恢复其正常行动力的义肢装备。在受伤或残障的情况下，就跟在更普通的情境中一样，物种标准提供了一种适当的指导，用来判断一项特定的干预是否合适。

在我们看来，这种对于物种标准的关注也许在一个人类和动物分开生活的世界中是有意义的：黑猩猩在野外“它们自己的社群内”按照它们的物种标准过着健全生活，人类也在自己的社群内按照自己的物种标准过着健全生活。但是家养动物所带来的挑战恰恰在于，我们已然生活在一个同时包含着动物和人类的社会中了，因此必须找到一种合乎正义的共同生活方式。而这意味着我们需要这样一种能力理论，其理论前提是促使人类和家养动物都能在一个混合社群内健全生活，而不是促使不同物种各自“在它们自己的社群内”健全生活。

对于生活在野外的黑猩猩来说，与物种标准相关联的健全生活观也许是一个合理的标准。物种成员身份是一个简便而有用的分类法，可以用来对任何特定个体可能的需求和能力做一个粗略而便捷的评估。但在家养动物的情形中，我们对它们的积极义务不能完全由物种标准论来概括。它们是某一物种的成员，同时也是跨物种社群的成员。任何个别动物的相关能力都会受到这一情况的巨大影响。狼或野狗也许主要是需要和其他狼或野狗交流，但伴侣狗则需要和与其共同生活的人类及其他物种交流，还要能够立足于人类–动物混合社会之中。对于在农场庇护所的狗或驴来说，相关的能力可能涉及与各种其他（不同物种的）动物相处，关于免受农用机械伤害的教育，或者学习实用的技能——比如保护羊群或把乌鸦从食槽赶走。对于一个城市里的狗来说，乘坐地铁、操作可供其进出的门禁装置，或者知晓关于何处可以排便的细节，这些也许都是相关的能力。换句话说，这些与健全生活相关的能力既是由社会情境决定的，也是由物种成员身份决定的。我们已经使家养动物成为人类社会的一部分，因此有义务确保它们能够在跨物种的环境中过上健全生活，而这将涉及一些它们的野生或野外的表亲所不需要的能力。[33]

而且，这种对于跨物种的能力论的需要是双向的。我们对于人类健全生活的设想也必须考虑到如下事实：人类生活在混合社群里，因此以正当的方式与其他物种交往既是一种责任也是一种机会。对人类健全生活的设想不应当假定我们最重要的关系必须是与其他人类的关系，而不是与其他物种个体的关系。对很多人来说情况根本不是这样的，而且我们不清楚为何要把这种情况理解为未能满足物种标准，而不是仅仅体现了一种个体的倾向或选择。

让我们思考一下努斯鲍姆关于她的外甥阿瑟（Arthur）的讨论。阿瑟被诊断出患有阿斯伯格综合征与图雷特氏综合征。[12]他智力惊人，但在与人类的社交关系方面遇到了巨大的困难。努斯鲍姆说：

> 如果阿瑟可以的话，他将作为一个人类健全地生活；但患病的事实意味着我们必须付出特别的努力去发展他的社交能力。很显然，假如我们不付出这些努力，他就不会建立友谊、更广的社会关系，或有用的政治关系。而这对阿瑟将是重大的损失，因为他处在人类社群中，无法选择离开，或去宇宙其他地方寻找一个由一些社交能力极低的高智商外星人（如斯波克先生[13]）组成的社群。人类对他有特定的期望，所以必须通过教育来培养这些能力，即使这种形式的教育是非常昂贵的。物种标准的重要性在于，

它界定了在何种背景、政治共同体与社群中，人们可能过上健全生活。（Nussbaum 2006: 364–365）

虽然这种立场有助于为残障者的一系列权利提供有力的保障，但它过于僵化，还存在潜在的残酷性，因为它无视个体的能力和利益。例如，对于某些严重自闭症障碍者来说，与其花费无数时间去努力学习人类社交的种种细节而收效甚微，也许还不如从与狗、马或鸡的互动中获得更大的快乐和满足，因为与后者的交流更直观、更有成效。根据物种标准来为个体设定标杆，而不考虑他们的实际能力和偏好，这也许只是在为他们设计挫折与失败。他们独特的个体性中包含的能力和倾向，也许可以在动物的陪伴下得到更好的实现，如此而言，僵硬地遵循物种标准将会阻碍他们的健全生活，我们不如诉诸一种更具有物种包容性的社群观念。

我们无法对阿瑟的处境下论断，但对于某些有着严重的（人类）社交障碍或社交能力缺乏的个体来说，他们似乎还有其他出路，未必只有达到所谓正常的人类交往水平才能健全地生活。像阿瑟这样的人也许可以与电脑，或者那些能理解并体谅其处境的高智商人类，以及和他一样缺乏人类社交能力的人交往，从中获得智力上的挑战与满足。他的一些情感需求也许可以通过与狗、猪，或其他动物之间的友谊来获得满足，这些动物没有太高的社交期望，却有足够的爱与依恋的能力。为什么这不能是一种关于人类个体之健全生活的合理设想呢？为什么社群、社会性、友谊和爱等概念要被物种边界所限制？[34]纵观历史，无数人类选择了把动物而不是人类作为伴侣，正如今天的许多人更愿意和动物伴侣生活在一起，而不是人类伴侣、孩子或室友。如果把这些偏好归为偏离了所谓人类标准的病态，这会使我们自己无法体会到物种间社交的潜在丰富性。事实上，对儿童的研究展示了他们如何自然而然地认为自己处于一个与动物共享的社会之中。而被迫接受的社会化教育使他们开始明确区分人类与其他动物，为一个严格意义上的人类社会划定边界。（Pallotta 2008）我们没有理由必须以这种方式划定社会的边界。[35]

努斯鲍姆对物种标准的专注不仅隐没了跨物种的联系，还隐没了物种内部的多样性。以一个黑猩猩幼崽为例，假如它在野外失去父母并且受了伤，然后被人类收养，由于其伤情和社会化情况，它不太可能回归野生黑猩猩的生活了。对它的健全生活的恰当理解，不应当基于一个由黑猩猩物种来确定的能力清单，恰当的能力清单应当是针对这个主要生活在人类社会中的特定黑猩猩个体的。对它来说，学习基本的人类语言（以及人类文化的各种其他方面），远非一种“点缀”，而可能是其健全生活的基本条件——如果它要在自己身处的环境中立足并且活得好的话。我们不仅是物种的成员，也是社会的成员，这二者未必是重叠的。一种正义理论需要考虑到我们的社会背景，而不仅仅是我们的物种成员身份。

类似地，与物种标准存在差异，这未必就是应按标准去加以矫正的“残障”。个体差异性所带来的也许只是不同的，甚或更高的能力。为什么正义不是去关照这些独特的能力，而非得根据一个物种标准去约束个体？事实上，在残障理论研究领域中，这是对努斯鲍姆理论的常见批评。如西尔弗斯和弗朗西斯所说：“根据她的能力进路，对待残障者的正确方式似乎意味着允许、鼓励、迫使非残障者去跟他们建立联系，去提高他们的能力，不管这能否得到提高，以及他们是否愿意提高。”（Silvers and Francis 2005: 55; Arneil 2009）

无论对人类还是对动物来说，正义都要求我们对健全生活的理解更加敏感于跨物种的社群成员身份和物种内部的个体差异。除此之外，它还应当对演化保持开放态度，因为新形式的跨物种社群出现时，就会为动物和人类的健全生活形式开辟新的可能性。而这正是公民身份模式所提供的，我们将会在第五章对其进行论述。

6. 结语：当前各种动物权利论思路的局限性

以上考查的废除论、门槛论、物种标准论在许多方面存在差异。废除论试图让家养动物消失，而门槛论和物种标准论则承认人类与动物的交往是不可避免的，有时甚至还是可取的。然而另一方面，它们却有着相同的重要假设：它们都认为家养动物的状态是对野外的那个真正属于它们的，或者说自然的社群的背离，这仍然是我们思考道德义务时的默认立足点。而这又牵涉到另一个被废除论和门槛论认同的假设：家养动物是人类活动和决策的客体，从来都不是能动者。二者都认为在人类和动物的社群中，人类不可避免地要“发号施令”（Zamir 2007: 100），而且随后通常会在不考查动物个体自身偏好的情况下，列出一个关于可接受（而不是剥削性）活动的清单。

而我们认为需要一个全新的出发点。我们要从如下前提出发：人类和家养动物已经形成了一个共享社群——我们已经把家养动物带入了人类社会，而且欠它们一个社会成员身份。现在这里是它们的家，它们属于这里。除此之外，在构想社群的公共善时，必须把它们的利益纳入考量，而这又要求使动物能够影响我们这个共同社会的演化发展，能参与那些关于它们（和我们）该如何生活的决策。我们要关注动物自身想要与我们（以及其他动物）建立何种关系，这种关系有可能会随着时间而发展，并因不同个体而相异。这么做的结果很难预料，但几乎可以肯定，它们的生活将与野外生活完全不同，也不会符合一种固定不变的物种标准论所提出的要求。简言之，我们需要承认家养动物是社会的公民成员。

第五章　家养动物公民

本章的目标是，更详细地阐述我们提出的家养动物公民的身份模式。如前所述，我们的思路基于两个主要观点：

（1）家养动物必须被视为我们社群中的成员。我们把这些动物带入我们的社会，而且剥夺了它们其他可能的生存方式（至少在可见的未来），所以有义务根据公平的条件来将其纳入我们的社会与政治安排。因此，他们拥有**成员身份**权，这种权利超越了所有动物都拥有的普遍权利，因而具有关系性和差异性；

（2）思考这些关系性成员身份权的恰当理论框架，就是**公民身份**理论。公民身份至少有如下三个核心要素：居留（这是它们的家，它们属于这里）、属于主权人民（它们的利益在决定公共善的过程中得到考虑），以及能动性（它们应当能够塑造合作规则）。

在这两个方面，我们都把家养动物比作过去的奴隶、契约劳工、外国移民，他们最初是以受支配种族的身份被带进社群的，但有权要求加入作为政治社群之主体的“我们”之中。当我们以一种永久性的方式把新来者带入我们的社会时，就应当给予他们及后代一种成员身份，这种成员身份表现为公民身份的形式，高于并超出了普遍人权的要求。我们的目标就是将这个原则拓展至家养动物。

在某种意义上，这两种观点是可以分离的。也许有人会同意家养动物拥有成员身份权，却不同意在公民身份框架内来理解这种成员身份权。也有人会认为，尽管家养动物与人类处于具有道德重要性的关系中，但并不共享公民身份。的确，正如我们所看到的，当前的动物权利论极其不愿将公民身份观与家养动物联系在一起，也许是因为公民身份似乎预设了一系列动物所缺乏的能力。公民身份常常被认为要求一种对自我善的反思性认知，以及在民主程序中表述这种善的能力，还要求正义感，以及遵守（经过公民自己理性协商和共同认可的）公平合作条件的能力。根据这种观点，动物因为缺乏这些能力，其成员身份不能表现为公民身份的形式，但也许可以被界定为被监护者。二者的差异在于，公民是社群的法律与制度的共同制定者，而被监护者则是被动接受者，是我们保护弱势群体之义务所针对的对象。[1]

在本章，我们要证明公民身份模式的适当性。但值得注意的是，被监护者身份与公民身份都涉及关系性权利的观念，所以二者都超越了很多现有的动物权利论。在本书开头我们就指出，我们的目标是去证明，传统动物权利论所捍卫的普遍权利需要得到一种具有差异性的动物权利论的补充，后者关注在动物与人类的不同关系中存在的那些具有道德重要性的差异。监护模式是一种可能的框架，它也许可以解释一种独特的、具有道德重要性的关系类型，有与其相关的权利与义务，超出了对一切有感受动物之普遍权利的尊重。

事实上，被监护者身份和公民身份至少在某些问题上很可能得出相似的结论。例如，被监护者身份和公民身份也许都承认，我们有义务为家养动物提供各种形式的照料（如医疗），但对野生或边缘动物没有这种义务。然而我们坚决认为，公民身份模式相对而言更为可取。我们认为，人们之所以不愿意承认家养动物是公民成员，从根本上讲是基于两种有害的误解。第一，人们不愿意承认家养动物在人类－动物社群中可以表现出能动性、合作和参与等方面的能力。但生物学研究早已表明，那些物种正是因为有这些能力，才被人类挑选出来进行驯化。而监护模式忽视了这些能力，并且把家养动物视为完全被动地依赖于人类。第二（也与第一点相关），人们不愿意承认人类与家养动物已经结成了一个混合社群，这个社群属于它的所有成员。监护模式明确或隐含地把家养动物视为多余者或残留者，从而置于人类社会的边缘（不管是字面意义还是比喻意义上的），就好像它们对于更大的社群如何进行自我管理及公共空间的管理没有任何要求。它对待家养动物就像对待那些受保护的外国人或游客：他们不真正属于这里，但是我们有义务人道地对待他们。[2]

本章的目标是表明，一种公民身份模式可以更好地把握我们与家养动物的关系的经验现实以及它所产生的道德要求。为此，我们首先要探讨公民身份所要求的那些能力。通过考查最近的残障理论研究成果，我们要论证那些认知能力水平不同的个体是可以被视为公民的，并且可以通过很多方式来行使公民权。而且，我们没理由认为家养动物不能容于这些更具拓展性的公民身份观（第一至三节）。然后我们将讨论这种公民身份模式在各种具体问题上将提出哪些要求，包括家养动物的社会化和训练、移动权、医疗和免受伤害的保护，以及生育（第四节）。我们要论证，在所有这些情形中，公民身份模式都提供了更具说服力的答案，它优于我们在第四章所讨论的废除论 / 绝育论或门槛论。

1. 反思公民身份

动物可以成为公民吗？如我们在第三章所讨论的，公民身份不仅涉及一系列权利或资格，还意味着一种作为社群之共同创造者的长期角色，持续参与对社会、文化和制度的集体塑造。所以公民身份是一种积极的角色，扮演这种角色的个体是有贡献的能动者，而不仅仅是消极的受益者。这种积极的角色显然要求某些能力，我们要清晰阐述这些能力。如果我们考查人类的情形中那些为人所熟知的公民身份理论，就会看到公民身份常常被认为至少要求三种基本能力，或者罗尔斯所说的“道德能力”[3]：

（1）拥有一种主观善，并表达这种善的能力；

（2）遵守社会规范、合作的能力；

（3）参与法律的共同创制的能力。

我们对这个基本清单没有异议，但的确要质疑人们通常对这三种能力的解读方式。

在大多数政治哲学理论中，这些能力被以高度智性或理性的方式解读。例如，拥有主观善的能力被理解为要求个体反思性地采纳某种关于善的观念。仅仅拥有一种善还不够，你还得拥有一种反思性的善。类似地，遵守社会规范的能力被解读为，要求个体理性地理解这些规范背后的理由，且出于这些理由去遵守它们。而参与共同创制法律的能力被理解为，要求个体有能力运用“公共理性”或其他形式的“交往理性”，这要求个体有能力阐述自己支持某种法律的理由，并理解、评价其他人的理由。仅仅在社会生活中的参与合作还不够，你还得有能力对合作条件进行反思和商议。

根据这些高度认知主义的解读方式，动物似乎的确没有能力成为公民。然而，大量的人类也会被排除在外：儿童、精神障碍者、智力障碍者，以及那些因为伤病而暂时失能的人。[4]因此，认知主义对公民身份的限制越来越遭到质疑和否定。很大程度上，这种转变源于残障权利运动所发起的法律和政治上的抗争，该运动的明确目标就是争取公民身份，而不仅仅是人道主义保护。[5]用迈克尔·普林斯（Michael Prince）的话来说，残障权利运动"对'完全公民权'的争取是政治运动的范例形式"，参与该运动的人们"已经把公民身份视为核心的组织原则和标准"。（Prince 2009: 3, 7）

对精神障碍者而言，这种对认知主义公民身份观的挑战是在两个层面上展开的，它们都与动物问题具有高度相关性。首先，残障权利运动强调那些精神障碍者实际上所拥有的能力（例如，在拥有主观善、表达主观善、参与公共生活的共同塑造、建立信任与合作的关系等方面的能力），还强调在这些能力与"能力健全者"的能力之间是连续渐变的。第二，该运动重新构想了这些能力如何有助于认可与行使公民权（比如那些精神障碍者如何可以实现他们的公民身份，至少在适当条件下）。

这种新的对公民身份之能力的解读方式，其核心是一种基于信任的"依赖式能动性"观念。根据这种观点，即使严重认知障碍者也具有能动性，而这种能动性存在于他们与他人的关系中，并通过这种关系实现，他们信任这些人，而这些人拥有必要的技能和知识去协助他们理解和表达自己的能动性。在这种支持性的信任关系中，那些精神障碍者就能获得公民身份所必需的能力，包括：（1）通过各种不同形式的行为和交流来表达自己主观善的能力；（2）通过信任关系的发展来遵守社会规范的能力；（3）参与塑造相处条件的能力。

下面会更详细地阐述这些观点，因为我们认为它们也可以应用于家养动物。的确，关于驯化过程的一个重要事实，就是它预设且加强了这种在依赖式能动性方面的能力。只有那些具有社会性、交流能力、能够适应并信任人类的动物是可以驯养的，而且这些能力在驯化史中得到了加强。（Clutton-Brock 1987: 15）[6] 因此，家养动物能够与那些帮助它们表达主观善、帮助它们进行合作和参与（简言之，就是帮助它们成为公民）的人类建立关系。

不是所有动物都与人类有这种关系，并通过这种关系获得依赖式能动性，从而拥有公民身份。其实，在接下来的两章中我们要论证，对于种类繁多的非家养动物来说，这种关系是不存在的，且不应当存在，不管它们生活在野外，还是生活在我们的边缘区域。对于这些动物来说，我们要通过其他方式来承认它们的权利和利益，而不是赋予它们我们共享政治社群的公民身份。但是对于家养动物来说，我们认为公民身份既是可能的，也是道德所要求的。

2. 新近的残障公民身份理论

在更详细地讨论家养动物问题之前，我们想先简要探讨一下残障理论中关于重度智力障碍者之公民身份的最新重要文献，因为我们自己的观点也深受其影响。我们曾提到，这种理论对传统的公民身份理论提出了两个深刻的挑战。它要求我们承认那些重度智力障碍者所具有的能力，还要求我们承认这些能力能以某种方式支撑公民实践。

第一种能力是拥有主观善，以及表达这种善的能力。学者们强调，那些重度智力障碍者拥有自己的计划与偏好，尽管他们缺乏“对自己的利益做出判断所必需的那些更具体的能力”（Vorhaus 2005），尽管他们在没有别人帮助的情况下无法阐述自己的主观善（Francis and Silvers 2007）。为了表达这种善，人们发展了各种“依赖式能动性”模式。例如伊娃·费德·基泰（Eva Feder Kittay）强调，在帮助那些重度智力障碍者将自己的偏好表达清楚的过程中，看护者扮演着重要角色，他们通过深入的了解和细心的关爱来实现沟通。（Kittay 2005b）这也许要求看护者能够理解肢体语言，以及表情、手势和声音上的微妙细节。如弗朗西斯和西尔弗斯所说，“合作者的作用在于关注这些表达，把它们整合在一起，形成一种对持续性偏好的解释，这些偏好构成了一种个体关于善的观念，而且还要研究在给定环境中如何实现这种善”。（Francis and Silvers 2007: 325）

约翰·沃豪斯（John Vorhaus）以一个重度智力障碍儿童凯莉（Kaylie）为例。她无法回答“你想如何度过一天”这个问题。然而，如果用图片向她展示不同的选项，她就能够用手势来表达偏好。（Vorhaus 2007）[7] 传统理论假设重度智力障碍者的主观善要么是不存在的，要么是不可知的，所以不能成为公民权的基础；然而残障理论却认为，这种否定是由过分依赖语言表达模式所导致的（Clifford 2009），并且在用一种过度个体主义的（和内在的）观点去解释我们如何获得对自己主观善的理解（Francis and Silvers 2007）。只要有恰当的外在保障条件，重度智力障碍者的主观善也是可以表达出来的，而且这有助于塑造我们的正义观。[8]

公民权不仅仅在于表述或促进我们自己的善。它还要求有同意并遵守公平合作条件的能力。传统的正义理论常常用协商社会契约的模式来解释我们如何对正义原则达成一致：我们首先参与一种关于恰当合作条件的理性论辩，然后集体采纳那些我们所偏好的正义原则，并（出于正当理由）遵守这些原则。这种模式显然不适用于那些重度智力障碍者。但是西尔弗斯和弗朗西斯指出，除了用这种“协商”模式来思考如何建立社会合作之外，我们还有其他选择。他们提出一种“信任”模式，在这种模式中，各方首先与特定的他者建立信任关系，随着这些信任关系的发展，各方开始参与塑造并维持更大规模的合作体系。在传统的协商模式中，各方“被刻画为先对基本原则进行阐述、审视，继而加以选择”，然后这些原则“立刻被颁布出来”。与此不同，信任模式则“强调那些促进合作的条件是随着时间发展的，因为社会活动的发展反映了合作原则，这些合作原则使人们相互依赖的自然倾向得到加强和系统化。人们不需要表述或反思这些原则，就能够支持它们”。（Silvers and Francis 2005: 67）这种信任模式起始于“能力不同的各方之间自行做出彼此信任的承诺”，但是这些个别的交往“充实了另一种类型的事物，即合作体系（也指社会氛围、社群文化，或社会本身）”。（Silvers and Francis 2005: 45）

在这种信任模式中，重度智力障碍者可以赞成并遵守社会合作体系，这被视为一种在持续性的合作关系背景下制定和修订社会规范的过程，而非一次性协商。重度智力障碍者可以通过爱、信任和相互依赖的关系参与并充实这个合作体系，而这些能力是传统的公民参与模式所忽视的。[9]

这只是对新近关于智力障碍者的公民身份理论的简要概述。但是我们从中已经能看到一种新的、更具包容性的公民身份观的萌芽。在传统观念中，重度智力障碍者要么被完全无视，要么被视为“极端情况”或“边缘案例”而归入“道德接受者”（moral patients），永远处于被监护状态，服从于那些他们并没有参与塑造的社会规范。而这种新思路对公民身份进行了新的设想，公民身份可以促进个体获得范围更广的能力，从而能据此行使公民权，并被视为完全的公民。这反过来要求把公民视为独一无二的个体，而不仅仅是属于某个类范畴（generic category）的个例。尊重人们的公民身份意味着关注他们的主观善（而不是不顾当事人亲自表达的意愿，根据某种客观善或能力的清单来对待他们），并且关注他们个性化的能力（而不是不顾特定个体应对生活种种挑战的实际能力，基于一种对残障类型的诊断而对其能否胜任做出整体判断）。把某人视为公民，就是去观察他们所表现出的主观个体善，然后探寻并支持其发挥个体能动性的空间。[10]

这种新思路的主要优点，就是能够将正义和成员身份拓展至某个历史上受支配的群体。但值得注意的是，这个思路可以说更准确地回答了公民身份对我们来说意味着什么。所有人都需要在他者的帮助下表达我们的主观善，也都需要在社会支持制度的帮助下参与社会合作体系。我们都是相互依赖的，我们依靠他者来运用并维持我们的（可变的和因环境而异的）能动性。

这在残障权利运动中的确是一个备受重视的核心要点：通过研究那些精神障碍者的身份与能动性如何可以得到支持，我们可以学到某种关于人类普遍境况的重要知识。对于那些强调自主性和主观个体性之道德价值的理论来说，承认依赖性的存在不应被视作令人尴尬的事情，而应当去研究我们的社会关系和社会结构在以哪些方式促进或贬损这些价值，以此来充实自己的理论。正如弗朗西斯和西尔弗斯所言，相互依赖性的事实“不会减损他们的个体性或差异性；相反，如果我们认识到主体性理论可以通过依赖式能动性而得以完善，而不是被其否定或损害，那么这就会丰富我们思考善的方式”。（Francis and Silvers 2007: 334）芭芭拉·阿尼尔（Barbara Arneil）也提出了类似的观点，她指出，因为我们都高度依赖于那些帮助我们独立生活的体制，所以依赖性应当被视为“在某种意义上自主性的前身，而非其反面”。（Arneil 2009: 236）一种充分的公民身份理论需要解释，我们该如何立足于不同形式和不同程度的依赖性来实现能动性，而不是仅仅期待依赖性会消失。

换言之，这种相互依赖之公民身份的新模式之所以重要，不仅仅在于它拓展了公民身份理论所包含的个体范围，更在于它改变了我们对所有人的公民身份的看法，不管人们的依赖性状态和先天能力如何。这种新的公民身份观不会在政治社群中区分具有独立性的人和具有依赖性的人，或者把人们划分为能动者和接受者两种，相反，它承认我们都是相互依赖的，都会在不同环境、不同阶段具有不同形式和不同程度的能动性。把重度智力障碍者带入公民领域，这不仅仅改变了我们对其能力的看法（因为它迫使我们确立一种让其能力得到承认和培养的环境），这更让我们注意到，其他人的能力并不是与生俱来的，而是社会赋予的。[11]

3. 家养动物可以成为公民？

这些源自残障理论的新的公民身份观对于我们思考家养动物问题的方式具有重要意义，因为它们提供了一种新的模式，用来思考那些与公民身份相关的核心能力如何可能在缺乏理性思考能力的情况下确立。重度智力障碍者可以成为公民，他们可以拥有并表达一种主观善，能遵守社会合作体系，能够作为能动者参与社会生活——尽管不能进行理性思考。如果是这样，那么家养动物能否运用这些能力，从而成为公民？

我们的回答是肯定的。从某个角度看来，这是显而易见的。如前所述，那些在历史上被挑选出来接受驯化的动物物种，它们之所以被选中，正是因为拥有这些能力。但是鉴于把动物视为公民的观点太新奇，我们也许有必要回顾一下相关论据。

拥有并表达一种主观善

任何曾经与某个家养动物生活在一起的人都知道，它们有自己的偏好、兴趣和欲望，而且通过各种方式有意识地表达：走到门口，示意想要出去；在冰箱门前叫，以索要食物；磨蹭你的胳膊要求关爱；冲着你拍打翅膀并发出尖叫，要求你退后；从橱柜里叼出一根狗绳，以表示遛弯时间到了；弓起身子邀请你一起玩耍；指向沙发或床，询问是否可以跳上去；[14]一起在公园散步时，如果你漫不经心地在路口走错方向，它们会迟疑一下；从远处跑过来，用鼻子努你的口袋，要你给它们苹果吃；聚集在仓库门口，表示想要避雨。家养动物有一个由声音、姿态、动作和信号组成的丰富的指令表，它们借此来告诉我们想要什么，以及需要我们做什么。

它们这种对于自己主观善的表达要求我们去关注、去学着理解它们的交流方式。首先，我们得看出动物是在寻求交流，继而需要通过仔细观察来解读个体的指令表，最后要给予恰当的回应——让动物知道它们试图与我们进行交流的努力并没有白费。随着时间推移，在一种识别与回应的协作过程中，知识、信任和期望会逐渐增长，指令表也会扩充。这是体现了依赖式能动性的一个范例。如果我们一开始就相信动物缺乏能动性，于是不去关注它们发出的信号，那么随着动物们放弃交流，这个观念就会成真。相反，我们对能动性的期许越高，提供的支持越多，最终它们表达自己主观善的能力就越强。

举几个例子。很多人认为他们的伴侣狗对食物不讲究，或者即使有讲究，其饮食也是由人类来控制的。这是一种家长主义思维在起支配作用。尽管某种家长主义是不可避免的，我们对动物生活的控制实际上远远超过了它们的安全所需。没错，人类要确保狗的营养需求得到满足，防止它们吃太多，或者吃对它们有毒的食物，但是狗仍然可以在很大程度上表达自己对食物的偏好并做出自己的选择。通过反复试错（以及在多种选项之间的抉择），我们终于搞清楚了我们的狗寇蒂爱吃的食物有：茴香、甘蓝茎和胡萝卜。豌豆太宝贵了，他得自己从蔬菜园中获取。水果实在没有什么吸引力。然而，他的伙伴罗利却非常喜欢香蕉。狗拥有个体偏好，并且（在不同程度上）有能力基于自己的偏好做出选择。

我们的朋友克里斯蒂娜（Christine）是一个步行达人，她和她的（已故）伴侣狗朱利叶斯每日要花几个小时步行。克里斯蒂娜一直认为这些户外步行是为了朱利叶斯，认为这是一天中属于他的特殊时刻，而且认为她应当尽量满足其愿望，步行路线及时长、是否边走边玩、是否到河里游泳等等都由他决定。朱利叶斯常常不拴绳，在前面带路。如果他因停下来嗅来嗅去落在后面，而此时克里斯蒂娜在交叉路口拐向偏离路线的方向，那么他就会在路口坐下来，直到她回过头来发现这件事，然后走回来和他一起踏上他今天决定要走的那条路线。也就是说，他不仅仅可以对路线做出选择，还知道这是他的特权。

对于我们正在谈论的公民权来说，食物选择和行走路线看上去像是些微不足道的琐事。但真的是这样吗？对于一只伴侣狗的生活来说，它吃的是什么，如何度过这一天中最活跃的时间，这些难道不是头等重要的问题吗？

对于这种能动性的潜在范围，其外部边界在哪里？这不是一个可以在抽象层面上回答的问题。要想回答它，就必须参与到这个过程中来，去期待、探寻并促进能动性。事实上，在这方面有一些了不起的例子，有人对狗（和其他家养动物）践行能动性的可能范围进行了非常深入的探索。比如，芭芭拉·斯马茨描述的她和萨菲（Safi）的关系。萨菲是她从一家动物收容所领养的一只狗，斯马茨不“训练”她，却非常耐心地与她交流，向她发出重复的信号，并观察萨菲返还的信号：

> [萨菲]理解(也就是说，能恰当地回应)很多英文短语，并且，也反过来耐心地教我理解她的动作和姿势(她很少通过声音交流)。有的狗想出去的时候会吠叫，而萨菲不这样，她即使站在较远处，也要先看向屋门再看看我（这花了我一段时间才理解）。如果在外面一起步行时我太沉溺于自己的思绪，或者我与其他人一起走的时候，她为了重新吸引我的注意力，会用鼻子轻碰我腿后膝盖背面的那块敏感部位。当我打下这段话时，她离开了自己刚刚休息了一个小时的地方，用鼻子轻轻碰我的胳膊肘，示意想要与我交流。当我向她表达类似的愿望时，她几乎总是愿意停下自己的活动来关注我，而我对她也一样。我停止打字，与她四目相接，唤她的名字，用嘴唇轻触她的头顶。她显然对这短暂的接触感到满意，于是离开了我，一两个小时内不会再打扰我，这是她在我写作时间里特有的自我克制。（Smuts 1999: 116）

伊丽莎白·马歇尔·托马斯（Elizabeth Marshall Thomas）为了弄清如何尊重她伴侣狗的能动性，也执行了一项长期计划。在《狗的隐秘生活》（*The Hidden Life of Dogs*）一书中，她介绍了自己对狗的个体能力和选择的细致观察，她为它们的能动性提供发挥的空间，而不是通过训练让它们服从于她的期望：

> 对于那些留在我身边的狗，我给它们食物、水和住处。而自从我的计划启动以来，我没有对它们进行任何训练，甚至连排便和听从召唤的训练也没有。这是因为我没有必要那么做。小狗会

> 模仿老狗，学会不乱排便，所有狗在大多数时候都听从召唤，只有当我们的要求与某些对它们真正重要的事情发生冲突时才会拒绝我们。一只感觉自己能自由做出辨别的狗，他在一天内表现出来的想法和感受，比一只受到严格训练的、高度遵守纪律的狗一辈子表现出来的还要多。（Thomas 1993: xx–xxi）

托马斯发现不同的狗在能力上、在关于如何以及与谁相处的偏好上存在极大差异。她的狗经常被允许自由地在剑桥城（马萨诸塞）漫步和探索。米沙（Misha）是一位探路大师，在长途行走中从不迷路，也从没陷入有关汽车或城市生活中其他危险的困难。玛丽亚（Maria）也喜爱散步，却是一个糟糕的探路者，只要不跟米沙在一起，她就总会迷路。她的应对方式就是等在一个房子的门廊前，直到有人注意到自己，查看她的标牌，然后打电话叫托马斯来将其带走。事实证明这是一个可靠的方案，玛丽亚经常使用这个办法。这是体现了依赖式能动性的一个范例。玛丽亚喜爱散步，但不会寻路，所以解决办法就是找人类来扮演重要的支持角色，作为一种支撑其自主性的支架。[12]

不只伴侣动物拥有能动性方面的能力。农场动物也能表达它们的主观善。罗莎蒙德·杨（Rosamund Young）花了几十年观察她在伍斯特郡自家农场里的奶牛和其他动物，观察它们之间的友谊和敌意、对于各种活动的个体偏好，以及各自独特的个性与智力。“凯特的巢”农场提供了“一个让所有动物都能自由选择与我们交流或远离我们的环境”。（Young 2003: 22）在这种自由发挥的空间中，个体的个性和能动性就显现出来。

> 多年来我们注意到，如果让奶牛有机会和时间在多个选项之

间进行选择——例如留在户外还是回到住处，在草地上、稻草上还是混凝土上行走，以及选择吃什么——那么它们会选择对自己最好的东西，而且不会一直选择同样的东西……动物们的日常决定程序也包括食物种类的选择。它们品尝和翻找各种不同的青草、药草、花、树篱和树叶，根据自己的恰当估量，来为自己的每日饮食补充各种重要的微量元素。我们不可能替它们做出如此高效的决策。动物们都是个体。在饲料方面制定规模化“标准”也许适合大多数，而我们一直都在关注少数。我们观察到牛和羊吃大量的特殊植物。牛会吃暗绿色的看上去很危险的带刺的蓖麻，它们能吃上一立方码（约 0.76 立方米）的量；羊经常选择吃长有尖刺的蓟的顶部，还有长而硬的酸模叶，特别是母羊在分娩过后耗尽了能量储备的时候……我们有一个特别得意的发现：动物在忍受伤痛时喜欢吃大量的柳条。我们猜想这也许与阿司匹林的发现有关联。[15]（Young 2003: 10, 52）

这些作者都对依赖式能动性给出了精彩的解释，这种能动性产生于充满尊重的关系。斯马茨把这种尊重描述为：在平等者之间和有人格者之间的关系：

在承认他者之人格的基础上与之相处，这无关我们是否将人类特征投射给它们。更恰当地说，这意味着我们承认它们是像我们一样的社会性主体，承认它们在与我们的关系中对我们的独特主观经验所起的作用，就跟我们对它们的主观经验所起的作用一样。如果它们与作为个体的我们建立联系，而我们也与作为个体的它们建立联系，那么我们之间就有可能建立一种**私人性的**关系。

只要任何一方不承认另一方的社交主体性，这种关系就无法建立。因此，尽管我们一般把人格性视为某种我们可以在他者那里“找到”或“找不到”的本质特征，但是根据本文的观点，人格性意味着以某种方式处于**与他者的关系之中**，所以该主体以外的任何人都无法给予或拿走它。换言之，如果一个人与一个动物相处时，将后者视为无名的客体，而不是将其视为一个有着自己主体性的存在，那么丢失人格性的是这个人，而不是那个动物。（Smuts 1999: 118）[12]

家养动物也许不能对善加以**反思**，但是它们**拥有**善（利益、偏好、欲望），并拥有实现这种善的行动与交流能力。回顾阿尼尔的论点：依赖性是自主性的一个雏形，而不是它的反义词。家养动物要依靠人类来确立一个能确保自己安全和舒适的基本框架。有了这个框架，它们就能够在生活的方方面面来践行能动性，不管是以直接的方式（比如牛判断自己需要吃哪种植物），还是受支持的能动性（比如玛利亚用“坐在别人家门廊”的策略来回家）。

政治参与

所以动物们拥有，且能够表达一种主观善。但是这能否转化为政治参与呢？与政治参与相关的观念是：公民同意接受民主的统治。根据传统观点，这首先意味着公民有责任去掌握信息，并根据这种信息来参与选举，且由此参与塑造共享的政治社群。从这种公民身份观中，我们再次看到那种强烈的理性主义色彩在发挥作用——参与被视为一种包含着理性思考、协商和同意的智识进程（intellectual process）。

我们在前文提到，残障权利运动者已经建立了一种不同的政治参与观念——用更“具身化”的方式来重新理解参与和同意。斯特西·克利福德（Stacy Clifford）指出，对于重度智力障碍者来说，仅仅是在场就可以改变政治进程和论辩。（Clifford 2009）西尔弗斯和弗朗西斯提出一种信任模式用来代替社会契约的协商模式，在信任模式中，公民通过建立社会关系来参与并塑造政治社群。（Silvers and Francis 2005）换言之，同意被重新理解为一种持续性信任关系的连续过程，而不是一种定时的协商。

在这幅图景之中，我们能看到家养动物吗？有很多文章都在讲述家养动物在现代社会中的隐蔽性[16]。随便翻开一张 19 世纪的报纸，我们就能看到这种变化，当时的报纸充满了“不守规矩的”牛和猪在村镇与城市中横冲直撞的画面。农业的工业化历史是一个将家养动物与人类空间逐步分离的历史：越来越严格的限制和约束，动物被逐步从市区的中心转移到边缘。城市和村镇制定了约束力越来越强的规定，用来管理家养动物的身体——包括伴侣动物。后者比农场动物更容易见到，但是它们的移动和可涉足的空间也受到了巨大的限制。近年来，这种约束与隐蔽的趋势受到了越来越多的挑战。例如，人们开始在后院养鸡，并且挑战那种禁止把猪当作伴侣动物的规矩。这种发出挑战的趋势在伴侣狗的例子中最为明显，人们开始发起运动来呼吁为狗提供公共交通、可进入的度假场所和允许不拴绳的公园。

家养动物被隐蔽和驱逐的过程，与残障者的历史是同步的：残障者被隔离、约束和隐蔽的趋势也始于 19 世纪，这个趋势在 20 世纪末受到遏制，那时人们开始呼吁满足残障者再融合（reintergration）、移动和通行的需求。当残障者在公共领域中被隐蔽，政治社群的塑造方式就开始变化。因为身体一旦缺席，就无法继续作为一种矫正性的在场（corrective presence），或作为对政治生活的塑造力量而发挥作用。

隔离和隐蔽的加剧，与优生学运动的顶峰，以及与对残障者权利最严重的侵犯出现在同一时期，这不是巧合。现代残障权利运动的主题是再融合与通行，不仅仅因为这可以改变特定个体的生活，还因为残障者的在场可以改变我们对于政治社群以及公共生活的制度与结构的看法。换句话说，仅仅在场就是一种参与。

人们开始挑战狗绳立法与其他各种限制狗在公共空间出现和移动的规定，在思考这场日益高涨的运动时，我们也许倾向于用人类公民权的术语来理解这种倡议。是人类在代表他们自己和他们的狗发起倡议。在这里似乎人类是能动者，是人类在发言和倡议，而狗是与能动者相对的客体，它们本身不是能动者。但是这种观点没有看到，狗仅凭其在场，就使自己成为推动变革的倡导者和能动者。举几个例子。去欧洲（特别是法国）旅行的北美人常常因看到狗出现在公共空间而感到惊讶。狗坐公共汽车和火车旅行，陪伴人类去电影院、商店和饭店。在北美，公共空间对动物的包容受到一系列法规的严格限制，其主要基于公共卫生和安全的考虑。现在，如果从没到法国旅行过，你也许会不假思索地接受那些排除动物的标准理由，认为如果让狗融入公共空间，就将会导致流行病和伤害。但是当你去法国旅行，到处都能看到狗，你就知道文明并没有崩溃，而不得不反思本国对动物的严格约束是否合理。请注意，在这个场景中，态度的改变并不是由人类倡导者的努力引起的。北美人并没有和一个法国公民谈论关于狗在他们社会的融入情况。而狗通过其在场，就成了推动变革的能动者。虽然不是慎思的能动者，但它们的确是能动者——它们主导自己的生活、做自己的事情——而且因为这种能动性是在公共领域中发挥作用的，所以成了政治协商的催化剂。

发生在北美的一个类似的变化，就是服务犬的能动性。之前针对犬只的严格禁令现在开始放开，那些帮助残障者或为人类履行其他职责的服务犬开始被允许融入社会。尽管这么做的理由是为了促进人类利益，但是它们的在场就会影响到我们，让我们对狗所受的更普遍的限制提出质疑。[13] 那种认为狗在公共空间会带来危险的观点变得很难站得住脚，如果你经常看到相反事实的话。通过这种方式，服务犬在公共空间扮演着能动者的角色，它们转变着人们的态度，改变着公共论辩的立场。事实上，“服务犬”这个概念正在变为一个在争取社会再融合运动中公民不服从的发力点。在安大略省东部的一个镇子上，当地奶酪店有一只叫贾斯汀（Justine）的伴侣狗，她喜欢在店里闲逛。这违反了当地的卫生法规，但是贾斯丁有伪造的服务犬证件，表明她的职责是警告她的人类同伴即将出现癫痫症状[17]，基于这个理由，贾斯丁被允许陪伴她的人类同伴进入禁狗区域。[14] 通过这种方式，贾斯丁以自己的身体在场，给奶酪店的顾客们上了一课，让他们知道她不是一个健康威胁，而是一个受欢迎的社会成员。

珍妮弗·沃尔琪在她讨论城市狗在公园活动的作品中，对狗作为参与政治和推动变革的能动者身份进行了精彩的论证。（Wolch 2002）有一个公园成了吸毒者和妓女的活动场所，这使那些害怕非法活动的居民不再踏足。后来这个公园被一个由狗主人组成的非正式团体“夺回”了：

> 为使社区变得更好更安全，他们让不拴绳的大型犬（非法地）出现在公园里，以减少行为不端者对公园的使用。[18] 矛盾的是，正当公园变得越来越吸引人的时候，其他当地居民声称想要使用公园，并反对不拴狗绳，发起一场所谓的“狗还是孩子”的论辩。狗主人胜出了，部分原因在于他们把狗界定为美国家庭和城市社

区的正式成员。就像其他城市的狗公园一样，这个公园目前是一个为人和动物所共享的独特场所，而且仍然是一个草根参与管理城市公园和休闲设施的场所。（Wolch 2002: 730–731）

在这个故事中，人类是关键的“推动者”，但是如果没有狗的参与，这一切也不会发生。它们以身体在场和实际行动在这个政治进程中起到了关键作用，不仅仅实现了它们在公共生活和空间的再融入，而且还对城市草根运动产生了更广的影响。狗无法反思运动的目标是什么，也不知道自己在其中扮演何种角色，但是这并不改变它们是整个过程的参与者这个事实。而且它们不是被强迫或被押着去参与的。它们是能动者，做了自己想做的事情——与它们的人类和狗类朋友一起探路、玩耍、闲逛。它们通过在场，通过过自己的生活，参与塑造了它们与人类的共享社群。

这个主题在最近一项关于伴侣动物对社群的风貌与互动所产生的涟漪效应的研究中得到了探讨。（Wood et al. 2007）伴侣动物的在场增进了社群内部的社会互动，例如狗在谈话中起到了打破尴尬的作用。它们的在场促进了邻里间的互惠关系，例如当一个家庭外出度假的时候另一个家庭帮忙喂养金鱼。因为人类和他们的伴侣狗出现在街头和公园，这让社区成员更加感到自己生活在一个有活力的、关系融洽的、安全的邻里环境中。最后，伴侣动物扮演了一种促使人类同伴参与社群活动的角色。伴侣动物实际上通过种种方式增进了社群内部的联系、信任和互惠，是公民关系的重要粘合剂。

政治参与也包含抗议与反对。贾森・赫里巴尔（Jason Hribal）从这个维度研究了工作动物（working animals）的政治能动性，包括各种停工、怠工、破坏设备、试图逃跑和暴力反抗等行为。（Hribal

2007, 2010）事实上，赫里巴尔论证了在 20 世纪早期由马向内燃机快速转变的部分原因在于，马经常反抗它们的工作环境，所以工业管理者想要排除这种不安定的劳动力。（Hribal 2007）赫里巴尔还考查了动物园和马戏团中动物的抵抗行动。他认为，动物园和马戏团的经营者们故意把象、海豚、灵长动物的抵抗行动解释为无目的性的意外，或随机的本能行为，无视其中明显的目的性和计划性。经营者们很清楚，如果公众知道动物们迫切地试图逃离并积极地发起抵抗，那么他们将会失去公众支持。（Hribal 2010）

合作、自我管理和互惠性

公民要参与社会生活的合作计划。这意味着他们必须在行动、要求和期望方面进行各种形式的自我约束，以此来建立互惠合作和信任。说白了，公民身份不仅关乎权利，还关乎责任，包括遵守公平合作条件的责任。前文提到，传统公民身份理论对互惠观念给出了一种具有理性主义色彩的解读。以促进社会合作的方式来管理自己的行为并不够，还得是出于正当的理由，即对正义的关心，以及对公民成员的尊重。

然而，自我控制、服从社会规范和合作性行为都可以不包含理性思考。理性思考只不过有时是其中的一部分，而且总是程度性的——它在不同个体那里存在巨大差异，即使同一个体在不同环境下也有不同的表现。政治哲学通常将以理性思考为动机的互惠行为加以理想化的理解，但是就社会的持续运作而言，最重要的是行为，而不是动机。

我们大多数人在日常生活中都尊重那些禁止暴力、盗窃和骚扰他人的社会规范。因为只有在我们大致上都理解且尊重这些规范的条件下，社会生活才是可能的。在大多数情况下，我们对这些规范的遵守是完全未经反思的。我们无意识地、自动地、习惯性地这么做。如果习惯于哲学思考，我们也许偶尔会坐下来审视这些实践，而环境的变化也可能会促使我们停下来进行反思。然而，如果每时每刻都在反思行动的道德性，就会造成行动的瘫痪。大多数道德行为都是习惯性的，这特别体现在英雄主义的道德行动中。人们冒着生命危险去救助他人——跑进燃烧的房子里、跳进冰冷的河水中、冲出掩体去帮助一位倒下的战友，他们常常说自己这么做是未加思索的。他们在自己能出手相助的情境中，做出了直接的反应，而我们将其视为道德英雄。道德行动不仅指出于对抽象理由的承诺而行事，还关乎道德品格和行动，关乎诸如爱、同情、恐惧和忠诚等动机。我们都知道，有些人非常谨慎地思考道德性，却在他们的人际关系或社会行为中表现得非常自私；相反，有些人做出了慷慨而无私的社会行为，却对关于自己行为的伦理反思不太感兴趣。

在人类的情形中，我们观察到道德在这方面是非常复杂的，它涉及动机（包括理性的和情感的）、品格、行动和后果。然而到了动物身上，我们却只强调一个面向——理性思考，并且得出结论：因为动物看上去缺乏对善的反思能力，所以它们不是道德能动者。即使在很多支持动物权利的文献中，也都假设动物是道德接受者（即人类道德行动所指向的对象），而不是道德能动者[19]。

这一观点遭到了强烈挑战：动物行为科学的最新研究表明，动物可以体验各种各样的情感，而且表现出各种道德行为，包括移情、信任、利他、互惠和公平意识等。[15] 动物之间存在合作与利他行为，关于这一点争议不大。我们都知道狼、虎鲸和不计其数的其他动物都会进行合作捕猎及其他活动，也熟知那些动物之间相互帮助，以及帮助人类（即使有时对自己造成巨大损失）的故事，[16] 而对关于互惠与公平的研究却不那么熟悉。马克·贝科夫（Mark Bekoff）和杰茜卡·皮尔斯

（Jessica Pierce）总结了萨拉·布罗斯南（Sarah Brosnan）和弗兰斯·德瓦尔（Frans de Waal）的一些灵长类动物研究：

> 僧帽猴是一个社会性和合作性极高的物种，对它们来说共享食物是很正常的；它们非常认真地监督同伴之间的公正与公平……布罗斯南首先训练一群僧帽猴使用小石子作为兑换食物的代币。他将雌猴两两分组并让它们跟研究人员兑换食物。其中一只用一块石子交换到一粒葡萄。第二只看到了石子换葡萄的交易，自己的石子却换来一片黄瓜——一次不那么满意的交易。吃亏的那只猴子会拒绝与研究人员合作，拒绝吃黄瓜，而且常常把黄瓜扔回给人类。简言之，僧帽猴期待得到公平对待。它们似乎在与身边的同类进行衡量和比较。单独一只猴子用石子换到黄瓜的时候，会对这个结果感到高兴。只有当其他猴子看上去得到了更好的东西时，它们才变得不想要黄瓜。（Bekoff and Pierce 2009: 127–128）

互惠利他和厌恶不公（僧帽猴对它认为不公平的待遇的反应）表明社会性动物对于社会善的公平分享是非常在意的。但是互惠性规范不仅关乎食物分享。社会性动物所遵守的规范涉及其生活的很多方面，比如交配、玩耍和梳理毛发。我们往往将此类行为贬低为盲目的本能（一种对于支配或生殖的冲动），而事实上它反映了一种有意识地学习、协商并发展社会规范的过程。

贝科夫对狼、郊狼和狗的游戏行为的有趣观察可以说明这一点。游戏与道德相关，因为二者都涉及关于规则和期望，以及制裁违规的机制。通过玩游戏，群体成员被引入到与互惠和公平相关的社会规范中。[17]

> 社会性游戏的基础是公平、合作与信任，它会因个体作弊而崩溃。在社会性游戏中，个体可以发展出一种关于什么是对错（即什么是他者可接受的）的感受，这可以促进一个运行高效的社会群体——或一场游戏——的发展与维持。因此，公平和其他形式的合作为社会性游戏提供了基础。动物们必须针对它们的游戏意图不断地进行协商，从而建立起合作与信任。而且它们还要学会角色轮换与设置“限制”，以确保游戏公平。除此之外，它们还在这个过程中学会了原谅。（Bekoff and Pierce 2009: 116）

犬科动物用弓腰姿势邀请对方来玩耍，借此表示游戏开始了，一系列特殊规则开始生效。例如，你必须控制自己的力量和咬合强度，以确保对方不会受伤。你必须接受，在游戏期间可以不理会那些适用于游戏情境之外的规则（例如，一个低位者可以挑战一个高位者，或者高位者可以屈服于一个低位者）。也就是说，游戏就要有公平的竞争环境。对力量和地位进行自我约束，确保了那些在其他情境下具有威胁性的行为（咬、骑压或搂抱）被理解为玩耍。违反游戏规则是不可容忍的——例如当一条狗变得太具有攻击性，或者试图把玩耍式骑压转为真正的性行为。一旦出现犯规，游戏就有可能被破坏，所以动物们彼此间不断地进行交涉，并反复确认双方仍处于玩耍状态。贝科夫观察到，犬科动物在游戏中经常出现弓腰姿势，它不仅仅被用于邀请玩耍，还被用于在游戏中的持续性交涉。如果一只狗打斗或撕咬得过于激烈，他的同伴就会做出困惑的反应，犯规者便弓腰以示道歉并重新确认游戏状态——“对不起，是我的错。我们来继续玩吧。”

如果即将做出一个明显具有侵犯性的行动，他也会先用弓腰来表示“别担心，这只是游戏”。违反公平游戏规则的犬科动物会被赶出游戏，有时甚至被一起驱逐出社群。[18]（Bekoff and Pierce 2009; Horowitz 2009）

我们之所以偏离主题来讨论迷人的犬科游戏世界，是为了表明狗有能力理解和议定社交规则，有能力观察并回应社群中的其他同伴的期待。然而，这对于家养动物在人类–动物混合社群中的公民身份意味着什么呢？狗也许能理解在它们自己的社群中，一个好公民应遵守何种规则，但是这种能力在混合型社会中又如何表现呢？事实上，狗在人–狗社会中也表现出了类似的协商社会规则的能力。的确，在狗和野生犬科动物之间，一个最显著的差异就是，狗非常适应人类，并会向人类寻求社交方面的线索和指引。而被驯服的狼和郊狼不会这样做。换句话说，狗拥有的一系列与社会合作相关的技能（学习和协商那些关于可接受的公平行为的规范，关注他者的期望）在人–狗社群中得到了发展。它们非常熟练于解读人类行为，并就合作条件进行协商。[19]

珍妮特·阿尔杰（Janet Alger）和史蒂文·阿尔杰（Steven Alger）做了一项出色的研究，对象是同一家人的狗和猫之间的友谊。成为朋友的狗和猫经常会坐在一起，睡在一起，并且经常相互打招呼和接触。它们喜欢一起出门散步，面临外在威胁的时候相互保护。最重要的是，它们喜欢一起玩耍。狗和猫与它们的同类之间有特殊的玩耍形式。要想跨越物种隔阂，它们就必须以恰当的方式对游戏提示和游戏行为进行沟通和解释。例如，猫很快就能明白狗的弓腰姿势代表玩耍邀请，尽管它们自己不这样做。类似地，狗也能正确地理解猫的玩耍邀请——当它们从身边快速掠过，或者躺在地上四肢伸展。生活在一起的猫和狗并不能理解彼此的所有行为，但是它们会协商出一个交流指令表。而且，这个指令表不完全受限于它们在自己物种的游戏中所使用的表单。例如，他们发现猫可以将猫之间表示打招呼和亲昵的行为（比如用头拱、摇尾巴）用来向狗发起玩耍邀请，尽管它们在与同类玩耍时不会做出这样的举动。（Alger and Alger 2005; Feuerstein and Terkel 2008）

不只有狗和猫认为自己属于与人类（以及其他动物）之间的合作社群的一部分。大多数家养动物都知道向人类寻求帮助，无论是为自己，还是为他者。杨列举了几个牛的例子，发现牛有时因难产，或者因关心另一头牛的利益而向人类寻求帮助。（Young 2003）杰弗里·穆萨耶夫·马森（Jeffrey Moussaieff Masson）描述了一头叫噜噜（Lulu）的猪是如何拯救了她的人类伴侣乔安妮·阿尔兹曼（Joanne Altsmann）的。有一天，阿尔兹曼在厨房中感到很难受。噜噜意识到事态严重，从狗门中硬挤了出去，被刮伤并流了血。她跑到马路上，通过横躺在马路中间截停了一辆车，然后把司机带回厨房，救助了心脏病发作的阿尔兹曼。（Masson 2003）大多数动物在接受兽医治疗的时候，都知道那是在帮它们，即使治疗过程（固定断肢、接受注射、抽取尖刺）很不舒服。也就是说，它们知道自己属于与人类之间的合作社会的一部分。

在前文提到的一些狗的故事中，我们可以看到这一点。这表明在相互尊重的条件下，动物可以认识到：合作性社会是在不断协商的基础上进行的。朱利叶斯知道与克里斯蒂娜的散步是属于他一天中的特殊时间，知道自己有权去商量如何度过这段时间。伊丽莎白·马歇尔·托马斯描述了她的狗在大多数时间都会回应她的呼唤，只要没有提出不合理的要求。当有正当理由时，它们也会拒绝她。芭芭拉·斯马茨精彩地描述了她如何与自己的狗萨菲商讨一些有争议的问题，比如如何跟那些与她们处于同一环境中的松鼠、猫和其他动物交往。而且这种关于社交生活的协商是双向的。萨菲也以各种方式训练了斯马茨：不要在她睡觉时从她身上跨过去，在清理她腹部的泥土时只能用一块非常柔软的布。至于她极讨厌的洗澡：

> 我把她带进卫生间，提示她进入浴池。一般来说，她会很勉强地照做。但是有时候她选择不照做，那样的话她会自愿走向厨房，在那里待到泥土变干，好让我可以把土刷掉。类似地，我们玩丢玩具的游戏，当我让她把玩具放下时，她只有一半的可能性会照做。如果她拒绝放下，就意味着她要么是在要求玩逃跑游戏，要么是想停下来独自玩会儿自己的玩具，等歇一会儿再继续追逐。因为那些玩具是属于她的，而且她从来不用其他东西当玩具（例如我的新鞋），所以由她来决定何时独自玩玩具、何时与我分享，这看起来很公平。（Smuts 1999: 117）

所有这些例子都在挑战我们所熟知的那种观念：人类下指令，狗服从指令。这些狗显然倾向于合作，并取悦自己的人类伴侣，但是它们也很坚持自己的偏好，并愿意对合作条件进行（反复）商讨。简言之，它们有能力行使某种涉及权利和责任的公民身份。

我们可以听完这些故事，然后说，噢好吧，这真是一些很特别的、非比寻常的动物。也许是的。但我们更应该说，噢好吧，这真是一些很特别的、非比寻常的人类，他们承认狗拥有个体偏好，也有能力表达这些偏好，并且能与人类伴侣商讨共同生活的条件。重点不仅仅在于这些动物拥有特别的先天能力（虽然这是等式中不可置疑的部分），更在于它们的人类伴侣准备好了为这些能力的发展提供条件。[20]

有多少动物拥有这种自我管理，以及对共同生活进行协商的能力呢？我们无法回答，因为我们才刚开始提出这个问题。一旦承认家养动物是我们的公民成员，而不是财产、奴隶或外来入侵者，我们将面对一片广阔的未知领域。

一个最重要的未知数是，一旦获得更大的自由和受协助的能动性，家养动物是否还会选择继续做人类–动物混合社群的成员？伊丽莎白·马歇尔·托马斯搬家至乡村后，在那里划定了一个非常广阔的封闭区域，在那里她的狗可以自由地过它们自己选择的生活。结果是这样的：尽管它们肯定不会与她断绝联系，继续依靠她所提供的食物和紧急援助，但是它们的确疏远了，其生活重心开始渐渐地转向同类，而不再是人类伴侣。（Thomas 1993）乔治·皮彻（George Pitcher）在《驻留的狗》（*The Dogs Who Came to Stay*）中则描述了一个发展方向相反的故事：一个叫卢纳（Luna）的流浪狗渐渐地与皮彻和他爱人建立信任，并接受他们收养。（Pitcher 1996）丽塔·梅·布朗（Rita Mae Brown）描述了她十一岁的狗哥斯拉（Godzilla）的事，她把隔壁邻居当作主要的人类伴侣，但是几乎每天都会回到布朗的农场去见她。（Brown 2009）托马斯描述了类似的经历，她有一只自由放养的猫叫普拉（Pula），她选择与住在同一街道的另一家人生活在一起，但相遇时她仍然热切地回应托马斯。（Thomas 2009）在后面两个例子中，哥斯拉和普拉都离开了拥有多只动物的家庭，来到了将它们作为唯一伴侣动物的家庭，成为人类的唯一关注对象。

动物庇护所让我们看到家养动物在未来的一种可能的出路。在加利福尼亚的“星舞庇护所”（Dancing Star Sanctuary），有一些驴生活在一个介于传统农场生活和野外生活之间的世界。这些驴以它们自己的方式自由地与人类交往，而且常常选择这样做（特别是对它们喜欢的人）。它们依赖于人类的某些帮助（提供散放的食物、安全保障和兽医护理），同时也融入了一个更大的生态系统。鹿、火鸡、山猫、山地狮，以及不计其数的小型鸟类和爬行类都栖息在庇护所。（Tobias and Morrison 2006）杨描述了一些生活在“凯特的巢”农场的牛，它们也没有脱离周边的生态系统，而是融入其中。杨的牛是自由放养的，它们在自由漫步的时候会遇到鹿、獾、狐狸、野猫，以及其他很多动物。它们涉足两个世界——既处于与人类共享的社会中，也在一个人类居住区之外更广的生态系统中有一席之地。（Young 2003）对于一些家养动物来说，如果让它们拥有对自己生活的更大控制权，它们就有可能选择完全退出人类－动物共享的社会。马森认为，马也许属于这种情况，它们的生理和心理特征看上去足以让他们离开人类，成功地“返野”，但是对狗来说这种可能性就小很多，因为狗与人类的关系太紧密了。（Masson 2010）

简言之，家养动物的能动性范围是未知的。我们越了解动物的能力，就会看到越大的潜力。而且，依赖式能动性的本质就是，它是通过关系来实现的，而不是从个体的先天能力衍生出来的。正如斯马茨所说，主体性或人格性不仅仅是一种我们在他者身上“找到”或“找不到”的能力，还是一种与他者“相互关联”的方式。[21] 所以我们必须对动物能动性的潜在范围保持开放态度，承认它是非常多样化的，因个体性、环境和结构性因素而异。承认家养动物的公民身份，意味着我们有义务培养它们的能动性，并总是意识到这些能力是因个体而异、随时间而变的，而且会因我们的行为而得到削弱或增强——通常以一种无意识或预料之外的方式。而且我们应当记住，所有这些判断都不仅适用于动物，也适用于人类。

4. 迈向一种家养动物公民身份理论

目前为止，我们论证了：（1）对家养动物的正义，要求它们被承认为社会成员，以公平的方式被纳入我们的社会和政治安排；（2）公民身份是一个将成员身份理论化的适当框架，因为家养动物拥有成为公民所必需的能力——它们有能力拥有并表达一种主观善，有能力去参与、去合作。

但是这在实践中会如何体现？从成员和公民的视角来看待家养动物，这意味着什么？对于家养动物公民的何种形式的利用和交往，在何种条件下是可允许的？人们会很自然地想通过确立一个固定的公民身份权责清单来回答这个问题。但我们认为这是不成熟的，因为只有在所有公民成员相互为能动性和参与提供保障的过程之中，才能得出这个清单。如果家养动物仅仅是被动的被监护者，那么我们可以在不考虑它们的影响或参与的情况下来确定我们对它们的人道义务。但如果动物们是有权去塑造集体的社会和政治安排的公民成员，那么我们就得更加了解它们可能会如何表达自己的主观善，以及如何去遵守或反对社会规范。这将是一个持续的过程，结果是难以预料的。

然而，我们至少可以思考成员身份、公民身份观念的基本要求和前提假设是什么（以及相反地，它们与什么是不相容的）。我们将试着从九个方面确认公民身份的前提条件：

（1）基本的社会化

（2）移动的自由和分享公共空间

（3）保护的义务

（4）对动物产品的利用

（5）对动物劳动力的利用

（6）医疗、干预

（7）性与繁殖

（8）家养动物饮食

（9）政治代表

这不是一个详尽无遗的清单，但是的确覆盖了很多在人类和家养动物关系中最紧迫的道德问题。在每一条中，我们的目标都不是为所有相关问题提供一个结论性的解决方案，而是要表明，一种公民身份框架如何可以为思考我们的义务提供一个独特的视角，这一视角超越了传统动物权利论，而且比我们在第四章中所讨论的各种废除论、门槛论和"物种标准"论更具有说服力。

基本的社会化

任何社群的成员身份都涉及一种社会化过程，所以任何公民身份理论都必须说明个体是如何社会化为社会成员的。现有的成员必须将一些基本技能和知识传递给儿童或新来者，以便后者融入社会并健全生活。在人类的情形中，如果没能让一个儿童社会化，这就是一种虐待，就像没能提供足够的食物、保护或教养一样。家养动物也一样。它们就像人类婴儿，来到这个世界上就准备好了要去学习、去探索、去了解规则、去发现自己的位置。如果没能正确地引导这种倾向，我们就伤害了它们。在这种意义上，社会化是一种成员身份权。如果不将家养动物社会化，就会损害它们在人类－动物社会中过上健全生活的机会。

这里我们应当注意，基本的社会化不同于把个体培训为特定形式的劳动力（例如把狗培训为导盲犬）。社会化要求个体（尽可能地）习得一些基本和普通的技能和知识——例如建立对身体活动和冲动的控制，学会基本的交流、社会交往规则和对他者的尊重，这些是被社群接纳所必需的。另一方面，培训是发展某种特殊的个体能力和兴趣。社会化则是获得社会成员身份的一个基本门槛（在本章后面的部分我们再谈对家养动物的培训问题）。

我们都拥有接受社会化、融入某个社群的基本权利，但问题是融入哪个社群？这里，我们的公民身份模式就与其他理论产生了显著差异。我们界定政治社群的边界和成员身份的方式，决定了我们对于如何让一个特定个体接受恰当的社会化的看法。例如，如果我们认为猫社群是被物种严格界定的，就会认为猫的社会化是指学习猫社会的基本规范和知识，而这个过程是由成年猫引导的。但是如果我们认为猫也属于人类–动物混合社群的成员，那么基本社会化的权利就包括让猫获得那些使它们能在混合社会中（而不仅仅是在猫社会中）健全地生活所必需的规范和知识。而且，混合社会中的人类成员也一样：对于某些家庭和亚文化中的某些人来说，学习如何与那些生活在我们之中的动物相处是其社会化的一部分，但肯定不是所有人都这样。然而，如果我们承认家养动物在共同政治社群中的成员身份，那么就得强制要求在两个方向上都实现某种水平的基本社会化——这是作为公民成员彼此之间互相承认与尊重的部分要求。正如与公民身份相关的社会化要求我们学会如何与不同种族和宗教的人们相互尊重、合作与分享，它同样也应当要求我们学会与家养动物建立各种（如前文所讨论的）合作关系。

然而，恰当的社会化是由哪些内容构成的？这是一个开放的问题，在不同情形中，答案会非常不同。对于一匹出生在自由放养的庇护所的马来说，他与人类接触不多，不需要为融入人类的混合社会而接受太多社会化，因为其能动性主要体现在与同类的关系之中，而后者会满足他的基本社会化需要（包括与其他动物——例如生活在同一块地理区域的响尾蛇或山地狮——相处的基本知识）。另一方面，一只被人类家庭收养的狗需要学习的关于如何在人类-动物混合社会中生活的知识可就多多了。她要在这个社群中健全地生活，就必须从中学会尊重他者的某些基本权利，这个社群不仅仅包括其他狗和人类，还有可能包括猫、松鼠、鸟和其他动物。例如，她要学会在户外排便，要学会不去咬人或扑向人，要学会避让车辆，以及不去追赶家里的猫（除非是在玩耍）。她不仅要向其他狗学习，还要向人类学习，也许还要向猫学习。换句话说，即使我们把所有家养动物都视为属于一个人类-动物混合政治社群的成员，都要求接受某种程度的相互社会化，其社会化的恰当内容在不同情形中也是非常不同的。

不过，尽管社会化的内容要适应个体和环境因素，但是用来指导这个过程的一般原则还是存在的。首先，如前所述，社会化不应被理解为一种父母或国家拥有的塑造个体的权利，而应当被理解为父母或国家的责任，这种责任要求承认个体是社群之成员，且尽可能地给予其必要的技能和知识，从而使其能够在社群内过上健全生活。

其次，社会化不是一个终生控制和干预的过程，而是一种将个体培养为社群完全成员的暂时性的发展过程。它的合理性不在于其本身具有内在目的，而在于可以促进能动性的产生，促进参与的能力。但是到了某个时刻，个体要么将基本规范内化了，要么没有。不管怎样，别人塑造他们的义务随着他们童年的结束而结束。在某个时刻，尊重要求我们毫无保留地承认他们的身份——完全公民。从那时起，那些违反基本规范的个体也许会被容忍或回避，或者，当他们对他者构成威胁时，就要被关起来。但是如果还把他们继续视作儿童来对待，那就是不尊重。当然，这种一般情况也存在例外，例如因童年遭受心理创伤、虐待或疏于照料而严重耽误或限制了社会化过程。但是总体而言，我们在年幼阶段是“被塑造的”，到了成年才能作为自主的能动者而受到尊重。

承认家养动物是公民，这意味着我们应当采纳类似的思路，即在它们年幼时期让其接受基本的社会化，但是不能将其视为接受终生塑造的对象。正当的家长主义允许成年人让年幼者在特定时期接受社会化，但是如果这变成一种终生的“塑造者－被塑造者”关系，那么就成了一种有害的家长主义（实际上就是支配）。然而，似乎很多人都把家养动物视为这种意义上的永久儿童，即使它们已经成年，仍不断地努力去塑造它们（重度智力障碍者也频繁地受制于这种有害的家长主义）。[22]

除了要限制社会化的持续时间，在人类的情形中，我们还要对**如何**进行社会化加以严格限制。在不同时期和不同文化中，社会化的方法存在巨大差异。在自由民主社会，社会化过程的运作方式存在一个明显的转变趋势，即由强制和威权的方法转向一种积极援助和温和纠正的模式。严厉的惩罚和威胁被普遍认为是不必要的、效率低下的（更别说那些虐待性的了）。在大多数时候，野生动物对其成员的社会化也不会过多使用暴力或强制。贝科夫在谈论野生犬科动物时明确指出，游戏是社会化过程的一个关键部分，它引导年幼者在一种无威胁的环境下了解社会规范。很多社会性动物像人类一样，一般都通过积极援助和温和纠正的方式接受社会化。[23]我们来到世界上，都期待着并准备好去学习适应环境，这需要的是明智的指导，而不是威胁和强制。人类对家养动物的社会化常常是那么严酷和具有强制性，这并非说明动物们的能力差，而是体现了人类的无知、缺乏耐心和不尊重。[24]

移动的自由和分享公共空间

承认家养动物是我们的社群成员，意味着承认它们属于这个社群，而且拥有分享公共空间的初确[20]权利（prima facie right）。承认个体的成员身份，却将个体限制在私人空间或者指定的隔离区域，这是自相矛盾的。然而这恰恰是当代社会对待家养动物的典型做法。我们严格地限制家养动物的自由移动，既使用**物理限制**——货箱和笼子、封闭式通道、锁链、缰绳等等，又对特定区域进行**移动限制**——公共场所、商业区域、海滩、公园、公共运输，甚或限制进城（对于农业动物而言）。事实上，我们付出大量时间和精力去控制家养动物——把它们关在各自的地方。这种极端的封闭使它们处于不可见的状态，也使我们自己被蒙蔽，无视它们在我们生活中的普遍存在和重要意义。[25]

这种广泛的约束构成了对家养动物基本权利的严重侵犯，实际上甚至还违反了不虐待的最低标准。但是在一种公民身份模式中，对移动和通行自由的何种管理方式是可允许的？我们该如何区分某种限制是否可接受？我们首先讨论不受约束或限制的消极权利，然后再讨论更积极的移动权利。

在人类的情形中，我们把不受限制或约束的权利视为一项基本权利，只有在满足了非常严格的必要性检验和相称性检验时才能将该权利悬置。例如，我们会限制那些对自己或他者构成严重威胁的个体，不管是有意的（例如，暴力侵犯者、自杀者），还是无意的（例如，感染了威胁生命的传染病的人，或者因吸毒或酗酒而即将做出高风险行为的人）。这些限制大多仅具有临时的正当性，直接风险得到解除时就不应当维持限制了。但是作为一种正当形式的家长主义，我们也会以更持久的方式施加物理限制。我们对婴儿和儿童施加持续数年的约束和限制，直到他们能安全地适应环境。然而，这样的限制必须要有明确的理由。在历史上，身体障碍者和精神障碍者受到的各种限制，已经远远超过正当家长主义所允许的范围。这应当让我们对那些据称是符合受限制者本人利益的限制或约束保持警惕。[26]

积极的移动权被认为不具有与免受约束之消极权利一样强的绝对性。我们的移动权受到各种条件限制——最明显的就是国家边界和私产法的限制。这些都是现代发展的产物，以致有人把现代性等同于对我们移动权日益增长的限制。然而，移动一直都是有限制的。在现代世界，它表现为地理或政治边界的形式；而在历史上，它往往表现为社会地位的形式(例如，移动因身份而被严格控制——作为奴隶、士兵、贵族成员或神职人员)，而自由移动总是要受到社会－政治性的(更别说实际上的)限制。

尽管有些世界主义学者呼吁无限制的移动权，但是大多数学者都承认：移动之所以重要，是因为只有能移动，我们才拥有合理的选择范围，从而过上健全生活。我们有权得到足够的或充分的移动性，而不是无限的移动性。(Baubock 2009; Miller 2005, 2007)不可否认，对移动的限制会固化国内与国家间非正义的不平等。在不正义的情况下，限制移动——例如富人禁止他者踏上自己的地产，或者富国禁止穷国人民踏上自己的土地——成了维护特权的重要机制。然而，这里的问题在于不平等，而不在于限制移动本身。如果我们想象一个世界，在其中，国家之间或国内公民之间的不正义的不平等被完全消除，那么对移动的限制在本质上就并非不正义的。对很多人来说，能够在自己的国家自由地移动和工作是很重要的；而对很多人来说，到世界上其他地方去旅行和游览也很重要。但并不能由此推出我们拥有一种自己选择成为任何国家之公民的权利，或所有私有产权都应当被废除，或政府不应当封闭不安全的海滩和有危险的道路，或不应当限制人们进入脆弱的生态系统和文化保护区。换言之，我们需要的移动性要足以让我们过上自己的生活，能够谋生、社交、学习、成长、娱乐，但是假如拥有了这种足够的移动空间，我们就无权要求去往或移居任何我们想去的地方。虽然物理限制总被先入为主地假定为有害，但有边界的移动性却未必如此，如果人们在边界内能得到足够多的好的机会。

移动性也是一种关于社会地位和包容性的重要相关指标。受压迫的群体总是发现自己的移动权受到了限制——例如纳粹在1930年代对犹太人的限制，南非的班图斯坦制度[21]、印度的种姓等级限制、美国的种族隔离制度、沙特阿拉伯对女性的出行限制。换言之，移动性之所以重要，不仅在于它是让我们能够过上自己想要的生活的必要条件，还在于它可以被用来区分完全公民与受支配群体，特别是通过限制后者进入公共空间。某种限制有可能通过了“充分选择”（sufficient options）测试（即，它不会对个体过上健全生活的能力造成不合理的限制），却无法通过社会包容性测试。例如，即使种族隔离的午餐柜台为黑人提供与白人一样好的服务（“隔离但平等”），这仍然起到了对社会排斥和不平等的标识作用。各种形式的排斥都被用来向特定个体或群体发送提示，让他们知道自己不是属于这里的“我们”，而且必须安分于自己的（受支配）地位。

除了公然的、有意的歧视之外，还存在各种无意的移动性歧视。对于那些身体残障者来说，现代城市的结构阻碍了他们的移动和通行，因为其设计之初只考虑了那些体格健全者。这些疏忽也许是无意的，但强调了一种关于谁被视为完全公民的未加反思的假定。衡量完全公民身份的标准，不仅在于其是否持有一系列法律权利，更在于在一个共享社会的制度设计中是否将其纳入考量。某人被承认为一个完全公民，这在某种程度上要求公共空间和活动的形态是在考虑其影响和需求的前提下设计的。

所以，对移动的各种不同的限制是社会排斥的直接表现形式，或者说是指示不平等的间接标识。但不是所有不同形式的限制都有损于尊严，或是不平等的标识。移动权常常与职业角色相关。例如，安保或维修工人、戏剧演员、学者，以及数不胜数的其他职业群体，他们可以进入其他公民无法涉足的公共空间，这没有问题。这些限制没有妨碍任何人拥有充分的选择。它们也没有被用作维护社会排斥的工具。类似地，限制儿童进入脱衣舞俱乐部或成人影院，这属于正当形式的家长主义，它可以通过充分选择测试和社会包容性测试。而且，正如我们在讨论限制或约束的时候提到的，有时候成年人的移动权也可以因家长主义理由，或保护他者的需要而受限制。我们会限制某些人驾驶，如果他们不能证明自己会开车；我们会限制某些人乘坐飞机，如果他们有疾病（或者处于晚期妊娠状态），因为这对他们有危险；我们会发布禁令禁止某些人接近别人，如果前者过去曾对后者带来威胁。也有其他的情况，我们允许某些人自由移动，但前提条件是他们必须佩戴一个跟踪器（例如某些获假释者），或者接受化学阉割（例如用来替代对性侵惯犯的监禁）。

我们这里的目的不是要为某种关于自由社会中的移动权及其限制的清单进行辩护，而是粗略勾勒出我们该如何思考自由移动权的基本思路。在人类的情形中，我们可以总结出三个基本原则：

（1）任何形式的限制与约束都是不对的（这是一个很强的假定），除非是在个体对自己或他者的基本自由构成明显威胁的时候；

（2）支持充分移动的积极权利，这可以为个体提供健全生活所必需的充分选择空间；

（3）即使某种移动限制可以为个体留有充分的选择，在如下情形中仍要反对这种限制：（a）如果这种限制被用来标识次等或受支配的公民身份（例如歧视性种族隔离）；（b）如果是疏忽性限制，因为在某些空间和地点的通行设计中根本没考虑到某些群体（例如残障者的通行）。这些限制与对社群内所有个体之完全成员身份的承认相矛盾。

在我们看来，同样的基本原则可以且应当应用于思考家养动物的移动权问题，尽管在其应用细节上自然会存在差异。第一个原则可以说并不取决于家养动物是否被承认为公民成员：即使在监护模式中，或者说实际上在任何禁止伤害有感受者的理论中，它都可以得到支持。但是我们认为，第二个和第三个原则内含了这一要求。它们反映了我们负有的积极义务，因为我们把家养动物带入了我们的社群，因此有责任（重新）塑造我们共同的社会以公平地为它们提供空间。

我们当前对待家养动物的方式违背了所有这些原则，违背了强式的初确推定（strong prima facie presumption）——禁止限制和约束。事实上，这些限制非但没有被预设为不正当的，似乎还被普遍视作为了促进人类便利而施加的必要且合理的限制。我们用嘴套、缰绳、锁链、笼子和围栏来限制或约束家养动物。我们还违背了提供充分的积极移动性的要求，不管是通过有意的歧视（动物不属于这里，它们应当被置于从属地位），还是无意的歧视（我们只是在设计公共空间的通行条件时没有考虑它们的利益而已）。[27] 所有这些都被视为理所当然，我们没有意识到这些特殊的限制需要基于特殊的理由。我们用一刀切的禁令（例如“所有的狗都必须拴绳”“宠物禁止入内”“城市内不准养鸡”）来限制动物们的自由移动，而丝毫不考虑动物个体是否有能力在不受约束的条件下安全地与人类共创一个人类–动物空间，也不考虑这些限制会对动物的健全生活，以及对它们在一个共享社群内的成员地位产生何种影响。

如果我们承认家养动物的公民成员身份，那么上述立场就是不可接受的。我们不是说这些限制毫无道理。就像人类一样，动物需要充分的移动性，而不是无限制的移动性。这也许可以通过面积较大的圈养空间、草地和公园来得到充分满足。移动限制还可以基于如下理由：保护动物免受捕食者、高速路或其他危险的伤害，以及保护人类免受动物的伤害。某些形式的约束和限制可以作为家长主义的培养措施而获得合理性（例如，对一只狗进行社会化培养，从而使其能够及时获得可靠的成年能动性）。对没学会适应街道或忍不住追逐松鼠、跳向人类的成年狗来说，这种限制是正当的。换言之，不同的狗在参与互惠性社会生活的能力上存在很大差异，它们社交活动的范围是不同的。有些狗需要接受比其他狗更多的限制，不管是为了保护它们自己，还是他者。关键在于，作为公民，动物们要被视为拥有参与社会生活的技能，它们有权接受相关技能的培养，并有机会针对自己的移动自由所遭受的武断限制提出申诉。毋庸置疑，肯定仍然会有很多对动物移动的合理限制，但这些限制总是临时性的——它们总是可被申诉、协商，且处于持续变化过程中的。在这种情形中，我们根本不知道人类–动物社会最终会是什么样子。

也许对于某些家养动物来说，充分移动原则是难以实现的。例如金鱼和最新近被驯化的虎皮鹦鹉。一方面，家养虎皮鹦鹉和金鱼已经丧失了某些适应野外生存的能力，所以我们不能直接将它们放归。另一方面，为它们提供足以满足充分移动性标准的大水箱或大鸟笼，这是一项艰巨的任务。在这种情形中，公民身份理论的承诺也许是无法实现的。如果既不可能实现再野化，也无法为其提供家养情况下健全生活所必需的移动条件，那么公民身份模式就会失效，我们也许会被

迫迈向废除论 / 绝育论的立场。但是，没有理由认为所有或大多数家养动物都是属于这种情况。[28]

一种公民身份理论不仅仅质疑对动物自由移动的限制，还要求我们学会提高无障碍程度，减少对移动的阻碍。我们要思考如何改变我们的基础设施、习惯和期望，以帮助家养动物成为可靠的公民成员（即作为遵从社群的基本规则、不会危害自己或他者的公民），并确保我们不会对它们的移动施加武断或不必要的阻碍。我们可以回想凯瑟琳·麦金农（Catherine MacKinnon）的著名言论：美国社会的结构是一个对男性的积极行动计划（affirmative action programme）。（MacKinnon 1987: 36）如果我们把人类社会视为一个积极行动计划，那是很有趣的：我们社会结构的设计是针对那些用两只脚（而非四只脚、轮椅或助步车）行动、视线高于 5 英尺（约 1.52 米）、主要依靠视觉信号（而非听觉或嗅觉）或人类语言（而非符号或肢体语言）的个体。一旦你开启这种思考方式，就会发现在这些问题上并不存在一条总是可以把人类与动物分隔开的界线。因为身高原因，狗、猫和儿童都很容易被倒车中的汽车碾压。坐轮椅的人们发现楼梯是巨大的障碍，对某些动物也一样。外国游客常常跟大多数动物一样，因看不懂语言信息而困惑。而且，像一些残障者一样，动物有时可以拥有补偿性的能力，包括更敏锐的嗅觉、对肢体语言的关注、身体的速度和敏捷性等等。在很多环境中，动物的适应能力比人类更强（例如，穿梭于人群或拥堵的交通、越过障碍物、在不稳定处保持平衡、找到食物来源）。换言之，要使家养动物融入社群，就要求我们在多个层面上重新思考我们的共享空间——不仅仅是移除障碍那么简单，还要考虑动物的特殊能力。

类似地，我们还要考虑那些对移动和通行的限制是否，以及如何起到了标识次等地位的作用。例如，北美有禁止伴侣动物陪伴人类进入餐厅的规定，通常是基于食品安全的理由。然而，正如我们前文所述，那些没有这些禁令的国家（例如法国）并没有因此暴发疾病。事实上，这里的问题在于某种关于“动物之归属”的观念，或者是对动物接近食物的反感。换言之，这种全面禁令更接近于“黑人到公共汽车后面去”或“犹太人不得入内”，而不太像“雇员用完卫生间之后要洗手”或“所以乘客都必须在消毒垫上擦鞋”。这些限制不仅违反了前文讨论的经确证的必要性与相称性原则，更是一种对等级制的社会标识。它们在剥夺了特定群体之完全公民身份的同时，还起到了让被剥夺者淡出视野的作用。实际上，这相当于我们又回到了维多利亚时代的家庭，那时候仆人们被限制只能使用后楼梯——他们是次等的、不可见的。[29]

总之，承认动物是公民，这将提出三个与移动权相关的重要要求。第一，这意味着将免受约束或限制的普遍假定和拥有（作为健全生活的前提的）充分移动性的积极权利拓展至动物。第二，公民身份理论鼓励我们关注结构性不平等的问题——我们构建社会的方式是否对特定的个体或群体带来了不必要的限制？最后，它要求我们关注承认和尊重问题——我们的社会对移动性施加的某些武断限制是否被用作了一种标识下等身份的手段？

保护的义务

承认家养动物是公民成员，这意味着我们负有保护它们免受伤害的义务，包括来自人类和其他动物的伤害，以及更普遍的来自自然灾害或事故的伤害。我们简要地分别讨论一下这几种情况。就跟在移动问题上一样，这些义务中有一些并不要求家养动物拥有公民身份，仅仅因为它们是拥有主观善的生命，它们的基本权利就应当受到尊重。

然而，其他一些义务则与成员身份有着特殊关联。

公民有资格得到法律所提供的全部福利和保护，这意味着人类不伤害动物的义务不仅仅是一种道德或伦理责任，更应当是法律责任。对动物的伤害就像对人类的伤害一样，应当被定罪。这种定罪既包括蓄意伤害，也包括造成了死伤的疏忽。但我们都知道，文本里的法律和实际执行的法律之间往往存在巨大差异。很多年来，禁止殴打妻子的法律根本不受重视，很少有相关的调查和起诉。如今很多禁止虐待动物的法律也一样。事实上，一个衡量个体在多大程度上被真正承认为公民成员的标准，正是看其是否真正得到了法律的有效保护。

作为一个社会，当面对侵犯人类的严重犯罪时，我们投入了大量的资源在事前预防这些犯罪，或者在犯罪发生之后抓捕罪犯上，让其接受刑事诉讼，并接受必要的监禁或处罚。我们庞大的刑事司法系统执行着多项功能：保护弱势群体、阻止犯罪、根据犯罪者的罪责来给予相应的惩罚、在侵害结束后恢复社群的完整性。但是也许它最重要的功能在于，通过用一些强制性机制来支持我们的承诺，以表明我们这个社会是何等重视对基本权利的保护。我们都在这些机制的保护下成长，在很早的年龄段就学到如下道理：对他者基本权利的尊重是凝聚社会生活的重要因素。我们大多数人都将这些律令内化于心，没有违反它们的欲望。我们承认家养动物是公民成员，就意味着我们要承认它们也应当得到法律的充分保护，而且应当用刑法来确认并维护它们的社群成员身份。

这种原则是否意味着，那些蓄意杀害一只狗或猫的人应当被处以和杀人犯同样的刑罚呢？在最近一篇关于英国一只黑猩猩逃脱拘禁后被射杀的事件的文章中，作者卡瓦列里问道为什么杀害它的人没有被逮捕并被起诉，他期待“有一天人们可以认清这种杀害在本质上就是谋杀”（Cavalieri 2007）。我们也期待这一天的到来。但是定罪和刑罚之间的关系是复杂的。刑罚执行着多种功能：通过威慑来预防未来的犯罪；传递一种关于社会厌恶某种行为的象征性信息；根据犯罪方的罪责大小来给予相应的惩罚；以及让受害者（或其家庭）感到宽慰。在人类的情形中，不同的功能常常导向不同的方向，在动物的情形中大概也是如此。例如，对某个个体罪责大小的判断，常常是根据其在多大程度上蓄意地、公然地违反了既定的社会规范，而它在社会化过程中已经熟知那些规范。如果社会规范尚未确立，或者个体还没有接受与之相关的社会化过程，那么犯罪方可能就不那么罪有应得。然而恰恰在这种情形中，威慑功能也许要求处以更重的刑罚，以便更牢固地确立关于尊重动物生命的新社会规范。这意味着量刑标准有可能随着时间而改变，因为社会规范和社会化形式一直在演变。[30]

正如我们在第六章和第七章所讨论的，对非公民的动物——无论是野生动物，还是在城市空间中的边缘动物——的蓄意杀害也应当被定罪（正如禁止谋杀的律令可以平等地应用于人类游客和外国人，而不仅仅是公民）。[31] 但是其他的保护义务也许仅仅应用于作为公民成员的家养动物，而不是所有动物。例如，家养动物公民不仅仅需要免受人类的伤害，还需要免受其他动物的伤害。我们需要进一步保护它们免受捕食者、疾病、事故、洪水和火灾的伤害。在这些情形中，我们之所以有义务去保护和营救它们，是因为它们作为我们社群成员的身份，而不仅仅是因为它们作为有感受者的内在道德地位。

我们在写作本章的时候，正好发生了两场与我们的主题相关的有趣辩论。第一个与洛杉矶消防局在洪水中营救一只狗的新闻画面有关，这只是关于在灾难中（例如卡特里娜飓风）营救家养动物的一系列类似争论中的一例。[32] 支持这种做法的人们认为，营救动物可以为营救人类提供良好的练习机会。在我们看来，可以用一个更为简单的道德律令来解释：我们把这些动物带入了我们的社会，所以我们就负有保护它们的义务。正如我们在第六章将要讨论的，我们对其他动物不负有类似的义务，例如保护野外的松鼠免受洪水和森林火灾的伤害，或者保护它们免受其自然捕食者的伤害。第二个例子是关于如何处置一只从森林来到多伦多某社区的郊狼，人们认为这只狼正在杀害当地的狗和猫。在郊狼的活动范围不断扩大的北美地区，类似事情一直时有发生。在我们看来，我们有义务保护家养动物免受这种捕食（在第七章中我们将讨论在不侵犯城市郊狼权利的前提下可采取的各种措施）。这种义务也是针对社群成员的。我们对其他动物不负有类似的义务，比方说，我们没有义务去保护野外的田鼠不被郊狼捕食，也无权干涉那些生活在野外的郊狼的捕食活动。

对动物产品的利用

如我们在第四章所讨论的，有些动物权利论者试图在对动物（正当的）“利用”与（不正当的）“剥削”之间划界线。正如他们正确地指出的，在人类的情形中，我们经常通过各种方式利用他人来满足我们的需要和欲望，而这未必有什么道德问题。很多经济的和其他形式的交换都属于良性利用，包括交换人类身体产品，例如头发和血液。问题是，这种利用在什么情况下会成为剥削。

我们认为，这种划分只能以成员身份为基础。例如，如何判定对移民的剥削？要回答这个问题，不能单靠询问他们是否比在自己祖国过得更好（对于躲避饥荒和内战的难民来说，实际上任何形式的生存——即使是沦为奴隶——都可能是一种改善）。至于如何判定对儿童的剥削，我们不能单靠询问他们的生活是不是比压根没出生的情况更好（同理，让儿童过着最受奴役的生活，也许仍比没有出生更好）。更恰当地说，我们要问何种形式的利用是与这个社会的完全成员身份相容的，以及何种形式的利用致使人们沦为永久受支配的等级或阶级。

在人类的情形中，我们有很多用来确定这种区分的指导原则和保护措施。例如，儿童或移民也许暂时未被赋予完全的公民身份权（在他们逐步成熟，或融入一个新社会的过程中），但并不是永远如此。在某个点上，所有公民都必须拥有对自己的生活做出选择的自由（关于他们在哪里生活、工作、社交等等），自己决定如何被他者“利用”。换言之，防止剥削的一种主要手段就是让个体拥有选择权，并拥有摆脱剥削处境的自由。我们把儿童和移民带入社群的时候，也许期望从他们身上获益，但是一旦他们进入社群，他们就是拥有完整权利的成员。我们可以获益于他们的工作，但是不能单方面地为他们施加一种生活计划，或者限制他们得到与公民身份相关的全部利益。

我们相信家养动物也一样。如果双方的关系地位反映并支持了双方的成员地位，而不是一方永久性地支配另一方，那么利用对方就是正当的，而这又要求（尽可能地）尊重它们的能动性和选择。因为家养动物终其一生都非常依赖人类，所以特别容易遭受剥削。动物很难行使退出的权利，也缺乏反抗剥削环境的有效手段。人们普遍倾向于忽视动物的能动性（即扎米尔所谓的由人类“发号施令”）。因为人类可以在利用动物上获得巨大利益，这导致一种无所不在的风险：他们会站在自利的立场上描绘动物的需要和偏好。这就是为什么我们要强调必须承认并促进动物的能动性。我们有责任去努力了解动物能如何向我们表达它们的需求和偏好，以及如何实现它们自己的生活计划。

这并不意味着我们不能利用动物，或者从它们身上获益，但这的确意味着我们只能在不违背它们的能动性与成员身份的前提条件下这么做。让我们先来讨论一些属于良性范畴的利用。很多人看着狗在狗公园里自由奔跑和玩耍时会获得极大的快乐，在某种意义上我们是在利用狗来获得快乐，但是这种利用绝没有妨碍或伤害到它们，也没有用一种完全工具化的观念来对待它们——也就是说，我们从它们身上得到快乐这个事实并不意味着“狗的存在只是为了给人类带来快乐”。人类也许是为了快乐（或陪伴、爱、鼓励）而把狗带到世上，但是这与狗的自我存在且为自己而存在并不冲突（这和人类的情形是一样的）。

现在，我们再考虑一种显然更属于利用的例子。想象在一个叫绵羊镇的城镇，有一群绵羊是社群的完全公民，这是一个绵羊和人类共享的社群。绵羊的基本权利得到了保护，且享有公民身份的完整权益。它们自由地漫步于广阔的草地上，那儿有很多栖身处，有各种食物来源，它们在人类的观察守护下免受掠食者的威胁。人类满足它们的医疗需求，而且为它们适当补充饮食。人类因绵羊的陪伴而受益，但他们也有其他受益方式。在一年中的某些时段，绵羊到公园漫步，使草地上的草不会长得太高。或者，就像在丹麦的萨姆索岛[22]那样，它们啃食太阳能电池板附近的草地，使草的高度不至于遮挡电池板。或者，就像在欧洲很多地方一样，它们的啃食仅仅是为了维持开阔的乡野土地，从而有利于维持其他动植物群落的多样性。（Fraser 2009; Lund and Olsson 2006）人类除了从绵羊的进食活动中受益以外，还可以收集羊的排泄物，用来给他们的花园或菜园施肥。这些利用方式看上去完全是良性的，羊只是在做自己的事情，而人类则从这种非强制的活动中受益。

现在我们再思考更复杂的例子。绵羊镇的人类应否使用羊毛？商业化的羊毛产业会对绵羊造成多种伤害，要想使羊毛采集成为一项有利可图的生意，就必须强制动物经受充满痛苦和恐惧的程序（更别说绵羊最终要被宰杀）。但是我们可以想出一些允许人类用羊毛来获利的伦理条件。野生绵羊会自然脱毛，但驯养后的绵羊接受了以增加毛产量为目的的选择性培育，很多品种已经失去了脱毛的能力。[33]它们需要人类每年为它们剪毛，才能防止患病或过热。在纽约上州的“农场庇护所”（Farm Sanctuary），绵羊每年都要接受剪毛，因为剪毛符合它们的利益。事实上，如果不给它们剪毛，反倒是一种虐待。庇护所尽可能地减少剪毛过程中的不适和压力。他们的专业剪毛人员非常小心地让动物们保持平静，并确保它们不被剪具划伤。剪完毛后，绵羊明显因摆脱羊毛的重量而感到轻松。但是接下来该如何处理羊毛？因为这个农场庇护所在哲学层面反对人类利用动物，所以没把羊毛给人类使用，而是将其散布在森林中，供鸟类及其他动物筑巢。[34]

在这个普遍将家养动物视为工具的世界上，这也许是一种恰当的表态，它挑战了人类认为自己有权利用动物的态度。然而，当我们设想在绵羊镇建立一种正义的人类–动物社会的时候，如果仍不允许人类利用羊毛（即使这些羊毛是为了羊的利益而必须被剪掉的），这种态度看上去就有些固执了。它基于如下假定：要么（1）任何利用都必然是剥削性的；或者（2）利用将不可避免导致一个通往剥削的滑坡。对于第一点——利用必然是剥削，我们在讨论人类的情形时已经质疑了这种把二者混为一谈的观点。利用未必是剥削。其实，拒绝对他者的有效利用会阻止他们为普遍的社会善做贡献，这种拒绝本身就是一种对其完全公民身份的否定（这里可以参考一下禁止人类群体从事特定工作的例子，例如将犹太人排除在某些职业之外，再例如禁止以色列阿拉伯人服兵役，这都是下等公民的标识）。公民身份是一种合作性社会事业，在其中所有成员都被视为平等者，都能从社会生活中获益，而且所有成员都（根据其能力和偏好）对公共善做出贡献。将一个群体永久贬为为别人劳作的受支配阶层，这是对公民身份的否定；但拒绝把这个群体视为公共善的潜在贡献者，这是另一种对公民身份的否定。

贡献的方式可以是多种多样的。有些成员的贡献也许仅仅在于参与爱和信任的关系，而另一些也许是通过更物质性的方式。[35]重要的是，要确保所有成员都能够以适合自己的方式做出贡献。尊严不仅仅在于我们从贡献中得到自尊（毕竟不是每个人都有获得自尊的心理能力），它的一个关键要素也包括，我们因做出贡献而得到他者的尊重。那个农场庇护所将家养动物分离为一个特殊的受保护者阶层，而不是将它们视为在一个人类－动物混合政治体中的公民成员。但是保护未必与利用相对立。如果绵羊镇允许人类使用羊毛，每个个体的利益仍然可以得到平等考量，其权利也仍然可以得到保护。而且，每个个体都可以被视为对社会善做出了贡献。不同的个体在其能力、能动性、依赖性与独立性的程度上存在巨大差异，但是都可以被视为愿意参与社会事业的成员，而不是被排除在给予与索取的社会生活之外的特殊阶层成员。

但还有第二种担心：存在一个将利用引向剥削的滑坡。但是，就像所有道德滑坡问题一样，我们应当仔细思考我们可以在滑坡上设置何种阻挡措施。造成滑坡压力的首要原因是商业化。一旦有了营利动机，就会出现滑向剥削的强大动力。例如，在剪羊毛的过程中有一些操作步骤可以减轻绵羊的不适感，这会造成更多花费。如果你想要提高利润，就可能会被引诱着省略这些步骤。显然，类似的压力也存在于人类经济活动中——倾向于增加工作时间、降低薪资、减少工作场所的安全保障等等。在人类的情形中，（在一个正义社会中）我们可以通过赋予工人集体谈判、政治行动或退出的权利来抵制滑坡的现象。

同理，动物也可以进行各种形式的抵抗。（Hribal 2007，2010）而且，在绵羊镇可以让受托人来代表绵羊进行谈判、抗议或倡议，从而提供类似的保护措施。如果出于某种原因，我们无法防止绵羊遭受那种基于营利目的的剥削，那么就应当直接禁止羊毛和羊毛制品的商业化。在每年剪毛结束后，绵羊镇可以允许居民按照自己认为合适的方式使用羊毛，但是禁止他们出售羊毛或羊毛制品（或者，可以采纳一种非营利的处理方式，让羊毛收入全部被用来维持绵羊的生活）。

羊毛产品的商业化是否与尊重绵羊的公民权利相对立？即，如果某个公民群体特别容易受到剥削，那么商业化的压力是否总是为他们的利益带来太大的风险？在这个问题上还存在合理的争议空间。在人类语境下，我们也能看到关于弱势群体的类似问题。是否最好禁止儿童从事有偿工作，还是谨慎地规范这种工作？或者，对于重度智力障碍者，我们是应当禁止雇佣，或者允许不涉及营利的雇佣，还是允许涉及营利的雇佣？禁止就意味着否定个体拥有互惠互利的公民身份的机会。营利动机的存在为我们带来一种保持极度谨慎的责任，以保护那些弱势劳动者免受剥削。

那么其他的动物产品呢，例如蛋和奶？就跟绵羊的情况一样，这里的危险会随着商业化而迅速升级。如果鸡和牛被带到世上的原因是人类要从它们的蛋、奶中营利，这几乎肯定会导致它们的基本权利被牺牲。如今，鸡蛋生产体系不仅仅涉及对母鸡的残酷拘禁和虐待，还包括对雄性雏鸡的杀戮、对母鸡的杀戮（当它们的产蛋量下降至一定水平时），所有这些都是维持利润率的必要手段。

但是让我们想象一些作为公民的鸡，它们的权利得到充分保护，享有与其他公民相同的权利，从而得以过上健全生活。家养母鸡会产很多蛋。它们可以被允许孵化一些受精的蛋，并有机会养育后代，同时仍有很多鸡蛋剩余下来。事实上，我们可以鉴别鸡蛋中胚胎的性别，并使母鸡仅（或主要）孵化雌性后代。那么人类使用这些剩余的鸡蛋是否有错？（或者如下文要讨论的，将这些蛋喂给猫？）在农场庇护所，人类被禁止消费鸡蛋（而是将其喂回给鸡），这与他们在羊毛使用上的立场保持一致。和羊毛问题类似，我们仍然主张，人类利用鸡蛋并不具有本质上的剥削性。人类可以让伴侣鸡生活在农场或开阔后院中，它们过着健全生活，有足够的空间去做自己喜欢做的事情，而人类为其提供保护、栖身处，满足其食物和医疗需求，它们可以在人类的保护下探索、玩耍、建立社会关系并生育后代。而同时，人类可以消费其中一些鸡蛋。是的，这种关系部分是基于利用——许多人类至少部分是因为想要鸡蛋而选择饲养伴侣鸡。但这种利用未必会削弱对鸡的权利和社群成员身份的充分保护。与绵羊的例子一样，我们首先关心的是确立用来全面监督和保障这些权利的机制，并且对那种有可能危害这些权利的商业压力加以管制。[36]

一个更复杂的问题是使用牛奶。饲养奶牛是为了生产大量牛奶，这种饲养方式损害了它们的健康，缩短了它们的寿命（例如，过量产奶会减少钙元素储存，导致骨质疏松）。[37]另外，为了让牛奶生产成为一种在商业上可持续的过程，人们杀死雄性牛犊以生产小牛肉，让母牛不断地受孕以使其持续产奶（这榨干了它们，并导致多种疾病），让牛犊与母牛分离从而将最大比例的牛奶供给人类。我们能够想象一种对母牛的非剥削性环境吗？即一种承认它们的完全公民身份，并有助于它们过上健全生活的环境（就像上文所述的绵羊和鸡那样）？这将意味着人类一方必须在实践和经济上付出巨大代价（考虑到牛群的规模和需求），但只能得到有限的牛奶。[38]假设让母牛自由进行交配，并且养育自己的牛犊，那么也许会有一些牛奶剩余，但估计不会太多。

与此同时，母牛和牛犊（包括雄性和雌性牛犊，除非有可能以非侵犯性的方式进行性别选择）的生活需要大量的空间和资源。换句话说，很难想象有人会饲养伴侣奶牛，除非他们是为了享受这种陪伴（或者准备为获取一丁点牛奶而大费周章）。

这不意味着奶牛将会消失，只是不会有太多了。总会有人想要拥有伴侣奶牛（或者伴侣猪），但现实情况是，由于这些动物（在非剥削条件下）不再那么“有用”，它们被带到人类–动物社群的数量将会减少。[39] 另一方面，对牛奶谨慎的商业化利用会使牛奶变成一种奢侈品，并导致一个规模有限却很稳定的奶牛群。[40]

对动物劳动力的利用

至此，我们的讨论集中在一些人类利用动物的自然活动（吃草、长羊毛、产肥、产蛋奶）来获益的例子。另一种不同形式的利用是训练动物从事各种服务于人类的工作，例如对援助犬和治疗犬的训练，或者警用马的训练。有一些工作对狗和其他动物来说是不需要大量训练的。例如，如果我们回到绵羊镇，就可以想象那个社群也包括一些保护着绵羊的狗或驴。这种保护行为是出于自然本能（在很大程度上是通过对特定狗品种的选择性培育来实现的），无需太多训练，而且我们可以想象一只狗或驴可以在履行警卫责任的同时过上充实健全的生活。我们需要制定保障措施，以使得绵羊镇的狗或驴免受剥削。例如，只有那些喜欢工作、喜欢有绵羊（以及一起工作的其他狗和驴）陪伴的狗和驴可以从事这项工作。这些动物要有其他的活动选项（待在窝里、与人类散步，或者与同类待在一片草地上），作为评价它们是否偏好看守羊群的方式。而且不管怎样，工作时间要受到严格限制，以确保狗或驴不会感到它们总是随时待命。一旦设置了这些限制条件，我们就能想象，一种在有限几个小时内肩负警卫责任的生活可以是非常惬意的，它能提供多样性活动，使动物在有导向性的活动中得到满足，还有足够的社交。

也许狗的另一些工作也可以归入这个范畴。例如，一只友善的狗也许会享受陪着她的人类伴侣从事社会工作，到医院或养老院中拜访人们。也许还有其他各种工作，狗（或老鼠）在不必接受过度训练的情况下，就可以用它们高超的嗅觉探测技能帮助人类探测肿瘤或癫痫发作、搜查危险物质，或搜寻失踪者。然而，我们要强调，在这些工作中是极有可能存在剥削的，因此出于这种目的对动物的利用需要接受谨慎的管制。要确保这种利用是非剥削性的，就必须让动物有机会明确地表达出自己是否享受这种活动，喜欢这种激励和接触，而且这种工作不是它们为换取它们应得（且必需的）的关爱、承认、善待和照料而付出的代价。在工作之外必须要有大量的业余时间，从而让狗可以去从事其他活动，与它们的人类和狗类朋友进行交往。换言之，狗（以及其他工作动物）应当得到与人类公民同样的机会，以决定自己在何种条件下为社会做贡献，遵从它们自己的偏好来决定如何过自己的生活，以及和谁共度时光。

这里存在的一种危险是，我们会为达到自己的目的而塑造并操控它们的需求和偏好。这就是那个关于“适应性偏好”的经典难题，在人类正义领域中对此已有长期讨论。一种最恶劣形式的不正义，就是对受压迫者进行操控或洗脑，从而使其将压迫视为自然的、正常的、理所应当的。在关于女性、弱势阶层和其他在社会化过程中接受了从属地位的群体的正义理论中，这一直都是个问题。

对动物来说，这显然也是个问题。（Nussbaum 2006: 343–434）我们在前文讨论了所有家养动物都有权接受基本的社会化，从而可以成长为健全公民。而且，我们还讨论了动物个体有权让它们自己的特殊兴趣和能力得到发展。但这是一个需要谨慎对待的过程。在人类的情形中，我们承认，发展个体潜能不同于对个体进行强迫、塑造或洗脑以使其扮演指定角色。有一些非常聪明的动物，它们喜欢学习、测试、发展能力、完成任务、参与具有目标导向的合作活动，并从中得到成长。我们可以想象，有一只非常聪明且精力充沛的狗，她感到没有什么能比与人类伴侣进行灵敏度训练更快乐了。[41] 在这个学习的过程中，也许存在一些必要的约束、纠正和操控，但是她可以从人类伴侣为其施加的一定程度的“坚持下去”的压力中受益。就像一个小孩在学习钢琴的时候，父母对其施加的温和压力，使其在放弃之前多尝试了几次，这也许对他是有益的。例如，父母也许看到了孩子的音乐天赋，而且知道从长远看来，他们的孩子可以从学习弹钢琴中获得巨大的满足，即使在短期内他自己也许看不到这一点。我们相信父母可以把握好这种平衡，因为从整体上看，我们知道父母是关心孩子的利益的。如果我们怀疑他们仅仅是为了训练出一个年轻的演奏者，从而可以满足自己听现场音乐的念头，或者为了从孩子的钢琴演奏中获取经济收益，或者为了享受在其他父母面前吹嘘自己的孩子，我们就会马上失去对父母的信任。这些情况都有可能发生，父母的确可以从孩子的钢琴演奏中获益，但是教育的主要动机应当是为了孩子的利益和发展。

如此看来，很多对家养动物进行的训练都是剥削性的。大多数治疗犬和援助犬之所以接受培训，并不是为了发展它们自己的潜能和兴趣，而是为了满足人类的目的（同样的例子还有骑马、娱乐产业中的动物，以及大多数其他种类的动物工作）。那些性格特别驯良的动物在幼年就被挑选出来，并被指定了未来的角色。它们往往要接受持续好几个月的高强度训练，包括严重的限制和约束，而且常常伴有严厉的惩罚和剥夺。即使是所谓的正面强化，也常常不过是稍加掩饰的强制而已。如果一只狗获得食物、玩耍时间或关爱的唯一途径是必须完成一些取悦他者的任务，那么这就是胁迫，而不是教育。很多工作动物被剥夺了真正的业余时间——用来自由奔跑、与他者社交，或者单纯地探索和体验世界。它们的工作常常使它们处于紧张甚至危险的境地。它们往往得不到一个稳定的环境，无法拥有长期的友谊和环境，而是被调换于不同的训练员、工作场所和人类雇主之间。非但其潜能没有得到培养和发展，它们反而被塑造得屈从于人类。它们的能动性没有得到促进，而是被压制了，这是为了让它们成为用于控制畜群、人类娱乐、马术治疗[23]，或协助残障者等任务的有效工具。

驴仅仅出现在羊群中就可以防止捕食者进犯，而导盲犬却需要忍受数月的高强度训练，以使其在生命中大部分时间里充当他者的工具，在这两种情形之间，我们迈过了一条从利用到剥削的界线。我们很难准确地指明到底是在何处越过了这条界线，正如很难指明一个人究竟是在哪个时刻越过了秃顶的界线。但是界线的不精确性并不意味着我们无法区分头发茂密者与秃顶者。一般来说，当我们把家养动物带入社群，然后不按照完全公民来对待它们的时候，我们就越过了界线。问题不在于我们从动物身上获利，而在于我们几乎总是通过牺牲它们来获利。

医疗、干预

承认家养动物是社群成员，这包括承认它们拥有平等的权利以享有公共资源，其福祉有社会基础作保障，例如医疗。如今，农场动物和伴侣动物要接受大量的兽医处理和药物治疗，其中大多数都不是为了它们的利益，而是为了人类的利益，人们想让它们变得更高产、更顺从或更吸引人（例如，注射生长激素、阉割、去爪、去喙、去声带、剪尾、剪耳，以及其他很多处理）。某些干预措施具有合理性，因为对动物有利（例如注射或服用针对乳腺炎和其他感染的抗生素，或为鸡去喙以防止它们互相伤害），但是这些问题肯定首先是由人类对动物的虐待导致的（例如过于拥挤、紧张，或饮食不足），所以很难说这表现了对社群成员福祉的真正关心。

然而，动物也会得到很多真正符合它们利益的兽医护理——从打疫苗到急救护理。人们投注于宠物的大量医疗费用常常受到批评，被视为一个盲目为宠物赋予道德优先性的例子。（例如，Hadley and O'Sullivan 2009）很多家庭对自己的狗和猫付出很多，同时却乐意参与对农场动物的虐待，这的确存在矛盾之处。在一些批评者看来，人们在伴侣动物身上的医疗花费不过是展示了一种自欺，他们一方面自认为是动物爱好者，另一方面却支持着恐怖的家畜养殖业或动物实验。

但是，即使人类为伴侣动物提供医疗的动机在这种意义上是伪善的或自相矛盾的，这也丝毫不会削弱让家养动物得到医疗的要求。在当代社会，医疗属于一项成员身份权，而家养动物拥有被视为成员的权利。这的确解释了为什么我们对家养的猫狗负有提供医疗的义务，却不（或不总是）对野外的狼或豹负有类似的义务（我们将在第六章讨论对野生动物的义务）。这些义务也许可以通过某种动物医疗保险项目来履行。[42]

然而，对于如何界定这种义务的范围和性质，还存在一些困难。一方面，动物无法对治疗表达知情同意，所以人类必须代表动物做出决策，这很类似于父母对待孩子的方式。尽管这里不可避免要采用一种家长主义框架，但我们应当对如下可能性保持开放态度：动物能够在某种程度上向我们表达自己的意愿。例如，很多动物即使正在接受一项在短期内会引起不适或痛苦的治疗，也能理解兽医是在试图帮助自己，所以多年来都愿意接受某位兽医的帮助。但是想象一下，当一只狗进入晚年，开始出现一些慢性病的症状，而且在某个时刻开始主动抗拒去见兽医或接受治疗。这就相当于一个示警信号，表示接受治疗不再是她的选择，即使这种治疗很可能让她多活几个月或几年。

即使我们尽最大努力去理解我们的伴侣动物想要我们做什么，这也不会在多大程度上改变家长主义的基本框架，在这个框架内，人类仍要判断对于他们的伴侣动物来说什么是对的。成年人类面对一场会带来长期不适与康复过程的开刀手术时，能够理解他们身上发生了什么，并且能够预见康复后的生活状况。动物则不然，所以我们应当假定治疗过程会给它们带来更大的恐惧和压力。对于一只有心理恢复能力的更年轻的动物来说，一场开刀手术也许是正确的选择；然而对于一只胆小的老年狗来说也许相反，因为接受可怕的手术只能为其换取几个月的生命。

在人类的情形中，对于病危阶段安乐死的伦理学问题存在着大量的争议。一方面，在人们生命中的最后几个小时或几天里减少不必要的痛苦，这似乎是正确的，即使在他们没有能力同意或要求治疗的情况下。另一方面，安乐死的合法化也有可能导致滥用。在家养动物的情形中，我们看到，安乐死这个术语一直被用于指代一些杀戮，尽管这些杀戮与避免病危阶段的痛苦毫无关系。动物们接受（所谓的）安乐死，仅仅因为它们是没人想要的、被遗弃的、年老的、带来麻烦的，或花销太大的。然而，虽然对家养动物的大部分杀戮都属于可怕的虐待，但这个事实并不意味着在一个家养动物被视为完全公民的正义社会中，安乐死将被完全禁止。与人类的情形一样，这意味着应对其进行道德上的关切和争论，而且一旦被合法化，就必须接受严格的监管。

这里存在一些矛盾。兽医护理的进步，意味着很多在过去将死于心脏衰竭的动物，如今可以很好地通过药物控制其心脏状况，从而延长几个月或几年的寿命。然而，这也意味着它们更有可能死于更痛苦、漫长的疾病（例如肾衰竭或脑瘤），而不是急性的心脏病发作。我们的各种干预措施（无论是好的——比如心脏病药物，还是坏的——比如让动物吃太多、锻炼太少）都会对它们临终几个小时和几天的情况产生影响。我们在这个阶段应当扮演什么样的角色，是尽可能地缓解与减轻痛苦，还是加速死亡并结束痛苦？这是一个很难的问题。不管怎样，我们不能逃避做出决定的责任。鉴于在人类的情形中这个问题仍然存在巨大争议，在家养动物这里，这种争议性也不会更小。

性与繁殖

任何动物权利论（包括公民身份思路的）所面对的最困难的问题之一，就是生育权问题。人类对家养动物的性和繁殖施以巨大的控制——它们是否**有能力**去做这件事，是否**可以**去做，以及**何时**、**如何**、**与谁**去做。很多支持废除论 / 绝育论的动物权利论者正确地谴责了这种对生育的普遍干预，并用以证明驯养过程是如何具有内在压迫性。然而，正如我们在第四章指出的，他们的主张是让家养物种灭绝，这也同样隐含了一种执行系统化的强制和约束计划的要求，从而**防止**家养动物的繁殖。如果说当前的做法是强制动物以满足人类目的的方式繁殖，那么废除论 / 绝育论则是强制动物不繁殖。[43]

这些主张都没有认真对待家养动物的正当利益。如果有人主张对人类的性和繁殖施加这种程度的干预，这将是无法容忍的。在讨论人类对家养动物的性生活进行何种管理是正当的（如果存在正当的管理方式的话）这个问题之前，我们最好先简要地分别思考一下人类和野生动物的情形。

人类的性与繁殖是以哪些方式接受管理的？一方面，性的自由对人来说是非常重要的，人们可以按照自己的意愿决定是否、何时、与谁发生性行为，甚至组成家庭。但是这不等于完全不受约束。比如，我们要保护儿童免受性剥削和性侵犯。我们坚持主张，性行为必须是双方自愿的：一个人性行为的自由不是绝对的，其前提是要找到一个自愿的同伴。此外，我们认为人们应当对自己生育的孩子负责任。我们谨慎地管控那些受制于市场力量的生育行为，特别是在涉及孩子的情况下（例如，出售精子、卵子，生育服务或领养服务）。而且我们管控着人们为生育行为的特定结果而对生育进行操控的限度（例如，我们允许为避免后代有先天缺陷而进行选择性堕胎以终止妊娠，但是不允许将其作为性别选择的手段。但通过胎儿手术来“增强”能力，而不只是矫正畸形，这是另一个充满争议的伦理问题）。在很多问题上，管控界线的划定都是极富争议的。

一般来说，我们期望个体可以自我管理、负责地进行性行为，并承担其后果。如果有人没能做到这一点，国家就应进行干预（例如，保护儿童，避免不知情的性伴侣感染艾滋病毒，或者防止性侵）。不存在“过（有伴侣的）性生活的权利”这回事，更恰当地说，人们拥有的是一种免受性强迫，或免受不正当的性管制的权利。而且，虽然大多数人主张我们拥有一种“成家的权利”（这是一项被郑重地写在联合国《世界人权宣言》里的权利），但该权利也依赖于拥有一个自愿的伴侣（或捐赠者，或被收养者）。对于人们在何种程度上拥有成家的权利，显然存在巨大的争议。这种权利在何种程度上受如下一些相应责任的限制：你是否必须拥有照料后代的能力，或者有责任在全社会人口过剩的情况下不生育（或者在人口衰竭的情况下去生育）？

社会采用多种多样的激励手段（有时是更加强制性的手段）去鼓励或阻碍人们生育。我们的性和生育活动实际上是被高度管控的，虽然这种管控在形式上主要体现为被内化的自我管理，以及对社会压力和激励的回应。[44]

通过对生育的自我管理，人类可以（在理论上）确保人口数量不会超过可维持的水平，或超过他们（作为个体和集体）照料新生儿的能力。在野生动物问题上，我们看到，对于性和繁殖要在多大程度上接受社会控制和自我管理，不同动物之间存在着巨大差异。就某些物种而言，几乎所有成年雌性都交配并生育后代。它们往往要生育大量后代，而成年动物几乎没怎么投入精力去照料后代。动物数量是被捕食、寒冷、疾病和饥饿所控制的。这是很多鱼类和爬行类物种的演化策略。对于社会性物种，情况则非常不同。一个有趣的例子是狼，狼是严格控制性和繁殖活动的物种之一。在狼群中，常常只有雄性首领和雌性首领进行交配并产下后代。少量幼崽被生下来，而狼群会在它们身上投入很多。整个狼群合作抚养首领的幼崽。很多成年狼终其一生都没有发生过性行为。从这个意义上讲，狼是进行高度自我管理和社会控制的物种。它们的数量不受外部力量所控制，而是由社会性群体根据环境和可利用的资源来严格控制的。

当我们转而讨论家养动物时，必须记住如下事实：它们属于社会性物种，其祖先对生育有一定程度的社会控制，并且（或者）通过成年个体之间的合作来养育后代。然而，人类的干预严重扰乱了这些物种的生育机制——不管是本能的还是习得的。换言之，随着人类干预使得家养动物越来越依赖于人类喂养、提供栖身处、保护其免受捕食，它们失去了原本在野外拥有的种群数量控制机制（结合了自我管理、社会合作和外部控制）。

我们要承认家养动物是公民，而只要这些动物对性和繁殖进行自主控制的可能性是存在的，我们就应当想办法恢复这种自主控制。然而，我们只能帮助那些有能动性能力的个体提高能动性，而不同的家养动物在性和繁殖方面的自我管理能力是相当不同的。我们已经把家养动物从野外环境中移出，在这样的环境里，其数量是受控制的，它们要么为了应对外部压力而自我管理生育（像狼一样），要么直接由外部压力来控制数量（例如被捕食、食物短缺等等）。其中，饿死或被捕食者吃掉，都不属于发挥能动性，让家养动物回到这样的环境下不符合它们的利益。但是如果这样的机制不存在了，应该用什么来替代？我们不知道，如果让它们有机会生活在社会性社群中，让它们与自己选择的其他个体混居，根据选择进行交配并抚养后代，它们会如何进行自我管理。所以，承认它们是公民，也意味着要试着去了解动物们一旦得到对自己生活更大的控制权，它们会怎么做。然而，人类不能以此为借口而置身事外。如果家养动物没有能力践行有意义的能动性，人类就有责任根据它们的利益来行事。作为社群之成员，家养动物有资格得到保护，包括（必要时）家长主义的保护。而且，如果它们没有内在的自我管理能力，就应受制于社会生活的限制（例如，为了保护他者的基本权利和合作体系的可持续性而对它们进行管理）。

这里就跟在其他地方一样，公民身份是一个包含着一系列权利和责任的集合。作为公民，家养动物拥有权利，包括性和繁殖活动免受不必要限制的权利，还有权让自己的后代受到来自更大的人类－动物混合社会的照料和保护。但是作为公民，家养动物在行使自己权利的同时也负有责任，它们不应为他者带来不公平或不合理的损失，或为合作体系带来无法长期承受的负担。一旦动物们没有或不能对生育进行自我管理，那么其他个体将不得不照料和抚养其后代，而这可能为其他个体带来难以承受的成本。在这样的情况下，我们认为应对它们的生育施加某些限制，这是在更大的合作计划中的一个合理要素。就跟对移动的限制一样，对生育的限制也需要谨慎地给出正当理由，并要求使用限制性最小的可行方法。这种正当理由非常不同于废除论的主张，后者要求一刀切地执行导向灭绝的节育或绝育。废除论者会在不考虑动物个体的利益的情况下限制它们的自由。在公民身份模式中，只有基于个体利益的限制才是正当的，而且这些利益也包括成为一个社会合作计划（它既要求权利，也要求义务）的一部分。

我们要注意区分“家养动物该如何生育”与“家养动物的数量该保持多少”这两个不同的问题。目前，家养动物在地球上绝对是数量最多的哺乳动物和鸟类，所以我们没有理由认为它们的数量应当增加。从生态学的角度看来，它们的数量是不可持续的（就像人口问题一样）。它们数量之所以如此巨大，仅仅是因为我们为了剥削它们而进行了密集化饲养。所以，无论如何，动物的解放都要求大幅减少家养动物的数量。我们也许应当将种群规模调整为：（1）生态学意义上可持续的，以及（2）社会性可持续的（也就是说，它反映了某种平衡：既让人类能够履行照料家养动物的责任，又能允许动物对人类 – 动物混合社会做出贡献）。人类用一种可持续的方式管理家养动物的数量，避免因生态性或社会性的崩溃而削减其数量，这符合家养动物的利益。

我们可以用很多侵犯性相对较小的方式来控制家养动物的繁殖率——通过生育控制疫苗、暂时性物理隔离、避免鸡蛋受精等等。而且，如果可能的话，我们可以让动物有机会组成家庭（如果它们看上去有这种倾向）之后再进行生育控制。换言之，我们应让尽可能多的动物在有限范围内得到生育（并抚养）后代的机会，而不是像现在这样，一些家养动物被指定为种畜，而其他绝大多数则从没有生育的机会。

我们应当控制家养动物的总体数量（如果它们在这方面缺乏社会性自我管理的话），但这不意味着我们需要控制这个过程的方方面面，例如，它们可以自己选择是否、与谁、何时进行性行为。这里我们又遇到了那个关于动物可以在何种程度上行使能动性的复杂问题。在《狗的隐秘生活》中，伊丽莎白·马歇尔·托马斯描述了两个截然不同的场景。第一个例子是她的狗玛丽亚和米沙，它们是相亲相爱的一对，双方显然都从性行为，以及这之后孕育小狗的活动中获得了愉悦和满足。第二个例子是她的狗薇瓦（Viva），一只陌生公狗跳过栅栏闯入院子并强奸了它，薇瓦显然受到了精神创伤，最终成了一个惊恐而心神不宁的母亲。（Thomas 1993）在第一个场景中，狗在一个安全的环境中有机会行使一种负责任的能动性。人类的参与发挥了重要作用，为践行这种能动性创造了条件——通过提供一个稳定和安全的环境，使狗可以在其中选择伴侣，同时保护它们免受性侵犯。换言之，人类的参与未必会限制能动性，反而也许对促进能动性是至关重要的。

这里还有很多未知因素。对于有些家养动物物种来说，生育后代是通过人工授精来实现的（以至于有些动物无法在无协助的条件下生育）。当我们把关于是否、何时、与谁进行交配的控制权交还给它们的时候，我们需要谨慎行事。我们扮演何种角色，这取决于它们看上去可以在何种程度上（以及在何种条件下）行使有意义的能动性。同时，我们肯定还要在很大程度上控制哪些个体可以共同繁育后代。即使我们建立一些使动物们可以从中进行多种选择的环境，我们仍然要控制可供选择的配偶池，控制任何特定配偶关系所导致的怀孕和生育的可能性。这种控制在操作方式上应当尊重当前这些动物的权利，而且最好有利于未来的动物。

例如，人类对动物的养殖导致了大量的健康问题——呼吸问题、寿命缩短、更易受极端温度的伤害、更高的肉骨比率（这意味着成年动物更难以支撑自身体重）等等。动物们无法通过选择配偶来有目的地逆转这些变化。我们已经使它们脱离了自然环境，已无法由自然环境中的进化压力来对适应性进行定义和选择。对家养动物来说，适应性即有能力在人类–动物混合社会中过上健全生活。这意味着，人类至少在可预见的未来，需要根据家养动物的利益来控制它们的生育。当人类为动物提供可能的配偶池，让它在其中选择一个配偶的时候，人类应当通过有选择地控制这个配偶池，让它未来的后代受益，使其健康并能够在混合社会中健全生活。这样做是为了保障动物的公民权，而不是剥削它们。这种生育管理如果符合未来动物的利益，并且是在尊重了配偶双方的权利（关于它们是否以及何时进行交配）的条件下开展的，那么它就是正当的。[45]

家养动物饮食

我们对家养动物负有多种责任，其中之一就是确保它们有充足的营养。在此我们就遇到另一个困境：我们有义务喂家养动物吃肉吗，特别是当这属于它们的（所谓的）自然饮食的一部分？为了履行我们对家养动物公民的责任，我们是不是必须把一些动物变成肉？

我们有必要后退一步，考虑一下更一般意义上的动物饮食问题。对一些家养动物来说（特别是鸡、牛、山羊、绵羊和马），只要得到更大的空间以发挥能动性，它们就能够满足自己的很多营养需求。前文我们引用了罗莎蒙德·杨对于她自由放养的牛如何调整自己的饮食以实现营养平衡，以及如何应对疾病、准备分娩等情况的描述。（Young 2003）然而，其他动物在可见的未来都将依靠我们来满足营养需求。伴侣狗和伴侣猫已经长期脱离了野外环境，在那里它们本可以靠捕猎和食腐来养活自己。野狗和野猫常常可以自谋生路，但是如果得不到人类补充的食物，它们也很难过上健全生活。事实上，猫和狗已经长期适应了与人类家庭生活在一起，分享他们的食物。近几十年来，我们习惯了特制的猫粮和狗粮的概念（这部分反映了人们越来越意识到狗和猫拥有不同于人类的营养需求，也反映了一种为肉食产业体系的副产品开拓市场的欲望）。但在过去，狗和猫长久以来只是吃家庭的残羹剩饭或自己觅食。特别是狗，它们已经进化为高度灵活的杂食动物。有充分证据表明，狗可以依靠（经恰当安排的）纯素饮食健康地生活。有越来越多的证据表明，猫虽然是肉食动物，也能依靠高蛋白的、添加了牛磺酸和其他营养物质的纯素饮食而健康地生活。[46] 以上情况如果属实，那么在迈向一个正义的人类－动物世界的过程中，我们喂养伴侣动物的问题将不会带来无法克服的道德困境。

批评者会抱怨，对狗和猫来说纯素饮食是不自然的。但是几个世纪以来，狗和猫作为我们世界的一部分，已经适应了不同文化的饮食多样性（而且商业化的宠物食品根本就不是自然的）。对伴侣动物来说，不存在自然的饮食，而重要的是拥有既能满足其所有营养需求，又适口、令其喜欢的饮食。猫和狗在口味上有个体偏好，但是大量的证据表明它们偏爱很多纯素的食物和调味品（例如，营养酵母、海产蔬菜，以及仿肉、仿鱼和仿奶酪调味品）。

即使纯素饮食可以是营养美味的，它们也有可能不是很多猫狗的首选。如果有选择，它们可能会选择吃肉。我们之前提出了促进动物能动性的主张——尽可能地允许它们就自己的利益做出选择。那么为什么在饮食问题上，我们却不主张将肉类作为它们的一种选择呢？因为公民的自由总是受限于对他者自由的尊重。狗和猫作为人类－动物混合社会中的成员，并没有吃那些通过杀死其他动物而得来的食物的权利。正如我们在第六章将要讨论的，捕食–被捕食关系对野生动物来说是不可避免的，但是家养动物是人类–动物混合社会的公民，在这种混合社会中正义的环境是存在的。正义要求我们承认家养动物的权利，但是正如我们之前反复强调的，它也要求家养动物和其他公民一样去尊重所有个体的基本自由。很多人类也更偏好吃肉，但是因为他们拥有其他有营养的备选项，所以那么做就是不道德的。

但是，假如我们发现有些猫离开了食物中的动物蛋白就营养不良怎么办？我们该如何在不侵犯其他动物不被杀害之权利的前提下履行我们喂养猫的义务？可能的选项包括：（1）让猫去捕猎；（2）为它们寻找动物尸体；（3）研制用于细胞培养出来的“弗兰肯肉”[24]；（4）让猫吃家养鸡提供的蛋。第一个选项就是让伴侣猫去捕食老鼠和鸟，这并不比我们亲手去杀死鸟和老鼠要好多少。伴侣猫是我们社群的成员，这意味着我们要尽可能地限制它们对其他动物施加暴力的能力——正如我们会禁止我们的孩子这样做。换言之，作为人类–动物混合社会的成员，我们肩负的一部分责任是，对那些因缺乏自我管理能力而有可能侵犯他者基本自由的成员进行管理（例如，给猫戴上铃铛以提醒老鼠和鸟有猫在接近，以及监督它们的户外活动）。

至于食用动物尸体的选项——例如从那些因衰老或车祸等原因而死亡的动物身上获取肉，这提出了有意思的问题。维护尸体的尊严，是我们表达尊重的方式之一。有人会说，既然动物无法理解何谓对尸体的不尊重，我们在它们死后处理其尸体的方式就不会损害其尊严。根据这种观点，尊重关系只能存在于能够理解尊重概念的人类之间，但是残障理论的研究者挑战了这种观点，他们论证了尊重可以存在于双方的关系中，即使它不被其中一方的自我认知所理解。即使遭受不尊重的人不理解何谓不尊重，不尊重的行为仍然会对他们被如何对待，以及是否真正地被视为社群的完全成员产生严重的影响。这种尊重观也许会对处理动物尸体的方式提出一定要求。如果我们对处理动物尸体提出的一般标准不同于人类，那么这既展示了在尊重程度上的差异，又固化了一种不能将它们视为社群完全成员的态度。所以，我们需要谨慎思考对动物尸体和人类尸体的区别对待意味着什么。此外，我们尊重人类尸体的观念在文化上是具有多样性的，而且会随着时间推移而变化。尸体解剖、用人类尸体进行科学研究、器官移植——所有这些实践都曾经被视为对尸体的不尊重。出于同样的理由，对人类尸体的堆肥处理也是有争议的：是否可以将人类尸体作为肥料循环利用？

这里还有另一个问题是，对待尸体的方式是属于与所有个体相关的基本权利领域，还是属于一种与公民身份相关的权利——它标识了社群的边界和其成员之间负有的责任。它似乎在两个层面都适用。一方面，某些对待人类尸体的方式——一些我们不应当去做的事情——也许被普遍认为属于蔑视或不尊重的行为。另一方面，关于我们对尸体的积极义务的观念——我们**应当做**什么以示尊重——在文化上（和宗教上）是可变的，它标志着社群的边界。这也许意味着，除了有一些对待尸体（不管是人类的或动物的、公民的或外国人的）的方式是我们永远都不应当去做的之外，我们对社群成员还负有特殊的义务。例如，如果一个人死于国外，也许更恰当的做法是把尸体运送回国，或者按照这个人所属的文化、宗教或社群来处理尸体，而不是按照他恰好拜访的那个地方的文化来处理。

那么，也许我们对待家养动物尸体的方式应当与对待属于某个社会或社群的人类尸体的方式保持一致，但是同样的义务并不适用于那些非社群成员的尸体。对我的伴侣猫的尸体的恰当处理方式，也许应当体现出它属于一个共享的人类－动物社会的公民身份，但对一个野生动物这样做也许就是不合适的。野生动物属于一个不同的社群，在那里，动物死后尸体被吃掉、被回收利用，以这种方式经过生命之网，这没什么不尊重。这是否意味着我们因此可以用那些尸体去喂我们的猫？或者这是否必然导致在我们眼中野生动物的生命价值被贬低？

在思考我们该如何对待尸体，以及这如何有可能降低我们对生命的尊重这两个问题时，我们会遇到另一个相关的问题——发明弗兰肯肉，即在实验室里用干细胞培养出来的肉。一方面，这种发明似乎可以为肉类消费提供一个潜在的迂回解决策略。其目的就是不创造有感受的生命，只是培育生物组织而已，因此没有谁会因创造这种肉而直接受害。然而有一种担心是，这种发明会在尊重生命方面导致溢出效应。如果用动物干细胞而不是人类干细胞去生产弗兰肯肉，这难道不是表明在有人格者的尊严上存在重要区别吗？我们似乎不太可能用人类干细胞来生产食用肉类，因为这犯了食人的禁忌：人类不是用来吃的。但是那样的话，吃用动物干细胞培养出来的肉不也存在类似的问题吗？对于有些纯素食者来说，关于仿制肉（或仿制毛皮、皮革）的想法也是令人厌恶的。对于其他人来说，这些产品是没有问题的。厌恶与尊重，这两者是联系在一起的，讲道理的人们无疑会继续争论恰当的界线在哪里。

有没有可能用肉类以外的动物蛋白（比如鸡蛋）来喂猫？这显然取决于，如果用鸡来提供这些食物，这在人类-动物社会中是否符合伦理要求。我们之前讨论过这个问题，结论是在有限的情形中这样做是可接受的。然而，蛋（或奶）的商业化生产大概是不可行的（并且会导致虐待），所以没法用大规模生产来解决给猫提供动物蛋白的问题。然而，也许可以让那些养猫的人自己解决这个问题，如果他们想要在生活中有猫相伴，部分条件就是要求他们寻找一种合乎伦理的鸡蛋来源，他们也许得养自己的伴侣鸡来获得鸡蛋。[47]

也许在家养动物中只有猫是真正的食肉动物，这对人类–动物社会提出了一个独特的挑战。人类不能在拥有伴侣猫的同时，却不面对与它们饮食相关的、具有一定复杂性的道德难题，而且猫要成为人类–动物社会的成员也必须接受一些必要限制（这些限制不仅仅与饮食相关，还要求谨慎地监控猫的户外活动，以保护其他动物不被它们捕杀）。这种程度上的限制是否使猫不太可能在混合社会中健全地生活？这是否意味着，我们有正当理由让它们灭绝？至少，这意味着任何一个考虑养猫的人都要同意承担很大的责任，确保自己的猫能够在接受必要限制的条件下健全地生活（例如，努力为它们寻找适口且营养适宜的食物，并创造条件让它们在不危害他者的情况下享受户外活动）。

政治代表

我们之前着重论述了，公民身份理论以何种方式提供了一种关于个体自由和健全生活的视角，解释了二者是如何在社会生活的合作互惠事业中实现的。这要求个体内化社会生活的基本规则（例如，不侵犯他者的权利、参与社会生活等），以便享受其自由与机会。但这些基本规则永远是临时性的，由所有公民通过民主参与的不断协商来确定。我们还重点论述了，家养动物是有能力参与这个进程的，它们需要得到“协作者”的援助，后者要学会解读它们所表达的偏好。但是要让这种依赖式能动性具有政治效力，就要求确立一种把家养动物及其协作者与政治决策制定者联系起来的制度性机制。简言之，我们需要用某种方式来确保家养动物能得到有效的政治代表。

显然，这无法通过把投票权扩展至家养动物来实现，因为动物无法理解不同的候选人或政党的政治纲领。对很多重度智力障碍者来说也是如此，正如沃豪斯所指出的，他们也需要一种并非仅仅由投票权来界定或穷尽的代表观。（Vorhaus 2005）那么我们应该如何看待动物公民的政治代表呢?

动物权利论文献对这个问题鲜有讨论，这反映了其对消极权利的优先考量，并且假设未来的人类–动物关系是一种很微弱的联系，并不是社会性和政治性的融合。然而，在环境主义文献中却有关于“让大自然拥有选举权”的相关讨论。例如，罗宾・埃克斯利（Robyn Eckersley）提议为一种独立的公共权力机构（例如“环境保护者办公室”）提供宪制保障，这种机构的责任是确保未来世代和非人类物种的利益在决策中得到考虑。（Eckersley 1999, 2004: 244）其他学者也讨论了类似提议，关于创立由环境“倡导者”、环境“受托人”，或环境“调查员”组成的政治机构（例如 Norton 1991: 226–267; Dobson 1996; Goodin 1996; Smith 2003），但是有批评者指出，确保未来世代或非人类物种之利益得到考虑的唯一可靠方式，是改变一般人类选民的态度（Barry 1999: 221; Smith 2003: 116）。

正如我们指出的，这些提议不是来自动物权利论文献，而是来自环保或生态论的文献。这些提议很少关注捍卫家养动物基本权利的观点，更不要说其公民身份了，这说明此类文献的优先考量不在于此。事实上，它们关注的是维持生态系统（主要是野外的）的可持续性，如我们在第二章所讨论的，这种立场往往也支持对动物个体权利的侵犯（例如，支持可持续性狩猎、对过量繁殖或入侵物种进行治疗性扑杀）。

从动物权利论的独特视角看来，一个值得关注的例子是瑞士苏黎世州的“动物保护者”办公室，一名律师拥有在法庭上代表动物的权力，他被授权关注动物的福祉，而不是关注环境的可持续性。[48] 但是这更倾向于确保现行的防虐待伤害法的有效执行，而不是政治代表。“动物保护者”没有被授权在立法进程中代表作为公民成员的动物，去重新协定与成员身份相关的条款。

这些例子表明，最终重要的不是创立何种制度性机制（例如，是“调查员”而不是“辩护人”），而是那幅在背后驱动着制度性改革的人类–动物关系图景。毕竟，在大多数司法辖区内，我们都已经确立了完善的动物福利官员制度，但是其作用被深层的福利主义哲学严格限定了，认为动物的存在理所当然就是为人类的目的服务，并因此认为动物福利仅仅意味着消除“不必要的”动物苦难。

为了跳出这个陷阱，我们首先需要为新的代表方案确定目标，我们认为这应当围绕家养动物的公民成员身份观来建立。要实现这一方案中的有效代表，将要求在各个层面上推进制度性变革。它涉及在立法进程中的代表，也要求在比如市政土地规划决策中，或者在各行各业和公共服务（警察、急救、医疗、法律、城市规划、社会服务等等）的治理委员会中为动物做代表。[49] 目前在所有这些机构中，家养动物都一直被置于不可见的处境，其利益也一直被无视着。

5. 结语

把家养动物视为公民成员将要求各种变革，而以上只列出了其中的一些。我们希望这些例子能够表明公民身份的思路是如何发挥作用的，以及它是如何区别于当前动物权利论中盛行的废除论 / 绝育论和门槛论的。需要注意的是，我们的公民身份模式的核心并不是列出一个固定的权责清单，而是致力于构建某些持续性关系，它们体现了完全成员身份和公民成员身份的理想。我们考查了动物的训练和社会化、动物产品和劳动、动物的医疗和繁殖等问题，在这些问题中我们思考了哪些规定和保障可以支持家养动物在人类–动物混合社群中的完全成员地位，以及哪些因素威胁着这种地位，迫使动物永久地处于受支配阶层。

在所有这些问题中，把动物视为公民成员，并不能为我们提供一劳永逸地解决一切道德困境的神奇药方。正如在人类的情形中，尊重公民成员身份要求我们做些什么，这是一个充满争议与合理分歧的话题。但是我们已经论证了，这种思维方式的确阐明了那些应当用来引导我们判断的目标和保障措施，帮助我们避免动物权利论内部现有的各种思路所面临的困境和矛盾。

而且，这种思路还有助于厘清一些在我们当前对待动物的方式中的看似矛盾之处。有一种常见批评是，人类社会沉迷于伺候那些娇生惯养的家养动物——例如伴侣猫和伴侣狗,这种对待方式是情感泛滥，是伪善和自我放纵。这种批评可分为两个方面。第一种批评认为，一边花巨额费用去治疗爱犬的癌症，一边却可以安心享用猪排或鸡翅作为晚餐，这是一种伪善。第二种批评不是比较性的，而是绝对的，它单纯认为伴侣动物既不应该，也不适合受到这种级别的对待：毕竟，它们只是动物。

我们不否认人类当前对待家养动物的方式中包含悖谬的成分，但这两种批评是不恰当的。关于第一种批评，从公民身份思路看来，对伪善论的恰当回应不是降低我们给伴侣动物的待遇水平，而是把所有家养动物都视为公民，让它们都得到作为成员所应得的全部福利与责任。关于第二种批评，在公民身份思路看来，社群的所有成员从根本上都是平等的。对所有公民平等地关切与尊重，这不是情感泛滥，而是事关正义。很多人对其动物伴侣的爱与关心并不是应被鄙视的盲目情感，而是一种有待运用和拓展的强大道德力量。

第六章　野生动物主权

在前两章里，我们关注的是家养动物。现在我们把注意力转向非家养动物，即那些过着相对不受人类直接管理的生活，且可以自己满足对食物、住处和社会结构等方面需求的动物。在广义的非家养动物范畴内，我们发现了许多不同的人类–动物关系。第七章我们将探讨边缘动物，即那些与人类密切相关的野生动物。在本章，我们要探讨"真正野生的"动物，即那些躲避人类和人类居住区，在它们自己的栖息地或领地内（尽其所能地）保持一种隔绝而独立的存在的动物。对野生动物而言，我们之前勾画的家养动物的依赖式能动性和在人类–动物社群中的公民成员身份模式，既不可行也不可取。

虽然野生动物躲着人类，而且其日常需求的满足不依赖于我们，但仍然容易受到人类活动的伤害。不同物种因为与人类活动的地理接近性，以及对生态系统的变化及变化速度的适应性不同，其脆弱性程度不同。我们可以认为野生动物的脆弱性是由三大类影响导致的：

（1）直接的、蓄意的暴力——狩猎、钓鱼和诱捕；从野外劫持动物送往动物园和马戏团，要么为了满足占有稀有宠物和收集战利品等需求，要么为了利用野生动物的身体或身体部位；根据野生动物管理方案的部分要求而杀害动物；以科学研究的名义对野生动物进行伤害性实验。

（2）栖息地的丧失——人类不断地侵占动物的栖息地（无论是为了居住、开采资源，还是娱乐或其他的消遣），导致栖息地破坏，剥夺动物所赖以生存的空间、资源和生态系统活力。

（3）溢出伤害——人类的基础设施和活动以数不尽的方式为动物带来风险（从航道、摩天大楼、道路，到污染与气候变化所造成的溢出效应）。

尽管人类对野生动物的影响大都属于上述三类负面影响，但我们也可以想象第四类潜在的积极影响：

（4）积极的干预——人类努力去援助野生动物，无论是个体性的（例如，救助一只从冰面落水的鹿），还是系统性的（例如，为某个野生种群打疫苗以预防疾病）。这样做要么是为了应对自然灾害或进程（例如火山爆发、食物链、捕食者），要么是努力去扭转、预防人为伤害（例如，归返野外和修复栖息地）。

一种充分的动物权利论必须为思考所有这四类影响提供指导。

在本章，我们要论证传统的动物权利论在这方面是有缺陷的，并指出我们必须对其进行拓展和修改以完成这个任务。我们指出，传统的动物权利论关注的是第一类影响，即对基本权利的直接侵犯，而不太关注其他三类。这不只是一种偶然的疏忽，它更反映了，如果一种理论仅仅根据动物的内在道德地位来界定其权利，那么它必然存在局限性。要想充分地处理其他三类问题，我们就必须发展一种更明确地具有关系性的动物权利论，用它来阐明人类社群和野生动物社群之间的多种关系，使这些关系兼具可行性和道德正当性。我们将看到，这些属于基本的政治问题，要想解决这些问题，就必须在人类社会与野生动物社群之间确立一个恰当的政治关系结构。我们要论证，一种用来确认这些关系的有益方式就是，认为野生动物形成了主权社群，其与人类主权社群之间的关系应当由国际正义规范来调节。正如我们在第五章论证的，公民身份理论可以帮助确认我们对于家养动物的义务，在这里我们要论证，主权和国际正义的观念可以帮助确认我们对于野生动物的义务。

需要明确的是，我们的目标是拓展动物权利论，而不是取代它。在这个意义上讲，我们的思路不同于很多生态理论文献，虽然我们也是从相似的关注点出发。很多生态论者已经正确地批评了传统动物权利论既不关心栖息地破坏和其他的无意伤害，也没有充分地认识到人类活动对野生动物（以及生态系统）所造成的复杂的、灾难性的影响。然而，我们在第二章论证了，环境主义理论的一个普遍倾向就是，把动物归入一个更广的自然或生态系统的范畴，因此贬低了动物主体性所具有的独特道德重要性，否认了（非人类）个体存在的不可侵犯性。[1]的确，有很多生态主义者认为，一种对生态系统之健康的整体性关切与让动物个体拥有权利的观点是不相容的。正如为了保护脆弱的生态系统可能需要清除那些入侵的植物一样，人类可能也需要对那些破坏生态系统的动物物种进行所谓的治疗性扑杀。

然而，从动物权利论的视角看来，我们必须牢记：生态系统里的众多物种之中，有些存在者拥有主体存在，这需要我们不同的道德反应——包括尊重它们的不可侵犯之权利。事实上生态论者已经接受了这种观点，毕竟，他们不会为了保护脆弱的生态系统，而要求对人类进行治疗性扑杀。在人类的情形中，他们承认，对生态系统的保护可以且必须受到个体的不可侵犯之权利的限制。我们相信，类似的原则可以且应当适用于动物。所以我们本章的目标就是表明，一种拓展的动物权利论如何可以处理有关栖息地和生态系统繁兴的基本问题，同时保留动物权利论对于主体之不可侵犯性的承诺。

我们会首先概述传统动物权利论在野生动物问题上的局限性，然后发展另一种基于主权的模式，我们将解释所谓的主权之含义，阐明它在何种意义上可以归属于野生动物社群，并讨论这个模式可以以何种方式来提出有说服力的原则，从而帮助我们处理人类对野生动物的各种影响，以及与它们的相互交往中的问题。

1. 传统动物权利论对于野生动物问题的处理思路

在人类对野生动物的四类影响中，动物权利论主要关注的是第一类——对生命权和自由权的直接侵犯。人们投入大量精力来倡导保护野生动物免受捕猎、陷阱、稀有动物贸易、动物园和马戏团，以及管理人员的伤害。这样做是正确的，因为被这些人类活动杀死和伤害的动物数量是巨大的。[2] 这种关注自然来自动物权利论对于所有动物的基本消极权利的理论重视，而且为野生动物保护提供了一个恰当的出发点。[3]

但是对于传统动物权利论者来说，这种对基本权利被直接侵犯的关注不仅是动物保护的出发点，而且还是终点。他们提出的基本律令就是：人类应当停止对野生动物的直接伤害，并且远离它们，即使这意味着任由它们经受人类活动的间接伤害，或者易受自然力（比如洪水或疾病）或其他动物（捕食）的伤害。所以，汤姆·雷根把我们对野生动物的义务总结为“由它们去”。[4] 类似地，彼得·辛格说，考虑到干预自然的复杂性，我们“只要消除了我们自己对其他动物不必要的杀戮和虐待，这就够了”（Singer 1990: 227），而且“我们应当尽可能地远离它们”（Singer 1975: 251）。[5] 而加里·弗兰西恩认为，我们对于野生动物的义务“不一定意味着我们负有为它们提供帮助，或者通过干预使其免受伤害的道德义务或法律义务”（Francione 2000: 185），而且他的确也指出“我们应当只是远离它们”（Francione 2008: 13）。

简言之，传统动物权利论对野生动物问题采取了一种“不干涉”的思路：严格禁止直接伤害，但是不负有更多的积极义务。克莱尔·帕默称此为“自由放任的直觉”（laissez-faire intuition），并指出它在动物权利论相关文献中影响深远。（Palmer 2010）然而，这种思路被很多人批评为既太少又太多。说它“太少”是因为，“由它们去”的律令（至少就它在动物权利论中的传统含义而言）不能处理一些主要的人类伤害野生动物的方式，比如人类的扩张和对栖息地的侵占。如前所述，对基本权利的直接侵犯只是人类对野生动物的三类消极影响之一，即使我们停止猎杀和诱捕，人类仍然会对野生动物造成大量伤害，比如通过空气和水污染、运输通道、城市和工业发展、农业活动。当然，我们可以对“由它们去”的观点加以更宽泛的解读，使其可以涵盖这些间接伤害，但是至少目前为止，动物权利论几乎没有讨论过如何来确定这些间接的风险和伤害是否构成了不正义，以及如何来补救。

而说它可能“太多”是因为，如果我们说野生动物拥有生命权，那么就不清楚为什么这只能产生消极的不干涉义务，而不包含积极的义务。动物权利论者也许把其理论描述为不干涉野生动物，但是有批评者指出，生命权看上去不仅仅要求阻止人类杀害动物，还要求在动物的生命受到威胁的时候进行干预，包括通过系统性干预来终结捕食，以及保护动物免遭饥饿、洪水或寒冷等自然弊害。（Cohen and Regan 2001; Callicott 1980）如果我们应当为了保护不可侵犯的生命权和自由权而阻止人类捕猎羚羊，那么我们是否也应尝试阻止狮子捕猎羚羊？是否可以尝试用围栏把所有的狮子都限制在它们自己的独立空间内，或者把它们都关进动物园？有人提出一种归谬论证，设想人类为了履行对那些拥有生命权的野生动物负有的积极援助义务，就需要发明大豆蛋白虫喂给鸟类，或者在野生动物的巢穴中安装集中供暖系统。（Sagoff 1984: 92–93；另见 Wenz 1988: 198–199）用生命权作为禁止猎杀野生动物的理由，这似乎为各种干预自然的义务敞开了宽阔到不可思议的大门。[6]

动物权利论者回应了这两种批评，而且在这个过程中改进了他们的观点，但是正如我们所见，这些修改既不充分，又具有特设性，尽管它们的确有助于指引我们建立一种更充分的关系性理论。我们将简要地回顾一下这些改进思路，然后指出它们如何可以自然地导向某种类似于我们的主权模式的观点。

在回应关于栖息地丧失的疑问时，动物权利论者承认，生态系统的繁兴是个体健康发展的前提条件，所以动物权利论必须想办法来解决这些生态问题。（Midgley 1983; Benton 1993; Jamieson 1998; Nussbaum 2006）。事实上，动物权利论者已经宣称，栖息地受到保护是野生动物的一项重要权利。例如，杜纳耶指出如果“除去不被人类杀害的权利，自由的动物所拥有的最重要的权利也许是对于其栖息地的权利”。（Dunayer 2004: 143）约翰·哈德利（John Hadley）认为，这种对栖息地的权利可以表述为野生动物的私有产权，用以保护它们不因人类扩张和生态破坏而被迫迁移。（Hadley 2005；Sapontzis 1987: 104）

然而总体来说，动物权利论中的这些关于私有产权的新观点还没有得到充分发展，留下了一些未解决的关键问题。一方面，说一只鸟对它的巢穴拥有私有产权，或者一只狼对它的洞穴拥有私有产权，这是指一个动物家族对特定领地的排他性使用。但是动物们生存所需的栖息地远远超出了这种特定的、专属的小块领地，它们常常需要在与其他动物共享的广阔领土上飞行或漫游。如果一只鸟的巢附近的水池被污染了，或者高楼大厦阻碍了它的飞行通道的话，那么保护这个鸟巢就没有太大用处。我们不知道私有产权的观念在这里如何发挥作用。我们应当把哪些土地视为哪些野生动物的财产？在这些土地上的人类活动应当受到何种方式、何种程度的限制？我们该如何监视边界，如何管理跨界（向内和向外的）移动？对于动物的栖息地，我们还负有哪些（如果有的话）额外的义务？（如果私有产权赋予动物一种不因人类扩张而被迫迁移的权利，那我们是否也应当保护动物不因其他动物的活动或气候变化而被迫迁移？）

在我们看来，动物权利论者之所以未能处理这些问题，是因为这些问题无法在一个只关注动物内在道德地位的框架中得到解答。如前所述，这种局限性使他们无法确定我们对于特定动物（或对于特定人类）负有何种道德义务，这些义务因我们与它们关系的性质不同而不同。动物权利论讨论私有产权或对于栖息地的权利，就说明它潜在地承认了，我们必须用更具关系性和政治性的方式来理解我们和野生动物之间的关系。然而我们会看到，在解释这些政治关系时，仅仅讨论私有产权是不充分的，而且实际上具有误导性。我们需要首先思考何为人类与野生动物社群之间的恰当关系（我们认为最好以主权为框架），然后才能在这个框架中解决栖息地问题。

我们遇到的一个类似的困境是，有人担心承认生命权会要求一种干预捕食的义务。动物权利论者一般诉诸“自由放任的直觉”——我们不应干预自然，即使是为了保护野生动物免遭饥饿或捕食。然而这种直觉看上去与如下立场是相互冲突的：动物的生命具有道德上的重要性，而且它们拥有关于生命和自由的基本权利。为了回应这种担忧，动物权利论者给出了一系列论证来解释他们为什么不主张对自然进行全面干预。

其中有一些论证试图证明为什么我们没有**义务**去干预捕食或饥饿，即使向那些脆弱的动物提供援助也许是值得赞美或表扬的。汤姆·雷根在其经典著作《动物权利研究》（*The Case for Animal Rights*，1983）第一版中指出，我们阻止不正义——对权利的不正当侵犯——的义务一般比阻止单纯不幸的义务更强。所以我们有义务去保护野生动物不被人类捕杀，因为这是一种由能够负责的道德能动者所做出的不正义行动，但是对于保护野生动物不被捕食或因自然原因而受苦，我们不负有类似的义务，因为这些不是道德能动性所导致的结果，所以这只是不幸，而不是不正义。[7]

类似地，弗兰西恩指出，美国法律限制了我们"援助的义务"——即使是对人类的援助：

> 如果我走在街上，看到一个人晕倒在地，脸淹没在一个小水坑里快要窒息，法律也不施加给我任何援助这个人的义务，即便我所要做的只不过是把他的身子翻过来，这样做对我没有任何风险或严重的不便……动物拥有不被视作物品的基本权利，这意味着我们不能把动物视作我们的资源。但这并不必然意味着我们负有援助它们，或阻止它们受伤害的道德或法律义务。（Francione 2000: 185）

其他动物权利论者也论证了，虽然我们负有一种不侵犯他者（人类或动物）之基本权利的"完全的"（perfect）义务，但是我们对需要帮助者只负有"不完全的"（imperfect）或可选择的义务。一般来说，我们对他者的消极义务（不杀害、监禁、虐待、奴役或剥夺其生活必需品）是“相容的”，即这些义务不会相互冲突。我履行不杀害一个人的义务，这并不会使我无法履行对于另一个人同样的义务。不同的是，很多积极义务是不相容的。帮助一个动物免受一种潜在伤害，有可能与帮助其他动物的方式相冲突。我的时间和资金是有限的，我可以支持某些援助项目，但无力支持所有，而这就限制了任何关于干预的初确义务，也许要将其限制在发生在身边的、低风险的、充分知情的情形中。（Sapontzis 1987: 247）

这种认为援助的积极义务只是不充分的、不完全的义务的观点，常常与一种关于积极义务的“同心圆”模型相关。我们可以在克里考特（Callicott 1992）、温茨（Wenz 1988）和帕默（Palmer 2010）等人的作品中看到这种模型。在这种模型中，道德义务由我们与那些需要帮助者的（情感的、空间的、因果的）接近性决定。对于身边的动物——比如伴侣动物，我们负有积极义务；但是对那些远离我们的动物——比如野生动物，我们只负有不伤害的消极义务。

这些不同的回应思路都存在两个致命的难题。第一，它们要想保留关于野生动物的自由放任的直觉，就必须严重削弱我们援助那些需要帮助的人类的道德义务。也许我们阻止不正义的义务的确强于我们阻止不幸的义务，但是我们也的确负有很强的义务去援助一个海滩上的溺水者，或一个就要被落石击中的人，即使这些属于自然的不幸，而不是不正义。的确如弗兰西恩所言，当前的美国法律不以这种“好撒玛利亚人”（good Samaritan）义务要求人们去帮助危难中的人，但是其他的司法辖区却规定了这种义务，而且它们被普遍视为真正的道德义务，而不仅仅是可选择的义务。类似地，也许我们的确负有更强的义务去帮助身边的人，但我们的确也对那些在遥远国度受苦的人负有积极的义务。我也许与那些在遥远国度挨饿的人没有任何个人关系，对他们的困难不负有因果性责任，但是他们的遥远性并不能免除我积极的援助义务。为了维护那种关于野生动物的自由放任的直觉，而削弱我们援助那些遭受自然不幸者，或那些遥远的（不论是地理上的，还是因果关系上的）遭受苦难者的普遍道德义务，这是不合理的。

第二，这些回应思路实际上并没触及问题的核心，因为对动物权利论的反驳不在于它会使为帮助野生动物而干预自然成为**义务**，而在于它会鼓励和赞扬这种干预。我们大多数人都会认为帮助不幸的人类公民成员是一件好事（虽然这不具有法律强制性），却会觉得系统性地干预捕食–被捕食关系是一件坏事。我们根本不应当试图将狮子与羚羊进行物理隔离，从而确保羚羊永远不会被捕食。把我们对野生动物的援助仅仅视为可选择的，而不是义务性的，这并不恰当。动物权利论回应说，援助是可允许的，而不是义务，但批评者认为，干预至少在某些情形中应当被视为不可允许的——我们不应当干预，即使我们有能力选择这么做。

所以，一些动物权利论者试图解释，为什么在动物权利论的视角看来，我们有充分的理由来限制对自然的干预。当然，要坚持动物权利论的立场，任何这样的论证都必须基于一个前提：我们有初确的道德理由去减少动物的痛苦。因为动物权利论的道德基础就是承认动物拥有一种对于这个世界的主观体验，而这种体验是具有道德重要性的。食物链或捕食等会造成痛苦的自然过程，不是仁慈或神圣的。然而，我们有各种原则性的和务实的理由来解释，为什么对野生动物的任何干预义务都有可能要受到极大的限制。我们现在简要讨论一下其中两种限制。

易错性论证

也许最常见的论证就是诉诸人类干预自然的严重易错性。当人类试图干预自然的时候，其结果往往可能出乎预料，甚至适得其反。回想一下，所有的物种引入计划都导致了严重的生态学影响，而很多所谓的科学管理技术也都导致了灾难。例如，H. J. L. 奥福德（H. J. L. Orford）在文章《为什么扑杀者搞错了》（“Why the Cullers Got it Wrong”）中描述了在纳米比亚国家公园的扑杀干预。他们的扑杀乃基于一种不准确的静态的动物数量模型，但演化其实基于一个宽广的变化区间，种群数量可能急剧增加或萎缩，而这两种极端情况非常重要，可以为生态系统中的其他生物创造适宜的生境和条件。（Orford 1999）[8] 自然系统极其复杂，而我们的认识是有限的。在这种情况下，我们的干预所导致的结果可能会利弊参半，且很有可能弊大于利。

这种易错性论证很有说服力。我们干预自然的结果的确是难以预料的。如果你通过赶跑一群狼来救一只鹿，这似乎很好，但是如果狼挨饿呢？假如它们到另一座山上杀死了一只更年轻健康的鹿呢？或者，如果你救出的那只鹿逃脱了一场残酷而迅速的死亡，如今却在食物紧缺的漫长冬季中慢慢饿死，或者忍受着漫长而煎熬的疾病，怎么办？而且，这里只讨论了我们在小规模或孤立干预中的无知，如果考虑更大规模的人类干预，那么其风险会急剧增加。我们在过去操控生态系统的尝试中得到了一些教训——例如引进入侵物种、毁灭关键物种等等，这应当使我们在生态系统的复杂性面前保持谦逊，并且在任何一次干预行动中对自己认识相关变量的能力保持谨慎。以鳄鱼为例，它们在很多非洲河流中是顶级捕食者。卡罗琳·弗雷泽（Caroline Fraser）讨论了很多生态系统（例如奥卡万戈三角洲）是如何因鳄鱼的灭亡而整体崩溃的。（Fraser 2009: 179–194）一方面，鳄鱼的消失减少了其猎物（例如鲶鱼）所受到的直接威胁；另一方面，鲶鱼又是位于食物链中层的捕食者，其不受控制的增长给不计其数的其他物种（例如虎鱼和鲷鱼）带来了灭顶之灾。与此同时，那些以幼年鳄鱼为食的鱼类和鸟类（例如鹭、鹳、鹰）也遭到了毁灭性的打击。鳄鱼的庞大身躯有助于维持三角洲芦苇湿地水流通道的开放性，这对于很多其他物种来说至关重要。除此之外，鳄鱼还扮演着清理废物和使营养物质再循环的角色，对于维持水质意义重大，而水质是三角洲所有动物赖以生存的条件。[9] 由于生态系统具有这种复杂性，我们对捕食的干预很有可能仅仅是转移而非从根本上减少了苦难，甚至还会导致适得其反的后果。

因此很多动物权利论者认为，生态学的相互依赖性和谨慎原则在本质上是反对干预的。不管负有何种通过干预来防止苦难的义务，我们都不能违背不导致更大苦难的义务。（Sapontzis 1987: 234; Singer 1975; Nussbaum 2006: 373; Simmons 2009; McMahan 2010: 4）

然而，如帕默所指出的，这种易错性论证似乎还是不切题。（Palmer 2010）这意味着，只要拥有更多的信息，我们就应当重新设计自然界，以阻止野生动物对稀缺性食物或领地的竞争，或者将被捕食者与捕食者隔离——使每个野生动物都拥有安全和受保护的栖息地，把自然转变为一个管理良好的动物园，每个动物在其中都有自己安全的圈地和受保障的食物来源。也许我们还不知道如何能够做到这一点，但是如果易错性是唯一的反驳，那么我们至少可以首先开展小规模的试点项目，从而积累我们关于如何重新设计自然的知识，用以减少整体苦难。事实上，麦克马汉主张，既然人类已经对野外造成了普遍的影响，我们就应当以减少自然世界中的苦难为目标，来指导我们未来的干预。（McMahan 2010: 3）换句话说，因为我们造成的影响已然无处不在、无法避免，所以不能躲藏在那个用来支持不干预的易错性论证背后。

健全论证

自由选择论证和易错性论证都没有触及问题的核心。我们大多数人都反对干预野生动物的苦难，不仅仅是因为易错性或成本，而是基于一种更原则性的基础——这种干预会损害野生动物的健全生活。健全论证也许是最重要的论证，却是研究最不充分的。允许苦难究竟如何有利于健全生活？

珍妮弗·埃弗里特（Jennifer Everett）认为，野生动物的健全生活取决于它们能否按照自己的本性和能力来行动，而这些本性与能力正是从捕食过程中演化而来的。对于集体和个体来说都是如此。野生动物社群在其能够自我管理的时候是健全的，动物个体在其能够按照自己的存在方式而行动的时候是健全的。埃弗里特立足于与特定生物的本性相关的典型事实进行阐述，认为我们有“援助它们的初确义务，仅当这种援助可以为它们按照自己的本性而健全生活提供必要条件”。我们不应出手从捕食者口中救出一只鹿，因为鹿“在人类不为其提供保护以躲避非人类捕食者的情况下，是可以作为鹿而健全地生活的。反之，如果持续提供这种援助，我们就无法确定它们还能否按照自己的本性而健全地生活了”。（Everett 2001: 54–55）

这种观点具有某种重要意义，但是需要加以限制和阐明。很难说阻止一只鹿的死亡会妨害其健全地生活，因为如果她死亡，就更做不到了。事实上，很多动物权利论者都坚持认为，健全论证无法排除这个层次上的所有干预。[10] 埃弗里特似乎也承认这一点，因为她提到的是“持续的”干预，也许只有系统性干预会妨害健全生活。重新设计自然，并将其转变为一个动物园，这将使鹿无法按照它们的天性而健全地生活，但是救助一只从冰面落水的鹿的个体不会导致这个后果。如果用健全论证来反对所有这些干预，就会导致一种危险，它接近于将自然过程神圣化，认为自然在道德上具有内在的善或仁慈。一只鹿的本性是由捕食过程塑造的，这个事实并不意味着那只鹿在被活生生吃掉的时候获得了圆满。

所以我们需要更谨慎地思考，究竟在何种层面上的何种干预会妨害健全生活。在人类的情形中，我们同样需要区分个体干预和国家干预。我们可能会主张在个体情形中的援助义务，却不认为国家应当扮演保护者或消除风险的角色。雷根提到，如果有人遇见一个孩子正在被一只老虎撕咬，他有义务出手干预以援助这个孩子，但这并不意味着国家有义务灭绝所有老虎，以降低人被老虎伤害的风险。（Regan 2004: xxviii）（我们可以再补充，这也不会支持一种追踪并监视所有老虎，当它们出现在人周围时发出警告的政策，或者禁止人们走进森林的政策。）人们只能跟风险共存。消除风险将会严重地限制自由，包括充分发展和探索个人能力的自由。当一个人类小孩遭受伤害时为其提供保护，这有利于他的健全生活；通过集体行动来阻止那些导致伤害风险的行动或过程，这有可能会损害人类的健全生活。动物也一样。

然而，一旦承认这一点，我们就需要将分析层次转向一个更具有关系性和政治性的层面。于是问题不再是由于野生动物有内在的感受痛苦的能力，我们对它们负有何种义务（我们前文讨论过，当前的动物权利论对那个问题的回答是特设的、有选择性的），而是：人类与野生动物社群之间的何种关系是恰当的？在我们看来，当前动物权利论的论证含蓄地承认了，我们需要以更具政治性的视角来理解这种关系，将其视为不同的自治社群之间的关系，但却没能实际阐明这种关系的条款。正如前面在讨论能否用私有产权来解决栖息地问题时，我们发现需要一种更政治化的理解，这里讨论过度干预的危险也一样，我们需要将野生动物社群视为有组织的自治社群，其与人类社会的关系必须受制于那些关于主权和公平相处的规范。

事实上，我们可以从动物权利论文献中看到这种想法的影子。[11]例如，雷根在其著名的“由它们去，让人类掠夺者不干涉它们的事务”这一表述后，紧接着补充道，我们应当“允许这些‘其他民族’（other nations）掌控其自身的命运”。（Regan 1983: 357）这意味着，我们不仅有义务不侵犯动物个体的生命权，还有义务尊重它们的集体自治，即它们作为“其他民族”而“掌控其自身的命运”的能力。类似地，努斯鲍姆说：“那种主张人类对动物实行仁慈专制，满足其需求的观点，在道德上是不可接受的：物种的主权就像国家的主权一样，是具有道德重要性的。健全对于一个生物来说，部分意味着它能够自行处理某些非常重要的事务而不受人类干预——即使是善意的干预。”（Nussbaum 2006: 373）这里我们可以看到，动物权利论中已经出现了尊重集体自治与主权的观点，而不仅仅是尊重有感受的生命个体的权利。[12]但是雷根和努斯鲍姆都没有说清楚，将野生动物视为“其他民族”或“主权”物种究竟意味着什么，而且他们作品中的其他段落也很难与这幅图景相协调。[13]

简言之，动物权利论对于野生动物问题的解决思路充其量算是有待完善的。我们在本章开头论述了人类活动对野生动物主要有四类影响：直接蓄意的暴力、栖息地的丧失、溢出伤害、积极的干预。动物权利论重视基本权利，这为所有动物确立了免受直接暴力的有力保障。然而在其他问题上，动物权利论提供的框架是不充分的。很多动物权利论者指出了保护野生动物栖息地的重要性，但是很少有人讨论应当如何来实现这个目标，更少有人关注野生动物所遭受的其他无意伤害。在援助野生动物（抵御捕食、自然食物链和自然灾害）的积极义务问题上，动物权利论者对积极干预设定了种种限制，这些限制目前看来也算合理，但是具有选择性和零散性的特点。我们缺乏一种更加系统化的关于人类与野生动物社群之关系的理论，以将迄今为止提出的各种特设性论证整合起来，并进一步解决被动物权利论忽视至今的一系列问题与矛盾。

本章接下来的篇幅将概述我们的思路。我们要提出一种主权理论，承认野生动物个体的健全与社群的健全是不可分离的，并用社群之间的公平相处条件来重构野生动物的权利。这对各种人类 – 动物交往提出了要求。承认动物主权将限制我们对野生动物领土的侵占行为，并且使我们有义务采取合理的预防措施，以限制我们对野生动物的无意伤害（例如，重设航道、在道路施工中设置动物通道），但这也将限制我们援助野生动物的积极义务。它为我们涉足野生动物主权领土（或共享的交叠领土）设定了限制条件，但与此同时也为野生动物进入人类主权社会设定了条件。它要求我们尊重动物的基本权利，但也反过来保护我们不受侵犯。换言之，野生动物主权理论提供了一个总体框架，用以指导我们与野生动物的交往，有助于我们理解对它们的消极义务和积极义务之间的平衡，同时它还敏感于个体行动者的伦理义务与国家层面的干预之间的区别。

2. 一种面向野生动物社群的主权理论

正如第三章所述，公民身份和主权的观念是我们用来理解个体与自治社群之权利的核心组织原则，而我们的目的是将这些原则拓展至动物。在第四章和第五章，我们主要讨论了在自治社群**内部**的公民身份的性质，考查了家养动物所遭受的不正义如何类似于历史上那些被边缘化的或受支配的阶层或阶级，并论证了公民身份理论所提供的框架如何可以应对这些不正义，以及如何有助于建立更具包容性的政治社群，从而容纳其所有成员。在本章，我们关注在自治社群**之间**关系的外部维度。这里我们也要论证，野生动物所遭受的不正义也类似于历史上很多自治权和领土主权不被承认的人类社群的遭遇。

这里没必要再回顾人类殖民与征服的可悲历史。强国过去曾对弱国施以不义，入侵、征服所谓原始的或未开化的民族，使其接受殖民统治。一种常常用来支持这些侵略行为的辩词是：那些受害者没有资格进行自我统治。例如，在纳粹征服东欧时，有些族群成为大规模灭绝的目标（犹太人、吉卜赛人），有些则被剥夺民族主权（波兰人、乌克兰人，以及其他斯拉夫人），沦为类似于封建农奴或奴隶的身份。在其他征服的例子中，当地的原有居民（例如原住民）被严重地置于不可见的处境。澳大利亚的殖民者曾提出一个著名的断言：那块大陆是“无主之地”（terra nullius）——一块没有人类（或其他）居民的领土。

面对这些不正义，国际共同体已经发展出了一种处于演化中的国际法体系，旨在保护弱国不受强国的支配。这既要求承认国家主权（所以将入侵和殖民都定为犯罪），也提出了一系列用以管理国家间相处的原则——包括贸易与合作的公平条件，创立超国家的机构以应对跨国界的冲突（例如污染或移民所导致的问题），确立对于失败国家[25]或大规模侵犯人权进行合法的外在干预的规则。这些构成了一种不断发展中的“万民法”体系或国际正义体系的核心要素。

国家之间关系的方方面面都存在着很大争议，且处于演化中。

这是一项仍在推进的工作，是对几个世纪以来的征服与剥削历史的回应——那时人类直接用粗野的力量夺取新领土，不管是为了定居还是获取资源，而不在乎那些被杀戮、驱逐、奴役或殖民的原有居民。

在我们看来，野生动物也遭受了类似的各种不正义，相应也需要类似的“国际规范”。正如珍妮弗·沃尔琪所指出的，对侵占动物栖息地的辩护与侵占原住民土地时所用的“无主之地”的借口惊人地相似：

> 在主流的（城市）理论中，城市化通过一种所谓的“开发”过程，将“空的”土地转变为“被改善的土地”，其开发者被鼓励（至少在新古典主义理论中）去对土地进行“最高效、最佳的利用”。这种言辞是有悖常理的：野外土地并不是“空的”，而拥有大量非人类生命；“开发”意味着一种对环境的彻底去自然化；“被改善的土地”总是意味着被耗竭——包括土壤质量降低、污水排放和植被破坏；关于“最高效、最佳的利用”的判断反映了以营利为中心的价值观和人类自己的利益。（Wolch 1998: 119）[14]

即使承认了野外土地上有动物居民，它们也不被认为拥有对其栖息的领土进行主权控制与占领的权利。例如，为了解决土地开发与动物栖息地保护之间的矛盾，常见的“不杀生”的解决方式就是将动物迁移至其他栖息地，似乎强制迁移本身不是一种权利侵犯。哈德利认为，仅仅要求在开发的过程中不伤害动物，这与尊重它们的私有产权相比，是一种弱得多的保护。（Hadley 2005）而且下文我们会讨论，承认私有产权又比承认领土主权更弱。

在人类的情形中，这些不正义（即无主之地理论和迁移措施）是被国际法坚决禁止的。试考虑人们被迫迁离自己家园的情形。比如说我想要开发一块土地 A。当前这里被一个原住民社群占据着，所以我召集这些居民，并把他们迁移至另一块土地 B，后者目前被另一个社群所占。这两块土地上的居民都没有被过问是否同意这种对公民身份的重新安排。土地 A 上的公民被剥夺了家园，变成了难民。土地 B 上的居民在没有发言权的情况下被难民包围，这很有可能会导致资源和文化上的严重冲突。在人类的情形中，我们马上就看出来这是什么情况：这是对土地和资源的公然掠夺，是对主权的侵犯。问题不在于如何谨慎地让这种迁移“伤害最小化”，而在于我们根本就没有权利去侵占那些已经被他者占据的土地。

然而在野生动物的情形中，国际法和政治理论都没有谴责这种公然的不正义（事实上，讽刺的是，恰恰是在人类的情形中维护主权的国际法，纵容着对动物主权的否认）。[15]

我们的主张是，就跟在人类的情形中一样，这些社群之间的不正义最好通过将主权拓展至野生动物，并确立主权社群之间的公平相处条件来解决。对此，下文我们会展开详细讨论，但是现在我们最好先将我们的模式与一种“托管”（stewardship）模式进行对比，我们可以在一些环境主义文献（以及某些公共政策中）中看到对后者的探讨。在这种模式中，我们为野生动物设立栖息地，比如野生动物保护区、庇护所、国家公园系统。这些野生区域处于人类的经营或管理之下，旨在促进人类与动物共同的利益。这些保护区严格限制人类的进入和利用，但并非因为承认动物的主权，而是作为一种人类管理实践。这种托管模式有时偏向于干预，有时偏向于放任，但是不管怎样，这种关系被理解为由人类主权社群划定了一个有特殊用途的区域，人类社群仍对这块区域保留着单方面重新划定边界并使用的权利。

相比之下，主权模式则承认另一个社群拥有领土主权，它认为我们没有权利去治理那块土地，更别说监护者单方面代表被监护者来做决定了。作为一个国家的公民，我们也许拥有拜访甚至居住在另一个主权国家领土上的自由，但是我们无权基于自己的需求和欲望，或基于对那个国家之公民的需求和欲望的理解，去控制、安排，或单方面地重塑他们的领土。一个来到瑞典的加拿大游客，拥有在这个国家四处走动并享受各种乐趣的自由，但是不拥有公民权。他不能开商店、改变法律、投票、要求得到法语和英语的服务，或者享受国家福利。瑞典公民决定他们自己社会的样貌，并设立其他来访者应遵守的条款。

类似地，当我们谈论承认野生动物对栖息地的主权时，我们不是在谈论建立一些公园，在其中人类保留自己的主权，对动物和自然进行管理。我们谈论的是拥有相似权力要求的主权实体之间的关系。这意味着，如果人类拜访野生动物的领土，我们并不是在扮演监护者和管理者的角色，而是作为踏上别国土地的游客。[16]

在这个意义上，对野生动物的托管模式类似于我们在第五章中讨论的对家养动物的监护（wardship）模式。这两种情形中存在的基本问题都是将动物视为无能力的、我们（有益或有害的）行动的被动接受者。野生动物的主权模式就像家养动物的公民模式一样，它关注的是动物追求自身利益、塑造自己社群的能力。

承认一个有领土的社群拥有主权，意味着承认居住在该领土上的人们有权在那里生存，有权且有能力决定其公共生活的样貌。这种承认，一方面意味着一个主权社群有权不被殖民、入侵、剥削，另一方面意味着他们有权拒绝外来的家长主义管制。主权人民有权自主决定其公共生活的性质，只要这样做不会侵犯其他主权国家的权利。这包括犯错的权利，以及走（在外人看来的）弯路的权利。

不管是在人类还是动物的情形中，主权国家的自治权都不是绝对的。在满足诸多条件的情况下，外部援助或干预可以是正当的。我们将在野生动物问题上讨论这些情况。然而，作为一般原则，一种主权理论承认人民过上自决生活的重要性——正如个体自决的重要性，而这又影响和制约着我们对待它们苦难的方式。

动物主权的观念无疑会让很多读者感到陌生，甚至可能非常反直觉。而且事实上，根据某些对主权的定义，是无法推导出动物主权的。主权有时被定义为一种至高无上的或绝对的立法权威，而法律在这里被理解为某种独立于传统、习惯，或社会习俗的东西。根据这种理解方式，主权要求有一种“独立于社群且在社群之上”的权威结构，因为“只有出现了这种命令结构，我们才能找到一种可以容纳主权观念的制度”。（Pemberton 2009: 17）社会生活的很多方面都是通过默许的、非正式的方式，通过社会化、传统、同辈的影响，通过群体成员个体之间的商议与斗争等方式来调节的。但是主权被认为是截然不同的：其产生“需要确立一种统治权威，后者区别于社会，并能够行使一种绝对的政治权力”。（Loughlin 2003: 56）在这个意义上，主权“不同于所有那些在社会发展中纯自动或自发的东西”。（Bickerton, Cunliffe and Gourevitch 2007: 11）

根据这一定义，动物社群显然缺乏行使主权的机构。野生动物社群的自我管理也许不是“纯自动或自发的”，而是默许和非正式的，它并非基于一个独立于社会的权威所颁布的成文法令。但是我们认为这种对主权的定义太狭隘了，它不仅无法适用于动物，也无法应对人类社群的合法要求。所以我们首先要讨论，在人类的情形中为什么需要对主权进行更宽泛的、更灵活的解读，然后讨论为什么这种解读可以且应当普及到野生动物社群。

如果只有那些具有复杂的制度分化的社会有资格提出主权要求，那么有些人类社群将无法通过这一门槛。事实上，历史上的大多数人类社群都是由习俗统治的无国家的社会。这是否意味着它们无法提出正当的主权要求？这是欧洲帝国主义所支持的观点。当欧洲人对美洲进行殖民统治的时候，他们否认这是一种对原住民主权的侵犯，其理由是原住民缺乏关于主权的观念或实践，原住民社群中没有哪个个体或机构被视为拥有“绝对的政治权力”，以颁布对所有成员具有约束力的法令。他们的自我管理被视为“纯自动或自发的”。[17]

帝国主义利用主权理论来剥夺原住民的土地和自治权，这不是一种偶然。主权理论的建构恰恰是为了合理化对原住民的殖民。（Keal 2003; Anaya 2004）最初发展主权理论（乃至更一般的国际法）的一个基本动因，就是想要证明，为什么欧洲统治者应当以一种方式对待彼此（作为文明民族，以平等和一致），却以另一种非常不同的方式对待非欧洲人（将其视为被征服与被殖民的下等人）。主权理论是这种帝国游戏中的一步棋。

有些批评者认为，这种欧洲中心主义的意识形态和等级制植根于所有主权话语之中，所以任何关心原住民之正义问题的人都应当抛弃主权话语。（Alfred 2001, 2005）根据这种观点，原住民不应当通过主张原住民主权，而应当通过否定主权观念本身来反对殖民。[18]另有人认为，即使在其诞生地欧洲本土，主权也越来越跟不上时代。国际人权法的颁布，以及像欧盟那样的新的跨国治理形式，使“绝对的政治权力”的观念失去了意义。事实上，来自后现代主义者、女性主义者、建构主义者、世界主义者等的各种批评“证明了主权观念在道德上是危险的、在理论上是空洞的，或是脱离经验的”。（Bickerton, Cunliffe and Gourevitch 2007: 4; Smith 2009）

然而我们的观点是，主权理论可以被修正，而且可以为某种道德目的提供重要帮助，但是我们需要更明确地阐明这些道德目的。那么主权的道德目的是什么？根据约–安妮·彭伯顿（Jo-Anne Pemberton），主权“不过是一种为社群的发展与繁兴提供安全空间的手段。所以，关键的价值就是自治”。（Pemberton 2009: 7）这的确是最近大多数学者对于主权之道德目的的看法：主权保护自治，它是实现社群繁兴的手段。[19] 因为一个社群成员的健全生活与他们能否在其领土上维持自己独特的社会组织形式密切相关，所以当我们将外部统治强加于他们时，就带来了一种伤害和不正义，而主权是我们用来防止他们遭受这种不正义的手段。

由此看来，主权的道德动因从根本上是反帝国主义的，而且正如丹尼尔·菲尔波特（Daniel Philpott）所指出的，历史上发生过两场重要的“主权革命”：一是《威斯特伐利亚条约》（Treaty of Westphalia），它首先创立了一种被公认的主权原则；二是战后的去殖民化运动，它把该原则传达至世界各地。二者都是由为争取本地自治权而反对帝国主义强权的斗争所激发的。（Philpott 2001: 254）[20]

我们认为，一种主权观要想具有规范上的说服力，就必须被定义为服务于这一道德目的。但如此一来，那种认为社群必须展现出一种特别的“命令结构”才有资格拥有主权的观点就显然是一种道德歪曲，它过于迷恋法律形式，忽视了道德本质。原住民是否达到某种复杂的制度分化的要求并不重要。重要的是他们拥有与自治相关的利益。彭伯顿指出，“（原住民）仅凭独立存在的事实，以及他们对这种独立存在的重视——这体现在他们对国家俘获[26]的抗拒上——就足以证明他们拥有不被干涉的权利”。无国家的社会也许没有发展出高度现代主义的欧式主权概念，但是“这样的民族也不能真的被仅仅视为数量(numerical quantities),缺乏社会组织和可承认的利益”。(Pemberton 2009: 130) 如果民族是一种“独立存在”，“重视这种独立存在”，并且“抗拒”外来统治，还在“社会组织”上拥有“可承认的利益”，那么我们就有要求主权的道德理由。

简言之，当我们考虑是否以及如何把主权赋予特定社群的时候，重要的不在于其是否碰巧拥有法律制度，而在于他们是否拥有关于自治的利益，而这又取决于其繁兴是否依赖于他们在自己土地上维持自己的社会组织和自我管理的模式。在人类的情形中，这种利益显然已经不再专属于那些有着特定的现代国家形式的社会。所以我们看到一个明显的趋势是，一些针对原住民、流浪民族、游牧民族的新的主权观开始发展起来，它们既可以应用于民族国家的边界之内，也可以跨越这个边界。[21]

类似地，我们发现也需要对受保护国或附属国重新界定主权。历史中有一些更小或更弱的社群出于特定的目的，与更大的社群相联合以寻求庇护，同时保留其固有的自治权。至今在世界各地仍有一些这样的例子。尽管主权理论家搞不清楚这样的社群是否放弃了其主权，而联合国非自治领土委员会有时也鼓励这些社群（重新）宣示完全独立，但是我们没有理由认为这种安排无法实现主权背后的道德目的。[22] 在欧洲内部我们也看到了类似的变革，人们试图弄清楚主权如何在欧盟的各个层面上被分拆与再整合，其中没有哪个单一的层面具有不容置疑的最高地位。在所有这些例子中，我们都要放弃对于特定法律形式的迷信，转而开始思考主权应服务于何种道德目的，然后思考何种主权模式或形式可以真正地服务于这些目的。如此，我们必然会推出一系列非常不同的安排方式：主权可以通过自治、依赖、保护、结盟、联合等不同方式，被嵌入、融合与分享。[23]

在我们看来，这些都对解决野生动物问题给出了明确的启示。就像无国家的人类社群一样，它们也许缺乏主权概念，缺乏某种将“国家”与“社会”相区分的制度性分化。但是，就像人类社群一样，它们不能“真的被仅仅视为数量，缺乏社会组织和可承认的利益”。它们也拥有一种“独立存在”，并且通过抗拒外来统治而表现出对这种独立存在的重视。类似于人类社群，它们的“社群繁兴”依赖于其土地和自治是否得到保障（事实上，与人类相比，它们的福祉在更大程度上依赖于维持特定的传统栖息地）。[24] 所以，它们也应当被视为“有不受干涉的权利”。

简言之，一旦阐明了主权的道德目的，我们就不再有理由否认野生动物有这种资格。野生动物拥有在其领土上维持其社会组织的正当利益，人类对它们及其领土施加的外来统治会使它们遭受不正义的对待，而主权是一种用来保护其利益、使其免受不正义的恰当工具。要求主权主体必须具有一种特定的“命令结构”，这不管是在人类的还是动物的情形中，都是在道德上武断的。

有些读者肯定会指出，在无国家的人类社会与野生动物社群之间还存在着根本区别。前者也许没有一种明确的制度上的法律秩序，但是有能力对其自治进行理性思考。即使主权不要求有国家，但它的确至少要求有一定的理性思考与自觉的决策能力。要使主权得到承认或尊重，仅仅涉及对本能行为“纯自动或自发的”表达是不够的。虽然帝国主义者不应苛求原住民满足一种欧洲中心主义的“文明标准”，但要求得到主权的一方是否的确需满足某种能力标准？

我们希望第五章在动物公民身份问题上对动物能力的讨论能消解一部分这样的反驳。正如之前曾讨论过的，认为动物不具有与能动性相关的能力是不对的。但是前文集中讨论的那种能动性，是指家养动物在人类–动物混合社群中的能动性。我们论证了，家养动物有能力表达一种主观善，能够且应当被纳入我们关于公共善的政治决策的考量之中。但这与一种“依赖式能动性”观念联系在一起，人类在这里起到解读这种主观善的积极作用，如此才能确保动物能行使自己的公民成员权利。公民身份观念本身就依赖于驯养所预设的动物与人类之间的某种信任关系。

与此相对，如果我们让野生动物拥有主权，就恰恰是对这种依赖式能动性模式的否定：我们说野生动物个体不想要或不需要人类协助解读它们的善。但显然，这里要求的能力不同于那种与家养动物的公民实践相关的能力。要赋予野生动物以主权，我们就得确定它们有能力照料自己，而且可以在独立于人类的情况下对其社群进行自我管理，这非常不同于在混合社群中践行依赖式能动性所要求的能力。

需要具备何种能力才能胜任主权？我们认为，对于野生动物来说（实际上对人类也一样），主权要求有能力去应对其社群遇到的挑战，并且能够提供一个供其个体成员成长与健全地生活的社会环境。而在这个意义上，野生动物看上去显然是胜任的。有时候这种能力是“自动和自发的”，比如动物在本能上对其身体欲求、机会和挑战、环境变化做出反应。而有时候这种能力是有意识地习得的（比如黄石公园的熊学习如何通过跳上车顶来打开小货车的门，并把学到的经验传授给其他熊）。

野生动物的能力既体现在个体层面，又体现在社群层面。例如，作为个体，它们知道吃什么食物、如何找到食物、如何储存过冬食物、如何寻找或建造住处、如何照料后代、如何长途迁徙、如何降低被捕食的风险（通过警戒、隐藏、躲避、反击），还知道如何避免浪费能量。例如，当鹿逃离一个具有潜在危险性的人类时，它们只用跑到人类的视线范围之外就够了，不会浪费能量奔跑一段不必要的距离。（Thomas 2009）野生动物也具有社群意义上的能力，至少对于那些社会性物种而言。它们知道如何通过合作来狩猎或者躲避捕食者，以及照料体弱和受伤的成员。新知识可以在同类之间迅速传播。例如，渡鸦会在夜间栖息处互相分享关于食物来源的信息。（Heinrich 1999）以前在英国，送奶工会将牛奶递放到客户门前的台阶上，有一只蓝山雀学会了捅破瓶口的箔片以获取瓶口处的奶油层，不久以后附近所有的蓝山雀都学会了这种新方法。[25] 有时候野生动物还会进行一些跨物种的合作，例如渡鸦和郊狼在食腐过程中建立的合作关系（如第四章注释 22 所述），以及石斑鱼和海鳗的合作捕食。（Braithwaite 2010）

除此之外，野生动物还有其他数不胜数的合作方式，既有个体间的，也有集体间的，它们以此来应对荒野生活的挑战，这些合作成功地满足了它们的需要，并将风险最小化。在这个意义上，正如雷根所强调的，我们不能将野生动物等同于需要我们保护的无自卫能力的儿童。[26] 野生动物社群包括所有不同年龄段、不同能力水平的动物。作为父母和集体，它们让自己的幼崽接受社会化，并传授以必要的生存技能。也许在某些情形中，人类的外在援助是有帮助的、可取的（例如在大规模自然灾害中，或者在一场可预防的疾病肆虐之时，或者在个别动物深陷危难时），我们在下文中会详细讨论这些情形。但是总的来说，在对荒野生活的日常风险管理问题上，我们有理由将野生动物视为有能力的行动者，它们通过分工合作在自己的社群中承担着互助的责任，其实这种方式比我们以它们的名义进行干涉要有效得多。

有人会质疑，如果野生动物没有能力保护其所有成员免受饥饿或被捕食的威胁，那么它们就没有资格行使主权。[27] 如果是一个人类社群没能达到这个要求，我们会认为它是一个“失败国家”，或不管怎样它都是一个需要某种程度的外部干预的国家。但是在生态系统的语境中，食物链和捕食–被捕食关系并不是"失败"的表现。更恰当地说，它们正是野生动物社群生存环境的典型特征。它们构成了野生动物社群（作为个体和作为集体）所必须应对的挑战，而事实证明它们有能力应对这些挑战。[28]

这种胜任能力论证（competence argument）在某些动物身上比在另一些动物身上更有说服力。很多哺乳类物种生育的后代很少，但在哺育后代上投入很大——不管是在个体父母层面上，还是在更大的社会种群层面上。年幼的个体有很大机会能应对幼年期的挑战而存活下来并成年。再比较一下很多两栖类和爬行类物种，它们产下大量的卵，然后任其自生自灭。大部分的卵根本没有孵化，大部分幼体也马上就被捕食者吃掉了。对于很多鱼、龟或蜥蜴来说，生命不过是刚破壳而出的那段短暂时光，不久就被一只更大的鱼、鸟或爬行动物吞食。

不同物种拥有不同程度上的"胜任能动性"（competent agency），但只要存在，这种能动性就应当得到承认和支持。对于某些物种来说，它为尊重自治提供了有力论据，而另一些物种则不然。但总体来说，我们还是应当尊重野生动物的主权，包括那些只表现出最低水平的胜任能动性的动物，因为这个论证还得到了来自前文所讨论的易错性论证和健全论证的有力支持。鉴于自然过程的复杂性和相互依赖性，以及我们对其认知的易错性，我们完全有理由认为，我们采取的任何旨在保护野生动物的家长主义干预都会产生预料之外的，甚或负面的效果。而且如果大规模实施这种家长主义干预，几乎必将使野生动物无法发挥能力和天性，而这些能力和天性是在适应环境的过程中不断演化出来的。如果我们尊重野生动物作为其社群成员的身份，承认它们能够自治和自我管理，那么对其社群的决定性构成特征加以干预就意味着终结它们的独立性，使其无法按照自己的存在方式生活，并使其处于一种依赖于人类持续干预的状态。[29]

而且必须指出的是，如果我们去评估野生动物的偏好，会发现它们并不同意这样的干预。[30] 野生动物根据其定义，恰恰是那些避免与人类接触的动物。不同于那些被培育成适应人类环境的家养动物，也不同于我们在第七章将要讨论的那些在人类发展中寻找机会的边缘动物，野生动物表现出一种明显想要独立于人类的偏好。我们可以说，它们在主权问题上“用脚投票”。而且因为它们没有表现出想要加入我们社会的倾向，所以我们必须尊重它们塑造自己的主权社群的选择。

在我们看来，这种对于野生动物的能力推定，以及野生动物对人类干预所表现出来的反感，就足以说明它们的诉求是被承认拥有合法主权。[31]

这看上去似乎绕了一个弯又回到了起点——动物权利论在野生动物问题上的“由它们去”的一贯立场。但是如前所述，动物权利论用来支持这种立场的论证是非常特设性的、不完善的，而对于主权的承认则为它提供了一种更保险的规范性和概念性的基础。而且，动物权利论没有解释**如何**由它们去。尊重自治是一个正当的道德目的，但是我们需要法律和政治的工具来实现它。如我们之前曾提到的，有些动物权利论者提议我们可以通过赋予私有产权来保护野生动物。（Dunayer 2004; Hadley 2005）但是如果我们回想欧洲帝国主义的例子，就可以看出这种思路的局限性。欧洲帝国主义者通常愿意承认原住民的私有产权，尽管他们不承认其主权。其结果就是，原住民个体或家庭能够保留一块土地，却丧失了他们的集体自治，因为欧洲人将自己的法律、文化和语言强加给了原住民。[32] 类似地，野生动物所需要的不是（或不仅仅是）一种私有产权 —— 比方说拥有一个巢穴，而是保护其在自己土地上维持生活方式的权利。简言之，它们需要主权。

而且不管是在人类还是动物的情形中，尊重主权都不仅仅是一个“由它们去”的律令。尊重主权并不要求隔绝或闭关自守，而是允许有各种形式的交往和援助，甚至是某些形式的干预。这在人类的情形中已经很清楚了，自治社群通过加入相互合作和相互协定（包括关于人道主义干预规则的协定）的紧密关系网，来行使他们的主权。而即使在野生动物的情形中，尊重主权也不是要求完全放手。并非所有形式的人类干预都会威胁到自治和自我决定的价值。相反，某些形式的积极干预也许可以促进它们。假设一种有害的新细菌马上要入侵并破坏一个生态系统，人类可以通过干预来阻止它。或者假设一颗大型流星正要撞向一个居住着数十亿野生动物的荒野地区，人类可以通过干预来使其偏离轨道。在这些情况下（以及我们下文要讨论的其他例子中），人类干预可以被认为是在保护野生动物在其领土上维持其生活方式的能力。

更一般而言，主权提供了一个框架，我们可以用这个框架来应对社群之间必然会出现的一系列问题，例如边界和溢出效应问题，以及合法干预的范围。正如我们在本章开头所指出的，传统动物权利论“由它们去”的律令在这些问题上很少或根本没有提供指导。事实上，我们相信，任何一种只关注个体能力和利益的动物权利论都无法解决这样的问题。任何试图仅仅诉诸普遍的个体权利来应对领土、边界、溢出效应与干预等问题的思路，都不可避免陷入我们前文提到的“太多–太少”困境。然而，当这些问题被置于一个更大的关于主权社群之间正义关系的框架里，就变得更容易处理了。

总之，这就是我们试图在本章的剩余部分要讨论的，我们要考查一系列关于人类–野生动物关系的具体问题。与我们在第五章提出的公民身份模式类似，诉诸主权理论并不提供一个能解决某些棘手的问题的神奇药方。但我们试图表明，主权观念的确为应对这些问题提供了一种有益的视角，与现有的动物权利论或生态论思路相比，它给出的解答更具有融贯性和说服力。我们将首先讨论干预问题，讨论主权观念如何可以为反对殖民或家长主义管制提供一种普遍的论证，同时也提出一种标准，用以衡量哪些旨在支持主权的干预形式是可接受的（第三节）。然后我们再转向边界和领土问题（第四节），以及溢出效应的问题（第五节）。

3. 积极援助与干预

如前所述，动物权利论所面临的一项重要挑战就是对野生动物的积极义务问题。一方面，如果我们承认动物是脆弱的自我，那么它们的疼痛和苦难肯定就具有重要性——即使这是由自然过程导致的，而我们应当尽力去减轻或消除这些痛苦。用努斯鲍姆的话说，这意味着动物权利论的目标应当是“以一种非常普遍的方式，逐渐用正义替代自然”。（Nussbaum 2006: 400）另一方面，那种认为我们有义务去干预、有义务为野生动物提供食物和安全栖身处的观点似乎是一种对动物权利观念的归谬。面对这种两难，动物权利论者试图证明“自由放任的直觉”是正确的，即我们应当由它们去。对此他们提出了各种各样的论证，其中包括关于自治、健全生活、易错性和自由选择的论证。然而，这些论证似乎通常都是特设的，而且未必能以清晰、融贯的方式彼此相容。

而且，一旦开始考查所有可能的干预形式，我们就会发现，那种认为我们可以诉诸某个单一简单的规则（不管是干预论者所主张的“用正义替代自然”还是不干预论者所主张的“由它们去”）的观点似乎都缺乏说服力。不同类型的干预措施之间存在重要差异，有些比另一些更具有正当性，而且我们需要一种能体现出这些差异之道德重要性的动物权利论版本。并不是一切人类对野生动物社群的干预都会威胁到它们的自治或栖息地。人类在野生动物领土上的某些活动是良性的——欣赏荒野，或者对资源的适度开采（例如，以可持续的方式采集坚果、水果、蘑菇、海草等野生食物，同时为野生动物留下“够多且够好的”）。某些干预实际上是有益的，例如，选择性的砍伐可以增加一片密闭森林环境的透光度和空气循环，促进了生态系统的丰富性，使生活在那里的动物受益。虽然野生动物避免与人类接触，但是它们有时可以受益于人类行为，例如，某个动物个体从冰面落水后被人类救起，或得到人类提供的救援食物或庇护所。

这种小范围的干预似乎是良性的，某些大规模的干预似乎也是可取的，例如我们上文提到的偏转流星的轨迹。我们需要非常谨慎地论证对野生动物社群的干预之正当性，这并不意味着所有的干预都不正当。不幸的是，当前版本的动物权利论实际上无法指导我们去甄别哪些形式的干预是恰当的。一种野生动物的主权理论是否可以做得更好？显然，如果主权只不过是“由它们去”的一个花哨的同义词，那么它不会有太大帮助。但是我们论证了，主权的内涵要更丰富：它植根于一系列特定的道德目的。主权与一系列特定利益（社群拥有在自己的领土上维持自己的社会组织形式的正当利益），以及一系列的特定威胁（当社群及其领土被强加外来统治时，它们易遭受不正义的对待）相关联。主权是一个可以用来保护这些利益，防止这些不正义的恰当工具。

如此看来，主权就是一个比简单的“由它们去”的主张更富有内涵的道德概念。尊重主权并不意味着主张隔绝和闭关自守，也不禁止一切形式的交往，甚至干预。更恰当地说，它维护自我决定的价值，尽管这排除了某些形式的干预，但是它允许，甚至可能要求其他形式的援助。

应当用何种规则来确认对主权社群的干预的正当性，这是充满争议的，即使在人类的情形中也一样。但是我们可以确定一些基本原则。一方面，主权社群有权不受外国侵略（即征服、殖民、掠夺资源），以及暴力程度较低的帝国主义侵犯（即外来者对其内部事务进行家长主义管理或干预，无论是否出于善意）。换句话说，主权是一种对抗种族灭绝、剥削、同化等外在威胁的保护形式。它为社群提供了能按照他们自己决定的路线来发展的空间，使其得以在可控的条件下与外来者交往，而不是受制于外来者不受约束的强权（无论外来者的目的为何）。

然而，主权的目标并不是排除国家之间的一切交往。国家之间的相互合作可以带来大量潜在的益处，包括贸易和移动性的增加，更重要的是，获得积极援助的可能性。所以，在很多情况下有些国家会主动寻求外国的积极援助。相互援助的约定可以正式确定在条约中，也可以基于多年来的交往和相互援助的惯例。这样的约定并没有损害主权，相反，这是国家代表其公民行使主权的方式。

另一种更棘手的情形是既没有被邀请，也不作为双方商定的相互协议之内容的积极干预——比如一个国家因外部威胁、自然灾害或内部崩溃而突然被击垮。我们常常认为，在这样的情形中，国际社会有义务伸出援手，即使那个陷于危难的国家没有正式地请求援助。但是，出手帮助那些没有请求帮助者的做法（或者是当他们对于是否寻求外在援助存在争议的时候）可能是有问题的。提供积极援助常常被用作掩饰帝国主义强权行为的幌子，比如对伊拉克的入侵，或者纳粹入侵捷克斯洛伐克和波兰，入侵者自称是为了保护这些国家内部的少数群体，称这些国家没能履行保护这些人的义务。另一方面，人们普遍同意，国际社会本应当出手干预卢旺达以保护图西族，因为那个国家突然间严重丧失了保护其公民的能力。以保护公民基本权利为目的的外来军事干预也许是最大的难题，因为这种干预几乎不可避免会违背其国家政府的意愿。但是针对自然灾害或欠发展困境的救援和帮助也会引起我们的顾虑。国际社会对于 2004 年亚洲的毁灭性海啸提供的国际援助属于正面的例子，那些援助受到了处于危难中的人民和社群的欢迎，而且提供援助的方式是高效的，也没有威胁到社群的主权。然而，在其他一些数不胜数的例子中，很多国家提供的所谓援助不过是对别有用心的掩饰而已，它们实际上是想进入新的市场、控制资源、建立依赖关系、敲诈债务等。

这些问题在人类的国际关系中是极为复杂的，我们没有理由认为它们在人类 – 动物关系中就不那么复杂了。然而，我们可以确定一些被广泛认同的基本原则。第一，如果其他国家的人民遭受了或正在遭受一场灾难（不管是天灾还是人祸），而我们有能力去援助他们，我们的行动也没有遭到拒绝，那么我们确实应当尽最大的能力和资源去援助他们。第二，我们提供援助的方式应当允许一个社群恢复至自立状态，即应当支持其作为一个拥有自决权的主权国家所应具有的能力和生命力。我们不应利用一个国家的脆弱状态而破坏其独立性，使其负债，受到削弱，或者向其施加我们自己的善观念。这些原则并不总是容易落实，问题不仅在于是否应当提供援助，还在于由谁提供、如何提供，这些问题具有复杂性。在援助的每个阶段，采用不同的援助方式都会有不同的影响，既有可能维护被援助者的尊严（包括他们作为自决社群之公民的权利），也有可能损害其尊严。

然而，显然存在主权国家被灾难（例如自然灾害）击垮的情况，或者其内在秩序和（或）合法性面临着全面的崩溃（“失败国家”、种族灭绝等），此时的积极干预与对人民主权的尊重是相一致的。事实上，干预可以保护并帮助恢复其主权。在这种情形中，如果干预是有效的，那么我们就有援助的义务。

我们认为这些基本原则也可以应用于野生动物社群。例如避免流星的撞击，这看上去显然属于那种尊重并有助于恢复主权的干预。而如果我们通过干预来终结捕食，或者控制自然的食物链，这样做必然会损害主权，并使野生动物陷入永久依赖于人类、受制于家长主义的状态之中。如前所述，捕食和食物链是野生动物社群自我管理的稳定结构的一部分。动物已经进化到可以在这样的条件下生存，而且能够胜任这种生存方式。个别动物在这样的自然过程中可能遭受痛苦，但是捕食和食物链的存在并不意味着主权社群遭受了一种使其功能瘫痪的灾难，或者能力的突然丧失。野生动物之间并不存在正义的环境，而一些个体的生存不可避免地要求另外一些个体的死亡。这是自然界一个令人遗憾的特征，但是任何尝试从整体上改变这些自然事实的做法，都将要求让自然完全臣服于我们持续不断的干预和管理。那不仅不可能实现，而且即便可能，我们也不可以那样做，因为那会完全损毁野生动物社群的主权。为了终结捕食和食物链而干预自然，这种做法无论就其动机还是效果而言，都是无法得到辩护的。它无法满足干预的触发条件（如毁灭性的灾难、社群的瓦解，或请求外部援助），而且它不符合干预的目标——帮助一个主权社群重新自立，成为自足、自决的社群。

所以，尊重主权就意味着排除了那种以终结捕食或自然食物链为目的的系统性干预（至少就我们目前所能想象的干预方式而言）。然而，这为其他类型的积极干预留有空间——那些不会损害野生动物社群的稳定性及其在未来作为主权社群而存在之能力的干预。我们前文已经提出了一些可以通过这种测试的干预——炸毁来自外太空的流星，或者阻止一种病毒的扩散以防止它入侵一个脆弱的生态系统。这些听起来像是科幻情节，[33] 而我们可以想象一些更加现实的小规模干预，人类可以通过这些干预来帮助野生动物社群，同时不损害它们的主权。[34] 问题在于干预的规模。作为一个人类个体，我可以救助一只快要饿死的鹿，这样做不会打破自然的平衡，即没有损害野生动物社群的主权。然而，如果政府开展一项大规模的鹿群喂养计划，就会对鹿的种群数量、其捕食者、其食用的植物、与其食用同一种植物的竞争者等等各个环节产生影响。这进而要求人们针对所有这些影响开展系统化的持续干预。

这意味着，不管是在个体层面还是集体层面，我们在衡量自己行为的时候，都要考虑到这些复杂性。一方面，我作为个体的行动不太可能损害野生动物社群的主权；另一方面，我与其他人共同发起的行动却有可能产生这个后果。因此这一事实并不禁止我去喂那只鹿。例如，我可能非常确定没有太多其他人也在喂鹿，而且我的个人行动从更大的系统层面上看来是无害的，不会像滚雪球一样最终导致人类的全面干预。

然而，对于我究竟是行为者个体，还是众多行为者之一员，这只是需要考虑的一个方面。还要考虑易错性论证。我的行动（即使在个体层面上）究竟是会达到我所期望的减少痛苦的效果，还是有可能导致更大的伤害？伊丽莎白·马歇尔·托马斯在思考自己是否要喂她在新罕布舍尔（New Hampshire）家附近的鹿的过程中，给出了一个详细的论证。[35]她考虑到一些可能被忽视的潜在后果，包括：扰乱本地鹿种群的社会关系和权力动态；导致饮食失衡；使鹿在去往喂食点的途中冒暴露自己或被捕食的风险；增加它们在喂食点传播疾病的可能。经过权衡，她决定尽可能谨慎地继续喂那些鹿。她说：

> 为什么我在考虑到这些情况之后仍然决定要去喂这些动物呢？因为我们生活在同一个地方，因为它们是个体，因为它们有亲属、有体验、有经历、有欲求，因为它们感到寒冷与饥饿，因为它们在秋天没有找到足够的食物，因为它们都只有一次生命。（Thomas 2009: 53）

简言之，她权衡了自己行动的各种结果，最后出于一种简单的同情心而行动。她已经和这些鹿建立了一种个体关系。它们在受苦，而她认为自己处于一个可以伸出援手的位置，所以给出了帮助。归根结底，在任何提供积极援助的情形中，我们都必须相信自己作为个体的判断力，评估特定境况并做出正确的选择。我做足功课了吗？我是否对喂鹿这件事充分了解，从而能尽量降低我实际上对它们造成伤害的风险？如果我为他者提供帮助和减少痛苦所付出的努力用在其他地方，会不会更好？我是否考虑了自己行动的长远影响，以及我的行动与他者的行动相互影响后所产生的长远后果？

霍普·赖登（Hope Ryden）写了一本书，记述了他在纽约上州的莲池与一群海狸发生的故事，书中对上述困境给出了一个很好的描述。（Ryden 1989）在几个月中，赖登和海狸逐渐习惯了彼此的存在，她与它们保持在一个友善的距离并观察它们，对它们的习性和社会关系进行了有趣的记录。作为一名科学家，赖登想要尽可能观察海狸的自然状态，不过多干预它们的生活。她想要观察，而不是控制它们。经过好几个月的夜间观察（海狸大多是在夜间活动），她自然而然地对这些海狸产生了感情。后来发生了一场危机：那是晚冬时节，春天来得很迟，而冰层异常厚，海狸吃光了它们储存在巢穴中的食物（它们必须待冰层破裂后才能离开巢穴，所以如果在入冬时没有储存足够的食物，就得挨饿）。海狸巢中不再传出叫声，赖登知道它们已经山穷水尽了。赖登感到很痛苦，她发现自己无法坐视不理，于是劈开巢穴旁边一段冰层，为海狸一家带来了够吃几天的树枝，使它们撑到了天气转暖。虽然赖登坚持一种总体上不干预的原则，但她发现自己所处的个体情境让她感到自己必须出手干预。有人会说这种行为是矛盾的，或者说她没能恪守职责。但是这并不矛盾，因为赖登并不是以立法形式规定人类负有去干预海狸食物链的普遍义务。更确切地说，她与特定的海狸处于特定关系之中：她很了解它们，而且知道她的行为不太可能产生灾难性的溢出效应。而且，她照料海狸的义务源自她与海狸之间的关系，以及她在这种关系中的获益。

有很多科学家和博物学家通过开展非常复杂的计划去援助野生动物——它们通常属于那些“濒危”的物种。例如，借助超轻型飞机领航来帮助隐鹮重新学习其传统的迁徙路线。鹮的飞行能力并不强，而且经常偏离航线。至今还有一些鹮主要通过跟随货车来学习迁徙路线！[36]我们也许会问，易错性论证与可选择性论证是否总能充分解释此类计划？即这样的干预真的利大于弊吗？如果把这些努力和资源用在别处，会不会更好？我们还会担忧，这些接受援助的动物个体（而非作为物种）的基本权利是否得到了尊重？换句话说，这是不是以个体权利为代价来促进物种的利益？这些都是很重要的问题。但是，从这些努力中我们可以看到，只要用心去做，人类能够对自然世界做出极富创造性的巧妙干预。而这些干预在恰当的条件下，可以充分尊重动物的权利（不管是作为个体的还是作为主权集体的），同时大大加深我们对它们的理解，并提高我们在未来为它们提供帮助的能力。

这种干预的一个绝佳范例是博物学家乔·赫托（Joe Hutto）对火鸡的救助，他决定将一些被遗弃在一个农夫土地上的野生火鸡蛋孵化，并抚养这些火鸡，使其在野外生活。（Hutto 1995）赫托完全接受自己的决定所带来的后果。他知道那些火鸡整整一年都会依赖于他，他不仅要为它们提供食物和栖身处，还要帮助它们成长为完全独立的生命，直到能够觅食并保护自己，但不会在这个过程中变得依赖于人类。他为那些火鸡圈了一片地，建造了鸡棚，让它们在其中安全过夜。他在白天扮演火鸡父母的角色，逐步把年幼的火鸡引向周边环境中，花大量时间陪伴它们在树林和田野中探索和觅食。赫托过了一年野生火鸡的生活。他学会了如何与火鸡相伴而行，如何移动，去何处觅食，如何应对环境的变化，如何示意有蛇、浆果，或对其他重要事项发出信号。通过这种方式，他在它们最脆弱的前几个月监护着它们，同时让其发展出自然的野生火鸡所具有的全部行为和经验。一年之内，那些火鸡成功地摆脱依赖并融入了野生环境。赫托后来撰写的记录大大增加了我们对于野生火鸡的认识和理解。的确，这看上去显然是一种真正的互利关系。那些火鸡得到了它们本来会丧失的一次活着的机会，同时这不是一种能力受限的生活，而是一种属于火鸡的完整生活。赫托也因此得到了一次学习以及建立跨物种纽带的机会。

我们可以想象一个有着同样开头的故事（也始于一次救助鸟蛋的干预行为），但是情节走向了不同的方向，结局是那些火鸡成年后终生困于动物园中，或者非常依赖于人类，以至于即使被放归野外也待不长久，因为它们会被吸引到人类居住区，因而不可避免地受到有意或无意的伤害。我们也可以想象，那些火鸡在最脆弱的前几个月中没有得到足够的监护，或者没有准备好开启野外生活，于是很容易被遇到的第一只郊狼或鹰捕食。上述各种残酷情节提醒了我们，为什么一般来说将不干涉原则应用于野生动物是合理的。但是，赫托的故事告诉我们，对于那些与野生动物建立了关系的个体来说，不干涉并不是唯一合乎伦理的选择。

通常，生态主义理论家比动物权利论者更加严格地反对人类对于自然过程的干预。他们坚持这种立场的一个重要原因就是关于易错性的考量（即人类干预总是弊大于利的），[37]还有一个原因就是那种反对多愁善感的倾向。生态主义思想中有一种大男子主义，认为自然法则是残酷的，回避这种法则是软弱和神经过敏的表现。人类个体对动物个体的同情行为无法改变整体框架，所以即使不会对动物和生态造成实际的伤害，这也不过是一种徒劳的感情用事而已。而谁想做这种事，就体现出一种对自然的无知，甚至是一种对自然过程的憎恶。（Hettinger 1994）

这种观点存在很多问题。首先，它错误地将对自然的某些方面（例如动物的痛苦）感到遗憾等同于对自然本身的憎恶。（Everett 2001）第二，这种观点背后隐藏着一个站不住脚的假设：人类及其行为是外在于自然的。然而，我们对于其他物种之痛苦的同情反应本身就是人性的一部分，其他物种也有同样的反应（例如那些救助人类的野生海豚）。第三，它体现了对个体命运的麻木不仁。一个人不能改变捕食或食物链的自然过程，所以不能大规模地改变动物的命运，但这个事实并不意味着照料动物个体的行为是无意义的或自相矛盾的。对于那些得到喂食的或从冰层落水后被救助的具体动物来说，救助行为就意味着一切。有些生态主义者之所以得出这个错误结论，是因为他们将自然法则或（非人类的）生态过程本质化[27]，甚至神圣化了。我们这里所建立的理论与之截然不同，我们要求必须尊重动物社群的主权和自决权。

尊重野生动物的主权不仅意味着由它们去。主权对于保护野生动物的自由、自治和健全生活是至关重要的，而一般来说，这意味着人类对于自然的干预应当非常谨慎。有很多种类的援助并不损害野生动物的主权，我们已经讨论过了其中几种——从避免自然灾害到小范围的同情和援助行为，这些并不会损害野生动物社群的主权。我们认为，这些行动并不是错误的或自相矛盾的感情泛滥，而属于同情（作为经过深思熟虑的对他者苦难的回应）和正义的要求。（下文我们要讨论，这种积极的干预行动也有助于降低我们对野生动物造成的无法避免的严重风险和溢出损失。）野生动物的主权理论有助于解释为什么我们有如下两种念头：（1）一般来说，不去干涉自然本身的运作方式（保护动物发挥其能动性的空间，从而使其自行决定自己的生活过程和它们社群的未来，而不是由人类“发号施令”）；（2）在谨慎思考了行为后果之后，可以在有限时间和（或）有限范围内进行干预，以减少痛苦或避免灾难。这两种念头并非不一致，而是反映了对于重要价值（一方面是自治和自由，另一方面是减轻痛苦）的谨慎平衡，由于野生动物之间并不存在正义的环境，所以这些价值经常发生冲突。

简言之，我们认为，就思考我们对野生动物的积极义务来说，主权模式提供了一个合适的框架，它可以避免现有的动物权利论所存在的缺陷和摇摆不定的问题。我们不应当以一种破坏野生动物社群自治的方式来干预其内部运作（例如捕食、食物链），将其置于人类永久性、系统性的管理之下。然而，如果我们提供的积极援助符合对主权的尊重（谨慎考虑了易错性论证和可选择性论证），那么我们就有义务这么做。这些要求并不能被简单的普遍化公式所涵盖——例如“始终要减少痛苦”或“永远不要干预自然”。我们不必恭顺于某种被神圣化的自然法则，而且我们对野生动物负有基于正义的义务。一般来说，尊重它们的主权意味着我们应当对干预自然保持非常谨慎的态度。但是很多援助行动符合对主权的尊重，如果这些行动是个体性的、有限时间内或有限规模的，就不会损害野生动物社群作为独立的、自我管理的社群而繁兴的能力。如果我们可以在避免使野生动物丧失自治或遭受更大的伤害的前提下给予援助，那么我们就应当被动物受苦的处境所触动并采取行动。

4. 边界与领土

至此，我们一直试图说明，为什么与传统动物权利论的“由它们去”这一口号相比，野生动物的主权是一个更宽广、更丰富的概念，它立足于一系列更复杂的道德目的。然而，主权框架并非没有它自己的困难。它的道德目的在我们看来也许是明确的，但是它可以如何应用于实践却不那么清楚。目前为止，我们一直在用一种比较松散的方式谈论如何用主权规则来调节不同“社群”之间的交往，其中每个社群都各自在“自己的领土”上维持自己的社会组织形式。这暗示着这样一幅图像：我们可以清晰地将世界划分为一些互相分离的社群，这些社群在其独立的领土上行使主权。但是这幅图景难以反映真实情况。大自然并没有把各片领土指派给不同的物种。不同的野生动物物种占据（并竞争）着同一片领土，而且很多物种都需要进行长距离迁徙，穿越被其他动物或人类占据的领土。所以，要想让主权理论具有实践意义，就不能让它依赖于一幅社群和领土界线分明的图景。

所以在本章的剩余部分，我们试图回应在应用主权框架时所遇到的一些重要挑战，包括边界、领土和溢出效应等问题。

边界的性质：共享和交叠的主权

在日常话语中提到主权国家时，我们会想到传统的政治地图，用整洁的线条将块状的领土分割成明确的国家：北纬 49 度线以北是加拿大，以南是美国。但是现实当然比这更加复杂。国家边界与不同的自决民族或人民之间的界线并不完全重合。很多国家实际上是多民族国家，在那里主权是被不同的民族或人民所共享或是交叠的，而他们都宣称自己拥有主权和自决权。在美国和加拿大的边界之内，我们可以看到各种各样的亚国家民族（substate nations）：加拿大的魁北克人、因纽特人、第一民族[28]，以及美国的印第安部落或波多黎各人。一般来说，这些亚国家主权仍然是以领土为基础的，即我们可以在地图上指出不同的土地是被不同的原住民和少数民族的（部分的和共享的）主权所控制的。在这个意义上，我们的主权观仍然与故土或传统领土观有着深刻的关联。“国家内部民族”（nations within）的存在使主权与领土之间的关联性复杂化了，但是并没有消除这种关联。

当我们回到动物问题上时，情况就更复杂了。在一些陆生动物的情形中，我们可以考虑采用一种亚国家领土的主权形式。就像魁北克、萨米人的领地，或波多黎各那样，一个主权动物社群的边界被涵盖在一个更大的，包含着其他民族的主权国家的边界之内，或者二者的边界有所交叠。但是对于鸟和鱼来说，其边界就不能再以简单的二维地图的方式来界定了。水中和空中的动物所栖息的生态维度在人类的主权领土观念中通常是次要的。而且，任何边界观都必须考虑到迁徙的事实。如果主权的功能在于保护一个社群维持其社会组织形式的能力，从而使其成员能够在该社群内健全地生活，那我们就得承认这要求迁徙动物能够穿越其他物种或民族的领土。

请考虑如下几个例子。白喉莺（林莺属）在撒哈拉沙漠以南的萨赫勒地区过冬，然后长途迁徙，飞过埃及和西欧，在每年春季返回英国的林地。它们的“主权领土”是什么？我也许可以说它们在萨赫勒和英国的两个主要栖息地构成了其主要主权领土，但是它们享用这两块主权领土的能力显然依赖于其对于连接二者的陆空廊道的使用权。这块栖息地的某些部分是远离人类居住区的，但是其中很大一部分都与人类主权领土相交叠，所以我们需要探讨在这些区域如何共享主权。莺鸟飞过时不会伤害我们，所以除了要保护它们的两个主要栖息地之外，我们还应当禁止在它们的飞行路线设立障碍，或者污染那些位于它们重要停歇地点的水源和食物来源。

再考虑一下北方露脊鲸，它们在夏季游弋于新英格兰和新斯科舍的海岸之间，冬季在佛罗里达和佐治亚的海岸产卵。这是一个危险的迁徙路线，因为东海岸船务繁忙，它们面临着与船只相撞的危险。在这里，我们同样需要通过某种可以与动物共享领土的方式来承认海洋动物的主权。人类跟莺鸟和露脊鲸一样，拥有迁移的权利，拥有为了生计而旅行的权利。我们可以将此视为穿越野生动物主权领土的“表面移动权”。但是对于人类的旅行来说，这种“通行权”是有限的权利。人类在行使这种权利的时候，不能不考虑那些我们所穿越的领土的主人。碰巧，人类事实上正在采取一些重要措施来防止露脊鲸受到致命的船只撞击，例如通过改变在大西洋的航线，以及通过建立鲸鱼监测系统来警告那些接近鲸群的船只。这样一来，我们可以说人类已经认识到自己有义务去尊重鲸鱼的主权，在穿越露脊鲸领地的时候，这种义务为他们的行为施加了一种边界约束。

再举个例子，不计其数的高速公路穿越了野生环境，以连接相互分离的人类社群。这在本质上未必是不可允许的，但是应当被视为一种穿越野生动物主权领土的通行权。而且，就跟海上航线一样，我们应当重新设计这些路线，从而减少对野生动物的伤害。我们在行使自己的移动权的时候，不能以牺牲它们的生命权和移动权为代价。这也许意味着我们应从多个角度来重新思考我们的高速公路：把它们迁移到远离野生动物大型种群的地方；设立缓冲区、迁徙廊道以及通道；降低限速，并重新设计汽车。

尊重主权也许要求将特定的领土与廊道权或通行权相结合。对人类和动物都是如此。正如人类需要穿越野生动物领土的廊道，野生动物也需要穿越密集的人类居住区的廊道，从而能灵活应对种群数量压力、气候变化等等。

要建立一个可以应对这些复杂状况的主权框架是不容易的。然而，在人类那里存在有趣的类比和先例。我们可以找到很多例子，一些游牧或流浪民族、种族或宗教上的少数群体都被允许使用廊道、缓冲区，享有通行权，以及共享主权，以保证他们能去往传统的目的地、海港、圣地或拜访同族。[38] 像那些流浪民族，例如吉卜赛人、贝都因人、萨米人，以及无数拥有传统的迁徙模式的其他民族，这使他们能穿越现代国家边界。就流浪民族和其他被国家间边界分割的族群而言，其成员身份是跨越国家间边界的，人们已经在努力探索可以承认这个事实的新的公民身份形式。[39] 这些民族中有一些是无国籍的，有些族群在一个地方是公民，到了另一个地方是游客，还有一些则拥有多重公民身份。这项工作还处于推进过程中，但是人类的政治理论正在慢慢地发展出一些用来思考主权和公民身份的新观念，它会适应族群和领土的交叠性和移动性，而不是对其加以否定或压制。

这显然就要求我们放弃如下观点：主权必须是单一且绝对的。人类和动物主权将必然涉及某种程度的“平行主权”（parallel sovereignty）。主权与领土有着重要的联系，因为如果一个社群（特别是大多数动物社群）没有一块赖以生存的土地，就连生态学意义的生存都不可能，更不要说自主的自我管理了。但是主权不一定被界定为对特定领土的排他使用权或控制，而是要看对于一个社群的自主和自治来说，何种程度和特征的通行与控制是必要的。[40]

例如，倭黑猩猩和人类分享着刚果河以南的森林。一种承认倭黑猩猩主权的方式，就是划出一块足够大的森林，禁止人类进入——包括那些世世代代一直生活在那里、其生活方式是和土地联系在一起的人们。这的确是某些国际保护组织采取的办法。但是为满足倭黑猩猩的需求而驱逐这些人类是不正义的。[41] 对这个问题的一个解决方式是给予补偿，即用土地和其他地方的机会来补偿那些被驱逐的人类。但是一个更好的解决方式是，承认倭黑猩猩和当地人类社群在这个区域共享着交叠的主权。虽然在最近的历史中，倭黑猩猩承受着来自战争、资源开发和野味买卖的严重压力，但是有一些传统族群世代与倭黑猩猩以可持续的、和谐的方式共处，对这些人来说，伤害它们是一种禁忌。这些社群没有理由不能和平共处、共享土地及其资源，并各自追求其独立生活（只要人类足迹尚可保持平衡）。对于他们双方来说，主权是被共享的、交叠的。但是对于外部世界来说，他们的联合主权可以保护双方免受外来干涉和侵犯（例如外来人类的入侵、殖民、暴力、开发、资源榨取）。[42]

刚果民主共和国当然是无数其他动物的家园，它们同处于一个复杂的生态网之中。所以，我们应当认为这个主权社群内含多物种动物生态，而不是单一物种的。在这里，我们也能看到人类的类似例子。

有多个国家已经在原则上承认了原住民或种族群体固有的自决权，但有时候这些族群要么因为规模太小而无法有效地实现自我管理，要么其所处的地理区域中还有其他这样的族群，于是一个解决方案就是创立“多种族自治制度”，在这种制度中，单一地理区域被视为用来保护和促进多个不同民族之主权的载体。我们可以看到，在墨西哥（Stephen 2008）、尼加拉瓜（Hooker 2009）和埃塞俄比亚（Vaughan 2006）都有这样的例子。[43]

无论我们是把某个特定区域视为单个的多物种主权社群，还是一系列相互交叠的主权社群，其重点都在于：这块领地受到免于其他民族统治或掠夺的保护，并且拥有按照自主的路线发展的内在自由。

简言之，主权不一定非得被理解为在地理上严格隔离的。与动物共享这个世界，涉及各种主权关系。在某些情形中，会有严格的领土隔离，即有些野外区域是严格禁止人类踏足的。也许在其他情形中，主权是由特定的人类和动物社群分享的，却严格限制着外来者。也许在另外一些情形中，主权被构想为多维度的，从而可以满足迁徙模式、提供迁徙廊道或其他类型的分享利用。

为了能够容纳这些选项，我们对野生动物主权领土边界的构想就不能绑定于一种过于简单的领土概念上（就像国家公园的边界）。我们需要一种更加多层次的主权观，它应考虑到如下因素：（1）生态活力；（2）领土的多维性；（3）人类与动物的移动性；（4）实现可持续的、合作性的平行共居的可能性。

划定界线：领土的公平分配

虽然领土边界不能简化为地图上的线条，但是承认人类和动物的主权仍需要划定界线。即使不同野生动物和人类社群的主权可以在一些地方相互交叠，我们仍然需要以某种方式来确定动物和人类社群有权使用哪片领土。但是我们应当在哪里划定人类和动物的主权社群的边界呢？

对于一种政治性的动物权利论来说，这是一大挑战，因为即使在人类的情形中，这也是一个尚未解决的巨大挑战。用埃弗里·科勒斯（Avery Kolers）的话来说，领土权问题在当代政治哲学中是一个“令人震惊的盲区”，也确实是一个“最危险的”遗漏。（Kolers 2009: 1）

很显然，在人类的情形中我们无法通过提出某种可以为每个人头或每个国家算出公平土地份额的数学公式来解决问题。新加坡的人口密度是 18000 人 / 平方英里（46620 人 / 平方千米），而美国的密度只有 81 人 / 平方英里（210 人 / 平方千米），澳大利亚只有 8 人 / 平方英里（20 人 / 平方千米），这个事实并不意味着：为了让人均土地份额更加平等，新加坡应得到对美国或澳大利亚的部分领土的主权。我们如此发问对解决问题是毫无助益的：加拿大是否有资格占有那么大的领土？卢森堡不是应当更大一些吗？是否中国和印度的人口应当更少，而瑞士和乌干达的人口应当更多一些？换句话说，我们不会站在抽象的层面上去问主权领土应当有多大，或者每个种族、族群、文化应当有多少人。

类似地，我们不会进一步去问野生动物和人类的数量应当是多少，或者不同的动物和人类群体各有资格得到多少土地；相反，我们要从既成事实出发。在其他条件相同的情况下，现存的人类和动物有权留在他们当前所在的地方，而一种主权理论的基本任务就是保护这种权利，使其免受驱逐或侵占的威胁。

当然，其他条件并不总是相同，所以这些既成事实只是道德分析的一个出发点，而不是结论。我们也许应当重新审视现有的定居和使用情况，以纠正某些不正义，或满足当前和未来的需求。回忆一下我们在导言中提到的数字，自 1960 年至今地球人口已经增加了一倍多，人口增长推动着人类居住区向原来由野生动物所占有的土地扩张，而后者的种群数量已经减少了 1/3。实际上，人类一直都在大举侵占动物领土，这导致了动物种群数量的锐减。所以，我们在思考动物主权领土的边界时，马上会遇到的问题是，我们要划定的界线是应当合乎当前种群及其生活范围，还是应当矫正历史上的不正义侵占。

同样的难题也困扰着人类的政治理论。现今国家边界是以征服、殖民、强制性同化等不正义的方式确立的。然而，随着时间的推移，最初的不正义占领行为产生了合法的要求。对不正义的殖民、侵占负有责任的最初几代人已经被后来的世代所取代，而后者没有其他家园，他们自己也没有参与不正义的殖民占领和征服。类似地，在人类－动物的情形中，我们必须承认人类到动物领土上定居是错误的（不管是过去还是现在），然而这些定居者的后代已经形成新的“既成事实”。正义要求我们考虑历史上的不正义，但是我们已经不可能在不侵犯现存个体之权利的情况下让时光倒流了。

一种有说服力的领土政治理论必须从既成事实（即人们现在所生活的地方，以及现有社群和国家的边界）出发，同时也要考虑到正义的要求——不管是回顾还是前瞻。一方面，我们必须承认过去的行为是不正义的，也许在某些情形中，可以给予补偿或归还。另一方面，我们必须从当前出发（即从活着的、住在特定区域的个体出发），努力使各方在未来都得到正义的对待。我们稍后再回来讨论纠正历史性不正义的问题。首先，让我们考虑针对野生动物的前瞻式正义。

让我们先从“既成事实”出发。人类已经严重侵占并破坏了野生动物栖息地，但现在还有大量未开发的区域供野生动物栖息。这不仅包括“原始荒野”，还包括人类已经留下了一些开采足迹（林业、采矿、放牧等等）却少有定居的地方。野生动物是这些区域事实上的居民。所以，我们首先主张：所有当前未被人类定居或开发的栖息地都应当被视为动物的主权领土——包括空中、海域、湖泊与河流，以及所有现在仍具有生态活力的野外土地（不管是“原始荒野”还是返绿化的土地，不管是大片区域还是小块飞地）。[44] 这些土地现在被野生动物占领，而且我们无权去殖民或者驱赶这些区域的居民。实际上，这意味着人类居住区扩张的终结。我们还通过其他一些方式侵入了动物的主权区域——例如伐木、采矿、放牧，这使我们的影响越过了我们生活区域的边界，进入了亿万野生动物所栖息的区域。如果我们承认动物的基本消极权利，很多这类活动就要受到严格的限制或纠正，我们放牧的家养动物数量将会大大减少，伐木、采矿、野生食材采集等活动都要向减少伤害动物的方向转变。但是，承认这些区域是动物的主权领土，还不只要求停止在资源开采过程中所造成的直接伤害。虽然人类在这些区域的活动不一定会停止，但我们需要根据野生动物社群的利益来重新协商这些活动，考虑到它们是那里的主权者或共同主权者。这些利益不仅仅是预防伤害，还延伸至对生态系统的活力和野生动物社群的自决权的保护。换句话说，人类活动会基于平等的主权者之间的互惠关系而被重新协商。

因此，承认野生动物主权就要求对人类活动提出两项重要的要求。第一，对于人类居住区的扩张，它主张“到此为止”。这意味着我们可以建立更精巧、更高效的生活区域，并重建那些被我们破坏的区域，但是我们不能再扩张、殖民那些已经被动物占据的土地了。第二，这意味着我们在动物主权领土（或共享领土）上的活动必须服从平等者之间的公平合作条件。这就不只是要求我们终止对野生动物的直接暴力了，还意味着人类对野生动物领土的“管理”必须经过一种类似于去殖民化的过程，将单方面的榨取转变为公平交易，将那些具有生态破坏性的、成本外化的实践活动转变为可持续且互惠性的。[45]

虽然要从目前的人类与野生动物定居情况出发，但是我们必须要对一些现有的边界加以反思。地球上的某些生态区域可以承载丰富的生命，而有些地方的环境条件则严酷得多。也许人类在富饶或脆弱的生态系统中的现有居住区应当被保护起来，维持其本来的状态，以使人类逐渐撤回自己在这些区域的居住痕迹。相反，在另一些地方，人类的居住地也许可以以一种有助于增加野生动物种群生命力和多样性的方式进行扩张。比方说可以考虑那些现在被畜牧养殖所影响的大片区域，包括那些用来生产动物饲料的种植单一作物的大片土地，以及很多用于放牧的土地。这两种活动都损害了野生动物的数量与多样性。终止这些区域的养殖业之后，可以直接把这些土地归还给野生动物。或者，人类也可以通过可持续的农业、资源开采或野外活动、休闲活动来分享这些土地。例如，种植树篱、管理森林，以及各种免耕农业活动，这些活动都可以支持丰富的物种多样性。事实上，终止养殖业将会释放广阔的领土区域，在这些地方我们可以与野生动物重新协定一种新的关系。（Sapontzis 1987: 103）

我们应当记得，人类曾因在地图上武断地划定界线而带来极大的不幸，究其原因，要么是这些界线没能反映民族和族群的地理分布，要么是没能为相关社群提供可维持生存的土地资源。

幸运的是，我们正在对“动物地理学”，以及栖息地、水域、生态系统和生物圈的性质进行大量的研究，这些研究成果可以帮我们去认识野生动物社群的重要边界。[46]我们可以根据基于生态学的边界来为动物主权社群划定政治边界，从而确保动物主权社群的生存能力和稳定性。我们在确定哪些土地应当“返野”、哪些土地应当在稳定的共生关系中共享，以及哪些土地仍要接受人类更全面的开发或管理等问题的时候，应当参考我们对生态系统日益增长的认识。[47]

当前的定居模式也许需要调整，这种调整不仅要着眼于未来需求和生态可持续性，还要考虑到对历史性不正义的补偿。当然，不是过去一切针对野生动物的暴力行为和针对栖息地的破坏都是不正义的。在很多时候很多地方，人类与野生动物的关系并不处于正义的环境中。虽说人类如果不为了获取食物、衣物或自保而杀死动物就无法生存，但人类很少（如果有的话）将自己的杀戮行为约束在必要的范围之内。[48] 人类总是为了体育运动，或为了便利，甚至根本毫无理由就杀死动物。事实上，我们在历史上对野生动物犯下的罪行罄竹难书。这里我们单以抹香鲸为例。粗略推算抹香鲸的种群数量在 1700 年是 150 万头左右。据估计，美国人在 18 和 19 世纪的捕鲸活动将其种群数量缩减了约 1/4。到了 19 世纪下半叶，因为用于照明和润滑的鲸油被石油和煤油替代，捕鲸活动有所减少。[49] 然而，随着 20 世纪的现代工业化捕鲸的兴起，捕鲸业开始复兴。到 20 世纪中叶，100 万头抹香鲸中约有 3/4 被杀。后来抹香鲸受到了国际捕鲸委员会协议的保护，在数量减至最初的 1/4 后，才开始一点点缓慢回升。

鲸油和鲸骨束腰[29]是对人类有用的产品，但绝不是必需品。历史上的捕鲸活动是一个为了人类便利而肆意破坏野生动物种群的典型例子。曾经有近 150 万头的抹香鲸遨游于大海之中，而如今已不足 50 万。前瞻式正义要求我们正确对待现存抹香鲸的普遍基本权利，以及它们在海洋栖息地的共同主权。但是对于历史上人类对抹香鲸的杀戮，正义又会作何要求呢？我们无法复活或补偿那些最初的受害者。在某些历史性不正义的例子中，现存族群的处境因其祖先的遭遇而变差，而我们可以去辨认他们在哪些方面过得不如原本可以的那样好，[50]所以我们也许可以为现今的人们提供补偿，作为一种恰当的补救。然而在抹香鲸的例子中，我们不清楚这些现存的抹香鲸群是否，以及如何因为其祖先遭受的不正义对待而受到了伤害。

在这种情形中，历史性不正义已经“被环境抹平了”（Waldron 2004: 67），而我们应当把精力集中在前瞻式正义上。即便如此，我们至少有充分理由去承认历史性不正义的事实，通过教育、纪念活动、集体道歉，以及其他形式的象征性补偿。如卢卡斯·迈耶（Lukas Meyer）所指出的，虽然补偿是不可能的，但

> 象征性的补偿行动使我们有可能由此表达一种自我认知：我们是有意愿做出真正补偿的人，只要条件允许。继而，我们将坚定地表达这样一种自我认知：我们是会对之前活着的有人格者提供真正补偿的人，只要条件允许。我们还将表达一种防止这类不正义重演的坚定承诺。（Meyer 2008）

也许今天我们无法修复250年来的捕鲸活动所造成的伤害，但是承认错误至少可以强化我们的承诺和义务，从而确保我们完全尊重现存鲸类的主权。[51]

在思考正义时，时间是一个重要因素。就不正义所造成的即时影响而言，我们也许能够加以修复或提供补偿；就长期而言，既成事实已经发生了变化，而前瞻式正义会发挥更大作用。当然，这就更迫切地要求我们去制止不正义，不管它发生于何时何地。侵略者和入侵者知道时间流逝与环境变化的重要性，他们有很强的动机去改变既成事实（例如通过在占领区定居，或施行种族清洗），然后坚守阵地，直

到正义的天平向未来发生倾斜（就更平常的层面而言，我们在日常生活中就见过这种行为，例如，有人违反区划法规建成了违章建筑，就是寄希望于通过制造新的既成事实来迫使管理者破例通融）。前瞻式正义的责任之一，就是提供强有力的抑制措施，以打消这种确立既成事实的企图。

5. 主权社群之间的公平合作条件

至此，我们已经指出，主权框架提供了一种理论上可信的方式，用以阐明不干预的推论——这一推论在动物权利论文献中广泛存在，但缺乏理论研究。此外我们也相信，主权所提供的规范性框架也能解决另一个缺乏理论研究的紧要问题，即溢出效应。如我们之前所指出的，野生动物是易受伤害的，不仅因为人类会直接侵犯其基本权利或侵占其领土，还因为人类活动的影响——包括气候变化、环境污染（例如石油泄漏、农业径流）、资源开采，以及基础设施建设（例如堤坝、围栏、道路、建筑、航道）带来的风险——会对其造成一系列无意的伤害。

如果我们停止侵占野生动物的栖息地，其中一些风险就可以减少。然而，要将人类居住区与野生动物领土完全隔离开来，是不可能的。首先，许多野生动物会长途迁徙，穿越人类居住区，比如从萨赫勒迁徙至不列颠的白喉莺，或者从新英格兰沿海岸迁徙至佛罗里达的北露脊鲸。鉴于动物主权社群存在于人类社群之中且相互并行，所以在某种意义上，一切领土都是边界领土。我们之前已经论证过，在主权交叠的区域（迁徙路线、移动廊道、共享的生态系统等等），野生动物社群是共享主权者，人类社群不应以忽视它们利益的方式追求自己的利益。事实上，人类活动几乎都会对野生动物主权社群造成直接和即时影响，人类为它们带来了巨大的伤害和死亡的风险。

应当注意的是，这些风险并不总是单向的。野生动物也会影响人类活动（例如在公路上撞到鹿或驼鹿，鸟类卡住飞机引擎）、威胁人类健康（例如动物病毒），或者直接攻击人类（例如灰熊或大象）。

只要人类与野生动物继续共享这个星球，这种风险就是不可避免的。所以，动物权利论的一项重要任务就是确立恰当的原则来管控这些风险。在设计建筑、道路、航道、污染条例等事物时，我们该如何考虑野生动物的利益？我们的责任是“最小化”风险，或仅施加“合理的”风险，还是完全消除对野生动物的风险？而反过来说，为了降低野生动物带来的风险，我们采取哪些行动是正当的？这些都是非常重要的问题，而未能被传统动物权利论中“由它们去”的律令解决。

目前，我们处理这两种问题的方式截然相反。在野生动物给人类带来风险的情形中，不管风险有多小，我们一般都认为自己有权采取一切手段来消除它，即便是最致命的手段。[52]即使郊狼或野狗对人类（或家养动物）带来的风险极小，我们都觉得有权把它们全部杀光。但是在人类活动对野生动物带来巨大威胁的情形中，我们常常将其视为发展的代价而予以忽视。

与此相反，一种主权框架坚持主张，我们应当把风险分配视为一个主权社群之间的正义问题。在这里，我们可以去学习在人类的情形中已有的用来解决施加风险和无意伤害的思路。[53]不管在国内还是国际语境中，社会生活总会涉及风险——意外的死亡和伤害、疾病的传播、财产和生计遭受的破坏，这是一些常见的例子。例如，允许车速超过每小时 10 英里（约每小时 16.09 公里），这会增加其他司机、行人和附近财产所有者的风险，但我们大多数人认为这样的风险是值得的，因为如果禁止更快的行驶速度，就会对个人自由和经济生产力造成损失。如果试图将风险降低为零，就会使社会生活陷入瘫痪。然而，并非所有形式的施加风险都是可允许的或正义的。对他者施加风险必须满足一些条件，包括：

（1）施加的风险对于实现某种正当利益来说确实必要，且与那种利益相称，而不仅仅是疏忽或漠不关心所导致的结果；

（2）风险和与之相关的利益总体上是公平共担的，人们在一种情形中承受风险，在另一种情形中因此受益，而不是让一个群体一直作为承担风险的受害者。

（3）如若可能，社会要对遭受无意伤害的受害者给予补偿。

我们将简述这些原则是如何在人类的情形中运作的，并指出它们何以为思考人类和野生动物的主权社群之间的公平相处条件提供指导。

在评估风险时我们首先要问，它们是否被用来促进真正的、正当的利益。还是以公路为例。我们可以完全取缔其使用，消除其导致交通事故和污染的后果，但这会导致巨大的经济和自由的损失（也会导致更多而不是更少的直接死亡，因为会大大降低应急响应的可能性）。所以，作为一个社会，我们在公路问题上要做出艰难的决策——是否要有高速公路，是扩大这个系统，还是逐渐用铁路网取而代之，该投资多少以确保公路尽可能安全（通过拓宽道路、增设车道、降低限速、砍除路边树木，或者提升车辆的安全性能），以及对司机进行多大程度的管控（关于年龄、身心缺陷和注意力不集中）。

这些决策也许可以降低风险，但是如果不过分地牺牲在移动上的正当利益，就无法完全消除风险。这是第一种测试——风险是必要的，而且风险程度需与某种正当利益相称。但是这还没完，我们还要考虑这些负担和利益的分配。很多人受益于公路，但是有另一些人不可避免会因之受苦甚至死亡，那么这为何不是不正义的？

我们之所以不认为这是不正义的，一个理由是：没有人被事先挑选出来，被迫为了他者的利益而做出最大牺牲。并不是说我们真的挑选出某个人，将其献祭，从而满足一个愤怒的神或魔鬼，后者索要一条命来交换道路的通行。更恰当地说，（几乎）我们所有人都为了得益于移动性而选择在道路上驾驶（或乘车），即使这存在受伤害的风险。我们所有人都在分摊与行车相关的利益和风险，而不是某些被挑选出来的人为了其他人的利益而死。

没错，风险不是平等地被所有人分担的。有人因高速公路受益，却从来没有在上面行驶过（比如一个因交通流量增长而获利的本地店主）；也有人因之受苦，却从来没有在上面行驶过（比如一个希望减少交通流量和污染的本地隐士）。至于这些变数是否违背了我们的公平观，这取决于在更广的意义上风险是如何在社会中被分配的。公平不要求任何一次集体决策所产生的风险和利益都可以在所有受影响的社会成员之间平等共享。相反，它取决于一种总体观念：因为消除一切风险是不可能的，又因为每个人都以不同的方式从社会中受益，且以不同的方式承担风险，所以各领域的风险和收益应当随着时间推移而大致均等（不是指后果均等化，而是指风险的普遍水平大致被人们共担）。也许有些人承受汽车伤害的风险高于平均水平，但他们承受的工伤事故、食物中毒或环境病原体伤害的风险低于平均水平，这取决于他们在哪里生活与工作。有时不同风险持续锁定着同一群人，也许因为该群体在社会中已然处于弱势、被污名化和不利的地位，因此强加给他们的风险被轻视或无视了。只有在这种情况下，各种风险才会转变为不正义。比如说，如果我们开始认为某个特定的种族群体应当被挑选出来，去承受让别的群体受益的社会政策或经济状况所带来的风险，那么正义的问题就出现了。这在国内和国际上都有可能会发生。例如，一个主要让中产人群受益的产业，也许把其产生的危险废物放置在贫困的少数族裔居住区附近，或者一个国家把污染产业置于国界上，为了让空气或水流把污染物转移至某个无权力的邻国。

即便总体而言，社会风险在某种意义上得到了公平分配，且用于促进正当的公共利益，这里也存在着进一步的正义要求——包括关怀和补偿的义务。风险的公平分配并不会给那些因车祸而严重残障的不幸者（或其家庭）带来多大安慰。这就为社会带来了两种责任，一方面要避免不必要的风险，另一方面要补偿受害者。假设高速公路的潜在风险不是源自冰雪和坠石（我们可以将其视为基本上不可控的风险），而是源自一个频繁导致事故的致命险弯。这种情况可以通过增设交通标志和稍微拓宽道路而得到根本的改善。在这种情况下，我们也许会说这种风险不再是合理的。即使一种严重风险是被公平分配的，但如果它可以用很小的成本来消除，那不去改善它就存在过失。随着限制风险的成本的提高，我们对于其合理性的认识会发生变化，因为我们要考虑这些成本是否可以更好地投入到其他地方。在此，我们的判断会随着一个特定社会的富裕程度和政策抉择的相对代价而异。对于修路的成本，社会 A 可能要将其与几千张防疟疾蚊帐的成本进行比较，而社会 B 要将其与为主干道游行准备的季节性装饰的成本进行比较。对于修路是否值得，二者会做出不同的决定。

这个等式的另一端是补偿。集体生活为所有人都带来不可避免的风险。但是只有部分人会付出极高的代价，（例如）死伤于交通事故之中。社会不仅有责任限制事故发生的概率，还有责任在事故无法避免时对受害者进行补偿。通过集体承担受害者的医疗和康复的费用，或者对其家庭予以补偿，社会可以在某种程度上帮助恢复一种在利益与风险之间更公平的平衡。如果一个社会做不到这一点，那么它就没能履行关于促进风险之公平分配的原初条件（original proviso）。

这些在人类的情形中为人熟知的原则，为我们思考对野生动物的正义责任提供了有益的基础。正如我们所强调的，人类以无数种方式对动物造成了无意的伤害。污染就是一个显而易见的例子——水污染、农药使用、空气污染、气候急剧变化，这些都给动物的生活带来了灾难性影响。大多数动物远比人类更易受环境恶化的伤害。人类的定居方式和基础设施也会给动物带来风险。例如，核电冷却设施在杀死大量水生动物，摩天大厦的玻璃幕墙和夜灯在杀死不计其数的迁徙候鸟。

但是既然我们一直在讨论公路问题，那我们还是回到这个例子。野生动物因“路杀”（road kill）而受害，这实际上是人类基础设施和人类活动对野生动物造成巨大伤害的教科书式例子。我们举个例子以显示这个问题的规模：在安大略省的长角（Long Point）有一个长 3.5 千米的堤道，它把伊利湖与一片毗邻的湿地分隔开，而这块湿地属于一个世界生物圈保护区。据估计，每年有 1 万只动物（属于 100 个不同的物种，包括豹纹蛙、图龟、狐蛇，以及其他很多小型哺乳动物）在这短短的路段上被碾压。当然，长角是一个特别恶劣的例子，但是它可以让你在某种程度上了解人类公路给野生动物带来了多么不可想象的屠杀。[54]

如此惊人的屠杀是否违背了我们对动物负有的正义义务？据前文所讨论的那些原则，答案当然是肯定的。但是让我们更认真地思考这个问题，以阐明这种不正义的本质，以及我们如何来解决它。一个显而易见的问题是，整体上的代价与收益不是被公平分摊的。人类受益于公路，不管是直接受益，还是在更广泛的社会合作中分摊风险和收益。然而，野生动物不受益于人类公路，[55] 也不受益于更广义的人类社会。我们施加于它们的风险也不能被它们带给我们的风险所抵消，而后者与前者相比往往是微不足道的。这种风险的严重不对等为我们的正义感敲响了警钟，因为这好比一个国家将污染物顺着水流或风向排放到邻国，没有任何在收益或风险上的对等性。

在这种情况下，我们如何在风险的分配与施加上实现正义？最明显的要求就是，我们有责任在一切可能的情形中减少为野生动物带来的不对等的风险。这将包括对人类发展实践的各种修正，比如根据动物的栖息和迁徙模式来设置和设计结构、为动物修建地下通道、建立野生动物廊道、为车辆装配野生动物示警装置。改造也许很昂贵，但是如果此类情况在最初的设计和发展阶段就被纳入考量，那么成本将会是最低的。这既能确保一种更公平的风险分配，又能确保我们不会因疏忽而无视他者的风险。在大多数人类发展实践中，动物所承担的代价从未被纳入考量。[56] 并不是说人类认真评估过强加给动物的风险能否因带来益处而得到辩护——事实上，人类压根无视了这些风险。

但这只是最低要求。富裕的人类社会还可以采取更多措施以减少对野生动物的无意伤害，同时不对人类发展造成不合理的损失。停止污染我们与动物共享的环境；重新设计车辆和建筑以减少影响，修建引水渠或屏障以阻止鱼类接近发电厂；重新设计农业耕作和收割技术以更好地保护小型啮齿动物、筑巢的鸟类和其他动物……这也许会花很多钱，但并不是非常严重的损失。和许多变革一样，这种转变是具有挑战性的，但是新的思维方式一旦形成，就会变成第二天性。

试考虑把一个美国北方人的标准饮食转变为纯素食。起初，他也许痴迷于食物，惦记着所放弃的罗克福特干酪或猪排，费心思去学习新的食谱和烹饪技术，关注身体的变化等等。但是随着时间推移，新的饮食习惯就正常化了，长期的纯素食者在营养计划及食物准备上花费的时间并不比其他人更多。而且，如果在社会规模上实现了向纯素食主义的转变，饮食礼仪会被重构，人类的聪明才智被用来开发纯素美食烹饪，那么那种剥夺感将会完全消失。当考虑人类付出某种变革所需要的代价时，我们要注意过渡期与常规期的区别。在过渡期，人们会感到以前的自由和机会被剥夺了，并强烈地感觉到新的行为方式带来的负担。因此，我们需要一种过渡策略来应对这一问题（例如渐进的改变、大量实验、补偿等等）。但是当我们在判断营造正义的环境需付出何种努力才算得上合理时，根本问题不在于过渡成本（因为它可以被抵消），而在于从长远看来这种转变能否导向公平、可持续的实践。

迄今为止，我们只关注了互惠等式的一端：人类如何将风险强加于野生动物社群，而这种风险是无法通过共享合作所得的利益来抵消的。因为野生动物不属于与人共享社群的一部分，风险无法在整体上实现平衡，所以我们施加于它们的风险是未得到弥补的，这种风险必须被降低。

让我们转向问题的另一面——野生动物给我们带来的风险。人类曾经在较大程度上承受着来自多种野生动物的风险。我们已经消灭了很多天敌，但仍然面临着风险——毒蛇、老虎、灰熊、象和鳄鱼。我们倾向于把野生动物给人类带来的任何风险都视为不可接受的。然而，考虑到我们给动物带来的巨大风险，期待反向的零风险是不合理的。相反，我们应当接受那些处于交叠主权区域的野生动物所带来的一定程度的风险。这不意味着我们在遭受攻击时没有自卫的权利，[57] 而是说人类社群无权去消除那些处于交叠主权区域的野生动物所带来的风险。所以，我们如果选择生活在接近野外的某个地方，而那里生活着郊狼、山地狮或大象，就必须让我们自己、我们的孩子和伴侣动物接受一定程度的风险，而不能为了确保自己的生活毫无风险，就要求把郊狼都杀死。我们如果选择黄昏在乡村公路上驾车，就必须接受与一头鹿或驼鹿意外相撞而受伤的风险，而不能要求为了降低风险去扑杀它们。换句话说，我们不能一方面要求自己承担零风险，另一方面为野生动物社群带来巨大的风险。[58]

就施加风险的程度而言，永远不会有完全的公平，但是我们肯定可以通过最小化我们给野生动物带来的风险，并学会适应它们给我们带来的风险，从而减少这种不对等性。[59]除此之外，我们还可以思考如何让野生动物受益。如前文所指出的，人类发展所带来的风险之所以是不正义的，部分是因为这样一个事实：野生动物并没有从这种发展中受益。但是如前文所讨论的，人类也许可以通过一些方式让野生动物受益。尽管动物权利论关于人类对野生动物社群的干预持谨慎态度是正确的，但是我们也论证了并非一切积极干预都是不正当的。有些干预措施可以保护野生动物社群的利益和自主性，例如通过干预来阻止毁灭性病毒的蔓延。另一个例子是人类可以通过返野项目来丰富和恢复那些退化的栖息地。只要人类在这些情形中援助野生动物，就可以在一定程度上缓解风险的不对等状况。我们有帮助野生动物的能力（在接受严格规范的条件下），这使我们有机会与它们建立互惠关系。但这并非免除了我们减少给动物带来的风险的责任，即便在很多情况下施加风险仍然是不可避免的。正当的积极干预为我们提供了一个在一定程度上恢复平衡的机会。

最后，我们再考虑一下补偿的问题。即使我们降低了给野生动物带来的风险，一些无意的伤害仍然是无法避免的。那么我们应当对那些因我们的活动而受害的野生动物做些什么呢？再回想一下长角堤道的例子。目前的讨论表明，人类在决策的不同阶段对当地野生动物负有许多义务。事实上，那条堤道目前正在改造，增设了野生动物屏障和通道，使人类得以在不屠杀其他动物的前提下继续使用长角堤道。[60]然而，堤道即使设计得再好，也会继续导致某些动物的死伤，所以我们有义务对个体进行补偿，以此来减轻不平等的风险分配。在这一情形中，补偿意味着尽可能地治愈那些受伤的动物，并照料那些成为孤儿的后代——如果可以找到它们的话。这并不是一个新奇的想法：目前已经有很多野生动物庇护所在承担这项工作。然而，目前动物救援能帮助到的受害动物极少，这部分是因为它依靠的是少数特别有同情心的个体对于受伤动物的回应，而不是我们在普遍的社会策略层面上履行的义务——关照那些因我们所带来的风险而受害的动物。

承认我们负有补偿的义务，这会带来一系列新的问题。我们必须考虑该**如何**进行具体的补偿。对一些被人类公路或其他人类活动所伤害的野生动物来说，它们可以在治愈后被安全地放归野外，但这些只是简单的情形。而在很多其他情形中，动物个体因残障而不再可能回到野外。虽然一般来说，让野生动物离开野外并强制拘禁它们（作为宠物或动物园展示品）总是意味着对其基本权利的侵犯，但残障动物是一个特殊情况。因为它们已经不可能在野外生活了，所以我们有义务在某种庇护所中为它们提供适当的照料。显然，这种庇护所应当被设计得尽可能符合残障动物的利益——提供食物、栖身处、护理、行动的自由、私密性，以及陪伴。

要确认处于庇护环境下的野生动物的利益是什么，这不是一件容易的事。例如，为它们重建一种尽可能接近野外生活的环境也许并不符合它们的利益。在这里，回溯式思维——过于关注过去的损失，而非一只动物将来的利益——是危险的。如果它们不能回到野外，只能接受人类的照料，那么这些动物在某种意义上就变成了一些不可能回到从前生活的难民。而这时，我们就有义务接纳它们成为我们社群的公民。它们不必沦为难民显然是最好的，而一旦不幸发生，我们就要向前看，而不是向后看。过去我们将其视为属于独立自治的、拥有自己命运的社群（或民族）的成员，但现在我们应将其视为属于我们社群的共同成员或公民，参与我们新的共同命运。[61]

过分强调如何去努力重建过去的生活方式，会让我们无视动物们在已然改变的环境中面临的新机会。我们不应当偏执地将它们视为与其野外同类相对应的（被损坏的）摹本，而应当将其作为在新环境中具有特殊需求和利益的个体来对待。例如，这些动物中有很多可能会躲避与人类的接触，这是它们的选择；但是也有一些不仅变得习惯于与人类接触（这在救援和康复过程中常常是不可避免的），甚至受益于与人类的交往，还有一些会与人类或其他动物物种建立友谊。一只车祸致残的郊狼无法再漫步、狩猎，或守卫领土，她在某种意义上便转向了一种新的存在形式。她在野生动物庇护所的环境中也许可以与人类，甚至兔子和松鼠建立联系，或者发展出障碍训练、乘车，或观看摇滚视频的爱好。一只残障的鹦鹉也许会享受学习西班牙语或解谜的挑战。关键在于，一旦不幸的事故迫使我们把这些动物带入人类－动物社会里接受照料，我们就要把它们视为个体并予以充分的回应，而不应让它们因我们妄想恢复其野性而牺牲。我们对动物的义务应当基于对它们当前利益的考量，要考虑到它们正生活在一个共享社会中，而不是基于一种对诸如“自然性”（naturalness）或“物种标准”等观念的承诺，这些观念忽视了动物所处的社群已然改变的事实。[62]动物庇护所不应被设计为对自然的拙劣模仿，而应当是具有刺激性和多样性的环境，不同的动物可以在其中找到新的存在方式——如果它们选择那样做的话。[63]

简言之，从一种主权思路来看待施加风险和无意伤害的问题，可以帮我们确立一系列用以规范人类和野生动物主权社群之间的公平相处条件的原则，即公平、互惠与补偿等。例如，我们应当重新设置和设计汽车、道路、建筑以及其他基础设施，以减少对动物的影响，并设立有效的动物廊道和缓冲区。除此之外，尽管我们尽力将风险最小化，还是会有动物因接触人类活动而受到无意伤害，因此我们还应当设立野生动物援救中心，以帮助它们康复而有望放归野外。而且，我们也需要学会接受野生动物的存在所带来的合理风险。

6. 结语

本章开篇我们概述了野生动物易受人类活动影响的几个方式——直接的暴力、破坏栖息地、无意的伤害、积极的干预。动物权利论主要关注的是对野生动物的直接暴力。我们同意必须终止这种侵犯行为，但是这只是处理人类与野生动物的复杂关系的第一步。我们论证了，一种主权思路可以指导我们理解自己对野生动物的各种不同义务。尊重野生动物主权（野生动物社群的自治权、对生活的自我主导权），对人类活动与对野生动物的干预设定了强约束。首先，主权确保个体拥有属于某个特定领土和自治社群的权利，而这种社群是不能被入侵、殖民或掠夺的。因此，承认野生动物主权将会遏止人类对野生动物栖息地的破坏。这将迫使我们承认那是有居民的土地，现有的居民有权维持它们在这片领土上的社群生活方式。第二，主权为社群之间基于公平和非剥削性的合作关系提供了一个框架。如此一来，它就为人类在主权交叠区域的活动和具有“跨边界”效应的活动设定了强约束，要求人类最小化对野生动物的无意伤害，并补偿那些被我们伤害的动物。

主权还为我们思考对野生动物的积极干预义务提供了一个合适的框架。我们不应去干预野生动物社群的内部运作，以至于破坏其自主性，将其置于人类的长期管理之下。然而，某些形式的积极干预与尊重主权是相符合的。当发生危及动物主权社群之生命力的自然灾害（而我们有能力去缓解这种情况）时，或者当野生动物社群遭受一种破坏性入侵者的外来威胁（例如，一种危险的病菌或者巨型陨石，更不用说人类入侵者）时，就产生了一种援助的义务。我们没有义务去"管制动物世界"（Nussbaum 2006: 379），但是的确有义务防止野生动物的主权受到威胁。我们可以把保护和援助野生动物的义务视为在主权社群体系中国家间互惠关系的一部分。我们受益于野生动物的存在，受益于同它们共享的资源。有时候我们被野生动物伤害，但是这种伤害与我们回以它们的伤害相比是微不足道的。我们有义务去了解并最小化我们对野生动物造成的伤害，并且在可能的情况下努力通过恰当的积极干预行动予以补偿。

最后，主权还帮我们解释了，为什么我们直觉上认为个体援助行动不能由一种主张"永不干预自然"的普遍原则来概括。我们不必恭顺于某种自然法则。我们对野生动物负有正义义务。一般来说，尊重它们的主权就意味着我们应当对干预自然格外谨慎。但是采取个体的、有限尺度上的援助行动与对主权的尊重是相符合的，不会损害野生动物社群作为独立、自决的社群而繁兴的能力。

总结上述这些方面，我们相信主权思路所提供的解答比当前的动物权利论文献中给出的思路更具说服力。在很多动物权利论文献中，干预和无意伤害的问题要么被完全忽略，要么被简化为那句"由它们去"的口号。如前所述，这句口号根本无法被用来探究我们对我们周围的野生动物社群负有何种伦理责任。

如我们在第一章所指出的，也有其他作者认为动物权利思路的局限性在于仅关注个体的能力和利益，并论证了一种更具有关系性的思路。也许最详尽的论证来自克莱尔·帕默的新书，她提出某种针对不同动物群体的关系性义务，它们取决于人类以何种方式使特定物种具有特殊的脆弱性。（Palmer 2010）我们通过驯养使农场动物和伴侣动物依赖于我们，所以现在有义务去满足它们的需要。我们使野生动物因丧失栖息地而具有脆弱性，那么就有义务去补救那种伤害。但是如果我们与它们的脆弱性没有因果上的关联，那么对它们就不负有积极义务。在这个意义上，帕默的“关系性”理论本质上是补救性的：我们之所以获得关系性义务，仅仅是因为要补救那些由自己造成的伤害，而这些伤害在理想情况下本就不应发生。在非关系性的最优选项不再可能时，才产生了作为次优选项的关系性义务，而它在本质上是补救性的。[64]

与之相比，我们的理论则具有一种更深层次的关系性。帕默捍卫了“自由放任的直觉”，理由是（如果不存在人类所导致的不正义）我们没有对野生动物的积极道德义务。我们的思路则是捍卫野生动物的主权，因为野生动物社群的自治具有极其重要的道德价值，而确立主权关系是尊重那些道德价值的最佳方式。尊重野生动物的主权，就跟尊重家养动物的公民成员身份一样，体现了一种具有道德价值的关系，履行了一种以尊重动物的利益、偏好和能动性的方式与它们共处的（积极）义务。在帕默对关系性义务的补救性描述中，丝毫没有提及这些积极价值：她没有论证野生动物的主权（或家养动物的公民成员身份）关系背后的道德价值或目的。所以我们认为，她对于我们事实上对野生动物和家养动物有何种亏欠的解释存在严重不足。最后，她关于对野生动物的正义的论述就像传统动物权利论一样，无非是要求避免直接侵犯动物个体的基本消极权利，以及人类在已然造成伤害的情形中去实施补救。

帕默的观点是关于关系性义务的“同心圆”模型的另一版本。可以在克里考特（Callicott 1992）、温茨（Wenz 1988）那里找到与之类似的模型，在这种模型中，我们的道德义务取决于我们与不同动物群体（在情感、空间或因果上的）的接近程度。我们对身边的那些动物（比如家养动物）负有积极义务，但对于远离我们的野生动物仅负有消极义务。但是，如雅克·斯沃特（Jac Swart）所指出的，这具有严重的误导性。更准确的说法是，我们在两种情形中都负有关怀和正义的义务，只不过所要求的行动类型是有区别的。斯沃特从动物的依赖性特征来解释这种区别：家养动物依赖于和我们的关系来获取食物和栖身处，所以我们对它们负有“确定的”关怀义务，而野生动物依赖于它们与自然环境的关系，所以在这种情况下我们的关怀义务是“非确定的”，主要集中在“努力维持它们的生存境况及其与环境的依赖关系”。（Swart 2005: 258）在两种情形中，我们都有积极义务去确保动物们拥有它们所依赖的事物。履行关怀他者的义务，这部分意味着去关怀他者所依赖的关系——这对野生和家养动物是同样适用的。它们只是依赖于不同类型的关系而已。与帕默的观点不同，我们对野生动物的关怀义务是非确定的，这是对它们需求的回应，并不表明我们不负有回应它们需求的积极义务。

在这一方面，我们的关系观显然更接近于斯沃特而不是帕默。我们论证了尊重并维持野生动物社群对其领土之主权的义务，而斯沃特认为我们负有尊重野生动物在其环境中之独立性的义务，事实上，我们的观点可以被视为用一种更“政治化”的方式重述了斯沃特的观点（类似地，他认为我们对依赖于我们的动物负有特殊的关怀义务，而我们在第五章论证了我们有义务让家养动物获得公民成员身份，这也可以被视为对他观点的一种更政治化的重述）。但是，正如公民成员身份的政治话语有助于确认我们对家养动物的确定的关怀义务一样，主权政治的话语也有助于确认我们对野生动物的非确定的关怀义务，它使我们能够解决那些关于权利、财产、领土、风险和移动性的重要政治问题。由此看来，帕默、斯沃特，以及动物权利论中的其他关系性理论，都被限定于应用伦理学的领域，脱离了那些旨在治理我们的法律和政治生活的政治理论。

采用主权思路固然不是一个万能药方，我们到现在为止的讨论还遗留了很多问题，尤其是关于如何**强制**实现野生动物主权的政治问题。在传统的人类政治理论中，一个主体是否被承认为拥有主权，总是与其宣示主权（对内与对外）的能力密切相关。一个国家的主权之所以能得到承认，是因为它对自己的领土拥有有效的控制权。不可否认，在人类的情形中，有不同的实施主权的方式。面对外在挑战，一个国家可以通过拥有足够的军事力量来维护其主权，但也可以通过关于相互保护和区域安全的条约（例如作为北约的成员国），或者通过在多民族国家中向上委任的方式（例如加拿大的第一民族将防御的责任向上委任给了加拿大国），或者通过参与国际组织来实现——后者是诸多单个国家之主权的交叠或“汇集”。

在野生动物主权的情形中，有哪些可类比的政治程序呢？野生动物通常无法通过物理防御保护自己免受人类干扰，也不能在外交谈判或国际组织中占一席之地，更不能通过集体决策将保护其主权利益的责任加以委任。那么，维护或实施动物主权的政治机制能是什么样子？

答案在于某种形式的人类委任代表制，即委托人类来保障动物主权原则。目前，我们对这样一种委任代表制的具体形式还不甚清楚。

如我们在第五章所指出的，家养动物在一个公民成员身份体制中的政治代表权也存在相关的问题。对此我们提到了各种方案，例如某种动物监察员或保护者制度。古丁、帕特曼和帕特曼在一篇文章里设想了“类人猿主权”，他们认为一个“大型猿类”主权民族（sovereign great ape nation）将不得不采取一种受保护国的形式，由人类来履行受托者的责任。受托者（或监察员或保护者）也许会被委托去保护野生动物免受殖民、征服，或承受不公平的风险，并且去评估人们提议的积极干预措施会造成何种影响。（Goodin, Pateman and Pateman 1997）[65]

我们没有为这种制度性机制给出一个详细的蓝图。正如第五章曾论述的，我们现阶段所关注的不是倡导去创建某种制度性机制，而是阐明那种会在背后推动制度变革的人类－动物关系图景。我们要首先为新的代表制确立目标，它应当围绕着野生动物主权的理念来确立。在这个体制中，有效的代表将要求在各个层次上推动制度性变革，包括国内和国际范围的，并覆盖环境、发展、运输、公共卫生等议题。在所有这些制度中，野生动物作为主权社群的权利都应得到体现。

第七章　边缘动物居民

在前两章，我们论述了一种关于家养动物的公民身份框架，以及一种关于野生动物的主权框架。人们对动物的想象，大体就只有两类：家养动物，或野生动物。前者被挑选出来与我们生活在一起，后者则生活在野外的森林、天空和海洋，独立于人类活动，避免与人类接触。

这种家养/野生二分法忽略了众多生活在我们之中（甚至城市中心地带）的野生动物，包括：松鼠、浣熊、大鼠、椋鸟、麻雀、鸥、游隼、小鼠，不胜枚举。如果再加上城郊动物，例如鹿、郊狼、狐狸、臭鼬，还有其他不计其数的物种，我们会发现我们所面对的并不是少数不寻常物种，而是大量适应了与人类生活在一起的非家养物种。这些野生动物生活在，且一直生活在我们之中。

我们称这群动物为边缘动物，以表示它们的居中状态，既不是荒野动物（wilderness animals），也不是家养动物。有时候它们生活在我们之中是因为人类侵占或包围了它们过去的栖息地，使它们别无选择，只能尽力适应人类的居住环境。但是在另一些情形中，野生动物主动找上了人类居住区，因为与过去的野外栖息地相比，这里有更多的食物、住处和庇护，它们还能免受捕食者的威胁。我们将看到，边缘动物实际上是通过多种不同的途径来到我们之中生活的。

在某种意义上，边缘动物的境遇可以被视为一个成功故事。在荒野动物数量不断减少的同时，很多边缘动物的数量却在持续增加，而且事实证明它们非常成功地适应了人类居住区。然而，这不意味着它们与人类之间的关系总是很好，至少在一种动物权利视角看来并不是这样。相反，边缘动物遭受着各种各样的虐待和不正义，而我们一直没能意识到我们对它们负有特殊的关系性义务。

前文指出过一个问题，即这些动物在我们的日常世界观中是不可见的。基于我们对自然和人类文明的划分，城市空间在定义中明确与野外和自然的空间相对立。所以我们看不到边缘动物——至少在思考和讨论如何规划与治理我们的社会时。例如，城市规划很少（如果有的话）考虑到人类决策对边缘动物所产生的影响，而城市规划者也很少具备思考这些问题的意识。[1]于是，边缘动物常常因建筑、道路、电线、围栏、污染、流浪宠物等因素而受到我们的无意伤害。作为物种而言，边缘动物也许已经适应了这些生活在人类中间的危险，但是很多个体却遭受了可怕而不必要的死亡。

边缘动物的不可见还不仅仅导致冷漠或忽视。更糟的是，这也常常导致其存在的合法性被剥夺。因为我们预设野生动物应当生活在野外，所以边缘动物常常被指责为误闯人类居住区的外来者或入侵者，没有权利生活在那里。所以，每当发生冲突，我们都觉得有权除掉它们，不管是通过大规模的诱捕、遣送，还是扑杀行动（射杀、毒杀）。因为我们觉得它们不属于我们的空间，而自己有权用类似于种族清洗的手段来消除这些所谓的有害动物。[2]

所以，边缘动物的处境是极其矛盾的。从广阔的演化视角看来，它们属于最成功的动物物种，在由人类支配的世界中发现了新的生存与繁衍方式。但是从法律和道德的视角看来，它们却属于最不被认可和不受保护的动物。无论我们如何错误地对待家养动物和荒野动物，至少还勉强地承认它们有权利存在于它们的所在之处。但是边缘动物（即生活在我们之中的野生动物）的存在本身就被很多人视为不合法的，是一种对人类空间的冒犯。[3] 所以，很少有人发声呼吁保护它们，使它们免遭周期性的种族清洗，也几乎没有法律可以为它们提供任何保护。[4] 根据一种很极端的观点（但很遗憾，它也很典型），动物与都市生活是不相容的。例如，著名的超级都市人（uber-urbanite）弗兰·勒博维茨（Fran Liebowitz）说：

> 我不喜欢动物，不管是哪种。我甚至不喜欢动物这个概念。动物不是我的朋友，我不欢迎它们到我的房子里。它们在我心中没有任何地位，不在我的名单上……更确切地说，我不喜欢动物，但有两种例外。一种是存在于过去时的动物，它们以美味松脆的小排骨和巴斯维俊便士乐福鞋的形式出现在我面前，在这种情况下我还算喜欢它们。而另一种则在外面，在外面的森林里，或者最好是在遥远的南美丛林里。毕竟，这样才公平。我不去那里，为什么它们要来这里？（转引自 Philo and Wilbert 2000: 6）

在我们看来，那种认为边缘动物不属于人类居住区域的观念存在着根本性缺陷。首先，它完全是不现实的。我们下面会提到，大规模遣送或灭绝的行动是徒劳的，非但不起作用，还常常让事情变得更糟。更重要的是，这样做在道德上是站不住脚的。边缘动物不是来自别处的外来者或闯入者。在大多数情形中，边缘动物无法在其他地方生存下去，市区就是它们的家和栖息地。

所以我们要思考应当以何种方式承认它们的合法存在，以及如何与它们共存。任何可信的动物权利论都要面对的一项核心任务，就是为这种共存确立指导原则。然而迄今为止，动物权利论实际上没有对边缘动物问题给出任何说法。动物权利论者的立场反映了流行的家养、野生二分思维，他们认为家养动物需要从人类那里解放出来，认为野生动物需要不被干预地过自己的生活，却从不谈边缘动物。

事实上，边缘动物这个范畴本身就难以被整合进很多动物权利论者的构想，因为他们预设了在人类世界和野生动物世界之间存在自然的地理隔离。例如，弗兰西恩认为，驯养所导致的一个问题就是它打破了自然的地理隔离，导致动物们“被困在我们的世界”——这个“不属于”它们的地方。（Francione 2007: 4）[5] 这里所暗含的假设是，动物的恰当或自然的位置是远处的荒野，而动物之所以出现在人类社群中，只能是由捕捉、驯养和繁殖等不正当的人类行为所致。这幅动物与人类之间自然隔离的图景，将边缘动物置于不可见的处境。

动物权利论者并没有完全忽视边缘动物的问题。当他们说所有动物都拥有一种不可侵犯的生命权，所以人类不能杀死动物（除了自卫）的时候，他们常常强调这种普遍权利实际上可以适用于一切有感受的动物，包括家养、野生和边缘动物。[6] 但这只不过是重申了动物权利论对于不可侵犯之基本权利的基本承诺，并没有指出我们对于边缘动物负有何种独特义务，以及它们与野生或家养动物有何不同。对后一个问题的讨论要么是不存在的，要么只出现在脚注或括号中。例如，杜纳耶顺带承认了边缘动物，却暗示它们对于理想的人类–动物相隔离的状态来说是一个例外。然而，她似乎不太确定该如何谈论它们，这超越了传统动物权利论针对直接干预或侵犯不可侵犯之权利的禁令：

> 最终实现解放之后，实际上所有非人类都是自由生活的、非“家养的”。**自由生活的非人类不可能与人类完全隔离**。鹅拜访

“我们的”池塘，松鼠进入我们的后院，鸽子栖息在我们的建筑上。我们在森林里遇见熊，在海边遇见蟹。不管它们在哪里，非人类都需要保护，以免受到人类的伤害。它们需要**不被人类干预的法律权利**。（Dunayer 2004: 141，突出字体为笔者所加）

这段话突显了传统动物权利论的局限性。说边缘动物“不可能与人类完全隔离”，这种表述太保守了，它揭露了边缘动物为动物权利论带来的理论难题，事实上这些动物不仅仅选择生活在人类周围，还似乎在人类创建的环境中生存得很好（作为物种）。而且说它们需要“不被人类干预的法律权利”难免让人发问：对于鸽子、松鼠和家雀来说，什么算作“人类干预”？通过拉网来阻止鸽子闯入建筑，封死老鼠进入地下室的洞口，这算干预吗？张贴鹰的画像以阻止飞鸟撞向玻璃窗，这算干预吗？让狗或小孩在公园里追赶松鼠算是干预吗？不管我们对于边缘动物的义务是什么，都无法被概括为一种不干预原则。每当设置一道围栏、建起一栋房子，或圈起一座公园，我们都是在干预边缘动物的活动，而这种干预对它们时而有利，时而有害。

如我们在第六章所见，动物权利论者的传统观点是，对生活在野外的动物的恰当态度是“由它们去”，而杜纳耶显然希望同样的不干预原则也可适用于边缘动物。但是这个观点在边缘动物问题上没有太大意义。在野生动物问题上，“由它们去”是对如下说法的缩写：我们应当尊重野生动物对其栖息地的主权，不应侵占或殖民它们的领土。但是在边缘动物的例子中，它们的栖息地是我们的城市，事实上就是我们的后院和家园，简言之，与我们处于同一个物理空间。而在其中，拥有主权的人类社群不可避免且合法地行使着自治权。人类社会的统治不可避免地对生活在我们之中的边缘动物的活动造成各种干预，而动物权利论的任务就是要探讨如何将这些影响纳入考量。

一种尝试将边缘动物的利益纳入考量的方式，就是让它们也拥有公民身份。如果边缘动物继续生活在我们之中，也许我们应当将其视为我们的公民成员，与我们一起行使主权。毕竟，这也是我们在家养动物问题上的主张。但是，如我们在第五章所指出的，公民身份可以拓展至家养动物，正是基于它们被驯化的事实。驯化使人类与动物之间的合作、交流与信任成为可能，并增加了这种可能，而这些合作、交流与信任是公民关系的先决条件。公民身份要求一定程度的社交能力，从而使相互承诺、规则学习和社会化成为可能。它要求能够进行物理性的接触和具有社会性意义的交往。人类和家养动物需要接受社会化以适应公民成员关系，而这就要有信任与合作。

相反，边缘动物没有接受驯化，所以无法信任人类，而且通常避免与人类直接接触。我们可以试着改变边缘动物，使其更具社会性和合作性。实际上，我们可以尝试逐渐驯化它们，但这只能通过拘禁、与家庭分离、控制生育、彻底改变饮食和行为习惯，以及对基本自由的各种其他形式的侵犯来实现，正如我们在历史上的驯化过程中曾经对家养动物所做的那样。我们无法保护麻雀不受鹰的伤害，除非把二者之一，或二者都关在笼子里；我们无法保护松鼠免于食物短缺，除非系统性地管理它们的食物供应和繁殖率；我们也无法保护它们不被汽车、浣熊或黄鼬所害，除非把它们拘禁起来。

所以我们既不能认为边缘动物拥有它们自己的领土，也不能将其视为属于我们领土的公民成员。我们无法将这些动物从我们的社群内“解放”出来，也无法只是“由它们去”。我们需要一种全新的思维方式来看待与它们的关系。

我们认为最好的方式就是用**居民身份**（denizenship）概念来理解

这种关系。边缘动物是人类社群的共同居民，而不是公民成员。它们属于这里，处于我们之中，但不是我们的一员。居民身份概括了这种独特的地位，它在本质上既不同于公民成员身份，也不同于外部主权。与公民身份一样，居民身份也是一种应当受正义规范约束的关系，但它是一种更松散的关系，其亲近性或合作性较低，所以包含了更少的权利与责任。[7]一种居民身份体制是否公平，很大程度上取决于我们基于何种理由减免了这些权利和责任。如果我们用一种旨在让居民永久处于次等地位的方式去界定这些权利和责任，那么居民身份马上会变成剥削和压迫之源。但是如果我们以一种更具互惠性的方式减免了权利和责任，而且这是为了更好地满足居民自身的特殊利益，那么居民身份就可以成为一种确立正义关系的手段。

本章的目标是概述这种居民身份模式的大致样貌，以及它要求何种权利和责任（同时免除哪些权利和责任）。在论述过程中，我们将借助人类居民身份的各种例子。在很多人类案例中，有些人是某个特定社会的居民，他们想要留在那里，但并不想成为现行公民体制的完全参与者。正如边缘动物想要生活在我们之中，却不想被强制参与我们的公民合作社会事业，它们以自己独特的形式参与社会化、互惠与遵守规则；有些人类群体也是这样，他们想生活在我们之中，却不愿融入现代公民制的实践。这在历史上有很多例子，实际上，西方社会现在仍然允许各类人群“选择退出”（opt out）公民实践，从而使他们得以维持一种与公民身份的要求不相容的文化或宗教的生活方式。

我们在第三章已经提到过，有些人类生活在一个与周围社会相联系的边缘地带（liminal zone），生活在一个社群内却不适合（或不愿）拥有完全的公民身份——包括某些种类的难民、季节性移徙工、非法移民，以及像阿米什人那样与世隔绝的社群。正如那些边缘动物的情形，这些人类居民群体中有一些也被指责为不属于这里的外来者和闯入者，所以他们至少是被无视的，甚至是被剥削的，不被承认拥有居住在我们之中的权利。但是，另有一些社会建立了居民身份模式，以更好地反映和满足这些群体的独特愿望。

我们相信这些人类居民身份的例子可以带来启发，有助于我们恰当地表述边缘动物的居民身份，确认与这种身份相关的一系列特有的利益和不正义。遗憾的是，在政治理论文献中，对这些人类居民身份的例子的研究还不够充分。关于在人类的情形中居民身份的公平条件有哪些内容，我们还没有成熟的理论，所以相比前文对家养动物公民身份和野生动物主权的讨论而言，本章的讨论更不成熟，也更具探索性。然而毋庸置疑的是，即使在人类的情形中，我们也需要一种居民身份理论，因为并非所有与我们居住在一起的人都能够或愿意成为我们的公民成员。而一旦认识到人类的居民身份之必要，我们就能更容易地看到动物的居民身份也很重要。在某种意义上讲，这种类比我们再熟悉不过了。边缘动物物种常常被贬称为“外来入侵者”，后者因携带疾病、不卫生的习惯、不守规矩的行为而威胁着我们。[8] 在科林·杰罗马克（Colin Jerolmack）的一篇非常有趣的文章《鸽子如何变成老鼠》（“How Pigeons Became Rats”）中，描述了美国人对麻雀和鸽子的态度转变，此文记述了人对这种鸟类“有害动物”的言论和态度是如何反映了对那些人类群体——比如移民、流浪者和同性恋——的污名化。[9] 人们将不受欢迎的动物比作那些不受欢迎的人类，以此来将它们污名化（反之亦然）。

我们的方案则与之完全相反。我们无意通过类比边缘动物与那些令人恐惧和遭到鄙视的人类群体以疏远前者，相反，我们希望采用那些将正义拓展至人类边缘群体的策略——包容与共存——来思考关于边缘动物的正义问题。我们所感兴趣的不是作为隐喻的人类边缘性，而是在实际意义上的居民身份模式如何可以被用来容纳社会中更丰富的多样性，把那些被视为不正常的、外来的、次等的、不受欢迎的、危险的居民带入社群的正义关系之中。

1. 边缘动物的多样性

在发展我们的居民身份观之前，我们需要先讨论一下边缘动物，它们构成了一个非常丰富的、复杂的群体。在日常讨论中，我们倾向于把那些与我们生活在一起的非家养动物视为投机的闯入者，认为它们实际上属于别处，并且（或者）将其视为有害动物，其在场本身就会带来冲突和不便。然而，事实上，野生动物以多种不同的方式与我们生活在一起，因为人类和动物都有多种不同形式的能动性，这导致多种不同形式的相互依赖和影响，其中既有冲突性的，也有互惠性的。边缘动物的范畴涵盖了那些所谓的有害动物——例如我们试图赶走的老鼠，但同样也包括实际上很受我们欢迎的小鸟。且它还包括很多会激起人类冲突和矛盾的物种：有些居民喂鸽子，而他们的邻居却毒害鸽子。人类对边缘动物的态度往往是强烈的，但很少是单纯的或一致的。对很多人来说，边缘动物为城市环境增添了许多美感和趣味，但对另一些人来说，边缘动物挑战了他们心中的城市图景，他们认为城市是人类文明的绿洲，在那里，自然被超越了，或至少是被严格管制的。

那么边缘动物指哪些？如前所述，我们将边缘动物与那些真正在野外的动物（那些躲避人类居住区且［或］不能适应人类居民区的动物），以及被驯养的动物区分开来。需要强调的是，这不是硬性的生物学分类。相同或相近物种的成员可以同时出现在所有这三类中（例如，在野外有野生的兔，在城市公园中也有作为边缘动物的兔，还有家养兔），而且有的动物可能在这个谱带上移动。所以，这是一个人类-动物关系矩阵，在这个矩阵中，不同动物表现出不同的、变动的相互依赖性、能动性和关系性。

然而，边缘动物的处境的确反映了一种独特且处于增长中的人类-动物关系类型，体现了野生（非家养）动物对人类环境的一种特殊类型的适应性。边缘动物是那些适应了与人类生活在一起，却不依靠人类直接照料的动物。

要注意的是，并非所有处于城郊接合区域的野生动物都是边缘动物，至少就我们对于边缘动物的定义而言。我们在第六章讨论过，很多真正的野生动物有时也会在城市和城郊停留。比如曾有一只因迷路而走出野外区域的驼鹿，在一家后院的游泳池中被救出；也曾有一只被强风暴卷走的信天翁，最终被水浪冲到安大略湖滨某个社区的岸边。[10] 不计其数的野生动物，在迁徙中总有一些时间段要经过人类开发区域附近。还有一些野生动物因其领土被人类开发、占领，而成为流离失所的难民，不得不在狭小的栖息地中谋求生存。

这些动物不是为了投机而生活在人类居住区，通常它们也不因这种共存受益。相反，它们是被迫接触人类的，要么出于偶然，要么被人类不断扩张的步伐波及。它们一般会在这种境况中艰难求生，但很难成功。[11] 我们在第六章论证了，它们应当被视为野生动物主权领土上的公民，人类对其负有国家之间的义务，比如：（1）尊重领土边界（例如终止入侵和殖民）；（2）限制溢出代价（例如跨边界污染或交通事故）；（3）对于重要国际廊道（例如迁徙路线）的共同主权；（4）尊重访客的基本权利；（5）向难民提供援助。也就是说，我们的义务是使它们能够以野生动物社群的方式存在，同时减少由不可避免的接触所带来的负面代价。

然而，我们在本章所关注的，不是那些与人类短暂接触的真正的野生动物，而是那些生活在我们之中的边缘动物。边缘动物的一个特征是，它们为了得到住处、食物，为了躲避捕食者，或者仅仅因为人类占有了最好的水源和微气候而在我们身边寻求机会，从进化论的意义看，它们靠这种能力生存下来，而且通常活得很好。[12] 边缘动物是一群被吸引到，或适应了人类居住区的动物，它们不躲避或逃离这里（也不被其摧毁），这就导致它们具有不同于家养动物和真正的野生动物的独特形式的依赖性和脆弱性。前文曾提到，野生动物非常易受人类活动的伤害，包括直接伤害、无意伤害、丧失栖息地等。如果人类明天就要从地表消失，那么这对于大多数野生动物来说绝对是个好消息，将大大减少它们的生存威胁。[13] 例如，一项对英国哺乳动物（包括野生和边缘物种）的研究发现，与人类造成的比如气候变化、栖息地破坏、蓄意杀害、污染和杀虫剂、路杀等风险相比，捕食、竞争及其他非人为因素对野生动物数量造成的影响较小。该研究关注的是种群数量的整体趋势，而不是个体的死亡，但很多人为风险显然会对个体造成直接伤害。如果死亡率给整体的物种种群带来了重大风险，那么受伤害的个体数量肯定会非常高。（Harris et al. 1995）对于大多数野生动物来说，生活在野外比生活在人类周围更安全。

对于大多数家养动物来说，独立于人类的生活选择非常有限。虽然假以时日，很多家养物种在适宜的环境下可以在物种层面重新适应独立生活，但如果人类突然消失，将对大多数家养动物个体带来灾难性后果。它们普遍特别依赖于人类提供的食物、保护、住处，以及对驯养所致的病症的治疗。如果没有人类，很多家养动物会马上死于饥饿、寒冷、捕食或疾病。

而边缘动物在人类社群中占据着不同的生态位。根据定义，它们已经适应了人类活动所导致的环境变化，在这个意义上，它们需要，或者至少受益于人类。但是，尽管边缘动物依赖于人类居住区及其所提供的资源，但是这种依赖性通常是非特定的。与家养动物不同，它们不依赖于特定人类个体为其提供照料。更恰当地说，它们的依赖更具普遍性，是一种对人类居住区整体的依赖。在这种环境下，它们一般可以照料自己，过上独立于人类个体的生活（存在一些例外，下文再谈）。另一方面，它们接近人类，而且不可避免在空间和资源上与人类发生冲突，这使它们经常成为捕杀和其他暴力管制行动的目标，或无意伤害的牺牲品。所以，如果人类在一夜之间消失，这给边缘动物带来的后果将是各不相同的。它们中有一些会迁移到更自然的原野中，有一些将生活在人类社会的余烬之中，然后渐渐适应新的生态境况，有一些则会随我们一起灭绝。

为了更好地理解这些不同形式的生存、适应和依赖，并解释为什么居民身份是对这些状况的一种恰当回应，我们有必要对不同种类的边缘动物加以区分。边缘动物包括投机动物（即具有高度适应性和移动性的动物，它们被城市生活的机会所吸引，如郊狼和加拿大黑雁）、生态位特化者（它们更固定性地依赖于特定类型的人类活动）、野化的家养动物及其后代、逃逸和引入的外来物种。我们认为，所有这些种类的动物群体都应当被视为属于**这里**，而不是以某种方式属于**别处**的外来者，所以对它们的驱逐计划一般都是不正义的，而且实际上是徒劳的。但是，让它们成为公民成员也意义不大，因为这要求信任与合作的能力——这只有通过驯养的过程才能产生，而将驯养过程强加给边缘动物是不正义的（而且可能是徒劳的）。所以，我们需要一种新的思路，以居民身份为基础，对我们与边缘动物的关系进行理论化。

投机动物

投机动物是一些适应性很强的物种，它们学会了在人工环境中生存甚至繁衍生息，在这个过程中大大扩展了它们的活动范围，种群数量也得到大幅增长。它们既有野生种群，也有城市种群。例如，我们有野生郊狼和城市郊狼，有迁徙的野生加拿大黑雁和定居的城郊加拿大黑雁。投机动物包括灰松鼠、浣熊、野鸭、鸥、乌鸦、蝙蝠、鹿、狐狸、鹰，以及其他很多物种。就其天性而言，它们往往是适应力强的通才，能够迁移至新出现的生态位，在环境变化时改变食性、居住习性或筑巢方式。一只野鸭不仅可以在一片芦苇湿地上筑巢，也可以在当地一家啤酒店门外的遮阴花园内，或者是在一位随和的城市居民的阳台上安身。蝙蝠也许会发现桥梁上的缝隙可以提供比普通洞穴更适宜的温度和更好的附着性。游隼可以用高层建筑替代悬崖峭壁。浣熊可以藏身于一间旧棚屋，而不一定是一个腐烂的树桩。乌鸦居住在高速路边，因为在那里它们可以靠死于路杀事件的动物的尸体生存，这比在野外食腐更容易。

这种灵活性使投机动物可以在人类开发的区域健全地生活，同时保留它们（在物种层面上）在野外环境中生活的能力。只要时间足够，大多数动物都可以适应生境的变化。但据研究有些物种的适应性比其他物种更强。这里存在一个渐变的谱带，而投机动物是那些对各种环境和剧烈变化表现出特别的适应性的物种，尤其是在适应人类居住区的时候。

因为投机物种被视为已经“选择了”生活在我们之中，又因为它们的一些同类仍生活在野外，所以有时候人们会认为它们的在场并不会为我们带来积极的义务或责任：它们之所以生活在我们之中，大概是因为综合利益和风险，城市生活比野外生活更好。而且如果它们发现城市生活弊大于利，就可以回归野外。例如，克莱尔·帕默就诉诸这种推理，论证我们对城市边缘动物中的投机动物不负有关系性义务，它们来这儿是因为“人类支配的空间就是如其所是的样子”。（Palmer 2003a: 72）[14]

然而，这个由物种层面推到个体层面的论证太草率了。作为物种，投机动物是具有移动性和适应性的，但是要注意，**作为个体**的动物也许没有在野外或城市边缘环境中选择进退的机会。有时候野生动物在竞争压力下被迫到郊区与城市寻求机会。但是在很多情形中，城市投机动物是之前的移徙者的后代，或者是因人类扩张而失去栖息地的难民。时间的流逝会让既成事实发生改变。比如一只狐狸顺着一条畅通的生境廊道迁移到城市中，但不久之后这条廊道因人类开发而消失了，于是这只狐狸失去了回归荒野的选项。很多边缘动物最终留在了这种像离岛一般的城市或城郊中，它们的选项被物理障碍或邻近区域中同类的种群压力阻断了。而且，移居此地的狐狸的后代也会面临同样的移动限制。因此，我们必须注意物种层面的选项与个体所拥有的选项之间的区别。在个体层面，我们可以合理地将很多投机动物视为我们社群的永久成员，它们失去了回归荒野的可行选项。我们不能仅仅因为荒野中黑雁或郊狼的种群能独立生存，就断言生活在我们之中的特定的一只黑雁或郊狼能够另谋生路。

投机动物倾向于在非特定的意义上依赖于人类。它们依靠人类居住区生存，但一般不依赖于与特定人类（一人或多人）之间的关系，而且常常可以适应人类活动的变化。[15] 即使有一位住户决定开始妥善地存放垃圾（或者不再把宠物饭碗放在门廊处，或者用丝网把烟囱罩住），这条街上也总会有另一位住户在生活习惯上稍微有些懒散。或者还有当地垃圾站、露天市场、饭店后巷、街头垃圾堆、散热排气口、废弃的建筑、花园里的棚屋，以及其他不计其数的机会，可以供那些杂食的、不挑剔住处的动物利用。

很多投机动物被视为令人讨厌的物种（例如定居的黑雁）或潜在威胁（例如郊狼），所以人类为限制其数量而将其列为扑杀行动的目标。我们下文将会讨论，我们可以通过一些正当的（非致命的）方式来阻止或防止这些物种的新的个体移居到我们之中来。但是有很多（如果不是大多数的话）投机的边缘动物是属于这里的：它们是那些最初从荒野移居到城市的投机动物的后代，并且（或者）因为生境或种群统计学上的变化，已经失去了回归荒野的机会。现在这里成了它们唯一的家园。

值得注意的是，在更广义的投机动物范畴的内部，还有一些近人物种（synanthropic species）。（DeStefano 2010: 75）与其他投机动物不同，近人动物几乎只出现在人类居住区。例如欧洲的椋鸟、家雀、家鼠和挪威鼠等等。与其他投机动物不同，我们不确定这些近人动物是否能够在人类居住区之外繁衍。虽然就狐狸和白尾鹿而言，我们既可以看到野生种群，也可以看到边缘种群，但是家雀或挪威鼠的情况却并非如此。然而，它们也具有很高的灵活性。家雀以各种食物为生，而啮齿动物既可以栖身于腐烂的树叶堆里，也可以栖身于建筑的隔热层中或旧羊毛毯中。

跟其他投机动物一样，近人动物生活在我们之中，不管我们是否欢迎它们，是否主动帮助它们，是否想让它们成为社群的成员。很多人觉得这些动物的存在没什么好处，向它们发起了残酷的镇压和控制。但是，与其他投机动物相比，我们更应当承认这些动物是我们的成员：因为它们没有野外生活的选项。驱逐它们几乎肯定会导致死亡。

生态位特化者

至此，我们讨论了那些具有移动性和灵活性，能够在极其多样的环境中适应并健全地生活的物种。而生态位特化者的灵活性则低得多，它们在环境变化面前更加脆弱。它们已经适应了长期与人类活动共存的生活方式，而且固定地依靠人类来维持自己的角色。例如，在那些传统农业活动已经稳定维持了很多代的地区，有些物种已经适应了由这些活动所创造的特定生态位。英国的树篱就是一个经典的例子，它为众多以农作物、杂草、昆虫、小型啮齿动物等等为食的动物提供栖息地。对某些物种来说，例如狐狸（灵活的投机动物），它们并不是完全依赖树篱，在野外条件下或城市中也可以活得很好。而其他一些物种则不同，例如榛睡鼠，它们已经变得依赖于由树篱创造的特定生态位，离开树篱就无法生存。[16] 换言之，生态位特化者无法轻易地迁移到一片新的土地上，或适应剧烈变化。

长脚秧鸡是另一个典型的生态位特化者。它们是随着英国传统农业活动的发展而繁衍起来的。正如凯瑟琳·杰米（Kathleen Jamie）所述，后来

> 死神以机械收割机的形象出现在长脚秧鸡面前。在镰刀时代，人们要等干草长高了，在当年的晚些时候才进行收割，然后把草堆在缓慢行进的马车上。那时候长脚秧鸡可以在高耸的草丛中栖身并养育后代。它们本来可以在草场被收割之前长到羽翼丰满，有足够的时间躲避挥舞的镰刀。然而机械化以后，收割饲料的时间提前了，这使秧鸡、它们的蛋、幼崽连同一切都被杀光。（Jamie 2005: 90）

长脚秧鸡已经濒临灭绝，现在仅存于赫布里底群岛的少数地方，那里因田地面积过小而无法进行机械化收割。一般来说，从传统农业的耕作方式向机械化单一种植的快速转变总会对各种各样的生态位特化者带来毁灭性打击。它们的栖息地虽然不是未被人类活动改变的荒野，对它们来说却生死攸关。人类对生境的这种改变给动物带来的破坏性不亚于对原始荒野的入侵。

这种骤变对生态位特化者造成的毁灭性影响，在物种与个体两个层面上都应引起我们的关注。环境骤变不仅仅导致种群增长受到抑制（以及可能的灭绝和多样性的丧失），还导致了个体的苦难。如果一片树篱被清除掉，那么住在那里的榛睡鼠将无处可去，很有可能因此丧生。如果在秧鸡栖息地上使用机械化收割机，那么它们将会被杀死。

生态位特化者在人工环境中非常易受环境变化的伤害，特别是在环境骤变的情况下。不像那些适应性强的入侵物种，它们几乎不会成为人类蓄意的扑杀行动的目标，但它们特别易受无意的、疏忽性的伤害，因为人类常常忽视它们在边缘生态系统中的脆弱性。在大多数时候，我们完全没有意识到人类活动的变化对这些动物造成了何种影响——不管是好的还是坏的。

被引入的外来物种 [17]

被引入的外来物种的典型例子，包括那些被拘禁在动物园的动物或者被人们放跑或逃脱的外来宠物，以及被人们有目的地释放的某些物种——例如澳大利亚的兔子和蔗蟾、佛罗里达湿地的蟒蛇、密西西比的鲤鱼、关岛的褐蛇。这些被释放的物种中有一些变为野生动物，另一些则被吸引到被人类改变的环境中——农田、城郊，在那里作为被自然化的边缘动物而繁衍生息。其中有一些是被有目的地引入的（例如，猎人在自己的土地上放养一些自己喜欢的物种，或者农民试图通过引入外来捕食者来控制有害动物）；还有一些则是无意（通过运输，或者当一只外来宠物的主人厌倦了自己的监护责任），或者随着人类迁徙和大规模运输而被引入的。

外来物种常常被视为环境的“噩梦”，但实际上它们对环境造成的影响是非常多样的。例如，旧金山的红面具锥尾鹦鹉（在厄瓜多尔和秘鲁所捕获的野鸟的后代）适应了新环境中的生活，而且没有对本地生态系统造成明显的负面影响。[18] 另一种南美鹦鹉——和尚鹦鹉，在康涅狄格州以及美国东海岸的其他地方建立了边缘种群。同样，这些新来的移民也没有使本地生态系统或本地鸟类的处境变差。[19] 然而在这两个例子中，都有人呼吁消灭这些“异类”和“外来”的入侵者，仿佛仅仅是它们的存在就玷污了事物的自然秩序。[20] 对所谓入侵物种的恐惧可能被过于放大了。毕竟，生态变化（包括与新物种的迁入相关的变化）是生态活力的部分要素，我们必须将有益的或中性的变化与那些对物种多样性或生态系统活力具有真正破坏性影响（且不可逆转的）的变化区分开来。

在一些情况下，某个被引入物种具有较强竞争力，因而压制了本地相近物种的种群数量，但不会对生态系统造成更大范围的破坏。[21] 美洲灰松鼠似乎就属于这种情况，它们在迁入之后往往会取代红松鼠，但是没有对更大范围的生态系统活力或生物多样性造成剧烈影响。与红松鼠相比，灰松鼠具有更强的适应性与抗病能力，所以渐渐压制了红松鼠的种群数量。人们发起了暴力行动（例如投毒和射杀）来消灭灰松鼠，特别是在英国，人们对那些濒临灭绝的红松鼠有情感依恋，部分是因为碧翠克丝·波特[30]笔下著名的“松鼠纳特金”。（BBC 2006）如很多批评者所指出的，这种扑杀行动常常基于那种关于闯入者攻击本地红松鼠，或向它们传播疾病，或破坏本地动植物种群的迷思。[22]

生物学家已经开始质疑人们对入侵物种表现出来的一些歇斯底里的心理症状，认为很多物种迁入所带来的影响是温和的，甚至积极的，因为当它们与相近的近缘物种杂交后会为基因池带来多样性。（Vellend et al. 2007）事实上，随着科学家对如何预测被引入物种在新环境中的行为有了更多了解，有些生物学家主张用有目的性的引入来拯救那些因气候变化而陷入困境的物种。（Goldenberg 2010）

历史上那些灾难性的引入，特别是捕食者的引入，应当让我们对有目的性的引入保持谨慎，特别是考虑到现代世界中这种引入范围的扩大和速度的增加。当一个物种被引入新环境中，如果那里不存在它的捕食者，并且本地动物无法适应它，那么被引入的外来物种的繁衍就极有可能威胁到生态系统的活力。例如，蔗蟾适应了澳大利亚的各种环境，不论是红树林湿地、海岸沙丘，还是农业地区，它们被指责导致了所有这些地区的生物多样性的减少。蔗蟾也能在城市区域繁衍，它们可以在水坑中繁殖，以各种植物、动物、垃圾、狗食和腐肉为食。[23]（然而即使在蔗蟾的例子中，我们也要指出：随着时间推移，生态系统倾向于重归稳定，本地物种将逐渐学会如何在不中毒的情况下捕食这些蟾蜍。）

我们当然不主张有目的地引入外来物种。相反，人类起初捕捉它们，并把它们带到新环境中，不管是继续圈养它们，还是将其释放到这个完全陌生的新环境中来，这些做法都侵犯了这些动物的基本权利。而且，如果被引入物种会捕食一些无防御能力的动物，那么我们就侵犯了本地主权动物的权利。所以，我们应当尽可能地设法禁止运输和引入外来物种。但在这里，我们仍不能寄希望于彻底消除这个问题。

一方面，我们必须注意，不是所有的引入都是有目的性的，有些是因为人类活动的疏忽，或者是因为动物主动偷渡。而一旦出现被引入物种，通过扑杀行动来解决问题的做法是不可接受的。我们需要寻找其他办法，用以应对这些适应性强的外来物种给人类与本地物种带来的挑战。

野化动物

我们用野化动物这个概念来指那些脱离了人类直接控制的家养动物及其后代。我们最容易想到的就是那些离家或被遗弃的猫狗。但是也有一些规模庞大的野化农场动物种群，特别是澳大利亚，野化种群（包括猪、马、牛、山羊、水牛、骆驼）的数目达数百万。[24]

第一代野化动物几乎都是人类不正义行为的直接受害者。不管是人类遗弃了它们，还是因为人类对它们太差而迫使它们逃离。很多野化动物无法独立生存——特别是在不太适宜生存的地方，我们可以想象很多可怕的结局（受冻、饥饿、疾病、被捕食、事故、被科学家抓捕并用于活体解剖、被动物管理机构抓捕并施以安乐死等等）。一想到这种残酷的处境，有人也许会认为正义要求让野化动物回归它们最初的家养状态（也就是我们所说的家养公民成员身份）。这对很多野化动物来说也许是适合的，比如那些刚刚逃跑或被遗弃的动物，以及那些在生理和心理上无法适应野外生存的动物。但是，我们不要以为这个解决思路可以适用于所有野化动物。如果一个野化种群已经发展起来了，动物们已经开始适应新环境，那么它们就实际上变成了一个边缘物种。让其回到与人类更近的关系中，或者接受在人类–动物混合社会中的公民身份所必需的妥协，也许不符合它们的利益。

这些动物中有一些已经真的“再野化”了，例如有些农场动物的后代生活在澳大利亚北部远离人类居住区的地方。其他一些野化的家养动物，像鸽子，非常类似于非家养的近人动物，它们的繁衍依赖于在人类居住区中与人类的共生关系。鸽子是适应性泛化者，能够靠各种种子、昆虫、腐肉为生，还能栖身于建筑的架格处，而其在野外的表亲岩鸽则偏爱栖身于岩壁。一般而言，鸽子以一种相对灵活的、非特定的形式依赖于人类。然而，情况也许不总是这样。一个有趣的例子就是生活在伦敦特拉法尔加广场的鸽群。（Palmer 2003a）因为人类系统性地喂食，这群鸽子数量增加了。如果人类停止直接喂食，它们就会挨饿，因为周边地区的鸽群数量已达到饱和。换言之，这群鸽子（以及在圣马可广场及其他地方的鸽群）的处境实际上岌岌可危，它们对人类的依赖是非常不灵活和特定的。

大多数野化宠物（像猫和狗）倾向于待在人类居住区附近，它们的生活方式类似于其他具有高度适应性的动物——食腐、捕食更小的动物、生活在废弃建筑中等等。作为适应性泛化的动物，它们倾向于灵活地、非特定地依赖于人类。然而，有些个体会像特拉法尔加广场的鸽子那样形成更特定和不灵活的依赖关系。[25] 例如，野化的猫狗常常与人类建立特定的关系（住户、场地管理员、杂货店或饭店的老板），依赖于后者提供的剩饭或水。

一项关于英国赫尔市野猫的研究发现，人类与野猫的关系呈现出一种有趣的多样性，野猫对于人类提供的食物、栖身处和接触的依赖性是不同的。（Griffths, Poulter and Sibley 2000）有些猫群生活在城市的废弃区域，避免与人类接触；有些猫则生活在更接近人类的地方——例如在人类的居住和工作场所附近，或者在大型机构的场地，为它们提供食物、水、栖身处的那些人类非常了解野猫种群。某些猫群的数量接受着“捕捉—绝育—放归”计划的管理。很多猫似乎过着非常健康和独立的生活，打破了那种认为所有野化宠物一定都活得很悲惨且亟待人类拯救的刻板印象。

罗马市有一种更正规化的管理方式，在一个有古代寺庙废墟的大型城市街区设有一个猫庇护所。它位于街道路面以下几英尺（1 英尺≈0.30 米）处的一片区域，用围栏与外界隔开，但是围栏的缝隙足以让猫来去自如。庇护所的志愿者为猫提供食物、栖身处和医疗，还在实施疫苗接种和绝育计划。这里欢迎访客来与猫玩耍，有时也安排领养。[26]

另一个有趣的例子是佛罗里达州基韦斯特的野化鸡。这些鸡的祖先因为基韦斯特居民想要蛋、肉和斗鸡而被圈养，其中有些鸡在逃跑或被遗弃之后，产下了这些后代。它们作为一个野化种群而生存繁衍，人类一直在留意着其中生病和受伤的个体并偶尔施以帮助。它们能减少蝎子及其他害虫的数量，而且为基韦斯特的生活增添了一个独特而多彩的面向。当然不是所有人都喜欢它们，有人反感它们带来的吵闹和脏乱，曾一直试图将其消灭，但现在它们在这个城市处于受保护的地位，居民们还在继续想办法与它们和平共处。

野化家养动物的数量一旦被认为过多，通常就会成为被管制的目标。全世界的很多城市都发起了扑杀行动，但是这些行为正变得越来越有争议。从巴勒莫到布加勒斯特再到莫斯科，人们关于如何处置野狗的讨论在持续升温，因为越来越多的人开始探讨如何与边缘动物共存，而不是诉诸传统的暴力（且低效）的策略。[27] 野化动物一方面因被视为有害动物而成为被消灭的目标，另一方面还常常遭受与外来物种类似的指责，也就是说，它们被视为生态学上的异类，其存在本身就玷污了自然生态系统，特别是当它们的扩散开始越过城市边界而进入乡间的时候。而且，与在外来动物问题上的表现一样，这种担忧经

常被夸大。但在不同的例子中，野化动物对生态系统的影响是极不相同的。（King 2009）

最后，作为前家养动物公民（或家养动物公民的后代），野化动物也为我们理解家养动物提供了一个独特的视角，使我们更好地认识人类与家养动物之间在未来可能建立的关系，在其中，动物可以发挥更大的能动性和独立性。

2. 居民模式的必要性

总之，边缘动物出于各种不同的原因来到我们之中生活，而且与更大的人类社会有各种各样的交往模式。虽然不同的边缘动物群体存在重要区别，但它们一般都有两个关键特征：（1）它们没有属于自己的其他地方（就个体而言），所以我们不能正当地将其驱逐；（2）它们缺乏条件或不适合成为公民成员。在这种条件下，我们需要一种新的人类–动物关系模式，它既可以为边缘动物提供生活保障，又不必向它们提出与公民成员身份相关的要求。我们认为，居民身份的观念符合这个目标。

当然，可能有一些例外情形并没有被这两种概括性的总结包含在内。并非所有的边缘动物都需要被承认属于这里。对于一些移动性极强的投机动物来说，我们有控制其迁入的初确权利。毕竟，我们在人类的情形中也这样做：在国家之间合理的正义条件之下，各国有控制移民迁入的初确权利。一个加拿大公民也许非常想要移居到瑞典并成为瑞典公民，但是瑞典有权根据国际法和协议来管理移民程序，并最终决定同意或拒绝。那个加拿大人既不是无国籍者，也不是国际不正义的受害者，也不是难民，但是他没有一种不受限制的移动权，使其可以选择成为哪个国家的公民。

如果在野外的边缘动物拥有留在那里的选项，那么正如那个加拿大公民，它们既不是无国籍者、难民，也不是国际不正义的受害者。如果是这样，那么人类社群就没有义务用激励措施吸引这些边缘动物，或移除阻碍其自由迁入的屏障以欢迎它们成为永久居民。相反，人类社群可以通过设立屏障或抑制其动机来限制边缘动物的迁入数量。例如，我们可以大力增强对跨国旅行和航运的监管以防止偷渡。我们可以使用物理屏障来阻挡那些来自荒野的动物进入人口密集的中心区域，可以减少那些吸引移徙动物来到人类社群的诱因（例如，停止在池塘附近铺种大片的肯塔基蓝草坪——这对加拿大黑雁来说是一种难以抗拒的微环境），也可以使用积极的抑制措施以阻止那些边缘移徙者在此登陆或定居（例如，噪音装置或免牵绳的狗公园）。

然而，与人类的情形一样，人类社群虽然有权设置障碍和采取抑制措施以阻止移民迁入，但这种一般推定要受到各种条件的限制。首先，控制手段必须尊重所有个体不可侵犯之基本权利：我们不能射杀那些试图踏入我们领土的人类或动物移徙者。而且，一旦边缘动物在人类社群中定居下来（即，如果它们成功地躲过了边界管制），我们的考虑就要发生变化了。也许有些刚刚从野外迁入的动物可以被安全地遣返野外，但是对大多数动物来说，它们一旦进入一个新的环境，就失去了退路。如前所述，虽然投机物种（或被引入的外来物种）的野外种群可以生活得很好，但这个事实并不意味着个体还有机会返回野外。随着时间推移，投机动物已经融入社群，把它们赶走的代价（比如将其诱捕并遣送回野外）很有可能很严重，例如拆散家庭，或将其置于未知的、有敌意的环境中。很多被诱捕并放生的动物都死了，或者因为它们没能力对付那些捕食者或同类的竞争，或者因为它们脱离了其亲属的支持网络，或者因为它们无法在一个不熟悉的环境中找到食物和栖身处。

所以，就大部分情形而言，我们应当承认边缘动物（即使是那些具有移动性和适应性的投机动物）不是异类，而是属于这里的。一旦它们在这里了，并且已经立足，我们就得承认它们在此地的正当性，就应当采取一种共存的，而非排斥的思路。

但是，如果我们承认边缘动物是我们社群的永久居民，那么我们为何不为它们授予公民成员身份，就像那些家养动物一样呢？如果我们能够询问它们的偏好，它们会不会要求得到作为完全公民的福利呢？（免费医疗！集中供暖！）我们仅仅给它们居民身份的理由是什么？

如我们所见，公民成员身份也许的确适合某些野化动物，它们属于人类为了驯养而繁殖的物种。但是对于大多数边缘动物来说，公民成员身份既不可行也不可取。我们倾向于将公民成员身份视为一种无条件的福利或利益，但重要的是，公民身份也涉及责任，包括通过接受社会化而学会遵守公民成员之间守礼和互惠的规矩。对于某些群体来说，被强迫参与公民合作事业的代价也许是非常高昂的。我们下文会提到，这在人类的情形中是如此，在边缘动物的情形中则更加明显。

必须注意，大多数边缘动物跟它们的野生表亲一样，倾向于避免与人类接触（野化家养动物未必如此，但是随着时间推移，当野化种群开始发展起来，它们也倾向于躲避人类，这无疑是因为它们在接受痛苦教训后知道了与人类接触的危险性）。有些边缘动物个体是可驯服的，但一般来说，松鼠、郊狼、乌鸦及其他边缘动物都表现出谨慎和躲避行为。它们忍受我们，只因为这是它们生活在人类环境中并享受其提供的机会的代价之一，但是它们并不寻求我们的陪伴或合作。

换句话说，边缘动物受益于人类环境，却不受益于接触人类本身（虽然这种普遍规则肯定会有个别例外）。与家养动物不同，边缘动物不具备与人类交往的能力。所以我们（一般来说）不能让它们像猪和猫那样，参与互动、学习规则，以及接受社会化。

我们可以试着改变这些边缘动物，使其变得更具有社会性和合作性。也就是说，我们可以试着驯化它们。但是如前所述，这只有通过严格约束、拆散家庭、控制生育，以及其他一些对基本自由的侵犯来实现，正如家养动物在历史上的驯化过程中所遭受的。边缘动物生活在我们之中，但由于没有被驯化，它们保留着自己在社会组织、生育和抚养后代等方面的自我管理机制。让它们承担那些与标准公民身份相关的权利与责任，这将要求用人类管理取代它们的自我管理机制，从而使它们的自由和自治受到严重限制（接受约束，以及对饮食、交配、社交及其他习惯行为的控制）。

这不是说我们不负有保护与促进边缘动物福祉的积极义务。相反，下文我们要讨论，任何合理的居民身份模式都包含这些义务。但是，如果我们想要让它们作为公民而得到充分保护，就必须对它们生活的方方面面进行系统性和强制性的干预，损害它们的其他重要利益。

所以，通过权衡各种因素，我们认为边缘动物最好保持一种居民地位，这使它们免于某些作为公民的义务，同时使人类免于某些对它们进行全面的积极干预的义务。这显然要根据具体情况来判断：我们不能问边缘动物它们更想要公民成员身份，还是福利和责任都较少的居民身份。在这个意义上，边缘动物的居民身份不同于我们在下一节所要讨论的人类居民身份，后者是在协商过程中通过探讨应减免哪些权利与责任而产生的。在动物的情形中，我们应尽力做到的是：（1）观察其行为线索，比如边缘动物躲避人类的倾向；（2）想象标准的公民身份会对这些动物带来哪些利弊得失，以及这是否符合它们的利益（例如，它们可以得到安全和食物，但同时它们的移动、食物选择、生育自由将受到严重的限制）[28]；（3）尊重边缘投机动物应对环境中各种风险的基本能力，如果人类以它们的名义控制这些风险，这种能力将会受到损害。[29] 在我们看来，这些考虑因素显然都在向居民身份模式倾斜。

所以，对于绝大多数边缘动物来说，被驱逐和得到公民成员身份这两个选项都是不可取的。有些野化动物也许适合拥有（且可以受益于）家养动物的公民成员身份，而且我们可以试着阻挡新来的投机动物或外来物种。但是绝大多数边缘动物已经留了下来，而且必须被赋予某种法律和政治地位，从而保障其居留的安全，同时不必参与家养动物公民身份所要求的那种信任与合作的亲近关系。简言之，它们需要的是居民身份。

但是这样一种居民身份地位的公平条件是什么？居民身份要求保障安全的居留，同时免除或减少公民身份所要求的某些权利与责任，但哪些权利和义务可以被减免，哪些应当被保留？居民身份不像公民成员身份那样要求建立信任与合作的亲近关系，但它仍然是一种很紧密的关系，它涉及对物理空间的共享和相互影响的密切关系网。直白地说，人类可以让边缘动物活得很悲惨，也可以让它们活得很好。那么，我们应当如何对待彼此呢？这种独特关系的公平条件由哪些内容构成？

正如我们在前文指出的，动物权利论文献中很少提出这个问题，更别说解决了。然而，我们也许可以在人类居民身份的一些相关例子中获得一些启发。

3. 人类政治社群中的居民身份

如前所述，无论是在公共话语还是动物权利论中，边缘动物都处于不可见状态。这是因为我们倾向于把动物归入两个盒子中：一个是被培育为人类社会之一部分的家养动物，另一个是属于别处的野生动物。边缘动物固执地拒绝被归入这两大类，它们既不是人类社会的一部分，也不脱离于人类社会；既不完全在其中，也不完全出其外。而居民身份可以应对这种复杂性。

我们可以在人类的情形中看到类似的情况。在此，我们也倾向于把人类归入两个盒子：他们要么是我们的公民成员，要么是属于其他地方的外国人。国际世界秩序和传统政治理论的建构都基于这样一幅为人熟知的图景：人类被整齐地归入各个离散的政治社群之中，世界上的任何一个人，在理论上都属于且只属于某个政治社群。这种观念也反映在国际公约中，根据国际公约，一方面没有任何人应当是无国籍的，另一方面坚持避免双重公民身份。[30] 如詹姆斯·斯科特（James Scott）所指出的，现代国家希望让其人口具有“易辨识性”：每个人都各就其位，每个人都各得其所。（Scott 1998）在这种对世界的想象中，所有处于一个国家边界内的人们都是这个国家的完全公民，而所有其他人都应当被坚决地排除在外，安全地留在他们“真正”属于的那个国家的边界之内。

然而，和边缘动物一样，人类也固执地拒绝被纳入这种国家设计的标准化归类之中。不管在过去还是将来，永远都会有一些个体，他们居住在另一个国家的领土上并想留在那里，却不适合或不想得到完全的公民身份。他们想要生活在我们之中，却不想变成我们的一员，也没有完全参与进我们的公民合作体系。为了应对这种情形，我们设计了各种不同形式的居民身份。居民可以享受着居住权，但与周围社会处于一种更松散的联系中；他们不享有公民的某些标准的权利，而且相应地被免除了某些标准的责任。

我们将讨论两种出现在当代国家中的居民身份：（1）可选择退出[31]的居民身份（opt-out citizenship）；（2）移徙者的居民身份。

可选择退出的居民身份

这种居民身份之所以产生，是因为有些个体或群体倾向于在某些方面脱离完全公民身份。现代民主国家以一种关于参与、合作与归属的社会精神为基础。政府是由人民组成并为人民服务的，而人民被认为是在参与一个社会合作事业。不可避免的是，有些个体和群体不能或不愿赞同这项事业，而且希望拥有选择退出的机会。例如，他们也许拒绝承担某些标准的公民责任，也许认为这些责任与自己的良心或宗教的要求相冲突。如果是这样的话，他们可能会想要协商出某种选择退出的形式，以免除自己的公民权利与责任。

一个著名的例子是美国的阿米什人，这是一个非常坚持传统主义和孤立主义的民族宗教派别，他们试图尽量避免与外界的社会和国家机构建立联系，因为他们认为后者是世俗的、堕落的。因此，阿米什人拒绝履行公民责任：他们不想出席陪审团或服兵役，不想缴纳公共养老金，不想让他们的孩子接受关于现代公民精神与实践的教育。但是相应地，他们也放弃了很多公民权利：他们没有投票权，不参与公职，不通过公共法庭来解决他们内部争端，不享受公共福利或养老金计划。

杰夫·斯平纳（Jeff Spinner）称阿米什人是在行使一种“部分公民身份”（Spinner 1994），但是，正如他所指出的，阿米什人想要选择退出的正是“公民身份”这个概念。公民身份地位，及其相关的德性、实践和社会化方式，都不属于他们生活方式的一部分。由此看来，更准确地说，他们想要的是一种居民身份：想要生活在我们之中，但不想成为公民成员。

我们也许可以将此称为**可选择退出的**居民身份。选择退出可以体现为多种形式，从单一议题到全面脱离，从临时性的到永久性的，从法律认可的到非法的或持异见的。例如，就和平主义者拒服兵役而言，这种脱离只针对公民身份的一个具体方面——必要时用武力保卫自己国家的义务，而并不拒绝公民身份在其他方面的要求。在这个例子中，我们也许可以更准确地称其为一种异见公民身份（dissenting citizenship）。相比之下，在阿米什人的例子中，这种脱离发生在一系列问题上——从强制缴纳养老金到儿童的离校年龄，他们以维持传统宗教生活方式的名义与国家交涉，要求脱离外部的社会制度，不受其影响。在此，他们选择退出的正是公民身份本身。此外，还有其他一些介于二者之间的情形。在欧洲的一些罗姆人[32]族群试图（虽然没有取得太大成功）争取一种与他们的流浪者生活方式相适应的归属形式，因为其生活方式难以与标准的现代公民身份相适应。

有些个体通过无视某些法律，或拒绝履行在政治和经济参与等方面的公民责任（例如通过拒绝投票，或者参与某种地下经济活动，或者成为隐士或过风餐露宿的生活），以宣告自己选择退出公民身份。这种对公民身份的异议既可以是个体层面的，也可以体现为一种更具公共性和组织性的形式，例如某些非主流社群在家庭教育（home-schooling）、以物易物的经济、政治脱离和拒绝国家福利等方面自成一体。

简言之，出于各种意识形态的、宗教的、文化的原因，有些人根本无法或不愿参加现代国家公民的社会事业——因为它的复杂性、要求、变化的速度、道德方面的妥协。他们想要选择退出，并争取某种其他形式的居民身份。

一个健康的民主社群能否在不牺牲正义和稳定性的前提下容纳这种意愿？这种选择退出居民身份的公平条件是什么？如前所述，任何居民身份的公平性都依赖于权利与责任的对等。个体或群体想要免除越多的公民责任，他们就应当放弃越多的公民权利。如果个体或群体试图免除某些公民责任，那么只有相应地减少某些福利或为社群提供其他服务，才能维持这种互惠性。例如，出于良心而拒绝服兵役的人，可能会被要求从事一些建设性工作作为补偿；想要免税的群体，也许必须接受相应的福利缩减；不想让其成员接受关于公共协商精神的教育的人，就不应期望能参与协商。[31]

在我们看来，这种具有更弱互惠性的归属形式，似乎不存在本质上的不公平或不合理，尽管并非所有对居民身份的诉求都具有同样的合理性，而且对于如何议定这种居民身份的条款，也许还有待谨慎考虑。一方面，有时候我们有强烈的理由去支持这种选择退出居民身份，如果那些请求者能够令人信服地证明他们的脱离事关良心（而不仅仅关于偏好或文化实践），那么这就受良心自由的保护。另一方面，任何形式的选择退出居民身份都含有搭便车的因素：那些人脱离了现代国家公民的社会事业，却依赖于这种社会事业的存在。如果美国不为阿米什人的基本法律权利和私有产权提供保护，使其免受本地邻居或外国的侵犯，那么他们也许就不能在宾夕法尼亚州或威斯康星州维持自己的传统生活方式。在这个意义上讲，那些选择退出的人们是在搭便车，他们得益于法律和政治的稳定框架，却没有为其做出必要的贡献。

我们如何权衡这些相互冲突的考虑因素，可能取决于如下因素：（1）人数；（2）退出的选项；（3）个体成员的脆弱性。就人数而言，斯平纳论证了，虽然民主社会可以安全地承受少量搭便车者，但是如果该群体的人数持续增加，威胁到整个社会的政治框架（这种选择退出权的存在本身依赖于这个框架）的稳定，那么他们也许就需要接受更多的限制。此外，我们是否感到有义务支持选择退出居民身份，还取决于该群体是否拥有其他选择。如果美国与一个新的阿米什国家接壤，而这个国家欢迎教友移民至其境内，这也许可以减轻美国在其境内支持阿米什居民身份的义务。第三个需要考虑的因素是，脱离公民身份的那些个体或群体可能会因此而处于极脆弱的处境。他们有可能被污名化为逃避责任者或被排斥者。他们可能会因此被孤立，还容易受到剥削。最重要的是，这些脱离的群体中有一些弱势成员（例如，智力障碍者、儿童、动物），他们可能会落入那些负责保护他们的法律与机构的缝隙。国家可以允许健全的成年人自愿承担那些与选择退出居民身份相关联的风险，但是国家仍有责任保护这些群体中的弱势成员的基本权利。健全的成年人也许有放弃他们自己的公民权利与公民责任的自由，但是他们不能单方面地放弃儿童、智力障碍者或家养动物的权利。

要确定如何权衡这些不同的因素并不容易。事实证明，很多国家看上去非常乐意对不同形式的选择退出居民身份进行协商，却是以一种偶然性和无规律性的方式，而且存在一些尚未解决的问题。对于那些不太适应现代的、市场导向的、个人主义的、自由民主社会的个体和群体来说，选择退出居民身份也许是一个具有吸引力的选项。这种居民身份所面临的挑战，就是探索如何可以在提供这个选项的同时，避免导致不公平的负担、对个体权利的侵犯，或不宽容的情况。

移徙者的居民身份

第二种形式的居民身份与跨国移徙相关。在这种情形中，移徙者也许对现代公民精神本身不持有某种宗教或文化上的异见，但是他们不想要在当前居留的国家承担公民身份。即使长期生活在国外，他们仍认为自己参与的是自己祖国的公民事业，所以只想要当地的居民身份，而不是公民身份。在这种情形中，我们可以讨论移徙者的居民身份。

需要强调的是，我们这里正在谈论一种非常特殊的例子，并非所有形式的国际旅行都会导致居民身份。根据我们对居民这个词的用法，作为居民的移徙者不能仅仅是临时的外国访客。如果其他国家的公民因旅行、经商或学习而暂时居留，那么他们只是访客而不是居民。但是居民也不同于传统的移民，后者是带着对完全公民身份的期望与承诺而被接收的。居民介于这两种群体之间：他们是长期的居住者，却不是公民。

当代世界充满了这种移徙的居民。其中有些是非法移徙者，他们未经批准就踏入别国领土寻找工作。另一些是国家批准的移徙工，国家邀请他们来从事某种季节性或半永久性的工作，却不期望赋予他们公民身份，[32] 而是预计他们在工期结束或退休以后返回自己公民身份所在的国家。在某些国家，比如阿联酋、科威特和沙特阿拉伯，移徙工构成了经济的支柱。而在其他地区，比如欧洲和北美，移徙工倾向于填补劳工市场中更不起眼的工作岗位，这些岗位被本地公民认为是不理想的（例如，采摘水果和蔬菜、屠宰场工作、保洁或其他家政工作）。例如，来加拿大的墨西哥务工者从事采摘水果和蔬菜的工作，他们在深秋时节返回他们在墨西哥的家庭和社区，在那里他们拥有完全公民身份。加勒比和菲律宾的女性来到加拿大，她们从事半技术性的看护儿童或老人的工作，常常在工作数年后回国。

在这些例子中，有些长期移徙者如果仍然是居民而非公民，这是不正义的。不管从哪个角度看来，那些移徙者都已经归属于他们居留的国家，他们已经在那里建立了家园和家庭，他们的生活已经在那里扎根。在这种情况下，移徙者有可能想要得到完全公民身份，而正义也要求他们被赋予这种身份。此时，拒绝赋予其公民身份不仅本身不公平，还常常会固化其他不正义。全世界的外来居民都面临着极高的被剥削的风险：来自穷国的走投无路的人们通常愿意忍受非常糟糕的生活和工作条件，而没有公民身份就意味着他们也许无法行使自己名义上拥有的任何法律权利。

基于这个理由，很多人主张我们的目标应当是尽可能更快、更容易地将移徙工转变为公民，或者我们应当完全取消移徙工项目。（Lenard and Straehle 2012）国家应当通过批准永久移民（而不是批准移徙工）来填补劳工市场的空缺，这样所有的务工者都会受到完全公民身份的保护。

然而，我们不应假定外来居民身份总是或本身就具有剥削性，或假定公民身份总是可以解决问题。有些移徙者不希望在当前居留的国家建立家庭，也不希望深深地扎根于这个社会，或者参与其公民合作事业。他们生活计划的重心仍然留在其祖国。巴莱里亚·奥托内利（Valeria Ottonelli）和蒂齐亚纳·托雷西（Tiziana Torresi）指出，季节工和临时工也许拥有完全合理、正当的“临时移徙计划”。（Ottonelli and Torresi 2012）他们生活的重心也许在他们的祖国，他们只希望挣钱或增长经验，从而可以实现他们在故乡的目标，比如盖一座房子、赡养一个大家庭，或者创立一门生意。他们不希望永久居留，背井离乡并放弃原来的生活。相反，他们之所以出国务工，是为了实现那些与他们在故乡的生活和家庭相关的目标（或者，对于那些出国旅行的年轻人来说，他们也许只是想在安顿下来之前，得到更多的海外旅行和生活的经验，他们也可以通过在外国工作来获得旅行费用）。

在这些情形中，移徙工不太可能对那些旨在让他们更快地融入国家公民事业的政策感兴趣。如果移徙者只有暂时移居计划，他们也许不想去掌握那些东道国的公民规范，而且如果强迫他们这样做的话，可能会引起他们的反感。对他们来说，花费时间或资源去学习东道国的政治制度或语言可能是不合理的（来加拿大的墨西哥季节工也许不想要花时间去学习英语或法语）。简言之，他们也许想要以一种拓展的或季节性的方式生活在我们之中，而不想成为我们的一员。移徙工也可能以他们自己的方式，出于不同的原因，希望选择退出公民身份。

这样的例子给传统的自由主义正义理论带来了一个挑战，因为它将公民身份视为确保公平性的重要手段。移徙者非常容易遭受不正义，但如果将公民身份强加于他们，可能既无效（因为有效地行使公民权需要耗费时间和资源，而移徙者也许不愿投入这些努力），也不公平（如果国家强迫移徙者花费时间和资源去学习当地语言并了解这个国家的政治制度的话）。任何将公民身份强加给移徙者的做法，“都会使移徙者承担一定代价，强迫他们将那些与他们的生活计划和最初目标相关的资源转移至别处，这是不公平的”。（Ottonelli and Torresi 2012）因此，这些移徙者“难以在民主制的版图上落脚”。（Carens 2008a）

那么，我们如何确保移徙者免受不正义的对待？我们如何确保接纳移徙者的努力不会沦为支配关系和等级制，正如在世界各地经常发生的那样？在这个语境下，正义应要求一种居民身份形式，它既可以保护移徙者免受剥削，同时又能使他们自由地追求与其祖国相关的生活目标。[33] 居民身份可以使他们与当地社会之间建立一种比公民身份更弱的关系，这种独特关系不是不公平的或压迫性的，因为它符合双方的正当利益。

当然，这在很大程度上取决于这种居民身份地位的具体条款。如前所述，居民身份的公平性要求以一种平衡或对等的方式同时减免公民身份的权利与责任，并且这样做要符合双方的正当利益，而不是由一方单方面强加给另一方。不能在减少权利的同时，仍施加与公民身份相关的全部责任：这会使居民沦为次等公民。[34] 更恰当地说，它要求移徙者与更大的政治社群之间议定一种不同的、更弱的，却仍然具有互惠性的关系：处于这种关系中的双方对彼此提出的要求更弱。

比如，在社会权利方面，我们也许可以让东道国法律为移徙工提供完全保障（例如，医疗福利、安全的工作场所、培训、补偿金、批准探亲签证等等），但不给予那些与完全公民身份相关的利益（例如，永久定居和支持其家人移民的权利，投票或担任公职的权利）或责任（例如，缴税、服兵役或陪审义务、具备语言能力）。

在这个语境中，移徙居民身份一般涉及国家之间的劳动分工。例如，就季节工而言，目的地国在工作生活方面为其提供同等的保护与地位（例如与该国公民一样的薪资水平、保护、培训与健康和安全保障）；同时，务工者的祖国在其他生活领域中仍为其保留那些与公民身份相关的基本保障（与回国的工作生活和家庭生活相关的支持和福利、政治参与、退休福利等等）。在这种模式中，移徙者不“被视为无助的次等公民”，更恰当地说，“他们的平等地位之所以能得到保障，不是因为他们完全融入东道国，而是因为他们的特殊地位得到承认，因为他们与那个社会之间的不固定的、临时性的关系得到了公众认可”。（Ottonelli and Torresi 2012）

我们不能低估这种居民身份模式可能带来的风险。技能水平较低的移徙工总是易于遭受剥削，因为他们缺乏与临时工作所在地的社区之间的联系、参与政治的权利、语言能力，以及关于权利的教育或知识等等。这种脆弱性在某种程度上为所有访客共享，包括商业人士、游客或访学学生。但是移徙工的脆弱性更高，因为他们一般都缺钱、选择更少，而且更有可能在偏僻的地方从事有危险的高强度体力劳动（技能水平高的移徙工的脆弱性要低很多，因为他们有更多的选择、更好的议价能力、更高的受教育水平）。要降低这种脆弱性，也许可以通过建立有效的国内或国际监督机制，以确保移徙工的权利得到充分的表达与尊重。[35]

至此，我们一直在讨论被批准的移徙工的居民身份。未获批准的或非法的入境者则更加复杂，因为这里存在一个最初进入的问题。我们认为，对于那些只是打算暂时移居的非法入境者来说，只要符合特定条件，就应当给予某种类似于移徙居民的身份。但是要想确定这些条件并不简单。

考查一下自由民主国家在应对非法移民时的最佳实践经验，我们可以确定两个有用的原则。第一，国家有正当的权利去阻止未经批准的入境。国家当然不能射杀非法入境者，或以其他方式侵犯他们的基本权利，但是它可以设置签证门槛、边境管制、阻止进入的屏障，以及寻找并遣送那些已经进入的非法移民。它还可以改变那些最初吸引非法移民的社会条件。例如，它可以惩罚那些雇佣非法移民的公司，或者不让非法移民得到某些利益（例如驾照），从而减少非法入境的吸引力。

然而，如果非法移民能够在很长一段时间内躲过侦查，没有被遣返，那么第二个原则就要起作用了。他们或早或晚会获得“居留权”，这类似于占屋者的权利[33]，可以体现为国家定期为长期非法移民提供特赦。（Carens 2008b, 2010）移民也许是非法进入一个社群的，但随着时间推移，他们开始扎根于那个社群，所以将他们赶走的道德代价变得太大了。

在一些情形中，由于扎根太深，他们居留的国家实际上变成了他们唯一的家园。他们也许已经在那里建立了家园和家庭，而假如返回祖国，他们会觉得自己像个陌生人。这样的话，就应当通过特赦使其获得完全公民身份。但是在另一些例子中，非法移徙者仍然与他们的祖国保持着密切的关系，而他们一开始非法入境实际上就是为了追求与自己家乡相联系的生活目标。在这种情形中，就像对合法移徙工一样，正当的解决方式是承认其居民身份。

简言之，国家可以通过设置障碍和抑制措施来阻挡非法入境者，但是一旦他们进来了，处理思路就要随着时间推移而改变，需要考虑新的既成事实。[36] 在有些情形中，应当给予完全公民身份，但是在其他情形中，居民身份是更合适的。

所以，不管是对合法移徙工还是对非法入境者来说，移徙居民身份都是一个潜在的出路，它可以为居住权（以及其他恰当的社会权利）提供坚实的保护，同时不要求对完全公民身份的承诺——这种承诺也许双方都不期望。

如前所述，这种形式的移徙居民身份带来的风险是，公平的区别对待可能会转变为不平等和污名化。移徙居民可能会被视为卑劣的外来者或非法入侵者，而不是有着不同生活计划的、与其他社会相关联的道德平等者，这对居民身份关系的潜在互惠性造成了危害。非法移徙者特别容易面临这种风险，但是合法移徙者也有这种风险。而上述危害是否会发生，在很大程度上取决于东道国是否真诚地实施移民政策。在现实中，很多国家都在执行一些欺骗性的、伪善的跨国劳工政策。他们对非法入境睁一只眼闭一只眼，因为批准合法移徙是不划算的，而移徙工又对本国经济起着重要作用。一些国家允许移徙者进入，却不承认其合法地位，于是就逃避了提供任何关于居民身份的权利和利益的责任，而该国的产业则因更低的薪资压力而获利。

更普遍的现象是，国家经常公开摆出一副反对移民的姿态，宣称这会给经济、民主自决、文化稳定性带来沉重负担，背地里却为非法移徙者放行，这是为了不付出任何成本地从移徙者身上捞好处。除了明显的不正义之外，这种表里不一的国家政策还毒害了公民对移徙者的态度。官方不承认对移徙者的需要及其带来的好处，导致了人们对移徙者看法存在局限性，认为他们是违法者、社会的负担、社会契约的威胁者，而不是为社群做出贡献的成员。在这种情况下，移徙居民身份的确处于一种脆弱而易受伤害的地位。但是，如果国家真诚地、出于善意地解决移徙问题，那么居民身份可以为正义的关系提供一种稳定的框架。

我们已经讨论了在现代自由民主社会中的两种基本的居民身份形式。居民身份可以应用于跨国移徙问题，也可以应用于各种脱离主流公民身份实践的情况。在自由的环境中，人类文化、行为和实践必然会呈现出多样性，此即罗尔斯所说的“多元主义的现实”（the facts of pluralism）。而我们认为，在这一现实之下，居民身份的存在也是必然的。如我们在前文所言，人类总是固执地拒绝被国家和政治哲学家归入那些僵化而对立的范畴。不是每个人都能够或愿意在完全公民身份与完全被排斥之间做出非此即彼的抉择。面对“进或退”的选择，有些人出于充分的理由可能更愿意争取第三种选择，即居民身份。

然而，虽然在多元主义的现实下居民身份也许是必然的，而且也可以符合基本的公平与互惠性标准，但是它也内在地容易导致剥削。历史经验表明，完全公民身份仍然是道德平等的最可靠保障，而我们要想提供居民身份，就需要强有力的保护措施以防止它导致不平等关系。究竟有哪些保护措施？在学术文献中尚缺乏相关的理论研究，但是我们可以确认三组议题：

（1）**保障居留权**

在移徙居民身份问题上，不管个体是如何移徙到一个社群的（合法或非法地），随着时间推移，他们定居在其他地方的机会越来越小，而居留的权利和融入政治社群的权利越来越强。永久居民是不能被驱逐的，他们必须被赋予居留权，不管是作为公民，还是作为居民。

（2）**居民身份的互惠性**

只有在满足以下两个条件的时候，方可不给予居民完全公民权：第一，他们是非全时段的或临时的居民，只受益于在其他国家的完全公民身份；第二，居民身份是一种对利益和能力的互利调和，它体现了彼此间想要建立一种较弱的联系或合作关系。换言之，应当以相应的方式来减免那些与公民身份相关的利益与负担，而且这体现了一种对利益的公平调和，而不是等级制的剥削关系。

（3）**防止污名化**

国家有特别的责任确保居民不会因身份不同而易受伤害。必须制定保障措施，以防止居民身份导致污名化或等级制：居民与政治社群的关系不同，但是这不意味着他们是下等或卑劣的人，他们因自己的内在道德地位及其贡献而必须得到尊重。这些保障措施包括：健全的反歧视立法，充分而平等的法律保护，以及不应在公共论辩中以虚伪或不怀好意的方式歪曲居民在社群中所起的作用。

如果有了这些及其他保障措施，居民身份按理说就可以恰当地应对人类族群和社群的多样性，同时仍然坚持道德平等和公平的基本价值。

4. 确定动物居民身份的相关条款

以上对人类居民身份的讨论能否为解决边缘动物的问题带来启发？我们相信可以，部分原因是边缘动物所遭受的各种排斥和不可见的境遇与人类居民是相似的。正如现代国家喜欢按照僵化而对立的公民范畴来归类每个人——它期望个体要么是完全的公民，要么是完全的外人。同样地，人类社会也喜欢把所有动物都归入各自的位置，要么完全是野生动物，要么完全是家养动物。在日常生活的图景中，边缘动物被置于不可见的处境，而且总是被视为某种程度上的“越位”。事实上，它们被视为实际上属于别处的异类或外来者，即使我们不太确定它们究竟属于哪里。所以，它们就像人类外来者那样遭到排斥，但这里的排斥不仅体现为抑制措施、设置屏障和遣返等形式，还体现为更极端的暴力和杀戮等形式。

不管是在人类的还是在动物的情形中，其背后的逻辑似乎都是：任何想要生活在这里的个体，都必须选择“进或退”：要么是完全公民，要么被排除在外。而且这种强制性选择不足以解决动物问题，正如它同样难以应对人类关系的多样性一样。事实上，从很多方面看来，它在动物问题上的不足更多。对于人类居民而言，虽然强制其在被遣返与完全公民身份之间做出抉择是很残酷的，但至少这两个选项都具有潜在可行性。尽管返回祖国和得到完全公民身份都会带来巨大的（且不公平的）负担和代价，但二者对人类居民来说都是能适应的。动物则不然，这两个选项通常对动物都是行不通的。进或退的抉择实际上意味着在被驱逐与被驯养之间进行抉择：要么被迫离开人类居住区域，要么被迫接受将动物转变为人类的家养伙伴所必需的拘禁和圈养。如前所述，这两个选项都没能充分考虑到边缘动物的现实处境。我们更恰当的做法是，承认边缘动物属于这里，但不在我们的管理之下，而是拥有一种不同于家养动物的身份。实际上，它们需要一种居民身份。

但是这种动物居民身份的公平条件是什么？我们在人类的情形中所讨论的三个关于居民身份的公平原则可以为动物的情形带来启发吗？我们相信是可以的。我们无法通过展开一种系统性的论证，来说明这些原则针对所有不同类别的边缘动物各提出了哪些要求。如我们在前面所讨论的，边缘动物的脆弱性和适应性各不相同。生活在树篱里的榛睡鼠的居民身份，其形式显然不同于城市里的鸽子。然而，我们还是想简要地谈一下各项原则。

（1）**保障居留权**

不管是在人类的还是动物的情形中，居民身份的一个核心要素就是居留权——不被视为属于别处的异类或外来者，而被视为与我们同属于这里的居民的权利。虽然我们可以在最初正当地通过采取抑制措施或设置障碍来防止那些投机的或外来的边缘动物迁入和繁殖，但是随着时间的推移，他们渐渐获得了居留的权利。不管这些个体是如何开始居留在一个社群的（合法还是非法，受欢迎还是不受欢迎），他们居留越久，移居到其他地方的机会就越少，而居留权相应会增强。

（2）**公平的互惠性**

不管在人类还是在动物的情形中，居民身份都意味着一种对权利与责任的对等的减免，以适应群体间建立一种比完全公民身份更弱的关系的意愿。然而，动物的居民身份通常涉及比人类居民身份更弱的相互交往与相互义务形式。如果居民身份意味着选择退出完全公民身份的某些方面，那么在边缘动物的情形中，选择退出的程度要比人类居民的更大。

这一点也许在捕食关系中最为明显。在人类居民身份的情形中，我们不接受一些居民被其他人掠夺，或者因饥饿或寒冷而死亡。国家有义务保护包括居民在内的所有人类成员，使其免受基本的生存威胁，居民身份的地位并不意味着放弃这些保护。相反，边缘动物居民仍处于捕食－被捕食的关系之中：有些动物居民是捕食者（鹰），另一些则是被捕食者（家雀），还有一些二者皆是（野猫捕食鸟类，有时也被郊狼捕食）。

如何解释这种差异？答案还是在于对自由和自治的威胁。一般来说，我们可以在保护人类居民免受杀害或饥饿的同时，尊重其自由选择权和自由移动权。但值得注意的是，在某些情形中，如果保全人类生命意味着严重限制其自由和自治，我们就倾向于接受在生命与安全方面的风险。例如，我们不会强迫人们报告自己的定期体检结果，即使这是唯一能够确保我们及时发现疾病的方式。类似地，我们也不会挨家挨户安装摄像头，即使这可以确保每个婴儿都能得到充分的爱与照料。人类社会一直在自由自治与安全之间寻求平衡（而且不同社会有理由做出不同的权衡取舍）。我们会认为边缘动物在生活中所承受的风险水平，放到人类身上是不能接受的。然而，要减少这些风险，就要求我们对它们施加过多的强迫与限制，这也是我们不能接受的。关于边缘动物的自由、风险的计算方式是如此不同，这导致它们所得到的权利与责任的组合也是不同的。

这种更弱的居民身份形式是适用于边缘动物的，它是边缘动物与人类在混合社群中的一种互惠安排。这种减少了利益与责任的互惠安排可以免除边缘动物作为完全公民所必须接受的那些限制，使其自由免受严重的损害，与此同时也减少了人类社群的责任，后者不用为其提供与完全公民一样的福利和保护。我们基于如下关于边缘动物的假设来为这种立场辩护：第一，它们倾向于躲避人类；第二，与拘禁或其他对自由的严重限制相比，它们宁愿接受被捕食的风险；第三，它们具有一定的适应环境风险的能力，这是一种在自由（和风险）中才能得以发展的能力。

然而，对于任何**特定的**边缘动物来说，在不同的情形中这种权衡会极不相同。毕竟，有些边缘动物**的确**会寻求人类的相伴，二者建立起信任关系和一定程度的相互理解。在这种情况下，我们可以将这些动物的行为视作一种投票，表明它们对公民身份的偏好胜于居民身份。或者，试考虑一只浣熊孤儿，或一只受伤的松鼠，它们无法独立生存，而我们可以安全地施以援助。对于这些动物来说，在权衡利弊后公民身份也许看上去是很有吸引力的，因为在它们的处境中，居民身份不仅意味着更大的风险，更意味着马上必死无疑。在某些情形中，我们能够帮助动物康复，并且恢复其边缘居民身份，但在其他一些情形中，让它们融入人类–动物混合社群并成为普通公民（代价是自由受限制）才是更恰当的处理方式。这就类似于第六章关于我们对受伤野生动物的义务的论证。[37]

虽然我们必须注意那些也许需要或想要与人类建立更亲近关系的非典型的边缘动物，但这不意味着我们应当促进这种个体的数量增长。人类在试图拉近与边缘动物的关系时应当格外谨慎，例如喂食或以其他方式亲近它们的时候。许多人类–动物之间的冲突都源自这种干预。数量的增加和对人类的依赖会使这些动物被视为麻烦或威胁，其结果肯定会对动物不利。例如，袭击人类或动物的那些“成问题的”郊狼往往接受过人类喂食。（Adams and Lindsey 2010）喂食熊、鹿或鹅，这看上去是一种对动物有利的积极干预（有时的确如此），但是在采取这样的行动之前必须全面考虑溢出效应。

所以，与人类居民身份相比，边缘动物居民身份所要求的关系通常要松散很多，其要求的合作和义务也弱很多。边缘动物居住在我们之中，其存在必须被视为合法的，但是我们无权为了让其参与公民实践而强制其接受社会化，而它们也无权要求得到与合作性公民身份相关的全部利益。

然而，同样值得强调的是，和公民身份一样，居民身份也是一种处于发展中的关系，其未来的演化是不可预测的。如果人类承认边缘动物生活在我们之中，并且开始建立正义的关系，而不是虐待或无视它们，那么这些动物不可避免会改变对待我们的行为方式。一方面，它们可能会变得不那么防备人类，随着时间推移，这可能导致一种互惠性超出我们当前想象的公民身份形式。另一方面，降低防备也会导致更多冲突。例如，考虑到郊狼会对婴儿或小型家养动物构成风险，我们不应冒失地以一种会减低它们对人类防备的方式与其交往。[38] 类似地，有多种边缘动物很可能会把疾病传染给人类或家养动物。此外，在很多情况下，边缘动物对人类或家养动物降低防备会增加它们自己的风险（例如，一只金花鼠越来越习惯于无害的家养狗，而当她遭遇一只野化猎犬的时候，也许会因放松警惕而遭受伤害）。虽然在很多情形中与边缘动物拉近关系是不明智的，但我们仍可以公正地对待它们（即，我们可以尊重它们的基本消极权利，并减少我们在无意中为其带来的风险），而不使关系变得更近。

对于我们与边缘动物之间关系的可能性与限制，我们要保持一种开放的态度。不管是在个体还是在物种层面，不同的边缘动物在与人类的交往方式以及互惠的可能性上都存在巨大差别。总的来说，我们主张限制边缘动物融入公民社群的情形，因为这有可能会制造冲突。公正地对待这些动物并不意味着亲近它们，或者增加互惠关系的广度或深度。然而，我们无法预测这些关系会如何随着时间的推移而演变，以及某些边缘动物是否会从居民转向某种更接近于公民的地位。

在可预见的未来，居民身份模式的运作都要基于谨慎的、最低限度的交往，而不是信任与亲密的合作。然而，这种较弱的关系形式仍然承载着重要的积极义务。边缘动物居民身份比人类居民身份更弱，但是它的意涵仍比传统动物权利论“由它们去”的命令更丰富。人类不仅必须尊重边缘动物的基本权利，而且必须在决定如何设计我们的城市和建筑，以及如何管理我们的行动时考虑它们的利益。

这提出的一个要求就是公平地分担风险，正如我们在第六章曾讨论的。如今，我们过分敏感于边缘动物可能为我们带来的任何风险——被吸入飞机引擎、导致交通事故、啃咬绝缘电线等。有时候我们极端地夸大威胁，特别是在疾病问题上。[39] 与此同时，我们无视自己对边缘动物造成的无数风险——汽车、电力变压设备、高层建筑与电线、玻璃窗、后院水池、杀虫剂等等。如我们在第六章所论证的，对动物给人类的风险采取零容忍政策的同时，完全无视我们给它们造成的风险，这是不公平的。公平要求我们在公民与居民之间平衡风险与利益。公平地分担风险会为城市和城郊发展带来重要影响，包括改变建造规则——关于位置、高度和窗户布局（以减少对鸟类的影响），修建城镇动物廊道（以便边缘动物避开公路），设置警示装置和屏障，修改杀虫剂和其他毒药（动物对它们的耐受能力常常不及人类）的使用规则。

我们需要对人类环境的变化幅度加以相应的调节。边缘动物（特别是生态位特化者）非常容易因环境变化而受伤害，比如土地使用和农业活动的变化。这意味着当我们决定是否有必要做出改变，以及决定最好采用何种改变方式的时候，需要考虑到这些动物。有时候，逐步地实施改变就足以确保那些脆弱的动物有机会去适应或迁移。卡佩克描述了一起关于牛背鹭[34]（一种与草场和食草动物相联系的边缘物种）的事件，非常令人震惊。（Čapek 2005）在阿肯色州康威市有一片树林是8000对牛背鹭的筑巢地点。在短暂的筑巢产卵期，这个树林因开发而被铲平了，这导致了一场对鸟类的大屠杀。如果该项目工期能推延两个星期，牛背鹭就可以结束产卵期，屠杀很容易就能避免，但开发商宣称不知道那里有鸟。在这个例子中，人类和鹭的利益并不存在本质上的冲突，那些鸟只是（在物理上和伦理上）被无视了。

人类对边缘动物负有的积极义务，与我们要求边缘动物履行的各种责任相对应。在共享的领土上，任何可行的共存方案都要求相互限制与相互适应。例如，就对社群中其他成员的义务而言，边缘动物同家养动物一样，也无法管理自己的繁殖。人类不需要干预边缘动物"和谁、如何、何地、何时"进行性行为，但是如果想要实现共存，我们就需要控制边缘动物的总量（通过生育控制疫苗，改善栖息地条件以允许种群的分散，以及让捕食者或竞争者重新出现等）。类似地，大多数边缘动物也无法根据其他个体的私有产权来规范自己的行动。在这个问题上，人类还是可以通过采取控制措施来保护所有社群成员的权利，包括使用（非致命的）围栏、隔网，以及其他屏障。换言之，要切实履行对边缘动物居民的责任，人类社群就需要有切实的权利去控制其总量及其对共享空间的使用。

在人类的情形中，个体的权利对应着尊重他者权利的义务。在未经允许的情况下侵入他人住宅并造成风险或麻烦，这显然违背了尊重其基本权利的义务。一般来说，人类之所以可以避免这些问题，是因为人类可以将合理行为加以内化，知道自己应出于对他者权利的尊重而管理自己的行为。然而，在老鼠以及其他适应性强的动物侵入人类住宅的情形中，我们面对的入侵者并不知道自己带来了风险或麻烦，而且也并不懂得对自己行为进行合理调节。在这一点上，它们就类似于儿童或那些智力水平有限的人，出于对它们和对我们自身安全的考虑，我们有时需要对其加以监控。边缘动物无法负责任地管理自己对人类做出的行为，这就需要人类来确立一种合理调节的框架，它既承认人类对安全（以及审美或其他方面）之诉求的正当性，也把人类的这种诉求与人类对动物施加的风险相权衡。在理想的解决方案中，动物不会因适应人类而陷入更糟的处境，尽管这个要求并不总能实现。

我们已经讨论了很多限制边缘动物迁入，以及减少其总量的策略。有一些显而易见的解决办法，包括设置围栏、物理屏障、房屋保护措施等。也可抑制其迁入动机，例如通过噪音装置、令其厌恶（但对其无害的）的东西，或者不牵绳的狗，这些都是有效的。例如，现在有些高尔夫球场鼓励人们带着自己的伴侣狗来打球，不牵绳的狗能阻止黑雁降落在球场草坪上。免牵绳的狗公园可以建立在人类不想让边缘动物迁入的地方，例如那些容易被鹿啃食而受破坏的私人园地或公园附近。出于类似的目的，一所城市公园也许可以鼓励疣鼻天鹅入住，因为天鹅的领地意识很强，虽然对于它们究竟可以在多大程度上赶走黑雁，还存有争议。[40]

冲突仍然在所难免。通过设置屏障和谨慎地储存食物或垃圾，可以避免小鼠和大鼠出现在屋子和橱柜里，可是如果你买了一栋老房子，发现里边已经住下了鼠群，该怎么办呢？除了诱捕并遣送这些动物之外，也许没有其他选择。这将为它们的生活带来压力，但是我们可以通过一些使伤害最小化的方式来做这件事。例如，可以把它们遣送至一间安全的外屋中，并以逐渐减量的方式为它们提供食物和水，直至它们能够自食其力。

控制边缘动物数量的措施中，最有效的是控制食物源和筑巢地点，以及提供足够大的生境网络和廊道，使自然的种群控制系统发挥作用（即种群的散布、竞争、捕食）。种群规模会随着资源的增加而增长，而人类似乎在不遗余力地为边缘动物提供食物和筑巢地点：不谨慎地储存食物和处理垃圾是主要的问题来源；在公园和花园的植物选择上考虑不周也会对其产生吸引力；而有目的地喂养也起了很大的作用。公共教育运动强调，在很大程度上，是人类行为致使边缘动物沦为“有害动物”。我们前文讨论了温哥华的“与郊狼共存”运动，它阻止人们喂食郊狼或与郊狼亲密接触。为了减少人类与加拿大黑雁之间的冲突，加拿大动物联盟（Animal Alliance of Canada）制作了一份很好的指南，阐述了如何重新设计城市、郊区和农业的景观，以减少黑雁的食物源、筑巢地点和安全方面的机会。（Doncaster and Keller 2000）[41]

另一个非常有效的运动是由一名瑞士生物学家发起的，已经大幅减少了在诺丁汉（Nottingham）、巴塞尔（Basel）和其他欧洲城市里的鸽子数量。（Blechman 2006: ch. 8）该运动实际上采取了一套三管齐下的策略。第一，在城市周边的地点设置一些安全、干净的鸽舍。志愿者们定期打扫鸽舍，提供干净的食物和水。实际上，这些为鸽子提供的安全场所很像老式的鸽棚。第二，教育公众不要在其他地方喂食鸽子（喜欢鸽子的人可以到指定的鸽舍喂食）。公众教育是这套策略中最具挑战性的一环，它往往要求严厉处罚一小部分仍坚持在非指定喂食点喂鸽子的人。第三个策略是控制生育。志愿者用一部分假蛋替代一定比例的鸽蛋，从而降低了繁殖率。这个项目有效地限制了鸽子的数量与出没地点，缓和了当地人类与鸽子之间的关系。这与残酷而低效的传统灭除运动（射杀、毒害、诱捕、箭刺）形成了鲜明的对比，后者曾在其他城市导致了鸽群的增长。（Blechman 2006: 142–143）

这种对鸽舍谨慎选址和安排的做法，为我们指出了一种与边缘动物共存的一般策略。我们应当本着共存的精神采取积极的行动，对种群进行安置与管理，而非采取扑杀或驱逐等消极的行动。例如，城郊地区的野猫对鸟类构成致命威胁，据估计，在美国每年有1亿只鸟被猫捕杀。（Adams and Lindsey 2010: 141）然而，在有郊狼的区域中，鸟的数量要远远大于没有郊狼的区域。（Fraser 2009: 2）如果有郊狼在城郊的树林和荒野斑块区游荡，那么家猫和野猫就不敢四处走动，从而使鸟类免遭捕杀。事实上，郊狼在扮演着屏障的角色，它们为猫设立的禁区其实成了鸟类的庇护所。考虑到上述种种事实，我们如何才能更好地尊重鸟类、郊狼和野猫的利益呢？一个解决方式是在城市密集地区设立猫庇护所和喂食点（就像罗马庇护所那样）。猫会被各种好处（例如食物、远离郊狼）吸引而来，其实际结果是：被猫伤害的鸟大大减少了，而被郊狼伤害的猫也减少了。

一般来说，我们所倡导的这些控制数量和边缘动物移动的策略——屏障、抑制措施、减少食物供给、生境廊道、安全区，已经被无数的研究证实远比传统方法更有效。扑杀或驱逐动物只是打开了一个缺口，而这个缺口马上会被另一些动物（常常以更多的数量）填补。一般来说，动物种群是根据食物、栖身处、繁殖机会和致死风险来进行自我管理的。如果人类增加了食物和栖身处等机会，那么动物数量就会相应增长；如果人类减少这些机会，数量就会减少；如果人类让机会保持不变而增加风险（例如，扑杀或误杀），那么自然繁殖率就会增加以填补空缺。例如，边缘黑熊的繁殖率要高于野外黑熊，这也许是因为边缘黑熊幼崽的死亡率更高（主要是路杀所致）。[42]如果人类降低风险，那么被杀死的动物数量减少，其繁殖率会相应降低。[43]简言之，这是一个“你提供条件，它们就来”的境况。如果我们提供机会，边缘动物就会利用它们；如果我们限制整体机会，就可以限制它们的总数。我们也可以谨慎地控制机会的分布，从而促进和平共处。

在这些例子中，我们开始看到公平的居民身份方案的轮廓，它基于以下原则：保障居留权，以及一种责任与义务对等的弱式互惠方案——包括合理的相互适应和风险最小化的规范。

（3）**防止污名化**

我们在讨论人类的情形时曾提到，居民身份的风险之一，就是使居民易被污名化、被孤立和遭受伤害。虽然居民身份不应被视为一种低等或另类的标识，但是居民不像完全公民那样有能力保护自己免受这种污名化，而这种情形会导致敌意与排外心理。移徙居民、选择退出居民，以及边缘动物居民都面临着这种威胁，他们在历史上都曾被视为贱民，而不是仅仅身份不同的居民。

社会必须时刻保持警惕，以防止居民身份沦为等级制和歧视。对此，我们可以设想多种保护措施。对居民的法律保护不应只是一纸空谈，而是要由充分和平等的法律保护作为支撑。例如，在设计道路或建筑的时候，应当严格执行那些旨在减少伤害边缘动物的规定，以及针对过失致死（例如因道路事故、建筑或农业机械致死）的法律。我们在第五章已经讨论了这种执法所具有的重要象征意义和实际影响。

但是同样重要的保障措施还包括：要坚持透明性、一致性，并且真诚地承认我们是如何一手造成了人类 – 动物冲突。就跟对人类移徙者一样，我们对边缘动物的态度也是非常不一致的，而且这常常是因为没有正确认识到它们在我们社群内所扮演的角色，也没认识到是我们在吸引着它们。我们为鸟设置喂食器，结果却吸引来偷食的松鼠、浣熊、熊和鹿，更别说那些捕食鸟类的猛禽了。然后我们抱怨这些入侵者。我们不谨慎地处理垃圾或放置户外的宠物碗，所以吸引来各种动物，包括啮齿动物、浣熊、郊狼。我们在池塘和水景附近铺种大片经过修剪的肯塔基蓝草，为加拿大黑雁创造了完美的栖息地。某户居民为鹿设置了一个喂食器，而隔壁邻居便装上电网和稻草人以防止自己的郁金香和观赏灌木被啃咬，类似情况常常发生。有时候，一户居民既为了观鸟而为鸟设置了喂食器，同时还将喜欢捕食鸟类的家猫放养，或者装了一排会倒映树林影像的玻璃窗，吸引着飞鸟来送死。可以肯定的是，人类行为要对外来和野化的动物种群的存在负有绝大部分责任。

如今，人类对边缘动物的态度完全缺乏透明性和一致性。就跟对人类移徙者一样，部分原因是我们对是否应当欢迎这些居民存在不同意见，无知于自然和这些个体的习性（它们与我们共享社群和生活空间）的许多方面，过分恐惧于其危险性，以及完全无视自己施加给它们的风险。我们倾向于看到边缘动物的问题（例如，麻雀太吵、松鼠偷走鸟食、鸽子弄脏公园椅凳），同时无视我们在它们身上得到的好处（清除人类垃圾、促进树木播种、吃昆虫、为植物传播花粉、通过捕食来控制其他边缘动物数量）。

而且，就像在人类的情形中一样，不道德的政客和商人常常更喜欢利用无知和恐惧来获取利益，而不是教育公众去了解共存的益处和可能性。[44] 不管怎样，人类对待边缘动物的态度总是会存在差异。有人欢迎这些动物，而且设法与它们生活在一起，享受多样性和美，以及它们为社群生活带来的其他好处，而有人对它们的态度永远不会超过基本的容忍。透明、谨慎的计划和公共教育有助于调和这些态度差异。

请考虑一个在人类的情形中出现的类似问题。安大略人会在夏天成群地来到乡下。对于有些人来说，理想的去处是一个安静的湖泊，在那里你可以听到鸟叫与蝉鸣；而对另一些人来说，是一个有摩托艇、机动船和各种水上运动的充满活力的湖泊。这两种理想是不相容的，在湖区造成了一定程度的冲突。一种局部的解决方案是，通过制定协议和禁动力船条例，把喜欢安静自然的人们安排到一些湖泊，把水上运动爱好者安排到另一些湖泊。我们可以基于同样的精神来规划城市，有些社区可以设置屏障、禁止喂食，从而限制边缘动物的数量；另一些区域则更欢迎边缘动物，以及乐于与它们相处的人类。我们不应低估人类的聪明才智，人们有能力去创建能容纳公民与居民、人类与动物的城市生态系统。例如，英国的利兹市开办了一年一度的野生动物友好型城市空间设计竞赛。2010 年的获奖作品是一个动物“摩天楼”设计，它的目的是在都市中心地带为蝙蝠、鸟类、蝴蝶提供栖身处，同时它也适合人类居民居住。[45]

5. 结语

承认野生动物的居民权利不意味着人类必须退让，并任其占据城市和家园，[46] 而是意味着，我们必须承认那些已经成为社群居民的动物的身份合法性，并制定出既承认人类权利，也承认动物权利的共存策略。如果我们将那些适应性动物视为城市的非法移徙者并实施抓捕和驱逐，我们必定会失败。因为这些动物还会回来，或者被其他动物所替代。它们的存在是人类定居生活中必须接受的现实，因此成功的应对策略必须基于共存而不是驱逐。值得庆幸的是，对居民身份的正义要求与成功的共存策略是非常一致的。

可以想象这样一个场景，伴侣狗在高尔夫球场上愉快地跑来跑去，这使黑雁不再想降落在草地上弄脏球场。我们可以把这个场景看作一次失败，因为显然这并不是一个永久的解决方案；但同时我们也可以将它看作一个成功的共存策略，它认识到黑雁的存在是不可避免的，并实现了一种可接受的权宜之计。扑杀不是一个可选项，它既没有道德上的正当性，也没有实践上的可行性。我们已经论证了，人类可以降低城市对适应性物种的吸引力（例如，通过减少资源、设置屏障、利用竞争者与捕食者），同时提升野外的吸引力（通过不开发野外区域），这完全是合理的。实际上，这个策略可以改变边缘动物的风险预估，使得在它们看来，城市生活不那么明显地优于野外生活。但是这永远不足以阻止边缘动物在城市中谋生。城市生活简直太混乱、复杂、易于渗透了，以致永远无法有效地将边缘动物阻挡在外。再者，谁又想那样做呢？有些边缘动物被视为有害动物，但它们也为城市生活提供了多样性和生趣。如果为了解决少量严重的人类－动物冲突，就切断我们自己与自然世界的关系，这是很可怕的（也是徒劳的）。我们越能够接受和包容动物的存在（即使有些人永远不会完全欢迎它们），越能认识到城市是一种独特的动物王国，就越有能力去探索一些具有创造性的共存策略。

我们与边缘动物之间存在较大差异，所以互惠性是有限的，这意味着在可预见的未来，这些动物中的大多数仍将是居民而不是公民。它们生活在我们之中，而我们必须尊重它们的基本权利，并且将各种积极义务拓展至它们身上。这要求我们应当在开发人造环境的过程中，合理地照顾到它们的利益，而且在不会危害它们的基本自由和自治的前提下，给予积极的援助。同时，人们可以限制边缘动物数量的增长，并管理它们的移动和迁入。

所以，一方面，边缘动物是政治社群的居民，它们的利益必须得到考虑；另一方面，它们生活在一个与我们平行的维度上——一个在空间和时间上不同的城市，其运行机制（比如自然法则）更类似于主权动物社群，而不是人类–家养动物混合社群。

因此，它们的身份既复杂，又不乏道德上的模糊性。它不像家养动物公民身份或野生动物主权那样清晰。相比之下，居民身份是一种混合身份，它缺乏固定的参考标准。因此，事实上它更容易被用来掩盖不平等或忽视。但是在我们看来，不存在其他的选择。事实上，边缘居民身份、家养公民成员身份与野生动物主权要实现的价值是相同的，即道德平等、自主、个体和社群的繁兴。但是何以实现这些目标，取决于动物与人类政治社群之关系的性质。就绝大部分边缘动物而言，要实现这些价值，就必须承认它们在人类环境中的永久居民地位，但作为居民，它们仍然想要，且能够过上独立于我们的生活。无论是试图将边缘动物遣送至野生动物主权区域，还是试图将它们整合进与人类共享的公民成员合作体系，都会威胁到上述价值。它们所需要的，并应当得到的，是居民身份。

第八章　结语

在本书开头，我们指出动物保护运动陷入了政治和理论上的双重困境，而我们希望为克服这两种困境做一些贡献。在前面的章节中，我们集中讨论了理论上的困境，指出在人类–动物交往中存在大量紧迫问题，而传统动物权利论视角片面地关注动物的内在道德地位，无法解决这些问题。我们认为，要解决这些问题，就得用各种方式来把动物们与国家主权、领土、殖民、移民和成员身份等相关的政治制度和实践联系起来。这种更具有关系性和政治性的思路有助于照亮动物权利论中的盲点，澄清它的一些众所周知的矛盾和模糊性。

在结语部分，我们想回过头来讨论政治上的困境，这是一个更棘手的问题。我们在导言中曾指出，尽管动物保护运动在20世纪赢得了一些胜利，但它基本上输掉了这场斗争。动物剥削的规模在全球持续扩大，而我们在改革最残酷的动物利用方式上偶有的“胜利”，只是在啃啮这个动物虐待体系的边角而已。

对于任何关心动物命运的人来说，设法突破这个政治上的困境是当务之急。建立新的、拓展性的动物权利论也许具有学术上的推动力和挑战性，但是它能为现实世界中的运动和辩论带来改变吗?

我们并不乐观地期待情况能在短期内发生巨大改变，当然也不会幻想仅仅通过提供更好的道德论证就能改变世界。人类社会——包括我们的文化和经济——建立在剥削动物的基础之上，而且很多人为了维护既得利益而以各种方式来支持这种剥削。众所周知，道德论证一旦与自我利益和既有期望完全对立，就会变得无效。我们大多数人都不是道德圣人：当代价相对较小时，我们愿意按照道德信念行动；但是当道德要求我们放弃自己的生活水准或生活方式时，我们就不愿意那样做了。人们也许愿意禁止猎狐，但是显然对放弃肉食或皮革不那么热心，更不要说停止对野生动物栖息地的殖民开发，让猫和牛获得公民身份，或者与鸽子和郊狼共处。任何要求人们变成道德圣人的理论都注定在政治上无效，我们不应天真地对此抱有更多期待。

然而，我们不相信这是故事的全部。事实上，有人会认为我们对动物剥削的依赖正在伤害我们，甚至杀死我们。以肉为主的饮食不如素食健康；而且，生产肉类的农业活动是导致全球变暖的首要原因，其影响与交通运输不相上下。[1] 人类对野生动物领土的殖民开发正在破坏地球之肺，影响到土壤的活性、气候系统的稳定性，以及淡水供应。一个简单的事实是，如果不减少对动物的剥削和对其栖息地的破坏，人类将无法在这颗星球上生存。

事实上，一些评论者认为即使道德敏感性不发生任何变化，动物剥削体系也将不可避免地自行崩溃。如吉姆·莫塔维利（Jim Motavelli）所言："我们不会仅仅因为停止吃肉是'正确的事'就停止吃肉"——他认为通过推理论证来使人们放弃吃肉"是一桩亏本生意"，除非"我们是被迫停止吃肉的"。联合国调查表明，至2025年，不再有足够的水和土地来维持80亿人口的肉食需求，所以"肉食将会消失，除了作为少数人的奢侈品"。[2] 莫塔维利预计，人类最终会转向一种拒绝食用动物肉的伦理，但是这将会发生在肉食产业所导致的环境崩溃之后，而不是在那之前。根据这种观点，在动物权利论上付出的努力是没有意义的，不是因为它无力对抗那些支持动物剥削的力量，而是因为它是不必要的，因为另有能长期减少动物剥削的力量。

有趣的是，这里呼应了那些关于废除奴隶制的争论。有人认为奴隶制的终结是废奴主义运动的结果，废奴主义者成功地改变了人们关于黑人权利的道德敏感性；也有人认为，奴隶制是自行崩溃的，因为事实证明它在经济上越来越低效。就人类奴隶制而言，大多数观察者都同意，道德感召和经济因素都很重要，而且它们实际上是相互关联的。道德敏感性的变化会促使人们确认那些潜在的支持废奴的自利理由，个人经济利益的变化会促使人们反思他们以往的道德信念。

关于道德信念和自利观念之间复杂而难以预测的相互作用，已经在最近的社会科学文献中被广泛探讨了。现在人们普遍认为，观念和利益并不是相互分离、相互隔绝的两个范畴，因为人们对自我利益的确认部分取决于他们对自己是谁，以及他们看重这个世界上的何种关系的认识。举一个极端的例子，很少有人会认为禁止吃人是对他们自我利益的一种“负担”或“牺牲”。人们不认为他们自己在吃人肉这件事上拥有一种自我利益，因为他们不认为自己是这种竟然想要吃人的人。类似地，也许我们可以期待，有一天人们不再将禁止吃动物肉视为一种负担或牺牲，因为人们不再认为自己是那种想要吃动物肉的人。通过这种方式，道德敏感性的变化重新定义了我们的自我认识，由此也定义了我们对自我利益的认识。

其实，我们对于自己是谁以及自己看重什么的认识，不仅仅是由狭隘的自我利益或明确的道德信念所塑造的。我们可以拓展自己的道德想象力，通过谨慎的思考和反思，通过富有同情的关系，或通过科学的和创造性的冲动——我们关于探索、学习、创造美、关系和意义的欲望。我们需要在动物正义事业中发扬这种更广博的人类精神。

今天，动物权利论所提出的很多要求无疑被很多人视为巨大的牺牲。我们所发展的道德理论，和人们对利益、对自我的认知之间，存在巨大的沟壑，但这一情况可能会发生变化。变化的方式难以预料，而且也许比我们想象的更快。随着我们的动物剥削和殖民体系所造成的环境和经济代价变得越来越明显，我们越来越需要发展新的概念框架来帮助我们确立新的人类－动物关系观。

我们希望本书可以为这项任务做出贡献，不管是通过它所提供的长远视野，还是它所提议的短期策略。就长远视野而言，我们的思路为人类－动物关系提供了一种比传统动物权利论更积极的未来图景。迄今为止，动物权利论主要关注的是一系列消极禁令——不可杀害、利用、圈养动物。在这个过程中，动物权利论采取了一种粗陋的、过于简化的人类－动物关系观念：家养动物应当消失，而野生动物应当不受干涉。简言之，不应存在任何形式的人类－动物关系。我们已经论证了，这幅图景不仅在实践上是行不通的（人类与动物不可能被隔离在彼此封闭独立的环境之中），在政治上也是不利的。

大多数人类都是从与动物建立关系开始了解和关心动物的，通过观察它们，和它们一起散步，照料它们，爱它们，以及被它们爱。那些最关心动物命运的人类一般都与动物建立了关系，他们是动物的陪伴者和工作伙伴，是野生动植物的观察者、保护者，又或者是生态恢复工作者。要想走出这个政治上的困境，就必须依靠这些能量和动力。然而动物权利论所包含的信息是：人类不可能与动物建立良好关系。我们会无法避免地剥削与伤害它们，所以必须与它们断绝关系。这一信息不太可能鼓舞那些动物爱好者去为动物正义而斗争。[3]

我们不主张和动物断绝关系，我们的长远构想是探索并接纳这种关系的全部可能性。这要求我们不仅承认动物们作为独立主体的基本权利应得到尊重，更要承认它们作为社群成员——不管属于我们还是它们的社群——与我们在相互依赖、互利互惠和共担责任的关系中联结在一起。这幅图景远比经典动物权利论立场要求得更多：后者只要求一种不干涉动物的义务，而前者是一种更积极、更具创造性的图景，它承认人类 - 动物关系可以是同情的、正义的、有乐趣的、彼此充实的。任何动物权利论都要求人类放弃他们从动物剥削或殖民中所得到的不正当利益，但是一种在政治上有效的动物权利论，不应只是指明正义要求我们作何牺牲，还应指明正义有可能回馈给我们何种新的关系。

而这一点，又反过来影响了短期策略。如果我们的长期目标不是仅仅废止剥削，而是建立新的正义关系，那么就连短期前景看上去也不会像之前那么黯淡了。虽然在全球范围内动物剥削或殖民的绝对规模都在扩大，但同时，世界各地也进行着不计其数的探索新的人类 - 动物关系的实验。本书已经讨论了其中一些，仅举其中几例：

（1）从斋浦尔（Jaipur）到诺丁汉，定点设有很多鸽舍（搭配喂食和生育控制方案），用以控制野鸽的数量。这正在渐渐说服质疑者停止他们的疯狂杀戮。在一些城市，有些艺术家参与鸽舍的设计，把它们变成大众艺术和公共参与的场所，并使其成为物种间和平共存的范例。

（2）英国利兹市正在考虑一项关于设立高层栖息地的提案，将设计一种在市中心接纳鸟类、蝙蝠以及其他野生动物的垂直绿塔。

（3）在安大略省东部有一个野生动物庇护所救助了处于各种困境的动物，包括饥饿的猫头鹰、落单的松鼠和被车辆撞碎龟甲的乌龟。在限制与人类接触的前提下，工作人员为其提供了周到的医疗护理，期望它们在完全康复后能成功回归野外。

（4）加利福尼亚有一个救助鸡的庇护所，为鸡提供栖身处、营养和医疗，包括经过特殊设计的围栏和跑道，保护它们免遭夜间捕食者的伤害，免受禽流感病毒的感染。那里的鸡活动自由，有机会建立相互关系，并从事各种活动与行为。没有一只鸡被杀死。它们过着自然的生活，常常一直活到它们停止产蛋之后很多年。庇护所的主人会收集并出售其中一些鸡蛋。

（5）越来越多的人将他们的狗和猫伴侣视为正式的"家庭成员"，并且让这些家庭成员得到高质量的医疗护理、急救服务，以及进入公共空间的权利，正如所有人类公民一样。

（6）世界各地的野生动物保护者们，正在利用他们日渐增长的关于动物迁徙的知识来引导人类发展，从而保护和重新建设野生动物廊道和可赖以生存的栖息地。航道正在被重新规划，野生动物廊道也在修建中，绿地正在恢复并逐渐相连。

关于这些和无数其他例子的讨论贯穿了本书，通过它们，我们看到人类正试图与动物建立新的、合乎伦理的关系。这些关系已经远远超越了人道对待动物的观念，也远远超越了不干预和尊重基本消极权利的观念。至少，它们蕴含了一种更具包容性的人类–动物关系观念，这一观念承认我们不可避免地处于与动物的复杂关系之中，而且对它们负有各种积极义务。

在我们看来，这些实验是在为建设一个未来的动物社群而添砖加瓦，我们的部分目标是提供一个理论框架，使得这种动物社群有理可循。每一个实验都在以自己的方式表明，新的正义关系是可能建立的，而且是可维持的。人类无法放弃在动物剥削或殖民中获得的利益，虽然这一点在近期难以改变，但是人们也会对不正当利益感到非常不安，并为探索新的可能性投入了大量的创造性能量，而且从中学到了很多知识。然而，这些行动基本上被当前主流的动物权利哲学理论无视了，后者缺乏阐明这些实验之道德价值的理论工具，认为它们与废止工业化农场和其他产业对动物的直接剥削的动物权利计划无关，甚至严厉谴责它们并没有阻止对动物的利用，没有学会“由它们去”。

期待仅靠道德论证来战胜根深蒂固的文化成见和自利的强大力量，这是过分的要求，但是道德论证至少应当去确认有哪些道德资源在我们的社会中是的确存在的，不管是现有的还是有待开发的，并且应当努力强化它们。动物权利的道德资源包括：那些与自己的伴侣动物建立羁绊的普通人、野生动物组织的热心成员，以及致力于栖息地保护和恢复的生态工作者。这些个体一般不自认为是动物权利的支持者，而且很少会像素食主义者那样习惯于在日常生活中控诉对动物的剥削行为。然而，他们的确在以重要的方式努力争取着动物权利——包括领土主权、公平共存的权利，以及公民权。动物权利运动需要采纳一种拓展的动物权利观，从而能接纳所有这些为动物而战的天然盟友。

我们要让人们对动物正义之事业感到激动，去开发人类在创造性、科学发现和亲和性方面的巨大能量。我们是《星际迷航》的超级粉丝，对于读者来说这一点已经不是什么秘密了。我们欣赏这部剧关于物种间的交往、共存与合作的伦理。我们可以把这种伦理概括为：在与新的“生命形式”相遇时，我们应当保持谨慎、好奇和尊重。如果有些物种没有准备好，或不愿意从与星际联邦的关系中获益，那么就应当让其不受干扰地沿着自己的轨迹去发展。通过与跨星系旅行前沿的物种进行“第一次接触”，星际联邦可以评估一个物种关于加入联邦的政治共同体的意愿。而这至关重要的第一次接触被委任给联邦最得力的外交官，配备最先进的科学手段和最发达的技术资源，以尽可能地促进交流，而且要遵守“不伤害”的最高禁令。企业号[35]遇到了很多不可能出现莎士比亚（或斯波克、戴塔[36]）、人类语言或人类道德反思能力的物种，但它们都有自己独特的具有适应性的心智和意识，所以得到了同样的伦理尊重。

地球上物种间接触的现实与之相比就残酷得多了。不妨想象一下，假如在另一个星系发现了一只类似于大象、鲸鱼或鹦鹉的动物，我们会是多么兴奋，会如何不遗余力地去研究这种奇妙的新生物，欣赏它的独特性，并尽最大可能地与之友好接触。假设我们产生了杀光这个物种，或奴役它、夺取其赖以生存的资源的念头，这会是一件多么可怕的事。然而，我们正是如此对待这些与我们分享地球的独特而神奇的动物的。我们似乎无法心怀尊重和敬畏地看待它们。抛开我们一起走过的那个极其可悲的历史背景，假如我们是在中立的领土上与它们第一次相遇，用新鲜的眼光打量它们，我们肯定不会是这种态度。

我们希望本书可以提供一系列新鲜的视角，使我们不再把动物看作“只是动物而已”，或者一些属于濒危物种的可替换的成员，或者被动的受害者。相反，在我们提供的图景中，动物作为复杂的个体行动者嵌入社会的（而不只是生态学意义上的）关系之网，而且作为政治动物，它们是公民，是自决社群的主权者。基于这幅图景，我们获得了一个全新的起点，让我们回到第一次接触。幸运的是，大多数动物社群不会将那些遭受人类残酷对待的详细经验在代际间传递下去。这意味着我们可以更容易地翻开新的一页，而不像在人类的不正义问题中，记忆常常漫长而痛苦，阻碍着我们对未来正义前景的展望。在动物问题上，我们没有这种阻碍。未来取决于我们。

注 释

第一章

1 从一开始，动物保护者就一直在倡导对其他具有脆弱性的社会成员的保护，比如奴隶、儿童、狱囚、女人、残障者，而且支持动物保护的力量在今天仍然与更广的社会正义价值（比如公民权利与性别平等）有着积极的关联。（Garner 2005a: 106, 129–130）然而，如汤姆·克朗普顿（Tom Crompton）所指出的，人们忽视了潜在的“共同根源”。（Crompton 2010）

2 参见美国善待动物协会的统计数据，网址：http://www.humanesociety.org/assets/pdfs/legislation/ballot_initiatives_chart.pdf。（本书引用的所有网页在 2011 年 4 月 27 日都是可查的。）

3 加拿大在最起码的改革方面都是严重落后的。参见 Sorenson 2010; International Fund for Animal Welfare 2008。

4 不同种类动物的种群变化趋势存在着巨大差异。与陆生动物和海洋动物相比，淡水动物的损失最大。热带地区和发展中国家的损失更大，因为在其他温度更适中的地区，大量栖息地到 1970 年时就已经消失殆尽，种群的基线起点较低。在保护和管理战略下，其中一些动物种群已经开始恢复。参见世界自然基金会（WWF）的生命行星指数（Living Planet Index），网址：http://wwf.panda.org/about_our_earth/all_publications/living_planet_report/health_of_our_planet/。

5 查尔斯·帕特森在《永恒的特雷布林卡：我们对待动物的方式和大屠杀》（*Eternal Treblinka: Our Treatment of Animals and the Holocaust*，2002）一书中描述了屠杀动物和大屠杀之间的联系和相似之处，并描述了许多幸存者（与幸存者的后代）成为重要的动物保护运动者的事迹。他的书名取自艾萨克·巴什维斯·辛格（Isaac Bashevis Singer）小说中的一句话，故事中的一个人物说："对动物来说，这是一个永恒的特雷布林卡。"我们知道，有人会质疑这种比较，正如他们也许会质疑我们在本书中进行的其他比较——无论是将动物的遭遇与种族灭绝、奴隶制或殖民相比较，将动物的心智、情感和行为与人类的能力相比较，还是将争取动物权利的斗争与人类争取公民权和自决权的斗争相比较。在我们看来，检验这种比较的标准应该是，它们是否揭示了对动物的不正义。我们做这些比较并不是出于论辩的目的，而是为了真的有助于我们认识到那些用其他方法难以察觉的道德图景的特征。

6 关于对改良主义运动的长期影响的辩论和各种不同的预测，参见加里·弗兰西恩和埃里克·马库斯（Erik Marcus）之间的在线辩论记录（2007 年 2 月 25 日），网址：http://www.gary-francione.com/francione-marcus-debate.html。另见 Garner 2005b；Dunayer 2004；Francione and Garner 2010；Jones 2008。关于应当将和平主义还是直接行动作为动物宣传策略的争论，参见 Hall 2006；以及直接行动阵营的史蒂文·贝斯特（Steven Best）和杰森·米勒对其立场的批判（Best and Miller 2009）。也可参见 Hadley 2009a。

7 "5 月 5 日至 7 日进行的民意调查发现，96% 的美国人表示，动物至少应该得到一些能使它们免于伤害和剥削的保护，而只有 3% 的人说动物不需要保护，'因为它们只是动物'。"（http://www.gallup.com/poll/8461/public-lukewarm-animal-rights.aspx）。

8 必须要强调的是，我们使用的"福利主义"（welfarism）是指对动物的"人道利用"，它与道德哲学和政治哲学中的更为技术性的使用是不同的。哲学家们经常用福利主义来表示自己主张一种特殊形式的后果主义，即认为道德是关于整体福利最大化的观点。这种哲学意义上的福利主义是与"道义论"观点相对立的，后者认为，即使某些行为会使福利最大化，它们也是错误的（例如，如果会侵犯人权）。而我们在此处所谓的福利主义，它作为一种主张人道利用动物的立场，在很大程度上与哲学上的福利主义无关。一方面，正如我们在下文会提到的，大多数在动物问题上的福利主义者相信，我们在对待人类的方式上应当有一些道义论的约束（如尊重人权）。他们在动物方面是福利主义者，在人类方面却是道义论者。与此不同，一些哲学上的福利主义者拒绝接受主流的人道利用动物的观念。例如，彼得·辛格是一位哲学上的福利主义者，他坚持认为，在决定如何促进整体福祉时，应当平等地考虑动物利益与人类利益，那么，无论人类对动物的利用多么“人道”，都很少（如果有的话）可以通过检验。（Singer 1975, 1993）因此，哲学的福利主义会对主流的人道利用动物的观点进行激烈批评。而对于我们所谓的福利主义，读者最好把它理解为关于我们应当如何对待动物的主流“常识”观点，而不是某种关于一般道德推理的特定哲学观点的产物。如果有人觉得这很混乱，也可以直接把我们在讨论中提到的“福利主义”理解为如下观点：“动物福利在道德上很重要，所以应该得到人道对待，但它们也可以被用来实现人类利益。”

再深入讨论一下这个复杂问题，在动物权利文献中，关于辛格是否应该被视为一名“新福利主义者”是有争议的。虽然辛格的理论否认物种差异本身具有道德重要性，要求在功利主义的计算中对人和动物的类似利益给予平等重视，但他也否认大多数动物拥有一种关于生命延续的利益，并认为大多数人的生命比大多数动物的生命具有更大的内在价值，因为人的心理复杂程度较高。因为他是一个功利主义者，这就使得这件事再次成为可能：为了促进整体福祉最大化，可以牺牲较不复杂的生物的生命来造福于较复杂的生物。许多基于权利论批评辛格的人将此描述为一种“新福利主义”。虽然我们也拒绝辛格的思路，并捍卫一种更强的权利论，但考虑到他对“人道利用”动物的主流假设的深刻批判，我们不认为他是我们所讨论的“福利主义者”。

9 根据加里·瓦尔纳（Gary Varner）的说法，“大多数环境哲学家相信，动物权利观与健全的环境政策是不相容的”。（Varner 1998: 98）

10 一个反例是“大猿计划”（GAP），这项动物保护运动明显以权利为基础，而非福利主义框架，根据这项最近的倡议，大型猿类有权不被监禁或用于实验，无论人类可以从中获得何种潜在利益。这个项目是在 1993 年《大猿计划：超越人类的平等》（*The Great Ape Project*: *Equality Beyond Humanity*）的出版之后发起的，此后在各国进行了法律和政治宣传，包括在西班牙取得的显著胜利，当时西班牙国会的一个委员会肯定了大型猿类有资格享有生命权和自由权。参见“大猿计划”的国际网站（www.greatapeproject.com），以及关于大型猿类地位和人格的网站。在大型猿类问题上，这种基于权利的措辞取得了明显的成功，这也许反映了如下事实：大型猿类在进化论意义上与人类非常接近，却在地理和经济意义上与我们大多数人相距甚远，因此赋予大型猿类权利对我们的日常生活几乎没有什么影响。而其他动物看上去不那么像人类，并且（或者）它们在我们的农业、狩猎、宠物饲养或工业化利用的体系中处于核心位置，所以基于权利的宣传已被证明是低效的，而动物保护组织往往会把重点放在福利主义运动上。

11 有时人们说，只有西方文化采取了一种将动物和自然工具化的观点，而东方文化或原住民文化则被认为更加尊重动物和自然。正如罗德·普里斯（Rod Preece）所指出的，这种对比过于简单化了，忽略了文化内部的观点和道德来源的多样性。（Preece 1999）我们在第二章中再来讨论对动物态度的文化差异问题。

12 英国和美国的反恐法被公众视为对911事件的回应，但如今已经被那些利用动物的行业操纵，它们将动物权利运动者划为所谓的国内恐怖分子并施以打压。例如，美国的《动物企业恐怖主义法》（The US Animal Enterprise Terrorism Act，2006）将非暴力的公民不服从行为（例如，擅闯工厂式农场拍摄非法虐待动物的影像，或从实验室解救动物）纳入国内**恐怖主义**的范畴。（Hall 2006）

13 有趣的是，这一点不仅适用于强式权利论，也适用于功利主义思路。原则上，功利主义应该支持对动物的积极义务，只要这些义务可以增加整体福祉，或者减少整体的痛苦。但是在实践中，像辛格这样的功利主义理论家并没有发展出任何关于动物的积极义务的论述。与其他动物权利论者一样，辛格专注于论证我们为什么应当停止对家养动物的杀戮、拘禁和实验；而对于野生动物，他说，考虑到干预自然的复杂性，“如果我们停止对其他动物的不必要杀戮和虐待，这就足够了”（Singer 1990: 227）。尽管功利主义和基于权利的动物权利论的基本前提不同，但迄今为止，它们几乎都只是在关注普遍的消极权利。

14 例如，可参见撒芬提兹的说法，“将这些最不幸的（农场和实验室）动物从目前的痛苦中解脱出来之后，我们该如何对待这些动物，这个问题是针对另一个好得多的世界的”。（Sapontzis 1987: 83; Zamir 2007: 55）弗兰西恩也暗示了类似的观点，他承认，到目前为止，动物权利论“几乎没有提及”积极权利，虽然赋予非人类以人格性就意味着立即结束“制度化的剥削”，但这“本身并没有明确规定这些非人类的有人格者将拥有何种范围的权利”。（Francione 1999: 77）我们认为，如果决定将这些问题推给“一个好得多的世界”，就会导致思想和政治上的瘫痪。

15 并非所有动物权利论者都主张让家养动物消失，但目前为止，还没有人提出一种令人信服的积极权利理论来框定我们与动物的关系。参见汤姆·雷根的谨慎声明："对于家养动物来说，最大的挑战是指明如何可以在相互尊重的共生关系中生活，而要做到这一点是非常困难的。"（未注明日期的汤姆·雷根访谈，网址：http://www.think-differently-about-sheep.com/Animal_Rights_A_History_Tom_Regan.htm）基斯·伯吉斯–杰克森在《正确对待伴侣动物》（"Doing Right by our Animal Companions"）一文中阐述了我们对伴侣动物的义务，我们将在第五章中再谈。

16 事实上，一些批评者认为，对动物的积极义务的观点是对整个动物权利论的一种归谬。（Sagoff 1984）

17 专家们一直在将人类与狗首次结为伙伴的时间向前推，这种关系的建立比驯化其他物种要早几千年。多年来，公认的对这一时间的估计是大约 15000 年之前（作为对比，猪、牛和其他动物的驯化发生在 8000 年前）。然而，最近的研究表明，人类与狗之间的伙伴关系可能要追溯到 4 至 15 万年前。如果是真的，这将表明人类和狗实际上是共同进化的，是一个相互驯化的过程。事实上，马森声称，"至少在过去的 15000 年里，几乎不存在任何没有狗的人类栖息地"，即使在那些从未驯养过任何其他动物的社会中。（Masson 2010: 51）另见 Serpell 1996。

18 有几个例子，参见 http://www.naiaonline.org/body/articles/archives/animalrightsquote.htm;%20www.spanieljournal.com/32lbaughan.html;http://purebredcatbreedrescue.org/animal_rights.htm;http://people.ucalgary.ca/~powlesla/personal/hunting/rights/pets.txt。

19 另见本顿的评论："考虑到社会关系和实践的多样性，人类和动物都可能通过这些关系和实践在彼此间建立起利益相关的关系，这展示了一个复杂而差异化的道德图景。"（Benton 1993: 166）另见 Midgley 1983; Donovan and Adams 2007。

20 动物权利论的批评者们要求提出一种更具情境性、关系性或公共性的动物伦理观，至于这种要求究竟是为了补充动物权利论对普遍基本权利的强调（Burgess-Jackson 1998; Lekan 2004; Donovan 2007），还是为了取代它（Slicer 1991; Palmer 1995, 2003a; Luke 2007），他们的观点不一。

21 帕默在最近的研究中指出，她的关系论实际上与动物权利论是相容的，可以看作一种对动物权利论的扩展。（Palmer 2010）我们将在第六章讨论她修正后的观点。

22 关于将动物问题从应用伦理学转向政治理论的相关呼吁，见 Cline 2005。

23 关于公民身份作为一个政治哲学核心观念的复兴，及其在调解和超越自由主义 – 社群主义辩论中所起的作用，见 Kymlicka and Norman 1994。

第二章

1 彼得·辛格被广泛认为是“动物权利”领域的奠基人之一，但实际上他是一个功利主义者，所以他不相信不可侵犯之权利，无论是人类还是动物的。因此，他对改善动物待遇的论点是基于如下经验性的主张：我们对动物造成的大多数伤害实际上并不利于提高总体利益。他没有采取基于权利的主张：伤害动物是错误的，即使这样做可以得到更大的利益。关于从基于权利的动物权利视角对辛格功利主义的批评，见 Regan 1983；Francione 2000；Nussbaum 2006。

2 关于政治哲学中这种从功利主义到权利论的转变，更多论述见 Kymlicka 2002: ch. 2。

3 必须指出，不可侵犯性不是绝对的：无论在人类还是动物的问题上，都存在一些不可侵犯之权利可以被压倒的情形。这方面最明显的例子是自卫，我们承认个人有权通过伤害甚至杀害攻击者来保护自己免受严重攻击。另一个例子是对患有致命传染病的、对他人构成直接威胁并拒绝自愿隔离的个体进行临时强行监禁。换句话说，个体的不可侵犯之权利可以在这种极端情况下被压倒，比如当某个体对其他个体的不可侵犯之基本权利构成直接威胁时（或在某些情况下对其自身构成这种威胁时）。不可侵犯之权利是防止个体因他者的更大利益而被利用的“王牌”，不是一个允许伤害他者的许可证。在人类的情形中，我们对此已经足够熟悉了，在下面的第五节中我们再来谈谈允许压倒动物的不可侵犯之权利的问题。

4 例如，Cavalieri 2001；Francione 2008；Steiner 2008。汤姆·雷根的《动物权利研究》作为第一部系统性地阐述了一种明显以权利为基础的动物权利论（与辛格的功利主义思路形成对比）的作品而被广泛引用，而且其实他的许多论点可以说是支持不可侵犯性的。但在那本书中，雷根本人却从那一结论中退却，认为虽然动物有权利，但动物权利的可侵犯性也许要大于人类权利的可侵犯性。他最近的著作可以说与其坚守的强式权利论立场更加一致。（例如，Regan 2003）

5 从现在起，我们在可互换的意义上使用普遍权利、基本权利和不可侵犯之权利等术语，它们都是指那种一切有感受的生物都拥有的不可侵犯之基本权利。

6 并非所有的动物权利论者都接受将感受能力或自我性作为不可侵犯之权利的基础。比如汤姆·雷根、戴维·德格拉齐亚、史蒂文·怀斯（Steven Wise）和其他一些作者认为，不可侵犯之权利需要某种更高的认知复杂性门槛，如记忆、自主性或自我意识（因此将不可侵犯之权利限制在某些“更高等的”动物身上）。（Regan 1983; DeGrazia 1996; Wise 2000）我们反对这种“心智复杂性门槛”的观点，下文将解释原因。事实上，值得注意的是，这些作者本身将不可侵犯之权利与认知复杂性联系在一起的观点也出现了矛盾。例如，在雷根后来的著作中，他转而将自我性视为不可侵犯之权利的基础。（Regan 2003）而史蒂文·怀斯则承认，心智复杂性观点的问题在于它与人类中心主义的精神生活标准是有关联的。（Wise 2004）

7 请注意，这与伊娃·费德·基泰关于重度智力障碍者的人格性的论述有相似之处。她反对那些要求复杂认知能力的人格性哲学论证，认为：“当我们看到……那里‘有某位在此’的时候，我们知道在我们面前的是一个有人格者。对于几乎不能动弹的人来说，在他听到一段熟悉的音乐声时的眼神一闪，就能确定他有人格。当一个患有严重的多重残障的人看到最喜爱的照料者出现时，他的嘴唇微微上扬；或者当闻到一种香水的香味时露出的喜悦神情——这些都可以确定人格性的存在。”（Kittay 2001: 568）

8 这类宗教论点有时会被那些因虐待动物而受指控的人引用——见 Sorenson 2010: 116。

9 根据最新文献中的最新研究成果，鱼类有可能感觉疼痛。维多利亚·布雷斯韦特（Victoria Braithwaite）十分透彻地讨论过痛觉（nociception，疼痛神经末梢向脊髓发送有关损伤的信息时所触发的无意识的反射反应）与大脑中对疼痛的主观感受之间的区别。过去人们认为鱼缺乏后者，但正如维多利亚·布雷斯韦特所指出的，这只是因为没有人真正研究过这个问题——直到 2003 年才有了第一批关于鱼的疼痛的研究！随着科学研究取代无知偏见，关于动物感受能力的证据在不断扩充。（Braithwaite 2010）

10 根据这种反驳意见的一个变式，某个体要想成为权利持有者，就必须具有理性选择的能力，因为拥有某项权利，即意味着拥有选择是否去行使它的权利。这常常被称为权利的“选择论”或“意志论”。这曾经是一种很有影响力的权利理论，但现在被广泛否定，因为它不仅会排除任何动物权利观，而且会排除任何关于儿童、暂时丧失行为能力者或未来后代可能拥有权利的观点。它还会使人无法理解，在那些强制投票的司法管辖区，拥有投票权何以可能。因此，今天的大多数理论家都赞同另一种权利的“利益论”，根据这种理论（在约瑟夫·拉兹［Joseph Raz］的颇具影响力的表述中），某人是一名权利持有者，即意味着他的利益构成了对他人施加义务的充分理由，这种义务使后者不可干涉前者的某些行动，或者要为他在某些事情上提供保障。（Raz 1984）因此，动物、儿童或无行为能力者是否具有不可侵犯之权利，这个问题只能通过研究与之相关的利益来回答。

11 正如斯蒂芬·霍里根（Stephen Horigan）所指出的，西方文化中有一个漫长的历史传统，即人们“在发现动物具有威胁边界的能力之后，通过对由人类定义的能力（比如语言）进行有争议的重新概念化（re-conceptualization），以维持边界的存在”。（Horigan 1988，引自 Benton 1993: 17）

12 关于这场最持久的讨论，见 Dombrowski 1997。

13 同样地，我们不认为人和动物可以被明确归类为道德能动者或道德接受者。道德能动性涉及一系列能力，这些能力在不同物种之间、同一物种的个体之间，以及个体身处的不同时间段内都是不同的。见 Bekoff and Pierce 2009；Hribal 2007, 2010；Reid 2010；以及 Denison 2010。我们在第五章再来讨论这个问题。

14 《星际迷航：下一代》（*Star Trek: The Next Generation*）的粉丝们一定会想起第二季的第二集《沉默时刻》（*Where Silence Has Lease*），在这一集中，企业号被一个称作纳吉鲁姆（Nagilum）的物种所困，纳吉鲁姆至少在技术上远远优于联邦。企业号的船员们感到自己被当作“迷宫中的老鼠”以对待，因自己的基本权利和尊严不被承认而深感愤慨。

15 心灵感应只是科幻想象，但这可以让人停下来思考一下，甚至是曾支持动物实验的人。迈克尔·A. 福克斯（Michael A. Fox）1988 年出版的《为动物实验辩护：一种进化论和伦理学的视角》（*The Case for Animal Experimentation: An Evolutionary and Ethical Perspective*）一书经常被引用，它被认为为人类有权利用动物来实现自己利益提供了巧妙辩护。（Fox 1988a）但是，当福克斯意识到他的论证可以用来合理化外星物种奴役人类时，他否定了这些论证（Fox 1988b），现在他在为一种强式动物权利的立场辩护（Fox 1999）。

16 “贝尔彻敦的监督员诉塞克维茨案 370”（Superintendent of Belchertown v Saikewicz 370，马萨诸塞州最高法院《东部判例汇编》第二辑，1977 年，第 417—435 页）。关于本案和类似案例与动物权利之间相关性的讨论，见 Dunayer 2004: 107；Hall and Waters 2000。

17 有时候，道德的等级结构不只有两层，而更像是巨大的生物链。想想最近功利主义哲学家韦恩·萨姆纳（Wayne Sumner）所说的：“感受能力（感受痛苦的能力）和智力的等级决定了一个物种的道德权重。灵长类动物的地位高于其他哺乳动物；脊椎动物的地位高于无脊椎动物。海豹与狗、狼、海獭和熊并列，排在牛的前面。”（引自 Valpy 2010: A6）

18 正如安格斯·泰勒（Angus Taylor）所指出的，像萨默维尔这样的人类例外主义的倡导者，“无法支持任何保护人类的伦理观点，因为仅仅把所有人类纳入道德共同体是不够的，还必须同时把所有非人类都排除在道德共同体之外。而这一点至关重要：**人类例外主义至少要像我们希望将谁纳入道德共同体一样，来决定将谁排除在道德共同体之外**”。（Taylor 2010: 228，突出字体为原文所加）这种人类例外主义不仅在哲学上是可疑的，在经验上也是有害的。有证据表明，人们越是尖锐地区分人与动物，就越容易将边缘人群（如移民）非人化。相信人类优于动物的信念与相信某些人类群体优于其他人类群体的信念在经验上具有一定的相关性，并且二者有因果关系。根据心理学研究，当实验参与者被给予人优于动物的论证时，结果导致他们对人类边缘群体的偏见更大。相比之下，那些承认动物拥有有价值的特质和情感的人，也更倾向于平等对待人类边缘群体。缩小人类与动物之间的地位差距有助于减少偏见，增强人类群体之间的平等信念。（Costello and Hodson 2010）

19 根据西尔弗斯和弗朗西斯的观点，“因此，获得一种包容的人格性概念是建立一种足够包容的正义观的后验条件，而不是先决条件。换句话说，学习如何对人格性进行更具包容性的思考，对于建构正义来说是有增量收益的”。（Silvers and Francis 2009: 495–496）另见 Kittay 2005a、Vorhaus 2005 和 Sanders 1993。

20 那种认为我们在道德能动性方面的能力是人类的不可侵犯性（以及动物的

可侵犯性）之基础的想法是很有问题的。正如斯蒂芬·克拉克（Stephen Clark）所指出的，这个论证说，我们身上要被重视的特征是我们有能力承认除了我们自己的视角以外还有其他的视角，然而结论却是我们不需要考虑他者的利益，换一种说法，“我们绝对比动物更好，因为我们能够考虑到它们的利益；所以我们不用考虑它们的利益”。（Clark 1984: 107–108; Benton 1993: 6; Cavalieri 2009b）

21 事实上，很多时候，这种思维看上去就像是试图为古老的宗教思想——人类在上帝安排的计划中具有特殊地位——寻找世俗的基础。根据《圣经》，只有人拥有不朽的灵魂，只有人是按照上帝的形象造的，上帝赐予了人对动物的统治权。只有人类才拥有不可侵犯之权利，这个想法也许对相信圣经创世故事的人是说得通的。但是，如果我们要寻求一个关于权利之道德基础的世俗解释，一个与进化论相一致的解释，我们就不应该期望或假设只有人类需要不可侵犯之权利的保护。

22 有些读者可能会认为，如果把自我性和人格性等同起来，我们只会丢失其中之一，而我们有充分的理由把“人格”这个词留给那些具有复杂认知能力的“自我”的子集。我们不同意这种看法。正如我们已经看到的那样，不存在一条明确的界线可供我们把世界可靠地划分为人格和自我两部分，不过这对我们的论证来说并不重要。任何反对我们关于动物的“人格性”这个提法的人，都可以直接用“自我性”来替换这个词而不影响其意义或论证。即使在某些语境中对人格性和自我性加以区分是必要的，我们也认为这种区分不能在确认谁有不可侵犯之权利这个问题上发挥作用。见 Garner 2005b，加纳说，虽然不可侵犯之权利应以自我性为基础，但我们也许还是会出于澄清概念的目的来对人格性进行说明。

23 马丁·贝尔（Martin Bell）在“素食者超越网”上对这些问题的讨论是很有帮助的：http://www.veganoutreach.org/insectcog.html。另见 Dunayer 2004: 103–104, 127–132。

24 我们这里提到的科学认识主要指的不是对动物进行受控的实验室研究，这些实验大多数不符合伦理。我们所指的是通过仔细的观察与合乎伦理的互动来认识动物。许多研究者相信，理解动物心智最好是通过合乎伦理的互动来实现，这种互动预设了心智的存在，事实上也有助于心智的存在。社会学的“互动主义”理论（“interactionist” theory）的前提是：心智性（mindedness）

和自我性是在与其他自我的关系中建立的。Irvine 2004、Myers 2003、Sanders 1993 以及 Sanders and Arluke 1993 等基于这种互动模型对动物心智进行了探讨。

25 我们在这里想起了《星际迷航：下一代》中的另一集，它可以很好地说明这一困境的特征。在第 1 季第 18 集，船员们在一个遥远的星球上遇到了一个“晶体实体”。物种之间存在的差异是如此巨大，以至于连确认是否“有某位在此”都十分困难，共处就更不可能了。船员们将这个实体的星球隔离起来，期待未来有可能与之互动。

26 正义不仅仅事关保护脆弱者，我们在后面的章节中将讨论正义的其他方面（例如互惠性），但保护脆弱者是正义的核心目标之一（见 Goodin 1985），而且这对于证成基本权利来说是尤其关键的（见 Shue 1980）。

27 关于类似的反应，见 Baxter 2005 和 Schlossberg 2007。

28 有少数几位极端的生态论者似乎勉强地接受了生态法西斯主义。芬兰生态论者彭蒂·林科拉（Pentti Linkola）主张通过威权政府来强制推行绿色生活，还反对人权观（如，他主张用优生计划与其他强制手段减少人口）。关于他的观点，简要论述见：http://plausiblefutures.wordpress.com/2007/04/10/extinguish-humans-save-the-world/。

29 正如我们所言，承认（人和动物的）自我具有不可侵犯性，这与承认对无感受的自然负有直接的（非工具性）义务是相容的。我们在本书中不会探讨我们对无感受的自然负有什么样的直接义务。但必须指出，我们所阐述的理论通过对动物的直接义务为自然生态系统提供了广泛的间接保护。我们将在第六章和第七章论证，承认野生动物和边缘动物的主权和居民权，可以立即遏制人类居住区的扩张和生境的退化，也可以为重新野化目前用于动物农业的大片领土，以及重建关键的动物廊道和迁徙路线提供令人信服的依据。

30 另见 Sanders 1993、Sanders and Arluke 1993，以及 Horowitz 2009，他们记述了其他一些动物学家如何去努力学习研究对象的语言，以及如何以建立跨物种交流（而不是隔离的观察）为基础来进行研究。

31 对于这种忽视“有生命物和无生命自然之间差异”的倾向的批评，见 Wolch 1998，沃尔琪指出，“动物和人一样，都是在社会性地建构自己的世界，并彼此影响着对方的世界……动物有它们自己的现实，有自己的世界观；简言之，它们是主体，不是客体”。生态论忽视了这一事实，反而将动物“嵌入到整体性和（或）人类中心主义的环境观念之中，从而回避了动物的主体性问题。因此，在大多数形式的进步环境主义中，动物被客体化和（或）背景化了”。（Wolch 1998: 121）另见帕默的评论：在环境伦理学中，“动物被吞没在‘环境’或‘非人类世界’中。但是，将动物归入对一般环境的讨论，这没有充分考虑到动物在城市环境伦理学中的地位”。（Palmer 2003a: 65）

32 最近，一些作者对我们可以因自卫而杀死他者的常识假设提出了质疑。根据这些修正论者（revisionist theorists）的观点，即使有人对我们的生命构成了迫在眉睫的威胁，也只有在他们对我们的威胁是有罪的情况下，才允许杀死他们。如果威胁是无罪的，那么我们有义务在他们手上殉难。关于这一论点的各种版本，见 McMahan1994, 2009；Otsuka 1994。对我们的常识性直觉的辩护，即面对无罪威胁我们不负有殉难的义务，见 Frowe 2008；Kaufman 2010。

33 在这些救生艇式案例中，有些人赞成通过征求自愿牺牲或抽签的方式来决定生死，而另一些人的依据则是各种不同的标准，如年龄（比如拯救那些未来寿命最长的人）、幸福（比如拯救那些生活质量最高的人）、依赖性（比如拯救那些有家人依赖的人）、社会贡献（比如拯救那些最有可能为公共利益做出贡献的人）、应得（比如拯救那些一生功勋卓著的人）。我们对这个问题不持任何看法，而只想强调，我们不能把这些标准作为道德地位不平等的依据，或者基本权利不平等的依据。你可能会认为，在救生艇上年纪更大的人，或身患晚期绝症的人就应该为了年轻人而放弃自己的生命，但是如果社会为了获得有利于年轻人的医学知识而在老年人身上做实验，或者为了年轻人的利益而奴役老年人，这是无法得到道德辩护的。在救生艇之外，在正义的环境中，我们都拥有同样的不可侵犯之基本权利。关于将紧急救生艇案例泛化的谬误，也可参见 Sapontzis 1987: 80–81。当然，救生艇案件中所讨论的一些因素可能与某些分配正义问题有关——例如对稀缺性医疗服务的获取。我们将在第二部分讨论这类分配正义的问题，因为这些问题只能在人类–动物混合政治社群理论这一更大的背景下得到解决，而这正是动物权利论（及其批评者）目前所欠缺的。

34 现有的证据都表明，人类是杂食动物，可以靠纯素饮食而活得很好。如果事实并非如此——如果人类在生理上需要肉食以获取足够的营养，那么这将影响到正义的环境。（见 Fox 1999）我们将在第五章看到，饮食需求问题也与我们的伴侣动物相关。狗是不需要靠肉食来生存和繁衍的杂食动物，而猫是真正的食肉动物，这就对我们为其提供何种食物提出了难题。

35 在第六章和第七章讨论的一个相关义务，即避免我们的日常活动对动物造成无意伤害——例如，开发对动物的伤害最小化的农作物收获新技术，或改变道路和建筑的设计。

36 例如，关于在这个模式下伊斯兰社会如何接受人权，见 An-Na'im 1990 和 Bielefeldt 2000；关于佛教社会，见 Taylor 1999。

37 有些文化和社会可能认为自己不存在那种统治动物和自然的冲动，但正如弗雷泽所指出的，“不存在一个量需而取的良善人类社会”。（Fraser 2009: 117）

38 而且，正如埃丽卡·里特（Erika Ritter）所指出的，旧策略还残留于那些快乐的农场动物和戴着厨师帽的猪的图像中，在其中，它们都心甘情愿地把自己献给人类消费。（Ritter 2009）另见 Luke 2007。

39 见 Sorenson 2010: 25–27 的讨论。

40 在人类和动物的情形中都是如此。关于在原住民社会推行人权标准的论辩，见 Kymlicka 2001a: ch. 6。

41 根据埃尔德、沃尔琪和埃梅尔的观点，美国的主流群体“透过他们自己的视角”来解释少数群体对待动物的方式，从而“将外来的他者构想为不文明、非理性或野蛮的，同时将他们自己的行为构想为文明、理性和人道的”。（Elder, Wolch and Emel 1998: 82）

第三章

1 有些世界主义者承认这一事实，因此试图在其理论中为在有边界的自治政治社群中的民族团结和归属关系留出空间。这通常被称为“有根的世界主义”（rooted cosmopolitanism）。（Appiah 2006）根据这种观点，正义的义务超越了我们的国界，但是正义地对待他人的部分含义是承认其民族自治愿望的正当性，因此这并不否定那些有边界的自治社群可以对其成员身份权进行管理。（Kymlicka 2001b; Tan 2004）本书的观点与这种有根的世界主义是相容的。这种世界主义想要对全球正义义务与正当的有根的归属关系进行调和，而我们将公民身份理论拓展至动物的做法，实际上可以被视为对这个计划的进一步发展。

2 提及这种可能性的人很少，其中一位是特德·本顿（Ted Benton），但他立即否定了这种可能性，理由是公民身份只有在涉及公共参与和社会污名化等问题时才有意义，因此，“动物不能成为公民”。（Benton 1993: 191）我们接下来将讨论，公民身份不仅仅关乎公共参与和污名化问题，但我们也认为，即使根据这些标准，动物其实也可以成为公民。

3 “自由主义的信条，至少在其民主变体中包含着这样的信息：国家，包括其领土维度，不是一个王朝、贵族或任何其他政治精英的财产，而是‘属于’人民的。”（Buchananan 2003: 234）

4 在罗尔斯和哈贝马斯看来，公共协商不是单纯地表达偏好，也不是进行威胁和讨价还价，而是给出可以被他者接受的理由。

5 比如“画画或指向图片、发出声音、跳上跳下、笑或拥抱”。（Francis and Silvers 2007: 325）

6 正如阿尼尔所说，我们需要将“自主、独立、正义”与“残障、依赖、慈善”的二分法替换“为一个梯度尺度，我们都在这个梯度中以不同的方式、不同的程度既依赖于他人又有独立性，而这取决于我们处于生命周期中哪个特定阶段，也取决于世界在何种程度上被建构为对各种变化有着不同的回应”。（Arneil 2009: 234）

7 弗朗西斯和西尔弗斯自己也承认，他们为解决残障问题而建立的模型可以延伸至动物。他们指出，他们的论述“可能允许为动物的善构建个体化的、主观的观念。这并不会令人感到不安或威胁。一些动物可以在社会脚本（social scripts）中担任角色并表达偏好，我们不妨从中推断出它们拥有那些得到我们承认的善观念”。（Francis and Silvers 2007: 325）然而，他们并没有明确支持这种推演，而是指出对动物来说构建这种脚本的能力也许并不是使其得到正义对待的充分条件（Ibid: 326）。我们在下文中将论证，驯化所创造的环境不仅使我们有可能与家养动物建立依赖式能动性和公民成员的关系，还要求我们有义务这样做。

8 例如，野生动物中的某些物种（如大型猿类或海豚）完全有可能具有许多家养动物所缺乏的认知能力，但这并不使它们成为我们政治社群的公民。公民身份不基于智力的相对高低，而基于在具有道德重要性的关系中的成员身份。会有许多高智商的（人类或动物）个体不是我们社群的公民；也会有许多认知能力有限的（人类或动物）个体是我们社群的公民。

9 见 http://www.ciesin.columbia.edu/wild_areas/。

10 关于经典动物权利论漠视动物能动性的批评，见 Jones 2008；Denison 2010；Reid 2010。

11 关于为尼泊尔的老虎所付出的努力的讨论，见 Fraser 2009: ch. 10。正如弗雷泽的书中所述，“再野化”很少（如果有的话）只是单纯地“由它们去”，而往往还涉及圈养繁殖计划、重新引进动植物物种、改变长期以来的土地利用模式、对种群规模水平的细致监测等等。见 Horta 2010 关于（重新）引入捕食者的伦理问题的讨论。

12 关于动物在现代主义空间观中的位置，经典论述是布鲁诺·拉图尔（Bruno Latour）的著作。（Latour 1993, 2004）关于各种应用，见 Philo and Wilbert 2000。关于鸽子案例的精彩讨论，见 Jerolmack 2008，他指出，我们的空间观已经演变到了这样的地步，以至于实际上没有任何地方对鸽子来说是合法的栖身之处。

第四章

1 《大英百科全书在线》，“驯化”（www.britannica.com/EBchecked/topic/168592/domestication）。注意，家养动物类别不包括被驯化的野生动物，比如海洋公园里的海豚，或作为宠物的鸟类和爬行动物。个别野生动物可以被人类驯化和训练，但这与有选择地繁殖某物种以改变其本性，用以为人类服务，并使其依靠人类以满足其基本需求的计划是不同的。我们会在第六章讨论圈养野生动物的问题。至于野化的家养动物——狗、猫、马等等，它们摆脱了人类的直接控制，回归到一种更接近于野生的状态，我们将在第七章与其他适应人类的边缘物种一起讨论。

2 正如帕默指出的，这里出现了一个特别隐秘的变化，工厂化养殖业颠覆了作为驯化之基础的社会性：“驯化是以关系为前提的。动物之所以被驯化，是因为它们是社会交流者，可以在同类之间或与人类建立关系。但在工厂化养殖场中，这两种关系都是不可能的。”（Palmer 1995: 21）

3 以马的情况为例。在内燃机发明之前，马是交通运输和劳动力的主要来源。（汽车当然也带来了新的问题，但我们不应该忘记它解放了一些马、驴和牛）。

当安娜·休厄尔（Anna Sewell）在1877年写作《黑美人》（*Black Beauty*）的时候（那个时期被认为是“马的地狱”），马不仅被用于传统的农场、军事和人力的运输工作，还被用于许多较新的工业领域，如矿山、运河作业等，其数量之多令人震惊。例如，在这一时期，伦敦有超过1万辆汉瑟姆出租车（hansom cabs，每辆车由两匹马拉动），休厄尔特别关注它们遭受的虐待，其中许多马因为疲惫不堪和虐待而戴着马具死去，而这还只是当时伦敦出租车业的情况！据估计，有3000匹马死于葛底斯堡战役，而在第一次世界大战中死去的马多达800万匹。直到第二次世界大战末期，以现代化、技术化著称的德国作战部队仍然依赖马匹来满足其75%以上的运输和其他需求（因此德国的战争策划者主要关心的一件事就是从占领区征用马匹）。关于工作马的历史，精彩论述见Hribal 2007。

4 关于“互惠或默许同意”论证的例子，见Callicott 1992；Scruton 2004。

5 见Tuan 1984。段义孚书中的数据现在已经过时了，我们不知道目前遗弃宠物的统计数据，但一个明显的模式仍然存在：可爱的小狗小猫被购买或收养，但后来它们变成了大个头的、不守规矩的、需要照料的动物，孩子们开始喜欢其他新奇事物，生活习惯或旅行方式的改变使动物的存在变得不方便，或者健康状况不佳使动物成为经济负担——于是动物又回到了收容所。

6 关于伴侣动物被杀害的统计数据的概述，见Palmer 2006。

7 两位作者自己也属于善意的无知者。在与寇蒂生活的最初几年，我们根本不了解他在社交和生理上的全部需求。他经常独自在家里待上几个小时，等待我们下班回家。而每天几次散步的累计时间，并没有达到他真正享受的体力消耗量的对应时长。我们对其需求的认识随着时间的推移而有所改善，但我们希望能弥补早年对他的忽视。

8 据估计，有4万至9万只伴侣动物在卡特里娜飓风及其后续影响中死亡（至于其他家养动物，估计有数百万死于灾难）。大约有1.5万只宠物得到了救援组织的救助，其中大部分被新家庭收养。有许多关于撤离时公务人员强制人们抛下伴侣动物的悲惨故事。而许多人之所以在早期无视撤离新奥尔良的警告，正是因为他们不想抛弃自己的伴侣动物，却无法带它们一起走。事实上，卡特里娜事件清楚地说明了，那种认为个体监护人对家养动物负有唯一责任的想法是有缺陷的。社会对家养动物负有集体义务，要有公共机构和机制来为它们提供保护。（Irvine 2009; Porter 2008）

9 许多动物权利论者和动物权利运动者都赞同弗兰西恩的观点。李·霍尔说，“拒绝创造更多具有依赖性的动物，是一个动物权利者可以做出的最好的决定”。（Hall 2006: 108）约翰·布莱恩特认为宠物是奴隶和囚犯，“应当完全地从世上淡出”。（Bryant 1990: 9–10，转引自 Garner 2005b: 138）

10 克里考特后来否定了这一观点，承认这“是在谴责这些动物的存在本身”。（Callicott 1992）但他修正后的观点之所以收回了他对现有家养动物的谴责，是因为他收回了他之前对驯化之历史过程的谴责。他现在认为，这些历史过程并不是那么糟糕，实际上可以被视为反映了一种公平交易，在这种交易中，被驯化的动物为了食物和栖身处而放弃了自己的生活。在此方面，克里考特修正后的观点与弗兰西恩的观点包含一个共同的假设。两位学者都把最初驯化过程的对与错与目前现有家养动物的内在地位联系起来。在弗兰西恩看来，最初的意图和过程是不道德的，所以我们与现存动物之间的任何关系都不可避免地沾上污点。根据克里考特修正后的观点，最初的意图和过程并非不道德（因为它涉及“人与兽之间的一种演化的、不言明的契约”），所以家养动物的持续存在本质上是没有问题的。但这两种观点似乎都不承认这样一种可能性：驯化的历史性错误并不预先决定家养动物在当前和未来的地位，也不预先决定我们与它们能发展出何种伦理关系。

11 这些关于灭绝宠物的话语被一些组织精心收集并传播，包括猎犬饲养者组织、纯种猫救援组织、狩猎爱好者组织。这些话语被收集起来（通常是以误导性或断章取义的方式），以揭露善待动物组织、美国善待动物协会等组织，以及像弗兰西恩、雷根和辛格等知名动物运动者怀有所谓的“不可告人的目的”。我们在第一章注释 18 中列举了一些例子。

12 弗兰西恩称自己的立场为“废除论”，部分是为了与人类奴隶制相联系，并强调对奴隶制的恰当反应是废除，而不是改良。但不同的是，他不仅要废除家养动物奴隶制，还进一步主张我们应该让家养动物消失——这种立场显然不属于废奴主义者对人类奴隶制的态度。这就是我们把他的立场称为“废除论 / 绝育论”的原因。

13 我们并不假定动物有目的或有意识地希望以这种方式延续自己的物种。据我们所知，大多数动物不会思考自己物种的未来。然而，如果得到自行决定的自由，它们会继续生育，但这并非基于对物种延续之价值的反思，而是基于一种对性冲动的直接反应，或对愉悦与关系的追求。考虑到如果放任它们不管，它们会继续生育、成为父母这个事实，我们就需要一种有说服力的论证来支持以家长主义理由对这一过程的干预。（Boonin 2003; Palmer 2006）

14 需要注意的是，我们这里的立场并不取决于任何关于"存在 vs. 不存在"之价值的一般论断。一个有 100 亿人类的世界就其本身而言并不比一个只有 60 亿人类的世界更好，这个论断对于家养动物来说也是成立的。这个问题是哲学界的一个马蜂窝，相关的论辩见 Benatar 2006；Overall 2012。我们的立场并非基于"把更多生命带到世上是具有内在善或价值的"，而是基于动物个体拥有与生育相关的利益（至少在合理范围内的家长主义限制之下），以及我们有义务去修正驯化史上的错误。

15 这肯定不是她的本意，但霍尔声称，我们不应该允许家养动物生育，"因为给予它们不完整的自主性是不尊重的"（Hall 2006: 108），这听起来很像以前的优生学和强迫残障者绝育的论点。

16 见 Dunayer 2004: 119 关于家养动物"不可避免要屈从"的说法。

17 这是关于残障的文献中的一个常见论点：残障者不仅因其依赖性（因此他们的需求可能无法得到满足），而且还因其依赖性被夸大（因此我们可能不会努力去使得他们实现其能够胜任的各种能动性和选择）而受害。正如基泰所言："一方面是依赖性需求未得到满足，另一方面是被误认为具有太强的依赖性，这两个负面因素都使残障者被排除在充分的社会参与之外，无法过上健全生活"。（Kittay, Jennings and Wasunna 2005: 458）

18 德米特里·别利亚耶夫（Dmitri Belyaev）博士及其同事在俄罗斯进行的长达 40 年的银狐实验清楚地证明了这一点。在一个皮草农场，他们对几代狐狸进行了关于驯服性的筛选，即只允许在每一代中表现出较高驯服度的动物进行繁殖。除此之外，他们不与狐狸进行任何互动，也不驯服、训练或选择性培育。在实验过程中，狐狸变得完全驯服于人类。此外，一系列其他的幼年性状也随之而来——耷拉的耳朵、头型和体型的变化以及其他各种驯化性状。（Trut 1999）

19 《边缘》（*Edge*）对理查德·兰厄姆的采访，于 2009 年 8 月 11 日发布，网址：http://www.edge.org/3rd_culture/wrangham/wrangham_index.html。

20 关于绝对脑容量、相对脑容量和智力之间的关系，存在很多争论。无论事情的真相如何，被驯化的动物和自我驯化的人类都是在一条船上的。

21 杜纳耶简要地提到了动物存在于人类社会中的必然性，但没有探讨这对家养

动物意味着什么。（Dunayer 2004: 41）

22 共生与合作关系存在于整个自然界，而不仅仅是人与动物之间。动物（和植物）不断适应环境提供的机会，包括其他物种的活动。在这些共生的例子中，有一些包含相当有趣的合作形式。一个迷人的例子是在怀俄明州和蒙大拿州观察到的乌鸦和郊狼（和狼）之间的食腐关系。在冬季，郊狼受益于乌鸦的视力，二者都以在冬季的深雪中因疲惫、饥饿或寒冷而死亡的鹿为食。蹚过深水对郊狼来说也并不容易，所以它们会观察乌鸦，当乌鸦从空中发现鹿的尸体，就向郊狼提示了它的位置。在夏天，乌鸦受益于郊狼的嗅觉。乌鸦无法发现被灌木丛掩盖的尸体，所以它们反过来观察郊狼，跟着郊狼去寻觅战利品。这两种动物看似会为争夺剩余的残骸而直接竞争，但事实上它们却相互容忍，甚至相互吸引，处于互惠关系之中。（Ryden 1979; Heinrich 1999）

23 见 Budiansky 1999 和 Callicott 1992。

24 这让人想起了一些神话故事，在其中，人类族群通过偶尔献上人祭来安抚怪物。据说这种关系对人类的好处是，怪物只吃一个人，而不是吞噬整个族群。但我们不会把这种关系称为伦理关系。人类容忍这种关系只是因为他们的选择有限，而不能说明这是一种正义的关系。

25 而且一旦涉及完全的驯化——强制禁闭和繁殖，那么表面上的同意或允许也会不复存在。强制繁殖往往不仅是为了制造出更有利于剥削的生物（往往以直接损害动物健康、寿命等的方式），而且也是为了制造出更顺从于剥削的生物（通过消除动物躲避人类的倾向）。在这种情况下，站在自己的角度宣称动物顺从于剥削，这完全是不正当的。但是，在反对不正义的强制驯化的同时，我们绝不能无视现实中存在的非强制性共生关系。

26 见汤姆·雷根在 http://www.think-differently-about-sheep.com/Animal_Rights_A_History_Tom_Regan.htm 的评论："就家养动物而言，最大的挑战是探寻如何可以生活在相互尊重的共生关系之中。要做到这一点是非常困难的。"

27 我们会在下一节讨论努斯鲍姆能力论的基本需求标准。

28 见 Rolston 1988: 79，霍姆斯·罗尔斯顿（Holmes Rolston）持类似的看法："我们对待家养动物的方式……不应使它们受到比在野外更多的痛苦。"

29 就伴侣动物而言，我们不清楚为什么要比较野外生活。除了一些野化种群之外，大多数家养动物物种已经有几个世纪没有在野外生活过了，它们也不适应那样的生活。德格拉齐亚的这种动机——我们不应该因为把动物带入我们的家庭而使它们处境变得更差——似乎是合理的。然而，为什么非得要求跟野外生活进行比较？为什么对应的比较不是如下生活机会：如果它不是被我收养，而是被住在这条路上的理想家庭（这个家庭有大农场，有很多狗和爱狗的人整天在家）收养？当我收养一只狗的时候，我不知道我排除了她的什么机会。她会继续在收容所里受苦，还是会被理想家庭收养？我们要问的是，为什么要假设一个门槛较低的生活标准来比较（动物无法适应的野外生活），而不是一个更高的门槛。基斯·伯吉斯－杰克森讨论过一种要求更高的备选生活标准观，以及因排除了他者的选择而产生的个人道德义务。（Burgess-Jackson 1998）另见 Hanrahan 2007。

30 扎米尔承认，这个论证经常被用来为杀死那些过了几年质量尚可的生活的农场动物辩护。但他反对这种做法，理由是它将一种扭曲的目标投射到了动物的生命上。他称此为一种目的论限制，即反对“把个体带入一种有问题的生活形式，即使为其提供的生活质量是可接受的。例如，把一些血型稀有的人带到这个世界上，唯一的目的是日后将他们用作捐献者（同时为他们提供在质量上可接受的生活）”。（Zamir 2007: 122）在他看来，如果以无杀戮的方式利用农场动物，就是尊重了这种目的论限制，而杀戮动物则违背了这一限制。我们并不清楚扎米尔提出的这种目的论限制是否真的可以区分利用动物的有杀戮方式和无杀戮方式，但即使可以，它也未能把握那些与成员身份相关的道德诉求。其他学者也讨论了将不存在作为道德基准的论证的局限性，见 Kavka 1982；McMahan 2008。

31 帕默讨论了个体行动和集体行动如何可以产生关系性义务，见 Palmer 2003a。

32 事实上，在最抽象的层面上，我们自己的公民身份模式可以用广义的能力术语来描述。我们反对的是作为努斯鲍姆能力论之基础的社群理论。

33 努斯鲍姆关注的是物种标准，而不是社群成员身份，这在家养动物和野生动物问题上都造成了麻烦。一方面，它忽略了家养动物之福祉的独特性，而用物种标准来界定野生动物的健全生活。对野生动物来说这有时可能是合适的，但家养动物的健全生活实际上要由跨物种社群来界定。另一方面，她的论述也忽略了我们与野生动物之关系的独特性，因为她暗示我们有同样的权利或义务去干预野生动物和家养动物的生活。我们确实有义务为我们的伴侣狗提供医疗服务（包括假肢），并保护它们免受捕食者伤害，但这并不是因为它们的“物种标准”。如果是因为它们的物种标准，那么我们大概也有同样的义务去为那些野生犬（例如澳大利亚的野狗）提供假肢，因为它们正常说来都能自由行动。但正如我们在第六章要讨论的，我们并不对所有野生动物都负有这样的义务。这再次反映了社群成员身份的道德重要性，它既提供了独特的福祉之源，也提供了独特的义务之源，而这些义务不能被归结为“物种标准”。我们将在第六章再来讨论努斯鲍姆对野生动物的干预观。

34 并不是说努斯鲍姆的健全生活观排除了跨物种关系的可能性——事实上，她（顺便）提到了狗的物种标准包括“狗和人之间的传统关系”（Nussbaum 2006: 366），但并没有深入探讨这种跨物种关系和跨物种社群的可能性，而是以她典型的方式来谈论每个物种“生活在自己的社群之中”。此外，即使在狗的情形中，如果仅仅从实现“物种标准”的角度来考虑人与狗的关系，这也是不对的。我们以何种方式来促进伴侣狗的能力和健全生活，这并不完全或主要由它们的遗传基因决定，毕竟它们与野生犬和野化犬的基因相似，而是由它们生活在混合社群中（与它们的基因相似的野生犬、野化犬表亲却并非如此）这一事实决定的。它们需要培养哪些相关能力，这取决于其成员身份，而不仅仅是 DNA。

35 其实，正如我们在第二章中所指出的，有证据表明，如果让人们学会接受这种尖锐的分化，就会导致偏见，不仅是对动物的偏见，还有对人类边缘群体（比如移民）的偏见。（Costello and Hodson 2010）

第五章

1 这似乎是伯纳德·罗林（Bernard Rollin）的隐含假设，他赞同以监护或保护模式履行我们对家养动物的关系性义务。（Rollin 2006）基斯·伯吉斯－杰克森顺带提到了，伴侣动物可以被视为“城市和城郊的居民”（Burgess-Jackson 1998: 178 n61），却没有解释“居民身份”中涉及什么样的关系性权利和责任。在第七章，我们要论证，“居民身份”这一概念适用于非家养的边缘动物（如松鼠、乌鸦），它们生活在城市和城郊的环境中，但并不是我们社群的完全成员。但是，对于本章讨论的家养动物的正义问题而言，我们认为它们需要的是公民身份，而不是居民身份或被监护者的身份。

2 我们在第四章中讨论过的门槛论假定：（1）由人类“发号施令”（Zamir

2007: 100）；（2）默认的或作为基准的情况是没来到世上或与人类无关系的状态。这些观点顶多只能支持某种监护模式。相比之下，公民成员模式是对动物自身所表达的主观善的回应，并承认它们在共享的、混合的社群中拥有成员身份这个事实。

3 罗尔斯确认了两种道德能力：第一种是形成、修正和追求善观念的能力；第二种是正义感的能力。罗尔斯没有明确提到我们所列举的第三种能力，但在他对第二种能力的论述中，以及在他关于公民具有“公共理性”能力的假设中，都暗示了这种能力。其他当代理论，如哈贝马斯的理论，在隐含地预设前两种能力的前提下，关注参与共同创制法律的能力。

4 而且我们也不要忘了，妇女、少数种族和低种姓群体在历史上一直被剥夺公民身份，并被判永久处于被监护状态，据说是因为他们太愚笨低能以致不能成为公民，没有表达自己的主观善的权利，也没有参与影响集体决策的权利。而这又成了白人所谓的重担：对那些被认为缺乏公民必备之智能的大量人群行使监护权。

5 关于这些公民权斗争的历史回顾，见 Prince 2009（关于加拿大）；Beckett 2006（关于英国）；Carey 2009（关于美国）。

6 另见 Benton 1993: 51，本顿强调，“（这些动物）无论是在社会性、行为适应性和交流形式方面与人类相似，还是在生存的生态条件方面与人类种群相互依赖，这两个因素都是驯化的前提条件，而不只是驯化的结果”。

7 生命伦理学文献中，关于接受医疗的方面，人们通常会区分理性主义的“知情同意”（informed consent）和对认知要求不高的“允许”（assent）这两个概念，并且承认，尽管对某些个体来说前者是不可能的，后者却往往是有效的。

8 正如弗朗西斯和西尔弗斯所承认的，任何依赖式能动性理论都必须应对各种挑战，比如计划、依恋和对信任的判断等困难，这些都是重度智力障碍者所具有的问题。有人认为，这些困难使我们无法真正地为重度智力障碍者制定关于他的善的个性化脚本，因此，“终生智力障碍者的善是客观的，也就是说，应促使他们的一些重要能力达到基本水平”（Francis and Silvers 2007: 318–319，他们说这一观点来自努斯鲍姆）。他们的文章在很大程度上是在对这一反对意见的回应和延伸。

9 关于道德和政治哲学（以及社会普遍上）如何忽视了重度智力障碍者的道德能力和作用，另见 Kittay 2005a。克利福德也论述了，重度智力障碍者的身体在场本身就是一种参与方式，它作为一种不规则、不和谐或带来混乱的存在，可以“对抗错误的假定并促进新的对话途径”。（Clifford 2009）

10 强调将残障者视为具有自己独特的主观善和独特能力的个体，而不是根据残障类别来对待，这是关于残障问题的文献中反复出现的主题，并经常被视为公民身份思路的独特优势，这个思路迫使我们看到人格，而不仅仅是残障。例如，Carey 2009: 140；Satz 2006；Prince 2009: 208；Vorhaus 2006。

11 凯瑞在她关于智力障碍者权利的书中，得出同样的结论：我们都需要借帮助来行使自己的权利。“公民嵌入关系性的背景之中，这为我们主张和行使权利提供了不同程度的支持。因此，当我们的关系以及同我们交往的社会机构设有障碍时，我们都会处于不利地位而难以参与和行使权利；相反当它们支持我们的参与时，我们就处于有利地位。”（Carey 2009: 221）重度智力障碍者就是一个明显的例子，但这是值得所有公民牢记的经验教训。

12 在对人类及其伴侣狗的研究中，克林顿・R. 桑德斯（Clinton R. Sanders）描述了人类“运作心智”（doing mind）的过程——“作为代理人，识别并表达动物的主观经验”。（Sanders 1993: 211）这种建构过程是在日常习惯和互动过程中产生的。“照料者和他们的狗不断地分享活动、情绪和习惯。这些自然习惯的协调，要求人和动物参与者都采取对方的视角，当然包括主人的视角，以及表面上的狗的视角，其结果是彼此承认‘在一起’”。（Sanders 1993: 211）

13 我们暂时不讨论利用狗提供服务在何种情况下是剥削的问题。我们在下文再来讨论这个问题。

14 需要指出的是，为了保护无辜的动物保护者，我们更改了名字和地点。

15 见 Bekoff and Pierce 2009；Bekoff 2007；de Waal 2009；Denison 2010；以及 Reid 2010。史蒂夫・撒芬提兹较早提出了这样的观点：道德能动性是一个物种内和物种间的连续谱带。（Sapontzis 1987）

16 有许多野生海豚为拯救处于险境的人类，将人类推到安全地带的例子。（White 2007）其实，它们对人类的帮助已经广为人知，以至于小说家马丁・克鲁兹・史密斯（Martin Cruz Smith）将当代俄罗斯社会“道德上本末倒置”的现状比喻为一对海豚将俄罗斯人从安全地带推到危险地带。（Smith 2010: 8）

17 这只是游戏功能的一个方面，对人类和动物都是如此。除此之外，游戏还能使得参与者学习有用的生存技能，保持身体健康，促进社会关系，更不用说还能提供纯粹的乐趣。

18 马克·吐温有句名言："人是唯一会羞愧的动物。或者说是唯一需要羞愧的动物。"看来，犬科可能也有这种能力和需要。

19 马森探讨了狗和人类之间的特殊关系，以及越来越多的证据表明我们是可能通过共同进化而实现相互理解与合作的。（Masson 2010）另见 Horowitz 2009。

20 伯纳德·罗林说，我们并不总是知道什么才是对伴侣动物最有利的（例如，何种训练是愉快的而不是压迫性的），而且"除非能够回答这些和其他类似的问题，否则我们就无法实现对伴侣动物的监护模式"。（Rollin 2006: 310）反过来我们可以说：在采用伴侣动物的公民身份模式之前，我们没有条件和能力来回答什么才是对伴侣动物最有利的。

21 有些读者可能会担心，我们在前文中把科学研究与动物行为的坊间传闻混在一起的方式是否有问题。一种常见现象是，有些动物爱好者倾向于对动物伴侣的行为进行离谱的拟人化解释，我们应当警惕这种揣测。然而，社会学研究证实，人类伴侣往往最适合进行那种长期观察，从而能够真正洞察到他者的心智，而我们对动物伴侣的心智状态的解释，与我们对人类伴侣的心智状态的解释一样，也要经过不断的修正和完善。正如克林顿·桑德斯和阿诺德·阿鲁克（Arnold Arluke）所言，"那些在日常情境中与动物进行平常互动的人们，用自己的经验证据来界定动物他者的意图，并对其内在状态做出判断，其说服力肯定不亚于通过日常情境中人与人之间互动来证明他们具有主体间基础……（而且它）至少与纯粹基于行为主义或本能主义假设的因果论述具有同等的说服力"。（Sanders and Arluke 1993: 382）我们对伴侣动物的揣测需要根据证据来进行完善，但正是由于我们首先有进行这种揣测的意愿，才打开了学习的可能性："只有承认我们的动物伴侣是社交互动中具有明显意识的伙伴，我们才会去考查和理解它们的视角和行为"（Sanders and Arluke 1993: 384），"与他者（动物或人类）的亲近熟悉是很好的老师"（Sanders 1993: 211）。另见 Horowitz 2009。

22 我们曾在第四章第三节中讨论过，残障者不仅苦于其依赖性（因此他们的需求可能得不到满足），还苦于其依赖性被夸大（因此我们可能不会努力去使得他们能发挥其能力范围内的各种能动性和选择权）。经常有人说，狗或猫拥有人类儿童的智力。动物保护者经常反对将家养动物与儿童进行这种比较，这是有道理的。这种比较常常低估或掩盖了动物的独立能动性，及其成熟的能力和经验。但这并不是完整的事实。动物不是完全成熟后才来到这个世界的。它们和我们一样，一开始是非常脆弱的幼崽，需要得到大量的照料，包括学会逐渐融入社会。所以，虽然把所有动物都比作儿童是不恰当的，但在基本社会化的问题上，将不同物种的幼崽进行比较也不失为一个可取的做法。

23 乔伊斯·普尔（Joyce Poole）花了几十年时间观察非洲象，他说："我从未见过小象被'训导'。保护、安慰、低语、安抚和帮助，这些都有；但没有惩罚。大象是在一个非常积极和有爱的环境中长大的。如果一头年幼的象，或者事实上任何家庭成员以某种方式伤害了另一头象，象群中就会出现批评和议论的声音。被伤害的象接受安慰的声音与和解的声音相交织。"（Poole 2001）

24 人类无知的一个表现就是认为狗必须被人类支配，人类将自己立为"群体"中的首领。正如亚历山大·霍罗威茨（Alexandra Horowitz）、戴尔·彼得森（Dale Peterson）和其他人所指出的，犬科的社会结构是建立在相对稳定的**家族**成员基础上的，而不是由没有联系的具有流动性的个体组成的**群体**。（Horowitz 2009、Peterson 2010）在不稳定的群体结构中，个体经常会通过虚张声势、炫耀、身体威胁甚至暴力来不断地检验和维护自己的支配地位。这与家庭结构中的权威的性质截然不同，后者内在于亲－子、长－幼和兄弟姐妹排行的关系之中。这种权威在很大程度上是不容置疑的，不需要不断地通过支配来维护。

25 当动物逃脱拘禁，使我们注意到它们失序的存在，我们会感到非常不安，比如当一辆运牲畜的卡车在公路上翻车，而猪、牛或鸡倾泻而出的时候。欧文·琼斯（Owain Jones）认为，恰恰是在这些动物"失序"（out of place）的时刻使它们成为伦理的焦点，让我们看到了具体的个体，而不仅仅是种类。（Jones 2000）

26 见艾利森·凯里（Allison Carey）对残障者运动中为争取"最小限制性的环境"原则而斗争的讨论。（Carey 2009）在某一领域中、某一时间点上进行家长主义限制也许是必要的，但这并不意味着可以在各个领域进行全面或持久的限制。

27 城市规划作为一门学科和专业，几乎完全没有考虑到其决策对动物的影响，相关评论参见 Wolch 2002；Palmer 2003a。

28 移动问题也跟马有关，因为马所需要的空间可能要比其在很多情形中实际得到的大得多。但正如我们之前指出的，再野化的选项对马来说比虎皮鹦鹉或金鱼更可行，我们有责任在采取绝育论之前，先尝试这一选项。请注意，大多数爬行类、两栖类、鱼类和鸟类“宠物”都是被捕获的野生动物，而不是被驯化的家养动物。我们将在第六章和第七章讨论这些动物。在本章，我们所讨论的是那些被圈养繁殖了多代，并且已经开始表现出与大多数被长期驯化的物种相似的特征，比如失去对人类的恐惧，以及对野外生活的适应性。

29 将“禁止带宠物”的规定与“禁止带儿童”的规定进行比较，会很有意思。有的度假村或旅店规定不能带儿童，也许是有正当理由的，因为这样可以让度假者有机会选择一个只有成年人的环境。可以想象，也有类似的理由来支持类似地方禁止带宠物。但是，在这种情形中禁止儿童规则之所以是合适的，一定是取决于这样的假定：儿童是社会的正式成员，他们在公共空间中一般是受欢迎的，禁止儿童的规则只是上述惯例的一个例外。而在动物的情形中，恰恰缺少这种假定。（这里还存在一个重要的区别，即有些人对猫狗有过敏反应——不过这也可以被滥用为不喜欢动物的借口。在公民模式下，公共空间的组织将通过协商来支持家养动物的完全成员身份，同时为过敏体质的人提供充足的选择。）

30 我们同意加里·弗兰西恩的观点，即在人类的情形中的起诉和惩罚的理由也许无法适用于动物的情形。（Francione 2000: 184）然而，他过于草率地低估了人类因过失或蓄意杀害动物而被起诉的可能性。

31 国家对本国公民负有特殊义务，这个事实可能会影响到对某些法律的解释，特别是在过失致伤或致死等情形中。家养动物是社群的永久成员，人类有较强的义务采取合理措施来防止对它们造成伤害；而鉴于人类与野生或边缘动物之间的互动往往不可预测，相关的义务就没有那么强了。

32 关于灾难中动物救援的讨论，见 Irvine 2009。有趣的是，消防和救援服务似乎更好地考虑到了动物，而许多其他行业如城市规划或社会工作却没有考虑到。（Ryan 2006）

33 这带来的问题是，今后该如何繁殖，以及是否有可能扭转这个过程。由于繁殖方式的原因，羊不仅无法自行脱毛，而且由于外皮和毛量的增加而易受寄生虫和疾病的侵袭。因此，我们有责任让不同品种的羊进行杂交，并逐步扭转这一过程。只是这可能需要很长的时间。此外，虽然我们应该改变那些使它们不舒服、不健康或容易生病的繁殖方式，但依赖于人类剪羊毛这个事实本身未必是有问题的。无论如何，假如我们允许羊择偶和配种时机，那么未来的繁殖结果就不完全掌握在我们手中。人类可以设定一般条件（例如，混合不同的羊群以增加择偶的多样性），但羊的未来演化方向将会通过羊和人类双方的选择来展开，而不是被人类硬性控制。

34 关于这个农场庇护所的“不利用”的哲学理念的讨论，见 http://farmsanctuary.typepad.com/sanctuary_tails/2009/04/shearing-rescued-sheep.html。另见杜纳耶的主张：“就公平而言，人类无权将属于非人类的东西视为人类的财产。应当认为非人类拥有它们所生产的东西（蛋、奶、蜜、珍珠……）、它们所建造的东西（窝、巢穴、蜂房……），以及它们所生活的自然栖息地（沼泽、森林、湖泊、海洋……）。”（Dunayer 2004: 142）我们同意动物生产的东西属于它们，但这并不排除这些产品被正当使用的情况。公民为他们的所有物而交税，并通过交换来获得属于他人的东西，或帮助维持被所有人共有的东西。承认动物产品属于生产这些产品的动物，这未必指向“不利用”的策略；更恰当地说，这要求利用必须是属于公民的公平体系和社会生活中给予与索取的一部分。

35 或创造性的方式，比如作曲家 R. 默里·谢弗（R. Murray Schafer）在荒野场景中进行创作，有一些动物自发参与进了他的创作（有家养也有野生的）。音乐激发了狼、麋鹿、鸟类和人类伴侣狗的参与。有关谢弗的狼音乐的一个例子，可访问：http://beta.farolatino.com/Views/Album.aspx?id=1000393。

36 关于这些问题的有趣反思，见加州“黑母鸡农场”的网站，他们解释了为什么出售他们所照料的鸡下的蛋是合乎伦理的：http://www.blackhenfarm.com/index.html。

37 类似于羊的情况，这里也存在同样的问题——人类应该做出何种努力来扭转选择性繁殖对动物健康的负面影响。

38 在有些情况下，牛群可能比其他动物更现实。例如，匈牙利灰牛的大部分食物需求都靠在奥地利东部的诺伊齐德勒湖地区的牧草来满足，这种放牧并未破坏草原，反而对于维持矮草草甸生态系统和在那里生活的野生动植物生长起到了关键作用。（Fraser 2009: 91）

39 还有一个与牛和猪有关的“利用”问题，即在它们自然死亡后利用猪皮和牛皮的问题。关于如何对待动物尸体，见下文对动物饮食的讨论。

40 关于田纳西州的菲亚斯科农场出售山羊奶的理由，见该农场的网站：http://

fifiascofarm.com/Humane-ifesto.htm。该农场从来不杀山羊，还为公羊幼崽寻找领养家庭。

41 马的情况就更值得怀疑了。马通常会拒绝马嚼、挽具和骑手，直到它们被“驯服”（broken），即接受大量的强制训练，这是对它们基本权利的侵犯。因为人类对马的利用要靠马具或骑乘（大多数利用都是如此，除了用以陪伴和放牧），因此人类对马的利用很可能无法通过公民身份的检验。

42 这自然引出了一个问题，即正义要求为动物公民成员提供何种水平的医疗护理。就跟之前一样，答案部分地取决于在人类的情形中正义要求什么。医疗的正义是否要求让每个人都能实现某些关键的“机能”，正如能力论者所说的那样？（如果答案是肯定的，那么包括哪些机能？）还是如“充分主义”（sufficientarian）理论家所言，目标是达到一定的基本福祉水平？还是如“运气平等主义”理论家所言，目标是矫正人们在福利机会方面的不平等？还是如“民主的平等”理论家所言，目标是让每个人都能实现其作为公民的社会角色？显然，这些问题在人类的情形中争议仍然很大，就本书目的而言，我们并不在这些争论中采取某种立场。我们认为家养动物是我们政治社群的公民成员，这个论点并不要求我们采取任何特定的分配正义观，尽管每一种分配正义观都会对动物医疗提出不同的要求。例如，根据努斯鲍姆的能力论，我们的目标应该是使家养动物能够实现它们的典型机能，这些机能定义了它们的健全生活；正如我们的医疗保健旨在实现那些定义了我们健全生活的典型机能一样。而且为了防止医疗资金成为一个吞噬所有其他社会资源的无底洞，在这两种情况中都要接受限制：我们不希望花费巨额资源来换取在预期寿命或生活质量方面非常微小的提高。至于如何确定这些机能和相关的限制，这显然因动物种类而异，取决于动物的生理和心理能力、寿命、健康的脆弱程度等等。

43 关于动物的生育权的有趣讨论，见 Boonin 2003。正如布宁所指出的，令人惊讶的是，有那么多动物权利论者不加批判地赞同人类有权（甚至有义务）对家养动物进行绝育（例如 Zamir 2007: 99），而忽视了动物在生育方面可能有正当利益这一事实。我们同意应当考虑这些利益，但是应当在更广泛的公民身份理论中考虑，这种公民身份理论规定了人类和动物之间更全面的权利和责任，包括人类照料家养动物后代的义务。我们相信，这一更广泛的理论提供了对生育施加一些限制的理由。虽然动物权利论者一般未能为绝育所涉及的基本权利侵犯提供辩护，但莱拉·富斯菲尔德(Leila Fusfeld)是一个例外，她主要是以功利主义的理由来为大规模绝育辩护，即牺牲现有动物的生育权是为了保护未来动物的利益，使之不会降生于驯养奴隶制。（Fusfeld 2007）

44 纵观 20 世纪的大部分历史，各国都在对智力障碍者进行强制绝育，理由是他们无法理性地管理自己的性行为，而且无法照料子女。这些强制绝育方案已经被废除，一部分原因是它们侵犯了基本的身体完整权，一部分原因是许多智力障碍者是有能力（在适当的帮助下）为人父母的。但值得注意的是，那些关心智力障碍者的人们还是在用其他侵犯性较小的方式来规范他们的性生活——例如在性别隔离的基础上来组织集体宿舍或群体活动。对于如何处理智力障碍者的性和生育问题仍然很有争议。见 Carey 2009: 273–274（关于美国）；Rioux and Valentine 2006（关于加拿大）。

45 读者也许会想问，我们在本节的论点会对动物园里的动物有什么影响。正如我们在第六章中所论证的，捕捉动物并将其放入动物园是对动物的基本个体权利的侵犯，也是对动物作为主权社群成员之权利的侵犯。然而，那些已经在动物园里的动物，如果它们已经不适应野外生存，也不适合教导后代在野外生存的话怎么办？我们是否应该阻止它们在圈养中生育，使圈养的动物园动物逐渐消亡呢？许多物种即便在圈养状态下繁殖率都很低，如果放任不管，它们就会逐渐灭绝。然而，其他的动物在圈养状态下确实会繁殖，如果人类不阻止，它们会不停地生育。就跟家养动物的情况一样，我们认为，对它们的性选择和生殖选择进行限制的理由，必须是基于被限制之个体的利益。随着时间的推移，这些动物及其后代在受控条件下可能会选择重新融入野生环境，或进入半野生保护区。然而，另一些动物可能会陷入一个悲惨的困境，它们既无法再野化，也无法在受限制的空间中健全生活，即使最“进步”的庇护所提供的空间也不够。它们的情况就像前面讨论的虎皮鹦鹉和金鱼一样，人类很难为其提供一个健全生活的环境，它们在人类 – 动物混合社会中的状况也许存在本质上的问题。而废除论者或绝育论者（错误地）认为这是所有家养动物的状况都存在的问题。

46 关于狗和猫纯素饮食的健康，证据见 http://www.vegepets.info/index.htm。

47 有的读者可能会问，为什么吃鸡蛋不会像吃尸体那样面临同样的顾虑？我们吃鸡蛋的行为，能否建立在对鸡的尊重上？对于这些问题，我们很难将行动的内在不正当性与其（多样的、易变的）文化含义区分开来。对于食用细胞培育出来的弗兰肯肉、食用尸体、用尸体做堆肥、用排泄物做肥料来说，如果食用和使用的是人类的细胞、尸体或排泄物，那么今天许多人的反应可能是厌恶的，但如果食用或使用的是动物细胞、尸体或排泄物，人们却可以欣然接受。我们认为这种区别对待在道德上是可疑的，但纠正的办法未必是将同样的禁忌从人类延伸到动物。相反，如果我们能以尊重人权和人类尊严的方式来使用细胞、尸体或排泄物，我们就能反思这种禁忌。就鸡蛋而言，一个明显的问题是鸡和人的卵子有不同的实用特性。鸡蛋是可以使用的，卵子被包裹于蛋清中，还有一层方便的硬壳，便于拾取、储存和烹饪。如果未受精的人类卵子也以这种形式脱落，我们很难想象人们对于使用它会做何反应。我们很难将厌恶、禁忌、文化传统与伦理考虑区分开来。

48 关于这一立场的讨论，以及在 2010 年因公投失败而未能将这一立场扩大到整个瑞士，见 http://www.guardian.co.uk/world/2010/mar/05/lawyer-who-defends-animals。

49 仅举一例，托马斯·瑞安（Thomas Ryan）指出，社会工作者经常在有家养动物的家庭和房子中工作，尽管他们的行动经常对这些动物产生决定性的影响，但他们没有接受过关于考虑动物福祉和利益的专业培训或专业要求。（Ryan 2006）

第六章

1 关于这种忽视“有生命的自然和无生命的自然之间的区别”之倾向的批评，见 Wolch 1998；Palmer 2003a。

2 例如，可参见马修·斯库利（Matthew Scully）关于全球狩猎产业规模的讨论。（Scully 2002）

3 鉴于农场动物占了被蓄意伤害的动物受害者中的绝大比例，在动物权利倡导者群体中，人们对于该运动是否过多地关注野生动物问题（如狩猎、皮草捕猎、动物园和马戏团）存在争议。例如，“素食者超越网”指出，“美国每年约有 99% 的动物为供人类食用而被杀”（http://www.veganoutreach.org/advocacy/path.html）。然而值得注意的是，这个数据中还不包含被无意杀害的动物。在美国每年有 100 亿只农场动物被杀。据估计，美国每年仅仅因撞击建筑物而死去的鸟就多达 1 亿到 10 亿只。（New York Audubon Society 2007）这还不包括因汽车、电线、家猫、污染、栖息地丧失以及我们对鸟类造成的无数其他危害所造成的死亡。人为造成的野生动物死亡的数量无法估算，但总数惊人。我们在这里并不是要贬低“素食者超越网”对家养动物苦难的强调，也不是要贬低他们关于如何聚焦力量的战略决策，而是想指出动物权利论在应对人类对动物的无意杀害问题上是存在缺陷的。

4 “野生动物管理者首要关注的应当是让动物归于自然，不让人类的捕食者介入它们的事务，让这些‘其他民族’掌控其自身的命运。”（Regan 1983: 357）

5 “一旦放弃了对其他物种的‘统治’权，我们就无权去干涉它们。我们应该尽可能地远离它们。在放弃了暴君的角色之后，我们也不应该试图扮演老大哥。”（Singer 1975: 251）

6 动物有不被杀害的消极权利，而人类必须尊重这一权利。但这在逻辑上并不意味着动物在面对其他动物的威胁时，也有获得人类援助或保护的积极权利。然而，虽然肯定前者和否定后者在逻辑上并不矛盾，但前者的道德理由似乎在导向后者，动物权利论的批评者们说这种道德张力没有得到充分的解决是有道理的。

7 在该书的第二版，雷根对这一立场进行了修改，他承认了援助义务：“权利观可以逻辑一致地承认，一般的初确行善义务在某些情况下会为我们带来实际的援助义务。《动物权利研究》一书中没有讨论这种义务，因此当时所发展的理论是不完整的。后来我认识到，如果我当时多说一些关于援助义务的内容，而不只是关注对遭受不正义伤害者所负有的义务，那就更好了。”（Regan 2004: xxvii）

8 另一个例子，见乔－安·谢尔顿（Jo-Ann Shelton）关于加利福尼亚州圣克鲁斯岛的野生动物管理者对生态系统的误判的论述。（Shelton 2004）

9 弗雷泽还讨论了委内瑞拉的“生态岛”案例，这些岛是在洪水溃坝期间形成的。捕食者在洪水泛滥时逃离，留下了吼猴和其他较小的物种。然而，这么做并没有使这里变成无捕食者的天堂，反而引发了灾难性后果。猴子数量增加，毁掉了岛上的植被，这导致了食物短缺和社会结构崩溃。（Fraser 2009: ch. 2）关于顶级捕食者在生态系统中所起的作用，另见 Ray et al. 2005。

10 见约翰·哈德利对健全论证的批判。（Hadley 2006）另见玛莎·努斯鲍姆的说法，她否认了一种基于物种标准的健全生活观必须不加批判地依据“什么是自然的（或物种典型的）”来定义健全生活。（Nussbaum 2006）

11 一个较早的例子是一篇论“类人猿主权”的文章（Goodin, Pateman and Pateman 1997），尽管此文的相关论点是：因为大型猿类与人类的亲缘关系非常近，而且具有高度的认知机能，所以它们有资格拥有特别的主权政治地位。

12 另见撒芬提兹：“许多关于野生动物的动物解放计划都表达了对野生动物的深切尊重，并希望重建、保护或拓展这些动物过上独立、自治生活的机会。虽然这些计划可能不同于那些旨在使少数群体和女性成为社会体制中的‘一等公民’和‘完全的合作伙伴’的计划，但这种差异仅仅源于动物的利益与我们不同。野生动物似乎并不希望被我们的社会接纳；相反，它们看上去基本上是希望远离我们，以追求它们自己的生活方式。”（Sapontzis 1987: 85）

13 目前还不清楚努斯鲍姆为野生动物的主权赋予了怎样的重要性。有时，她似乎主张人类进行强有力的干预，为了“逐步形成一个相互依存的世界，在这个世界里，所有的物种都将享有相互合作和相互支持的关系”。正如她承认，“自然界不是那样的，也从未那样过”，因此她说，她的进路是“以一种非常笼统的方式，呼吁逐步用正义的取代自然的”。（Nussbaum 2006: 399–400）在这幅图景中我们很难看到对主权的尊重。然而，有时她却并不认同这种干预，并指出积极的干预必须考虑到“适当尊重一个物种的自主性”。（Nussbaum 2006: 374）她没有为如何权衡这些相互冲突的目标提供指导。

14 另见 Palmer 2003b；Čapek 2005: 209。她们探讨了人类通过开发来对动物及其领土进行殖民的过程，以及这与对原住民殖民的历史话语的相似性。

15 根据去殖民化的国际准则，“人民使用和开发其自然财富和资源的权利是其主权所固有的”（GAResolution 626 [VIII] 21December 1952），并且“民族和国家拥有对其自然财富和资源的永久主权，这种权利必须为了他们的国家发展和相关国家之人民的福祉而行使”（GA Resolution 626 [VIII] 21 December 1952）。正如埃克斯利所指出的，这些措辞是作为“新的主权博弈”的一部分而被采纳的，后殖民时期的国家试图通过这种博弈来重组那些曾在殖民时期给予外国公司的自然资源特许权，然而今天这些措辞被认为赋予了人类社群对野生动物和自然界的不受限制的主权，以及只为人类利益而利用这些资源的权利（实际上是义务）。（Eckersley 2004: 221–222）美国各州的法律也有类似的表述。例如，俄亥俄州立法规定，“对一切野生动物的所有权和财产权……归州政府所有，州政府为全体人民的利益以信托的方式持有这种权利”。（Ohio Rev. Code Ann.§ 1501，转引自 Satz 2009: 14 n79）

16 野生动物纪录片的问题在此可以作为一个有趣的测试用例。正如布雷特·米尔斯（Brett Mills）所指出的，我们目前认为自己身为监护者和管理者，有权拍摄野生动物，即使是在它们最私密的环境中（例如巢穴），甚至是在动物注意到摄影人员时明显避开他们的情况下。野生动物纪录片经常炫耀如何巧妙地使用隐藏摄像机，以确保不被野生动物发现。如果我们把自己视为踏上野生动物领土的游客，而不是家长主义的管理者，那么我们就要反思这种做法。（Mills 2010）请回想一下斯马茨如何与狒狒互动，以及当狒狒向她表达“走开”的意思时她是如何回应的，这对于建立相互尊重的关系很重要。（Smuts 2001: 295，也可参见我们在第二章的讨论）

17 这种看法对于许多原住民社会来说明显是错误的，例如印加人，他们显然有类似于国家的结构。为了回避这一点，为帝国主义辩护的人指出，只有符合欧洲规范和价值观所定义的某种“文明标准”（例如，没有一夫多妻制），一个预先存在的主权（假如存在的话）才是值得尊重的。关于各种以（缺乏）主权为由为欧洲帝国主义辩护的概述，见 Keal 2003；Anaya 2004；Pemberton 2009。甚至到了1979年，澳大利亚高等法院还在“科诉联邦案”（Coe v Commonwealth）中裁定，原住民缺乏主权，因为根据“极端欧洲中心主义的检验标准，一个澳大利亚原住民族必须拥有明显的立法、行政和司法机关，其主权才能得到承认”。（Cassidy 1998: 115）

18 阿尔弗雷德认为，原住民要放弃那种促进殖民的思维模式，“首先应从拒绝原住民‘主权’这个术语和概念开始”，而应当以传统的原住民社群生活模式为指导，在这种模式中，“没有绝对的权威，没有强制执行的决议，没有等级制，也没有分离的统治机构”，因此，这种模式表现出“关于良知和正义的无主权制度”。（Alfred 2001: 27, 34）另见 Keal 2003: 147，他指出，一些原住民“拒绝接受欧洲的主权概念，在这种概念中，国家对民间社会行使权威”。

19 见 Reus-Smit 2001；Frost 1996；Philpott 2001，以及 Prokhovnik 2007，他们都认为，我们需要重新审视我们的主权理论，重视其背后的“道德目的”或“道德维度”，它们都（以不同的方式）与自治相关。

20 菲尔波特认为，两场革命“以相似的道德风格来承认主权，代表着相似的价值自由……这两场革命都将主权权威视为对某个民族的保护，对其地方特权、豁免权、自治权的保护，所有这些都是为了抵御某种更普遍的强权”。因此，主权推动了某种形式的解放，即“自我决定：主张人们免受更广泛的、中央集权的压迫”。（Philpott 2001: 254）

21 关于原住民主权，见 Reynolds 1996 和 Curry 2004 对澳大利亚的讨论，Turner 2001 和 Shadian 2010 对加拿大的讨论，Bruyneel 2007 和 Biolsi 2005 对美国的讨论，以及 Lenzerini 2006 和 Wiessner 2008 对国际争议的讨论。

22 在美国最高法院著名的“伍斯特诉佐治亚州案”（Worcester v Georgia）中，马歇尔法官说：“国际法的既定原则是，弱国不会因为与强国联合并接受其保护就放弃自己的独立性——自治权。”（31 US [6 Pet.] 515 1832）请注意我们这里的论证与第五章中关于公民个体的依赖式能动性的讨论是相似的。国家的依赖性（或相互依赖性）不是独立性的反义词（用阿尼尔的说法），而是它的雏形。

23 在用这种方式来修正主权观念的时候，我们意识到了其中存在的风险。正如彭伯顿所指出的，虽然主权往往以服务于社群的繁兴为存在理由，但其真实目的却常常变成以牺牲社群成员的利益为代价来维护主权本身。（Pemberton 2009: 118）有鉴于此，有些人可能认为我们最好放弃主权一词，而改用自决或自治等术语。但所有这些术语都很容易被滥用，而且到最后，唯一的补救办法就是坚持让主权（无论是人的还是动物的）明确地服务于其背后的道德目的。对于我们的论点来说，重要的是确认主权要求的背后存在正当的道德目的，而它们对人类和野生动物群体来说都是适用的。我们是否使用“主权”一词作为这类主张的标签并不重要。

24 我们在第三章中曾讨论过，许多野生动物都是“生态位特化者”（而不是“适应性泛化者”），非常依赖于特定的生态系统。

25 见 http://www.britishbirdlovers.co.uk/articles/blue-tits-and-milk-bottle-tops.html。

26 见 Regan 2004: xxx–viii，以及 Simmons 2009: 20 中的讨论。

27 在这一点上，野生动物可以扭转局面，它们的存在表明动物主权社群是具有可持续性的，相比之下，人类社群掠夺性的生态足迹很可能导致全面的生态崩溃。如果真如罗尔斯所说，生活节制是拥有主权的要求之一，那么无法通过检验的可能是人类而不是动物。

28 套用德沃金的一些术语，食物链和捕食的事实应被视为野生动物能动性的“决定因素”，而不是“限制”：它们定义了动物所面对的挑战，而动物应对这些挑战的能力有强有弱。（Dworkin 1990）而且一般来说，现有证据表明野生动物能够很好地应对这些挑战（相比之下，家养动物在经过驯养后，应对这些挑战的能力有所减弱，而同时，与家养生活相关的能力得到了增强）。

29 不管怎样，认为人类可以通过某种方式终结捕食的想法是荒谬的。自然界充满了捕食关系，所有的生物——包括我们人类——都依赖于捕食关系的持续存在。即使所有人类都吃素，我们仍然完全依赖于自然过程，这些过程使植物能够播种和授粉，获得土壤、过滤水和空气，控制以植物为食的动物种群规模等等，这些过程涉及食物链各个层级的捕食。

30 在人类的情形中，同意通常被认为是正当干预的必要条件。（例如，Luban 1980）的确，正如米哈伊尔·伊格纳季耶夫（Michael Ignatieff）指出的，当地民众的同意是正当干预的“第一和首要的条件”——“必须是由民众向我们索求帮助”。（Ignatieff 2000）并非所有学者都认为同意是一个必要条件——例如 Caney 2005: 230 和 Orend 2006: 95，但他们也说，得到同意加强了干预之理由的说服力，而在没有同意的情况下，必须要有特别强的辩护理由方可进行干预。

31 在为大型猿类的主权辩护时，古丁等人坚持认为，大型猿类“完全有能力安排（其）日常的基本生活”，并且“完全有能力为自己打造一个自主的存在”。（Goodin, Pateman and Pateman 1997: 836）

32 见 Pemberton 2009: 140，他指出，欧洲帝国主义者往往承认原住民的私有产权，即使在确立对他们的统治权时。

33 其实，《星际迷航》的粉丝们会想到，类似的场景在《星际迷航：下一代》中也曾探讨过。在第 2 季第 5 集《笔友》（*Pen Pals*）中，德雷玛 IV 的人民即将因为星球的地质构造不稳定而死亡。企业号船员讨论是否要坚持他们的“首要指令”——不干预那些看起来还没有准备好接触和融入星际联邦的行星，让其自主进化。他们最终决定只做一次性的干预，用一次简单的技术性修复来拯救这个星球。然后，他们抹去了德雷玛人对干预的记忆，让他们继续按照自己决定的路线发展。

34 芬克讨论了一个例子：昆虫幼虫在驯鹿的鼻孔中觅食和生长，并逐渐使驯鹿因窒息而缓慢痛苦地死去。（Fink 2005: 14）可能发生的情况是，人类会想出一种方法来杀死这种昆虫，或者使驯鹿免疫于这种虫子的影响。而且如果谨慎操作，这种干预很有可能对生态系统的影响微乎其微。这将导致更少的鹿死亡，因此为了保持平衡，生育率可能需要下调（要么会自然下降，要么通过人类进一步干预），这种干预似乎并不意味着人类要系统性地管理驯鹿的生活，也不损害它们作为一个自主的群体继续生存的自由和能力。这种可能的干预方式似乎会支持而不是破坏野生动物主权。另一个案例是关于生活在佛罗里达州沿岸的海龟。在一些偶发的反常天气条件下，那里的海平面温度会下降到海龟无法承受的程度。一旦发生这种情况，海龟会遭受冷休克而进入僵直状态，漂浮在水面上，最终死亡。2010 年 1 月发生了一场严重的寒潮。数百只冷休克的海龟被人类从水里打捞上来，放到温暖的水中，直到反常的寒流结束，然后被安然无恙地放归海洋。鉴于这次天气事件的反常性，我们很难看出人类的援助会如何破坏海龟的自主性或其更大的生态群落。况且海龟的种群已经因人类影响而急剧减少，这个事实使人类有理由进行干预。但即使不考虑这个因素，上述说法仍然成立。

35　另见 Haupt 2009: ch. 6，他讨论了如何通过谨慎的权衡来决定是抚养还是放生一只落单的乌鸦幼鸟，或者决定是救助还是放任一只受伤的乌鸦。

36　关于协助鹮迁徙的工作，见 Warner 2008。关于 2010 年的迁徙情况，见 Morelle 2010。有关秃鹮项目的文献综述见：http://www.waldrappteam.at/waldrappteam/m_news.asp?YearNr=2010&lnr=2&pnr=1。

37　易错性论证可分为弱式和强式的。弱式论证是，鉴于自然的复杂性和人类知识的局限性，人类干预必然会弄巧成拙。强式论证是，只有自然能“根据定义”就可以让事物得到正确的安排，所以任何人类的干预都是有问题的。在詹姆斯・拉夫洛克（James Lovelock）的“盖娅假说”（Gaia hypothesis, Lovelock 1979）的影响下，有人开始倾向于认为自然生态系统具有内在一致性，是一个系统的一部分，这个系统是整体运作的，必然支持生命。当人类干预这个系统时，一般来说，它总是一种消极的干预——是对生命和生物多样性的破坏。彼得・沃德（Peter Ward）最近对盖娅假说提出了质疑，认为在没有人类干预的自然界，既缺乏有效的自我调节，往往也不支持生命。（Ward 2009）沃德认为，自然界有时会出现可怕的错误，造成生态系统的灾难性毁灭（他称，大多数的大灭绝事件都是由细菌和植物生命系统的失控造成的）。沃德认为，有时人类应该把自己插入方程式之中，去改变自然进程，以阻止灾难，促进生命。

38 见 Henders 2010，该文献讨论了第一次世界大战后签订的《少数族群条约》（Minority Treaties）中的一些条款，这些条款的目的是保护那些被与“祖国”或国际市场隔绝的少数群体。

39 见 Fowler 2004，该文献讨论了在罗马尼亚和斯洛伐克的匈牙利少数民族“模糊的”公民身份问题；Aukot 2009 讨论了非洲游牧民族的问题。

40 在人类的情形中，艾丽斯·杨（Iris Young）认为，自决权不应被理解为绝对的或排他性的，而应当是关系性的——即不受其他个体支配的权利，即使存在实质性互动和相互依赖关系时也应当这样来理解。（Young 2000）我们认为，动物主权也是如此。

41 长期以来，原住民权利倡导者一直抱怨西方的保护工作忽视了他们的权利，而且实际上把他们变成了“保护难民”。（Dowie 2009；另见 Fraser 2009: 110）

42 关于与原住民合作的倭黑猩猩保护项目，见倭黑猩猩保护倡议网（www.bonobo.org/projectsnew.htm）。见 Tashiro 1995，该文献讲述了反对伤害倭黑猩猩的传统禁忌在最近被破坏的情况。另见 Thompson et al. 2008，该文献讲述了在非公园地区，与原住民生活在一起的倭黑猩猩的数量实际上多于公园区，因为当地原住民保持着传统的对杀害倭黑猩猩的禁忌，相比之下，公园区域在划定时将原住民排除在外，这导致一些倭黑猩猩被偷猎者杀害。我们在这里可以看到联合与平行主权的体系可能是什么样子。在另一个案例中，弗雷泽讨论了尼泊尔的奇特旺国家公园通过雇佣当地人从事反盗猎安保工作，让那些希望从森林中获益（通过收集土地覆盖物、草、树叶、草药、水果和木柴）的当地人参与进来。（Fraser 2009: 245）Vaillant 2010 讨论了俄罗斯东部滨海边疆区的原住民和西伯利亚虎之间的传统共存策略。另见“大象之声网”（http://www.elephantvoices.org/），它是由乔伊斯·普尔领导的动物保护组织。“大象之声”的工作前提是帮助大象，这要求我们促进人与大象之间的关系，而不是试图将大象与人类隔离开。

43 关于多民族自治的一个特别复杂的例子，见 Vaughan 2006，该文献讨论了埃塞俄比亚的“南方民族、部落和人民的地区州”（Southern Nations', Nationalities' and Peoples' Regional State）。

44 动物和人类在传统的可持续关系中共享的那些未开发的生境该怎么办？（比如亚马孙的原住民文明，再比如那些长期的资源开采区——在其中野生动物和人类活动之间已经产生了稳定的共生关系）。我们将在本章后面讨论其中一些复杂问题。至于产生于已开发地区的类似的共生关系（如可持续农业用地），我们将在关于边缘动物的章节中讨论。

45 有些读者可能认为，我们需要第三项要求：限制人口增长。如果人口继续增长，我们就不太可能遵守前两项要求。但是，人口与土地 / 资源利用之间的关系是复杂的。首先，我们不应认为人类没有能力转向更明智、更有效、更可持续和更正义的资源利用方式。此外，社会可以自主地平衡其公民总数和生活水平。我们不能要求或期望动物放弃它们的领土，从而使得人类在数量不断增长的同时维持特定的生活水平。但是，如果一个社会愿意接受较低的生活水平，那么它也许能够在不占用动物领土的情况下实现人口的增长。与其规定一个“理想的”人口目标，然后据此分配领土，我们不如保障现有的人类和动物的公平领土要求，然后让人类社会在这些正义的约束下调节人口。

46 见 Hadley 2005，该文献讨论了动物利用土地的可预测性和稳定性，借此来解释为什么承认野生动物的私有产权是可行的。在我们看来，这些事实最好用来支持主权权利。

47 这里的相关因素包括：某些生态区所支持的动物生命的丰富性和多样性远远高于其他地区，而且许多动物都是生态位特化者，没有随时适应新环境的能力（而人类凭借其技术性的知识，可以非常灵活地在各种地区居住和繁衍）。

48 正如弗雷泽所指出的，“不存在一个量需而取的良善人类社会”。（Fraser 2009: 117）另见 Redford 1999。

49 如今我们倾向于感叹石油和内燃机的发明对环境的影响：汽车是敌人。然而，它其实是一种有益的纠正，我们可以想一下，除鲸鱼之外，有多少动物因此躲过了残酷的剥削。正如第四章所讨论的，马可能是最大的受益者。但这并不能改变汽车对动物的负面影响，比如气候变化和路杀，但它确实提醒我们在寻找解决方案时要向前看，而不是将前技术时代浪漫化。

50 关于试图计算当代非裔美国人因奴隶制而遭受的持续性损失，见 Robinson 2000。

51 关于对那些被人类的不正义行为所伤害的野生动物的补偿正义，相关讨论见 Regan 2004: xl；Palmer 2010: 55, 110。

52 这包括无数情形，在其中，是我们的行为直接导致了动物对我们的危险性的提高。G. A. 布拉德肖（G. A. Bradshaw）探讨了人类对大象的暴力行为如何导致了大象社会的崩溃，并使得一些大象因心理受创而变得暴戾，从而对人类构成了严重威胁。（Bradshaw 2009）约翰·瓦力恩特（John Vaillant）讨论了一只西伯利亚虎的特殊案例，这只虎被猎人骚扰了太多次，于是开始实施有计划的报复。（Vaillant 2010）

53 相关的有益讨论，见 Sunstein 2002；Wolff 2006。

54 长角堤道改善工程（http://longpointcauseway.com/）。在过去几年中，堤道改善工程已经大大减少了路杀的发生。

55 但也有一些有意思的例外，比如栖息于高速公路沿线的乌鸦和其他食腐动物，因为路杀为它们提供了比在传统环境中更容易得到的尸体。

56 正如我们在第五章中所指出的，现有的开发活动很少考虑对动物的影响。见 Wolch 1998；Palmer 2003a。一个有意思的例外是最近举办的国际野生动物通道基础设施设计竞赛，这项赛事的目的是为野生动物穿过科罗拉多州韦尔市的 I-70 路段设计通道。很多动物在这段高速公路上丧命（人类事故要少很多，但也很严重），它因此臭名昭著。提出该倡议主要是出于对人类生命安全和由车辆损坏造成的保险费用上升的考虑，而不是关心动物。尽管如此，该倡议对于减少我们给动物带来的道路风险可能是非常重要的，因为这些设计的目的是适应各种环境。几百名设计师和建筑师接受了这项挑战，要设计一个有效且不破坏生态的动物通道，同时还要对现有野生动物通道模型（比如在加拿大班夫的动物通道）的成本、灵活性和劳动密集型施工的特点加以改进。其中最优秀的五个设计可以在如下网址查看：http://www.arc-competition.com/welcome.php。纽约市奥杜邦协会（The New York City Audubon Society）为了减少对鸟类的影响，在 2007 年制作了一份优秀的城市建筑设计指南。此外，（怀俄明州的）杰克逊·霍尔野生动物基金会（Jackson Hole Wildlife Foundation）也提供了关于“萤火虫挡板”的信息，这个设计旨在防止鸟类撞上电线。（http://www.jhwildlife.org/）

57 正如我们在第二章中所指出的，道德哲学中存在一个修正主义阵营，不承认在自卫中杀死“无辜的攻击者”的正当性，但我们采取主流观点，认为在这种情况下是存在自卫权的（见前文第二章注 32）。

58 我们应该注意到在野生动物风险问题上的另一种伪善。一些发达国家已经在很大程度上消灭了危险的大型动物，这些国家的动物爱好者却以保护生境和物种的名义，希望发展中国家的人民忍受老虎和大象等受大家欢迎的物种带来的风险。与此同时，当一只叫布鲁诺的黑熊走出意大利阿尔卑斯山的时候，德国人和奥地利人为这一只黑熊所带来的所谓风险而抓狂。一个猎人得到了巴伐利亚环境部许可，枪杀了这只黑熊。（Fraser 2009: 86–88）关于西方在这方面的伪善态度，常常体现在西方资助的（甚至强制的）保护方案中，见 Wolch 1998: 125；Eckersley 2004: 222；Garner 2005a: 121。

59 需要注意的是，我们在这里所主张的与瓦尔·普拉姆伍德（Val Plumwood）等生态论者的立场存在重要区别，尽管他们也反对人类对野生动物提出的零风险要求。普拉姆伍德的观点是，我们应该接受自己是自然过程的一部分，包括捕食者 – 被捕食者的关系，因此，我们可以吃掉他者，只要我们接受被吃掉的风险。（Plumwood 2000, 2004）我们的互惠观不是基于接受“自然的”观念，而是基于主权社群之间公平相处的观念。因此，什么才算得上是公平的风险管理，答案取决于谁对相关领土拥有主权。人类无权进入动物的主权领土，并采取侵入性的措施来减少对自己的风险，例如，给动物的领土设置围栏或给动物安装跟踪装置。如果我们进入动物的主权领土，我们就必须接受风险。但在人类主权区域内，我们的确有权通过设置屏障或转移有危险的野生动物等各种方式来降低风险。

60 我们可能会问，考虑到该地点的动物密度，首先一个问题是这里是否适合建造堤道。也许应当直接把这个特别的生态系统设为人类禁区（或低影响区），因为人类活动可能会给太多的动物带来太多风险，而假如某种人类活动是非必要的（如旅游），其造成的风险就是不正当的。但是在这个例子中，我们姑且假设，能够在这 3.5 千米的路段上行驶对人类来说的确是至关重要的。

61 雷·麦克劳德（Ray MacLeod）收录了加拿大新斯科舍省的“野生动物希望协会”的几篇获救野生动物的传记。（MacLeod 2011）只要有康复和放生的可能，那么就要尽可能地限制它们与人类的接触。然而，如果根据工作人员的判断，动物因伤势而没有回归野外生存的可能，那么对待动物的方式就要发生巨大转变，要让它们在各种情况下与人类进行更多接触，从而使其有可能融入新的社会——一个多物种的社会，它由救援中心的工作人员、长期生活在那里的其他动物，以及来访的公众组成。

62 努斯鲍姆的动物权利论的核心观点是，我们应该根据动物的物种标准来对待动物。（Nussbaum 2006）我们已经在第四章第五节中对这一立场提出了质疑。残障野生动物一旦加入人类 – 动物混合社群，就意味着我们要负责它们的饮食，这当然提出一个难题，即如何对待那些天生的肉食动物。我们在第五章第四节中已经讨论过家猫饮食的相关问题，同样的原则也适用于此。

63 可以对比一下这里所述的庇护所与传统的马戏团和动物园之间的多种区别。动物园和马戏团是为了人类目的而设计的，动物是在野外被诱捕而来的，或在圈养中被繁育的，它们在那里接受训练，学会以各种方式为人类游客表演。在许多动物园里，它们被放在伪造的“自然”环境中向游客展示。它们被训练、被胁迫在马戏团中表演杂耍。即使是在最进步的动物园里，对身体健全的动物进行诱捕、运输、圈养、拘禁和管理也涉及对它们最基本权利的严重侵犯。上述关于残障动物庇护所的讨论，不应该被视为对马戏团或动物园存在的辩护。动物庇护所的存在只是为了照料那些不再适合在野外生活的动物，并根据我们对动物个体利益的最佳理解来照料它们。贾森・赫里巴尔曾精彩论述了马戏团、动物园和水族馆动物对圈养和虐待的反抗。（Hribal 2010）

64 保罗・泰勒（Paul Taylor）就我们对野生动物的义务提出了类似的矫正理论。（Taylor 1986）我们不应该伤害或干涉它们，但如果我们这样做了，就应该对它们进行补偿，并尊重由我们所造成的任何依赖性。

65 根据“大猿计划”，我们“有相当多的历史经验，联合国承担着保护非自治的人类区域（即所谓的联合国托管领土）的角色。也许可以委任这样的国际机构来对第一批非人类的独立领土提供保护，并对人类与动物的混合领土进行管理”。（Cavalieri and Singer 1993: 311；另见 Singer and Cavalieri 2002: 290；Eckersley 2004: 289 n14）

第七章

1 关于人类居住区中大量非家养动物的不可见性，城市地理学家已经开始质疑。珍妮弗・沃尔琪呼吁的“动物社群”是一种关于人类城市的新理论，它承认动物社群的多样性，并承认我们与动物关系的伦理意义，它挑战着那种被定义为与自然对立的人类文化或文明的观念。（Wolch 1998）另见 Adams and Lindsey 2010；DeStefano 2010；Michelfelder 2003；Palmer 2003a, 2010；Philo and Wilbert 2000。

2 那种觉得人类有权让那些人类居住区中的边缘动物服从于人类利益的想法，往往完全不经反思，不过也有人试图为之辩护，见 Franklin 2005: 113。

3 杰罗马克以鸽子为例，追溯了这种渐进式的去合法化。他指出：“鸽子现在是一个‘无家可归的’物种：在过去的一个世纪里越来越多的空间被重新界定为鸽子（和其他动物）的禁区，直到在人类生活区域似乎没有任何地方可以被视为鸽子的合法栖身处。”（Jerolmack 2008: 89）

4 例如，保护候鸟的法律不适用于鸽子或加拿大黑雁等边缘鸟类群体。反虐待动物的法律也不适用。令人震惊的是，即便是环保组织，也很少反对针对边缘动物的灭绝行动，因为它们既不是濒危物种，也不是野外生态系统的一部分。

5 一个类似的说法，见 Dunayer 2004: 17，该文献暗示动物在人类社会中的存在只能是“被迫参与”的结果，而动物权利论的目标不是“在社会中”保护动物，而是“应该允许动物在自然环境中自由生活，形成自己的社会”。

6 当动物权利论者说动物拥有不被杀害的基本权利时，批评者往往会问，这是否也适用于“有害动物”，或者说，当人和有害动物发生不可避免的冲突时，是否应允许例外。一般的动物权利论认为，人类只有在自卫的情况下，以及其他危急状态下才可以杀死动物，这与在人类的情形中一样。这些基本权利并不会仅仅因为一个动物被人类视为有害动物而消失。我们不能杀死讨厌的人类，所以对动物也一样，我们必须寻求不那么极端的方法来避免和化解冲突。有一些边缘动物，例如，喜欢栖息在房屋内的毒蛇，我们与它们之间可以说并不存在正义的环境，因为我们不能与它分享生活空间，否则就会置自己于危险之中。我们可能有理由采取极端措施来保护自己，如果设置屏障、遣送、隔离、感染控制和其他方法不足以保障我们的安全，那么就有理由采取致命手段。然而，正如我们在下文中要讨论的，只有在严格地降低自己对动物造成致命影响的大背景下，我们采取这些措施才是正当的。换言之，我们不能一面以永不危害人类生命的标准来要求动物，一面却无视我们对动物施加的暴力和破坏。另外，我们必须努力防止冲突的发生（例如，小心地储存垃圾和食物，或采用防止动物进入屋内的建筑标准），或者当这些措施失败时，使用非致命的手段来应对不请自来的动物。这些方法可能包括遣送、驱虫剂、生育控制、吸引竞争者等，也就是说要给它们留活路。我们之后再来谈这个问题。

7 我们强调，边缘动物与人类之间缺乏信任并不意味着正义原则不适用。在这里，我们的观点不同于西尔弗斯和弗朗西斯，他们认为正义的前提是信任，因此在驯化动物之前，我们对动物不负有正义义务。（Silvers and Francis 2005: 72

n99）信任是公民成员关系的先决条件，而不是正义的先决条件。

8 正如黛安娜·米歇尔菲尔德（Diane Michelfelder）所指出的，边缘动物“往往被视为不合时宜的生物和不受欢迎的访客，有点类似于永远都不会说当地语言的非法入境者。这里的关键词是‘麻烦’和‘有害动物’——即使这些动物对人类的安全或健康不构成直接威胁……而且，与非法入境者和罪犯的待遇一样，那些被认为带来麻烦的城市野生动物群体的成员往往会被政府当局制服，并被放归‘辽阔的户外’”。（Michelfelder 2003: 82）另见 Elder，Wolch and Emel 1998: 82。

9 抹黑的过程有几个方向。首先是将动物与那些被诋毁的人类群体联系在一起。同时，还可以将这些人类和动物与那些被广泛认为是不受欢迎的动物（如老鼠）联系在一起。见 Costello and Hodson 2010，该文献探讨了对动物的负面态度与将人类边缘群体非人化之间的相关联的心理机制。

10 关于在安大略省纳帕尼镇的沙松野生动物庇护所照料这只信天翁的情况，见：http://www.sandypineswildlife.org/。为了将其放归南部海域，庇护所提供了几个月的照料，试图使其康复，但这只信天翁患上了不治之症，最终接受了安乐死。

11 有些动物种群确实在接触中存活了下来，随着时间的推移，它们从野生动物转变为边缘动物。例如加利福尼亚的圣华金耳廓狐，它们起初是野生动物，在栖息地被人类开发占用后适应了环境，并作为边缘物种生存下来，但处境岌岌可危。

12 比如，纽约市就是一个生态热点区，这里的边缘动物多样性要比周围的郡县丰富得多。这是讲得通的，因为动物被吸引到这个地区的原因和人类最初来这里的原因相同，都是这里有交汇的河流、岛屿和沼泽地等资源丰富的生态环境，而这些资源仍留存于现代大都市之中。（Sullivan 2010）

13 一个可能的例外是那些正在接受人类保护的濒危野生动物种群，它们的生存机会和数量可以在人类管理下得到提高。但即使在这种情况下，这些物种面临的主要威胁往往仍来自人类和人类活动。

14 在这方面，帕默将投机动物与其他的边缘动物（比如野化物种与外来物种）区分开来，后者出现在城市中是我们的责任（我们将在下文讨论）。

15 我们可以想到一些例外情况，例如，当某个人类与某个边缘动物成为朋友，并建立了一种照料模式，这导致动物产生了期待和一种特定的依赖性。在这种情况下，人类负有一种个人责任，这种责任超越了社会中所有人类成员对边缘动物的一般责任，正如人类照料家养动物的情况。

16 榛睡鼠适应了由密密麻麻的枝条交织而成的廊道，而这类似于被人管理的树篱。见 http://www.suffolk.gov.uk/NR/rdonlyres/CF03E9EF-F3B4-4D9D-95FF-C82A7CE62ABF/0/dormouse.pdf。

17 请注意，我们所使用的分类不是排他性的。例如，一些投机的、近人的和野生的物种被引入新的环境后，在那里作为被引入的外来物种发挥作用。

18 这些鸟因马克·比特纳（Mark Bittner）的《电报山的野生鹦鹉》（*The Wild Parrots of Telegraph Hill*）一书而闻名，该书后来被拍成了电影。

19 见康涅狄格州奥杜邦协会网站上的文章：http://www.ctaudubon.org/conserv/nature/parowl.htm。

20 在和尚鹦鹉的例子中，这种呼吁是由公共事业公司发起的，因为和尚鹦鹉在水力发电设备的架杆和固定装置上筑起大型公共巢穴，给这些公司带来了诸多不便。对于这次清除行动，辩护的理由是这些闯入者带来了危险，而实际上却是出于成本和不便的考虑。

21 真正由新引入物种造成的灭绝是相当罕见的。见 Zimmer 2008。

22 关于为灰松鼠的辩护，见 http://www.grey-squirrel.org.uk/；关于反灰松鼠运动，见 http://www.europeansquirrelinitiative.org/index.html。

23 见 http://www.nt.gov.au/nreta/wildlife/animals/canetoads/index.html。

24 见澳大利亚政府参议院关于野化动物的报告：http://www.aph.gov.au/SENATE/committee/history/animalwelfare_ctte/culling_feral_animals_nt/01ch1.pdf。

25 需要指出的是，其他边缘动物群体也可以产生对人类个体的特定的依赖关系。对于体弱、受伤或失去父母的动物来说，情况尤其如此，因为只有人类为其提供临时或长期的栖身处和食物，它们才得以存活。

26 见罗马银塔广场流浪猫庇护所的网站（http://www.romancats.com/index_eng.php）。

27 见伊娃·霍尔农（Eva Hornung）的小说《狗孩儿》（*Dog Boy*），该书从一个引人入胜的视角描写了莫斯科的野狗。

28 家养动物也要受到同样的限制。然而，它们已经非常适应与人类交往，并向我们传达它们的需求和愿望。正如我们在第五章中所论述的，这意味着可以在一定程度上通过协商来实现共存，而不是单纯地通过对家养动物的强制来实现。它们能够以促进自由和机会的方式社会化为公民，而不是单纯地受人类控制。而大多数边缘动物都躲避人类，不信任人类，这就限制了公民身份所必需的交流和联系的可能性。因此，虽然对它们的自由施加的限制看起来是相似的，但实际上这对边缘动物和家养动物的自主性和福祉造成的影响大不相同。

29 请注意，这些考虑因素基本上与要求限制人类干预野生动物主权社群的理由是相同的。

30 1930 年的《海牙公约》（Hague Convention）明确主张减少双重国籍现象，这一立场直到最近才在欧洲法律中得到修改。

31 斯平纳认为，阿米什人可以逻辑一致地拒绝接受任何公共参与的权利和责任，然而，一些哈西德派的犹太族群在试图保留其行使影响公共决策的全部权利（例如投票权）的同时，仍认为自己没有义务去学习那些与其他族群成员进行公民合作所必需的品德和实践。他认为，后一种立场无法通过相互性检验（test of reciprocity）。（Spinner 1994）

32 有一些移徙工项目发挥着导向正式公民身份的过渡阶段的作用。加拿大的住家陪护者项目就是这样的例子。而我们在此主要讨论的是那些导向居民身份而非公民身份的移徙工项目。

33 这不是说各国负有制定移徙工项目的正义义务。一个国家可以选择一种只接纳有公民权的永久居民而不是临时移徙者的政策。更恰当地说，我们的观点是，即使移徙工项目不导向公民身份，也未必就是不正义的，只要它坚持一个公平的、符合临时移徙者特殊利益的居民身份方案即可。

34 在权责不对等的情况下，我们就有了艾伦·凯恩斯（Alan Cairns）所说的“弱公民身份”（citizenship minus，他用这个词来描述 20 世纪 70 年代之前加拿大原住民的次等地位［Cairns 2000］），或者伊丽莎白·F. 科恩（Elizabeth F. Cohen）所说的“半公民身份”（semi-citizenship，她用这个词来描述残障者、重罪犯和儿童等人群在过去的地位［Cohen 2009］）。我们现在使用的“居民身份”可能会涉及这种不公平地位的形式，但不一定如此，它也可以代表各方共同决定建立一种比正式公民身份更弱的关系。

35 事实上，联合国于 1990 年通过了《保护所有移徙工及其家庭成员之权利公约》（Convention on the Protection of the Rights of All Migrant Workers and Members of Their Families），该公约由一个联合国委员会负责监督。然而，

它的实质性要求非常弱，执行机制更弱，尤其是因为没有一个主要的移徙工迁入国签署或批准了该公约。

36 这两项原则有时是相悖的：对长期定居的非法移民给予特赦，可被视为鼓励新的非法移民来此定居，并忍受暂时的困难，这降低了阻碍和抑制措施的效力。但别无他法：这两个原则在道德上都是有说服力的。

37 前文曾论证，虽然我们应该尊重野生动物社群的主权，但当遇到受伤的野生动物个体时，我们应该对其处境发生的剧变做出反应。如果能够治愈并放归野生动物，那是最好的选择，但如若不能，那么成为人类–动物社群的公民对它们也是有利的，即使其自由大受限制，也不应任其自生自灭。关于这一点的更多讨论见第六章。

38 见 Adams and Lindsey 2010: 228–235，该文献讨论了加拿大温哥华的城市郊狼管理计划的成功经验。“与郊狼共存”项目侧重于通过公众教育来减少吸引郊狼接近的因素（如喂食、将宠物食物留在室外），并加强积极的抑制措施。例如，鼓励看到郊狼的成年人去驱赶它们，对它们大喊大叫，或用噪音装置来干扰它们，以促使郊狼保持一定的距离。该项目的网址：http://www.stanleyparkecology.ca/programs/conservation/urbanWildlife/coyotes/。

此外，库克乡村郊狼项目也为我们提供了人类与郊狼共存的成功策略。其网址为：http://urbancoyoteresearch.com/。人类和郊狼的共存要求双方保持彼此尊重的距离。在这里我们要注意，支持悬赏捕杀郊狼的人经常辩称，只有杀死郊狼才能教它们与人类保持彼此尊重的距离。这种想法中存在悖谬：一只死了的郊狼不能运用她新学到的躲避行为，也没有机会把这些知识传授给她的后代。此外，捕杀郊狼并不会导致郊狼数量的净减，所以这种策略是适得其反的。（Wolch et al. 2002）

39 例如，关于“脏”鸽子有危险的迷思仍然存在，尽管没有鸽子向人类传播疾病的记录。虽然接触鸽粪（或在不通风的地方吸入）会对免疫力低下的人造成一定的危险，但这种危险性并不比接触任何其他动物更大。（Blechman 2006: ch. 8）

40 疣鼻天鹅在英国以及欧亚其他地区是原生物种，而在北美则是一个引进物种，人们对于北美的疣鼻天鹅究竟是危险的入侵者，还是良性移民（即在生态系统中的角色与北美原生天鹅相似）的问题争论不休。不同的观点见：http://

www.savemuteswans.org/ 和 http://www.allaboutbirds.org/guide/Mute_Swan/lifehistory。

41 动物联盟（Animal Alliance）也提出了关于与其他边缘动物（如鹿和郊狼等）发生冲突时的有益指导。见网址：http://www.animalalliance.ca。

42 见 Adams and Lindsey 2010: 161。另一方面，野生松鼠种群比城市松鼠种群更早达到性成熟，这可能是因为城市松鼠的后代存活率更高。

43 关于动物种群是如何调节数量的，目前仍然有待研究。乍看起来，有些物种的调节似乎完全是外在的。例如，边缘白尾鹿的种群如果不受捕食者的控制，就会超过当地的环境承载力，换言之，它们会因为数量超过食物供应量而饿死。弗雷泽讨论了类似的现象，即在捕食者被清除的岛屿上猴子数量过剩的情况（Fraser 2009: 26），以及被圈养在野生动物公园的大象吃光了环境资源的情况。然而，食草动物的环境承载力问题也许是圈养在生态“岛”上所导致的——无论是字面意义的岛屿、有围墙的公园，还是城郊飞地。如果存在将食草动物种群与更大的领地连接起来的通道，那么它们似乎可以通过迁徙来调节它们的数量。（Fraser 2009）

44 安德鲁·D. 布莱克曼（Andrew D. Blechman）讨论了在西尼罗病毒和禽流感暴发期间，鸽害防治公司是如何愉快地通过赚取基于恐惧的佣金而发财的，虽然鸽子并不携带这两种疾病。（Blechman 2006: ch. 8）

45 见 http://www.metrofieldguide.com/?p=74。

46 在这方面，我们要把我们的模式与一些作者对边缘动物之地位的更具热情的描述区分开来。例如，沃尔琪说：“为了让关怀动物和自然的伦理、实践和政治出现，我们需要将城市重新自然化，把动物请回来，并在这个过程中重新赋予城市活力。我称此为重新自然化的、重现城市魅力的动物社群。”（Wolch 1998: 124）从本书书名可知，我们受到了她的想法的启发，但我们不会说人类有义务“把动物请回来”。我们可以采取合理的措施，把那些准投机动物拒之门外。类似地，米歇尔菲尔德认为：“那些在城市环境中栖息并找到家园的边缘动物是我们的非人类邻居。因此，我们在道德上有义务将它们视为邻居……作为一个基本原则，可以说，使这样的社群更有凝聚力的行动，在道德上比那些会分裂社群的行动更可取。”（Michelfelder 2003: 86）我们同意应当将边缘动物视为我们的邻居或居民成员，但我们坚持认为，我们的目标不是要与它们建立一个更“有凝聚力的”社群。这应该是我们关于家养动物的目标，即加强与家养动物之间的信任与合作关系，并树立在混合社群内的共同成员身份的观念。但对于边缘动物来说，我们的目标是建立一种更松散、凝聚力更弱的关系，这种关系允许（甚至在某些情况下需要）与它们保持戒备和不信任的关系。我们认为，居民身份观概括了这种共同居住但不是共同成员的具有辩证意义的关系。

第八章

1 见 UN 2006。对于这份联合国报告中的一些数据计算方式的批评，见 Fairlie 2010。

2 见 Jim Motavall, “Meat: The Slavery of Our Time”, Foreign Policy（http://experts.foreignpolicy.com/posts/2009/06/03/meat_the_slavery_of_our_time）。

3 回想辛格所言：“一旦放弃了对其他物种的‘统治’权，我们就无权去干涉它们。我们应该尽可能地远离它们。在放弃了暴君的角色之后，我们也不应该试图扮演老大哥。”（Singer 1975: 251）难道我们道德想象力如此有限？我们与动物相处的方式只能是作为暴君或者老大哥？

译者注

[1] 关于本书中“zoopolis”的译法，是个难题。由作者这段文字可见，译为“动物社群”是较为合适的。译者曾考虑将其译为“动物城邦”“动物政治(体)”“动物共同体”等，但这些译法都存在一些问题。另外，“community”一词有“社群”“共同体”“社区”“群落”等义，本书将根据语境选择译法，例如“动物社群”“国际共同体”“居民社区”“植物群落”“生态群落”等等。也许有生态学者会认为，本书中有多处“community”都应当译为“群落”，比如“野生动物群落”（wild animal community），但对此译者决定将其译为“野生动物社群”，因为后者具有一种政治意涵，可与本书中“野生动物主权”这一概念相对应，符合本书的政治理论框架。

[2] 特雷布林卡（Treblinka）是纳粹德国在波兰修建的一所集中营，大量犹太人和吉卜赛人在此被屠杀。

[3] 本书中的“domesticated animals”均译为“家养动物”，而在“domesticate”作为动词时，另译为“驯养”或“驯化”。

[4] migrant workers”在本书中统一译为“移徙工”。这个词更常被译为“移民工”或“移民劳工”，但因为本书中提及的跨国务工者是以工作为目的，而未必是以移民或长期居住为目的，所以不采用后两种译法。

[5] 边缘动物（liminal animals）是指与人类的关系既不像野生动物那样疏远，也不像家养动物那样亲近，而是介于家养和野生状态之间的一种“边缘”状态的动物，因此本书译为“边缘动物”。另外，这种译法也可与下文中“边缘区域”（liminal zone）的译法保持一致。“liminal”在国内有译为“阈限的”“临界的”，但这两种表述对大多数中文读者来说过于陌生，因此不予采用。另一个备选的译法是参考现成的生态学术语“近人动物”，但是正如本书第288页所述，“近人动物”与“边缘动物”是两个不同的范畴，后者

包含前者，故亦不采用“近人动物”的译法。“liminal animals”在中文中没有直接对应的译法，这个现状也说明了这类动物在中文理论界被无视、被边缘化的处境。“边缘动物”这个译名是在描述性意义上表现出这些动物被边缘化的现状，而不是在规范性意义上主张这些动物应当被边缘化。

[6]“flourish”或“flourishing”存在多种译法，比如：“繁荣”“繁兴”“繁盛”“康健”“活得好”“活得有生机”“生机勃勃”“健全”“健全发展”“健全生活”等等，本书根据语境选取相对合适的译法。当主语为人类或动物的个体时，译为“健全”“健全生活”“活得好”，而当主语为群体、生态系统、自然环境或植物时，译为“繁兴”“繁荣”或“生机勃勃”。

[7]这里的“无限制”，是指科学家可以很容易地获得大量用于实验研究的动物。“不完美”，是指由于动物与人类之间存在生物学差异，动物只能充当不完美的模型，很多在动物身上得到的结果无法适用于人类。但由于实验动物太易得，科学家一直依赖于不完美的动物实验，而不去努力寻找更好的、不伤害动物的研究方法。

[8]“citizenship”一词存在多种意涵，本书大多数情况下将其译为“公民身份”，有时根据不同语境也调整为“公民权”“公民制”“公民实践”等其他译法。

[9]民主政治能动性（democratic political agency），在此译者将“agency”译为“能动性”。“agency”存在多种译法，包括“能动性”“自主性”“主动性”“主体性”。下文作者提到，虽然有些残障者缺乏参与政治的理性能力，但他们仅凭“在场”就能影响政治进程，可见这种“agency”不同于“自主性”（autonomy），也不同于“主动性”。译者也不选取“主体性”这个译法，因为这有时会与“subjectivity”相混淆（不过译者在少数语境中将“agent”译为“主体”）。所以，译者在大多数语境中选取了“能动性”这个译法。另外，选取这个译法也部分地参考了关于“moral agency/moral agent”译法的种种考虑。关于“moral agency/moral agent”的译法，参见译者注[19]。

[10]适应性泛化者（adaptive generalists）是指能适应各种不同的环境或食物来源的动物，生态位特化者（niche specialists）是指只能适应特定的环境或食物来源的动物。

[11]“extinctionist view”的更准确译法为“灭绝论”，但是考虑到“灭绝”在中文语境含明显贬义，而且可能导致误解，译者选取了另一个较为中性化的译法“绝育论”。但后一种译法也可能导致误解，这里需要强调的是，

绝育论并不是主张对所有家养动物都施以绝育术，而是主张防止其继续生育。

[12] 阿斯伯格综合征（Asperger's syndrome）是一种属于广泛性发育障碍或孤独症谱系障碍的综合征，患者一般没有智力障碍，但存在社交困难。图雷特氏综合征（Tourette's syndrome）是一种抽动综合征，患者常常有不自主抽动、语言及行为障碍等问题。

[13] 斯波克先生（Mr. Spock）是美剧《星际迷航》中的一个角色，外星人与地球人的混血儿，一个不善社交，但逻辑思维极强的天才。

[14] 这里的“弓起身子”（bow），是指狗做出上半身贴地、下半身弓起的姿势，是表示蓄势待发、邀请玩耍的信号。这里的“指向”（point towards），是指狗用努鼻子的动作，辅以眼神示意，提示人类注意某个物体或某个方向。

[15] 人类在古代就发现，柳树皮或柳条的提取物水杨酸具有消炎止痛的作用。后来为了降低生产成本，化学家研究出了用人工合成的乙酰水杨酸（即阿司匹林）来替代柳树提取物的方法。此处的引文暗示了，水杨酸的治愈功效最初也许是由人类与动物共同发现的。

[16] “invisibility”，译者根据语境有时译为“不可见”“视而不见”，有时译为“隐蔽（性）”。

[17] 有些狗能够提前察觉人类即将发作癫痫的迹象，及时提醒人做出应对措施。

[18] 请注意，作者这里提到的不牵绳，并不是说对自家的狗放任不管，也不是主张在所有公共场所都可以不牵绳。这种主张需要综合考虑人口密度、公共空间的拥挤程度等因素。在人口密度较高（特别是遛狗者较多）的公共场所，遛狗不牵绳会为人和狗带来危险，还可能会为怕狗的人带来不安全感，从而导致社会对狗更加不包容，所以本书作者和沃尔琪所讨论的特例未必适用于我国大多数人口密度较高的地区。另外，在当前盗猎犬只、食用狗肉成风的背景下，即使出于对狗的安全考虑，也不应不牵绳。

[19]“moral agent”和“moral patient”在生命伦理学和环境伦理学中存在多种译法。对于“moral patient”，我们首先可以排除“道德病人”这个译法，因为“病人”这个词具有严重的误导性。译者认为“moral patient”译为“道德接受者”更为恰当。就“moral agent”而言，存在“道德能动者”“道德行动者”“道德主体”“道德施与者”“道德代理者”等多种译法。首先可以排除“代理者”这个译法，它在某些法律方面的问题语境中较为适用，但无法适用

于更广的语境。“道德主体”与“道德受体”可以形成对应，但“受体”一词容易让人联想到某些生理学、物理学概念，可能引发怪异、陌生感。对于“道德行动者”“道德主体”“道德能动者”三个选项，译者认为它们虽然各有缺陷，但与其他译法相比，都算勉强合格。译者最终选取了“道德能动者”这个译法，理由是它与“moral agency”的译法“道德能动性”更一致。关于“agency”的译法，参见译者注［9］。

［20］“prima facie”在本书中译为“初确”“初确的”，即“初步确定”之意。如“初确权利”“初确义务”“初确的道德理由”等。但它在学术译著中更常被译为“显见的”，这当然是一个可取的译法，但译者认为更好的译法应保留“初步”的意思，因为这个词是指基于直觉判断而初步成立的，并不是指不证自明或确定无疑的，因为我们初步的直觉判断是可以受到进一步证据的挑战的。

［21］班图斯坦制度（Bantustan system），又称黑人家园制度，是南非过去的种族隔离制度，旨在将南非黑人与白人隔离。

［22］萨姆索岛（island of Samso），丹麦的一个小岛。该岛开展了一个关于生态主义生活方式的实验项目，岛民利用太阳能、风能、生物能供电，实现了能源自足。

［23］马术治疗（hippotherapy），一些在心理、认知、行为或社交等方面有障碍的人士可以通过与马的互动得到治疗。

［24］“弗兰肯肉”（frankenmeat），指人造肉。不过有人反对这个叫法，认为它会对人造肉技术造成污名化的影响。毕竟，该技术并不像弗兰肯斯坦那样以创造有感受的存在者为目的。

［25］“失败国家”（failed states）概念源自西方学界和政界，专指一些社会内部秩序极度混乱（常伴有武装割据、暴力冲突甚至种族清洗）的国家。

［26］国家俘获（state capture），指国家或政策的制定受到某些利益集团（大公司、军方、政客等等）的控制，导致严重贪腐的现象。

［27］本质化（reify）在这个语境中意思是，将自然界中动物个体经历的各种事情都归为被某种不变的永恒规律所决定的现象。

［28］“第一民族”（First Nations），即加拿大的“印第安人”。“印第安人”这个叫法源于早期殖民者将美洲认作是印度的误会。后来，加拿大为了表示对北美原住民的尊重，将其称为“第一民族”，意为最早居住在美洲的人。

[29] 欧洲曾流行以束腰为美，当时女性常用一种鲸骨材质的塑身衣来束腰。

[30] 比阿特丽克斯·波特（Beatrix Potter），童话作家，代表作《松鼠纳特金的故事》（*The Tale of Squirrel Nutkin*）。

[31] “可选择退出”（opt-out），下文有时译为“选择退出”。

[32] 罗姆人（Roma），即“吉卜赛人”，罗姆人认为“吉卜赛人”这个称呼有歧视意味，他们因为被误认为来自埃及而被误称为“吉卜赛人”。所以他们更乐意自称为罗姆人。“罗姆”在他们的语言中的原意是“人”。

[33] 根据有些国家的法律，无人居住的闲置房屋如果被人非法居住若干年（比如 10 年）以上，则占屋者可获得该房屋的合法所有权。

[34] 牛背鹭因常驻足于牛背而得名，它们常常跟随食草动物，捕食被后者从水草中惊飞的昆虫。

[35] 企业号（USS Enterprise）是《星际迷航》中的一艘著名星舰，另译作“进取号”“奋进号”。

[36] 戴塔（Data）是《星际迷航》中的一个角色，是具有出色运算能力的生化人。

参考文献

Adams, Clark and Kieran Lindsey (2010) *Urban Wildlife Management*, 2nd edn (Boca Raton, FL: CRC Press).

Alfred, Taiake (2001) 'From Sovereignty to Freedom: Toward an Indigenous Political Discourse', *Indigenous Affairs* 3: 22–34.

——(2005) 'Sovereignty', in Joanne Barker (ed.), *Sovereignty Matters: Locations of Contestation and Possibility in Indigenous Strategies for Self-Determination* (Lincoln: University of Nebraska Press), 33–50.

Alger, Janet and Steven Alger (2005) 'The Dynamics of Friendship Between Dogs and Cats In the Same Household'. Paper presented for the Annual Meeting of the American Sociological Association, Philadelphia, PA, 13–16 August 2005.

Anaya, S. J. (2004) *Indigenous Peoples in International Law*, 2nd edn (Oxford: Oxford University Press).

An-Na'im, Abdullah (1990) 'Islam, Islamic Law and the Dilemma of Cultural Legitimacy for Universal Human Rights', in Claude Welch and Virginia Leary (eds.) *Asian Perspectives on Human Rights* (Boulder, CO: Westview), 31–54.

Appiah, Anthony Kwame (2006) *Cosmopolitanism: Ethics in a World of Strangers* (New York: W.W. Norton).

Armstrong, Susan and Richard Botzler (eds.) (2008) *The Animal Ethics Reader*, 2nd edn (London: Routledge).

Arneil, Barbara (2009) 'Disability, Self Image, and Modern Political Theory', *Political Theory* 37/2: 218–242.

Aukot, Ekuru (2009) 'Am I Stateless Because I am a Nomad?', *Forced Migration*

Review 32: 18.

Barry, John (1999) *Rethinking Green Politics* (London: Sage).

Baubock, Rainer (1994) *Transnational Citizenship: Membership and Rights in Transnational Migration* (Aldershot: Elgar).

——(2009) 'Global Justice, Freedom of Movement, and Democratic Citizenship', *European Journal of Sociology* 50/1: 1–31.

Baxter, Brian (2005) *A Theory of Ecological Justice* (London: Routledge).

BBC News (2006) 'Jamie "must back squirrel-eating"' BBC News online, 23 March. Available at http://news.bbc.co.uk/2/hi/4835690.stm

Beckett, Angharad (2006) *Citizenship and Vulnerability: Disability and Issues of Social and Political Engagement* (Basingstoke: Palgrave Macmillan).

Bekoff, Marc (2007) *The Emotional Lives of Animals: A Leading Scientist Explores Animal Joy, Sorrow, and Empathy – and Why They Matter* (Novato, CA: New World Library).

Bekoff, Marc and Jessica Pierce (2009) *Wild Justice: The Moral Lives of Animals* (Chicago: University of Chicago Press).

Benatar, David (2006) *Better Never to Have Been: The Harm of Coming into Existence* (Oxford: Oxford University Press).

Bentham, Jeremy (2002) 'Anarchical Fallacies, Being an Examination of the Declarations of Rights Issued During the French Revolution', in Philip Schofield, Catherine Pease-Watkin, and Cyprian Blamires (eds.) *The Collected Works of Jeremy Bentham: Rights, Representation, and Reform: Nonsense upon Stilts and Other Writings on the French Revolution* (Oxford: Oxford University Press; first published 1843).

Benton, Ted (1993) *Natural Relations: Ecology, Animal Rights, and Social Justice* (London: Verso).

Best, Steven and Jason Miller (2009) 'Pacifism or Animals: Which Do You Love More?', *North American Animal Liberation Press Office Newsletter* April 2009, 7–14. Available at www.animalliberationpressoffice.org/pdf/2009-04_newsletter_vol1.pdf.

Bickerton, Christopher, Philip Cunliffe, and Alexander Gourevitch (2007) 'Introduction: The Unholy Alliance against Sovereignty', in their *Politics without*

Sovereignty: A Critique of Contemporary International Relations (London: University College London Press), 1–19.

Biolsi, Thomas (2005) 'Imagined Geographies: Sovereignty, Indigenous Space, and American Indian Struggle', *American Ethnologist* 32/2: 239–259.

Bielefeldt, Heiner (2000) "'Western' versus 'Islamic' Human Rights Conceptions?', *Political Theory* 28/1: 90–121.

Bittner, Mark (2005) *The Wild Parrots of Telegraph Hill: A Love Story . . . with Wings* (New York: Three Rivers Press).

Blechman, Andrew D. (2006) *Pigeons: The Fascinating Saga of the World's Most Revered and Reviled Bird* (New York: Grove Press).

Bonnett, Laura (2003) 'Citizenship and People with Disabilities: The Invisible Frontier', in Janine Brodie and Linda Trimble (eds.) *Reinventing Canada: Politics of the 21st Century* (Toronto: Pearson), 151–163.

Boonin, David (2003) 'Robbing PETA to Spay Paul: Do Animal Rights Include Reproductive Rights?' *Between the Species* 13/3: 1–8.

Bradshaw, G. A. (2009) *Elephants on the Edge: What Animals Teach Us about Humanity* (New Haven: Yale University Press).

Braithwaite, Victoria (2010) *Do Fish Feel Pain?* (Oxford: Oxford University Press).

Brown, Rita Mae (2009) *Animal Magnetism: My Life with Creatures Great and Small* (New York: Ballantine Books).

Bruyneel, Kevin (2007) *The Third Space of Sovereignty: The Postcolonial Politics of U.S. Indigenous Relations* (Minneapolis: University of Minnesota Press).

Bryant, John (1990) *Fettered Kingdoms* (Winchester: Fox Press).

Buchanan, Allen (2003) 'The Making and Unmaking of Boundaries: What Liberalism has to Say', in Allen Buchanan and Margaret Moore (eds.) *States, Nations and Borders: The Ethics of Making and Unmaking Boundaries* (Cambridge: Cambridge University Press), 231–261.

Budiansky, Stephen (1999) *The Covenant of the Wild: Why Animals Chose Domestication* (New Haven: Yale University Press; first published by William Morrow 1992).

Bunton, Molly (2010) 'My Humane-ifesto'. Available at http://fiascofarm.com/

Humane-ifesto.htm.

Burgess-Jackson, Keith (1998) ‘Doing Right by our Animal Companions’, *Journal of Ethics* 2: 159–185.

Cairns, Alan (2000) *Citizens Plus: Aboriginal Peoples and the Canadian State* (Vancouver: University of British Columbia).

Callicott, J. Baird (1980) ‘Animal Liberation: A Triangular Affair’, *Environmental Ethics* 2: 311–328.

——(1992) ‘Animal Liberation and Environmental Ethics: Back Together Again’, in Eugene C. Hargrove (ed.) *The Animal Rights/Environmental Ethics Debate* (Albany, NY: State University of New York Press), 249–262.

——(1999) ‘Holistic Environmental Ethics and the Problem of Ecofascism’, in *Beyond the Land Ethic: More Essays in Environmental Philosophy* (Albany, NY: State University of New York Press), 59–76.

Calore, Gary (1999) ‘Evolutionary Covenants: Domestication, Wildlife and Animal Rights’, in P. N. Cohn (ed.) *Ethics and Wildlife* (Lewiston, NY: Mellen Press), 219–263.

Caney, Simon (2005) *Justice Beyond Borders: A Global Political Theory* (Oxford: Oxford University Press).

Čapek, Stella (2005) ‘Of Time, Space, and Birds: Cattle Egrets and the Place of the Wild’, in Ann Herda-Rapp and Theresa L. Goedeke (eds.) *Mad about Wildlife: Looking at Social Conflict over Wildlife* (Leiden: Brill), 195–222.

Carens, Joseph (2008a) ‘Live-in Domestics, Seasonal Workers, and Others Hard to Locate on the Map of Democracy’, *Journal of Political Philosophy* 16/4: 419–445.

——(2008b) ‘The Rights of Irregular Migrants’, *Ethics and International Affairs* 22: 163–186.

——(2010) *Immigrants and the Right to Stay* (Boston: MIT Press).

Carey, Allison (2009) *On the Margins of Citizenship: Intellectual Disability and Civil Rights in Twentieth-Century America* (Philadelphia: Temple University Press).

Carlson, Licia (2009) ‘Philosophers of Intellectual Disability: A Taxonomy’, *Metaphilosophy* 40/3–4: 552–567.

Casal, Paula (2003) ‘Is Multiculturalism Bad for Animals?’, *Journal of Political*

Philosophy 11/1: 1–22.

Cassidy, Julie (1998) 'Sovereignty of Aboriginal Peoples', *Indiana International and Comparative Law Review* 9: 65–119.

Cavalieri, Paola and Peter Singer (eds.) (1993) *The Great Ape Project: Equality Beyond Humanity* (London: Fourth Estate).

——(2001) *The Animal Question: Why Nonhuman Animals Deserve Human Rights* (Oxford: Oxford University Press).

——(2006) 'Whales as persons', in M. Kaiser and M. Lien (eds.) *Ethics and the Politics of Food* (Wageningen: Wageningen Academic Publishers).

——(2007) 'The Murder of Johnny', *The Guardian*, 5 October 2007. Available at http://www.guardian.co.uk/commentisfree/2007/oct/05/comment.animalwelfare.

——(2009a) *The Death of the Animal: A Dialogue* (New York: Columbia University Press).

——(2009b) 'The Ruses of Reason: Strategies of Exclusion', *Logos Journal* (www.logosjournal.com).

Clark, Stephen R. L. (1984) *The Moral Status of Animals* (Oxford: Oxford University Press).

Clement, Grace (2003) 'The Ethic of Care and the Problem of Wild Animals', *Between the Species*, 13/3: 9–21.

Clifford, Stacy (2009) 'Disabling Democracy: How Disability Reconfigures Deliberative Democratic Norms', American Political Science Association 2009 Toronto Meeting Paper. Available at SSRN:http://ssrn.com/abstract=1451092.

Cline, Cheryl (2005) 'Beyond Ethics: Animals, Law and Politics' (PhD Thesis, University of Toronto).

Clutton-Brock, Janet (1987) *A Natural History of Domesticated Animals* (Cambridge: Cambridge University Press).

Cohen, Carl, and Tom Regan (2001) *The Animal Rights Debate* (Lanham, MD: Rowman & Littlefield).

Cohen, Elizabeth F. (2009) *Semi-Citizenship in Democratic Politics* (Cambridge: Cambridge University Press).

Costello, Kimberly and Gordon Hodson (2010) 'Exploring the roots of ehumanization:

The role of animal-human similarity in promoting immigrant humanization', *Group Processes and Intergroup Relations* 13/1: 3–22.

Crompton, Tom (2010) *Common Cause: The Case for Working with Our Cultural Values* (World Wildlife Fund-United Kingdom). Available at http://assets.wwf.org.uk/downloads/common_cause_report.pdf.

Curry, Steven (2004) *Indigenous Sovereignty and the Democratic Project* (Aldershot: Ashgate).

DeGrazia, David (1996) *Taking Animals Seriously: Mental Life and Moral Status* (Cambridge: Cambridge University Press).

——(2002) *Animal Rights: A Very Short Introduction* (Oxford: Oxford University Press).

Denison, Jaime (2010) 'Between the Moment and Eternity: How Schillerian Play Can Establish Animals as Moral Agents', *Between the Species* 13/10: 60–72.

DeStefano, Stephen (2010) *Coyote at the Kitchen Door: Living with Wildlife in Suburbia* (Cambridge, MA: Harvard University Press).

de Waal, Frans (2009) *The Age of Empathy: Nature's Lessons for a Kinder Society* (Toronto: McClelland & Stewart).

Diamond, Cora (2004) 'Eating Meat and Eating People', in Cass Sunstein and Martha Nussbaum (eds.) *Animal Rights: Current Debates and New Directions* (Oxford: Oxford University Press), 93–107.

Dobson, Andrew (1996) 'Representative Democracy and the Environment', in W. Lafferty and J. Meadowcroft (eds.) *Democracy and the Environment: Problems and Prospects* (Cheltenham: Elgar), 124–139.

Dombrowski, Daniel (1997) *Babies and Beasts: The Argument from Marginal Cases* (Champaign: University of Illinois Press).

Doncaster, Deborah and Jeff Keller (2000) *Habitat Modification & Canada Geese: Techniques for Mitigating Human/Goose Conflicts in Urban & Suburban Environments*. Animal Alliance of Canada, Toronto. Available at http://www.animalalliance.ca.

Donovan, Josephine (2006) 'Feminism and the Treatment of Animals: From Care to Dialogue', *Signs* 2: 305–329.

——(2007), 'Animal Rights and Feminist Theory', in Josephine Donovan and Carol J. Adams (eds.), *The Feminist Care Tradition in Animal Ethics* (New York: Columbia University Press), 58–86.

——and Carol J. Adams (eds.) (2007) *The Feminist Care Tradition in Animal Ethics* (New York: Colombia University Press).

Dowie, Mark (2009) *Conservation Refugees: The Hundred-Year Conflict between Global Conservation and Native Peoples* (Cambridge, MA: MIT Press).

Dunayer, Joan (2004) *Speciesism* (Derwood, MD; Ryce Publishing).

Dworkin, Ronald (1984) 'Rights as Trumps', in Jeremy Waldron (ed.) *Theories of Rights* (Oxford: Oxford University Press), 153–167.

——(1990) 'Foundations of Liberal Equality', in Grethe B. Peterson (ed.) *The Tanner Lectures on Human Values*, vol. 11 (Salt Lake City, UT: University of Utah Press), 1–119.

Eckersley, Robyn (1999) 'The Discourse Ethic and the Problem of Representing Nature', *Environmental Politics* 8/2: 24–49.

——(2004) *The Green State: Rethinking Democracy and Sovereignty* (Cambridge, MA: MIT Press).

Elder, Glenn, Jennifer Wolch and Jody Emel (1998) 'La Practique Sauvage: Race, Place and the Human-Animal Divide', in Jennifer Wolch and Jody Emel (eds.) *Animal Geographies: Place, Politics and Identity in the Nature-Culture Borderlands* (London: Verso), 72–90.

Everett, Jennifer (2001) 'Environmental Ethics, Animal Welfarism, and the Problem of Predation: A Bambi Lover's Respect for Nature', *Ethics and the Environment* 6/1: 42–67.

Fairlie, Simon (2010) *Meat: A Benign Extravagance* (East Meon, UK; Permanent Publications).

Feuerstein, N. and J. Terkel (2008) `Interrelationship of Dogs (canis familiaris) and Cats (felis catus L.) Living under the Same Roof', *Applied Animal Behaviour Science* 113/1: 150–165.

Fink, Charles K. (2005) 'The Predation Argument', *Between the Species* 5: 1–16.

Fowler, Brigid (2004). 'Fuzzing Citizenship, Nationalising Political Space: A

Framework for Interpreting the Hungarian "Status Law" as a New Form of Kin-State Policy in Central and Eastern Europe', in Z. Kántor, B. Majtényi, O. Ieda, B. Vizi, and I. Halász (eds.) *The Hungarian Status Law: Nation Building and/or Minority Protection* (Sapporo: Slavic Research Council), 177–238.

Fox, Michael A. (1988a) *The Case for Animal Experimentation: An Evolutionary and Ethical Perspective* (Berkeley: University of California Press).

——(1988b) 'Animal Research Reconsidered', *New Age Journal* (January/February): 14–21.

——(1999) *Deep Vegetarianism* (Philadelphia: Temple University Press).

Francione, Gary L. (1999) 'Wildlife and Animal Rights', in P. N. Cohn (ed.) *Ethics and Wildlife* (Lewiston, NY: Mellen Press), 65–81.

——(2000) *Introduction to Animal Rights: Your Child or the Dog?* (Philadelphia: Temple University Press).

——(2007) 'Animal Rights and Domesticated Nonhumans' (blog). Available at http://www.abolitionistapproach.com/animal-rights-and-domesticated-nonhumans/.

Francione, Gary L. (2008) *Animals as Persons: Essays on the Abolition of Animal Exploitation* (New York: Columbia University Press).

——and Robert Garner (2010). *The Animal Rights Debate: Abolition or Regulation?* (New York: Columbia University Press).

Francis, L. P. and Anita Silvers (2007) 'Liberalism and Individually Scripted ideas of the Good: Meeting the Challenge of Dependent Agency', *Social Theory and Practice* 33/2: 311–334.

Franklin, Julian H. (2005) *Animal Rights and Moral Philosophy* (New York: Columbia University Press).

Fraser, Caroline (2009) *Rewilding the World: Dispatches form the Conservation Revolution* (New York: Metropolitan Books).

Frey, Raymond (1983) *Rights, Killing and Suffering* (Oxford: Oxford University Press).

Frost, Mervyn (1996) *Ethics in International Relations: A Constitutive Theory* (Cambridge: Cambridge University Press).

Frowe, Helen (2008) 'Equating Innocent Threats and Bystanders', *Journal of Applied Philosophy* 25/4: 277–290.

Fusfeld, Leila (2007) 'Sterilization in an Animal Rights Paradigm', *Journal of Animal Law and Ethics* 2: 255–262.

Garner, Robert (1998) *Political Animals: Animal Protection Politics in Britain and the United States* (Basingstoke: Macmillan).

——(2005a) *The Political Theory of Animal Rights* (Manchester: Manchester University Press).

——(2005b) *Animal Ethics* (Cambridge: Polity Press).

Goldenberg, Suzanne (2010) 'In Search of a Home away from Home', *The Guardian Weekly*, 12 March 2010: 28–29.

Goodin, Robert (1985) *Protecting the Vulnerable: A Reanalysis of Our Social Responsibilities* (Chicago: University of Chicago Press).

——(1996) 'Enfranchising the Earth, and its Alternatives', *Political Studies* 44: 835–849.

Goodin, R., C. Pateman and R. Pateman (1997) 'Simian Sovereignty', *Political Theory* 25/6: 821–849.

Griffiths, Huw, Ingrid Poulter and David Sibley (2000) 'Feral Cats in the City', in Chris Philo and Chris Wilbert (eds.) *Animal Spaces, Beastly Places: New Geographies of Human-Animal Relations* (London: Routledge), 56–70.

Hadley, John (2005) 'Nonhuman Animal Property: Reconciling Environmentalism and Animal Rights', *Journal of Social Philosophy* 36/3: 305–315.

——(2006) 'The Duty to Aid Nonhuman Animals in Dire Need', *Journal of Applied Philosophy* 23/4: 445–451.

——(2009a) 'Animal Rights and Self-Defense Theory', *Journal of Value Inquiry* 43: 165–177.

——(2009b) '"We Cannot Experience Abstractions": Moral Responsibility for "Eternal Treblinka"', *Southerly* 69/1: 213–223.

——and Siobhan O'Sullivan (2009) 'World Poverty, Animal Minds and the Ethics of Veterinary Expenditure', *Environmental Values* 18: 361–378.

Hailwood, Simon (2004) *How to be a Green Liberal: Nature, Value and Liberal Philosophy* (Montreal: McGill-Queen's University Press).

Hall, Lee and Anthony Jon Waters (2000) 'From Property to Persons': The Case of Evelyn Hart', *Seton Hall Constitutional Law Journal* 11/1: 1–68.

——(2006) *Capers in the Churchyard: Animal Rights Advocacy in the Age of Terror* (Darien, CT: Nectar Bat Press).

Hanrahan, Rebecca (2007) 'Dog Duty', *Society and Animals* 15: 379–399.

Hargrove, Eugene (ed.) (1992) *The Animal Rights/Environmental Ethics Debate: The Environmental Perspective* (Albany, NY: State University of New York Press).

Harris S, P. Morris, S. Wray, and D. Yalden (1995) A Review of British Mammals: Population Estimates and Conservation Status of British Mammals Other Than Cetaceans (Peterborough, UK: Joint Nature Conservation Committee).

Hartley, Christie (2009) 'Justice for the Disabled: A Contractualist Approach', *Journal of Social Philosophy* 40/1: 17–36.

Haupt, Lyanda Lynn (2009) *Crow Planet: Essential Wisdom from the Urban Wilderness* (New York: Little, Brown and Company).

Heinrich, Bernd (1999) *Mind of the Raven: Investigations and Adventures with Wolf-birds* (New York: HarperCollins).

Henders, Susan (2010) 'Internationalized Minority Territorial Autonomy and World Order: The Early Post-World War I Era Arrangements' (paper presented at EDG workshop on International Approaches to the Governance of Ethnic Diversity, Queen's University, September).

Hettinger, Ned (1994) 'Valuing Predation in Rolston's Environmental Ethics: Bambi Lovers versus Tree Huggers', *Environmental Ethics* 16/1: 3–20.

Hooker, Juliet (2009) *Race and the Politics of Solidarity* (Oxford: Oxford University Press).

Horigan, Steven (1998) *Nature and Culture in Western Discourses* (London: Routledge).

Hornung, Eva (2009) *Dog Boy* (Toronto: Harper Collins).

Horowitz, Alexandra (2009) *Inside of a Dog: What Dogs See, Smell and Know* (NewYork: Scribner).

Horta, Oscar (2010) 'The Ethics of the Ecology of Fear against the Nonspecieist Paradigm: A Shift in the Aims of Intervention in Nature', *Between the Species* 13/10: 163–187.

Hribal, Jason (2006) 'Jessie, a Working Dog', *Counterpunch*, 11 November 2006. Available at www.counterpunch.org/hribal11112006.html.

——(2007) 'Animals, Agency, and Class: Writing the History of Animals from Below', *Human Ecology Review* 14/1: 101–112.

——(2010) *Fear of the Animal Planet: The Hidden History of Animal Resistance* (Oakland, CA: Counter Punch Press and AK Press).

Hutto, Joe (1995) *Illumination in the Flatwoods: A Season with the Wild Turkey* (Guilford, CT: Lyons Press).

Ignatieff, Michael (2000) *The Rights Revolution* (Toronto: Anansi).

International Fund for Animal Welfare (2008) *Falling Behind: An International Comparisonof Canada's Animal Cruelty Legislation*. Available at http://www.ifaw.org/Publications/ Program_Publications/Regional_National_Efforts/North_America/Canada/asset_upload_file751_15788.pdf.

Irvine, Leslie (2004) 'A Model of Animal Selfhood: Expanding Interactionist Possibilities', *Symbolic Interaction* 27/1: 3–21.

Irvine, Leslie (2009) *Filling the Ark: Animal Welfare in Disasters* (Philadelphia: Temple University Press).

Isin, Engin and Bryan Turner (eds.) (2003) *Handbook of Citizenship Studies* (Thousand Oaks, CA: Sage).

Jackson, Peter (2009) 'Can animals live in high-rise blocks?', BBC news online, 7 June.

Available at http://news.bbc.co.uk/2/hi/uk_news/magazine/8079079.stm. Jamie, Kathleen (2005) Findings (London: Sort of Books).

Jamieson, Dale (1998) 'Animal Liberation is an Environmental Ethic', *Environmental Values* 7: 41–57.

Jerolmack, Colin (2008) 'How Pigeons Became Rats: The Cultural-Spatial Logic of Problem Animals', *Social Problems* 55/1: 72–94.

Jones, Owain (2000) '(Un)ethical geographies of human-non-human relations: encounters, collectives and spaces', in Chris Philo and Chris Wilbert (eds.) *Animal Spaces, Beastly Places: New Geographies of Human-Animal Relations* (London: Routledge), 268–291.

Jones, Pattrice (2008) 'Strategic Analysis of Animal Welfare Legislation: A Guide for the Perplexed' (Eastern Shore Sanctuary & Education Center, Strategic Analysis Report, August 2008, Springfield Vermont). Available at http://pattricejones.info/

blog/wpcontent/uploads/perplexed.pdf.

Kaufman, Whitley (2010) 'Self-defense, Innocent Aggressors, and the Duty of Martyrdom', *Pacific Philosophical Quarterly* 91: 78–96.

Kavka, Gregory (1982) 'The Paradox of Future Individuals', *Philosophy and Public Affairs* 11/2: 93–112.

Keal, Paul (2003) *European Conquest and the Rights of Indigenous Peoples* (Cambridge: Cambridge University Press).

King, Roger J.H. (2009) 'Feral Animals and the Restoration of Nature', *Between the Species* 9: 1–27.

Kittay, Eva Feder (1998) *Love's Labor: Essays on Women, Equality and Dependency* (New York: Routledge).

——(2001) 'When Caring is Just and Justice is Caring: Justice and Mental Retardation', *Public Culture* 13/3: 557–579.

——(2005a) 'At the Margins of Moral Personhood', *Ethics* 116/1: 100–131.

——(2005b) 'Equality, Dignity and Disability', in Mary Ann Lyons and Fionnuala Waldron (eds.) *Perspectives on Equality: The Second Seamus Heaney Lectures* (Dublin: Liffey Press), 95–122.

Kittay, Eva Feder, Bruce Jennings and Angela Wasunna (2005) 'Dependency, Difference and the Global Ethic of Longterm Care', *Journal of Political Philosophy* 13/4: 443–469.

Kolers, Avery (2009) *Land, Conflict, and Justice: A Political Theory of Territory* (Cambridge: Cambridge University Press).

Kymlicka, Will (1995) *Multicultural Citizenship* (Oxford: Oxford University Press).

——(2001a) 'Territorial Boundaries: A Liberal Egalitarian Perspective', in David Miller and Sohail Hashmi (eds.) *Boundaries and Justice: Diverse Ethical Perspectives* (Princeton: Princeton University Press), 249–275.

——(2001b) *Politics in the Vernacular: Nationalism, Multiculturalism and Citizenship* (Oxford: Oxford University Press).

——(2002) *Contemporary Political Philosophy*, 2nd edn (Oxford University Press, Oxford).

——and Wayne Norman (1994) 'Return of the Citizen: A Survey of Recent Work on

Citizenship Theory', *Ethics* 104/2: 352–381.

Latour, Bruno (1993) *We Have Never Been Modern* (Cambridge, MA: Harvard University Press).

——(2004) *Politics of Nature* (Cambridge, MA: Harvard University Press).

Lee, Teresa Man Ling (2006) 'Multicultural Citizenship: The Case of the Disabled', in Dianne Pothier and Richard Devlin (eds.) *Critical Disability Theory* (Vancouver: University of British Columbia Press), 87–105.

Lekan, Todd (2004) 'Integrating Justice and Care in Animal Ethics', *Journal of Applied Philosophy* 21/2: 183–195.

Lenard, Patti and Christine Straehle (2012) 'Temporary Labour Migration, Global Redistribution and Democratic Justice', *Politics, Philosophy and Economics*.

Lenzerini, Frederico (2006) 'Sovereignty Revisited: International Law and Parallel Sovereignty of Indigenous Peoples', *Texas International Law Journal* 42: 155–189.

Loughlin, Martin (2003) 'Ten Tenets of Sovereignty', in Neil Walker (ed.) *Sovereignty in Transition* (London: Hart), 55–86.

Lovelock, James (1979) *Gaia: A New Look at Life on Earth* (Oxford: Oxford University Press).

Luban, David (1980) 'Just War and Human Rights', *Philosophy and Public Affairs* 9/2: 160–181.

Luke, Brian (2007) 'Justice, Caring and Animal Liberation', in Josephine Donovan and Carol Adams (eds.) *The Feminist Care Tradition in Ethics* (New York: Columbia University Press), 125–152.

Lund, Vonne and Anna S. Olsson (2006) 'Animal Agriculture: Symbiosis, Culture, or Ethical Conflict?', *Journal of Agricultural and Environmental Ethics* 19: 47–56.

Mackenzie, Catriona and Natalie Stoljar (eds.) (2000) *Relational Autonomy: Feminist Perspectives on Autonomy, Agency and the Social Self* (Oxford: Oxford University Press).

MacKinnon, Catherine (1987) *Feminism Unmodified* (Cambridge, MA: Harvard University Press).

MacLeod, Ray (2011) *Hope for Wildlife: True Stories of Animal Rescue* (Halifax, NS: Nimbus Publishing).

McMahan, Jeff (1994) 'Self-Defense and the Problem of the Innocent Attacker', *Ethics* 104/2: 252–290.

——(2002) *The Ethics of Killing: Problems at the Margins of Life* (Oxford: Oxford University Press).

——(2008) 'Eating Animals the Nice Way', *Daedalus* 137/1: 66–76.

——(2009) 'Self-Defense Against Morally Innocent Threats', and 'Reply to Commentators', in Paul H. Robinson, Kimberly Ferzan, and Stephen Garvey (eds.) *Criminal Law Conversations* (New York: Oxford University Press), 385–394.

——(2010) 'The Meat Eaters', *The New York Times 'Opinionator'*, 19 September 2010. Available at http://opinionator.blogs.nytimes.com/2010/09/19/the-meat-eaters/.

Masson, Jeffrey Moussaieff (2003) *The Pig Who Sang to the Moon: The Emotional World of Farm Animals* (New York: Ballantine).

Masson, Jeffrey Moussaieff (2010) *The Dog Who Couldn't Stop Loving: How Dogs Have Captured Our Hearts for Thousands of Years* (New York: HarperCollins).

Meyer, Lukas (2008) 'Intergenerational Justice', *Stanford Encyclopedia of Philosophy* (online). First published April 3/02. Revised 26 February 2008.

Michelfelder, Diane (2003) 'Valuing Wildlife Populations in Urban Environments', *Journal of Social Philosophy* 34/1: 79–90.

Midgley, Mary (1983) *Animals and Why They Matter* (Athens: University of Georgia Press).

Miller, David (2005) 'Immigration' in Andrew Cohen and Christopher Wellman (eds.) *Contemporary Debates in Applied Ethics* (Oxford: Blackwell).

——(2007) *National Responsibility and Global Justice* (Oxford: Oxford University Press).

——(2010) 'Why Immigration Controls are Not Coercive: A Reply to Arash Abizadeh', *Political Theory* 38/1: 111–120.

——(2010) 'Territorial Rights: Concept and Justification' (unpublished).

Mills, Brett (2010) 'Television Wildlife Documentaries and Animals' Right to Privacy', *Continuum: Journal of Media and Cultural Studies* 24/2: 193–202. Morelle, Rebecca (2010) 'Follow that microlight: Birds learn to migrate', BBC online 27 October 2010. Available at http://www.bbc.co.uk/news/scienceenvironment-11574073.

Murdoch, Iris (1970) 'The Sovereignty of Good Over Other Concepts', in *The Sovereignty of Good* (London: Routledge & Kegan Paul), 77–104.

Myers, Olin E. Jr. (2003) 'No Longer the Lonely Species: A Post-Mead Perspective on Animals and Sociology', *International Journal of Sociology and Social Policy* 23/3: 46–68.

New York City Audubon Society (2007) *Bird-Safe Building Guidelines*. Available at: http://www.nycaudubon.org/home/BirdSafeBuildingGuidelines.pdf.

Nobis, Nathan (2004) 'Carl Cohen's 'Kind' Arguments For Animal Rights and Against Human Rights', *Journal of Applied Philosophy* 21/1: 43–59.

Norton, Bryan (1991) *Toward Unity among Environmentalists* (Oxford: Oxford University Press).

Nozick, Robert (1974) *Anarchy, State and Utopia* (New York: Basic Books).

Nussbaum, Martha (2006) Frontiers of Justice: *Disability, Nationality, Species Membership* (Cambridge, MA: Harvard University Press).

Oh, Minjoo and Jeffrey Jackson (2011) 'Animal Rights vs Cultural Rights: Exploring the Dog Meat Debate in South Korea from a World Polity Perspective', *Journal of Intercultural Studies* 32/1: 31–56.

Okin, Susan Moller (1999) *Is Multiculturalism Bad for Women?* (Princeton: Princeton University Press).

Orend, Brian (2006) *The Morality of War* (Peterborough, ON: Broadview).

Orford, H. J. L. (1999) 'Why the Cullers Got it Wrong', in Priscilla Cohn (ed.) *Ethics and Wildlife* (Lewiston, NY: Mellen Press), 159–168.

Otsuka, Michael (1994) 'Killing the Innocent in Self-Defense', *Philosophy and Public Affairs* 23/1: 74–94.

Otto, Diane (1995) 'A Question of Law or Politics? Indigenous Claims to Sovereignty in Australia', *Syracuse Journal of International Law* 21: 65–103.

Ottonelli, Valeria and Tiziana Torresi (2012) 'Inclusivist Egalitarian Liberalism and Temporary Migration: A Dilemma', *Journal of Political Philosophy*.

Overall, Christine (2012) *Why Have Children? The Ethical Debate* (Cambridge, MA: MIT Press).

Pallotta, Nicole R. (2008) 'Origin of Adult Animal Rights Lifestyle in Childhood Responsiveness to Animal Suffering', *Society and Animals* 16: 149–170.

Palmer, Clare (1995), 'Animal Liberation, Environmental Ethics and Domestication', OCEES Research Papers, Oxford Centre for the Environment, Ethics & Society, Mansfield College, Oxford.

——(2003a) 'Placing Animals in Urban Environmental Ethics', *Journal of Social Philosophy* 34/1: 64–78.

——(2003b), 'Colonization, urbanization, and animals', *Philosophy & Geography* 6/1: 47–58.

——(2006) 'Killing Animals in Animal Shelters', in The Animal Studies Group (ed.) *Killing Animals* (Champaign: University of Illinois Press), 170–187.

——(2010) *Animal Ethics in Context* (New York: Columbia University Press).

——(ed.) (2008) *Animal Rights* (Farham: Ashgate).

Patterson, Charles (2002) *Eternal Treblinka: Our Treatment of Animals and the Holocaust* (New York: Lantern Books).

Pemberton, Jo-Anne (2009) *Sovereignty: Interpretations* (Basingstoke: Palgrave Macmillan).

Pepperberg, Irene M. (2008) *Alex & Me* (New York: HarperCollins).

Peterson, Dale (2010) *The Moral Lives of Animals* (New York: Bloomsbury Press).

Philo, Chris and Chris Wilbert (eds.) (2000) *Animal Spaces, Beastly Places: New Geographies of Human-Animal Relations* (London: Routledge).

Philpott, Daniel (2001) *Revolutions in Sovereignty: How Ideas Shaped Modern International Relations* (Princeton: Princeton University Press).

Pitcher, George (1996) *The Dogs Who Came To Stay* (London: HarperCollins).

Plumwood, Val (2000) 'Surviving a Crocodile Attack' *Utne Reader* (online), July-August 2000. Available at http://www.utne.com/2000–07–01/being-prey.aspx?page=1).

——(2004) 'Animals and Ecology: Toward a Better Integration', in Steve Sapontzis (ed.) *Food For Thought: The Debate over Eating Meat* (Amherst, NY: Prometheus), 344–358.

Poole, Joyce (1998) 'An Exploration of a Commonality between Ourselves and

Elephants', *Etica & Animali* 9: 85–110.

——(2001) 'Keynote address at Elephant Managers Association 22nd Annual Conference', Orlando, Florida (November. 9–12, 2001). Available at http://www.elephants.com/j_poole.php.

Porter, Pete (2008) 'Mourning the Decline of Human Responsibility', *Society and Animals* 16: 98–101.

Potter, Cheryl (n.d.) 'Providing Humanely Produced Eggs'. Available at http://www.blackhenfarm.com/index.html.

Preece, Rod (1999) *Animals and Nature: Cultural Myths, Cultural Realities* (Vancouver: University of British Columbia Press).

Prince, Michael (2009) *Absent Citizens: Disability Politics and Policy in Canada* (Toronto: University of Toronto Press).

Prokhovnik, Raia (2007) *Sovereignties: Contemporary Theory and Practice* (Basingstoke: Palgrave Macmillan).

Rawls, John (1971) *A Theory of Justice* (Oxford: Oxford University Press).

Ray, Justina C., Kent Redford, Robert Steneck, and Joel Berger (eds.) (2005) *Large Carnivores and the Conservation of Biodiversity* (Washington DC: Island Press).

Raz, Joseph (1984) 'The Nature of Rights', Mind 93: 194–214.

Redford, Kent (1999) 'The Ecologically Noble Savage', *Cultural Survival Quarterly* 15: 46–48.

Regan, Tom (1983) *The Case for Animal Rights* (Berkeley: University of California Press).

——(2001) *Defending Animal Rights* (Champaign: University of Illinois Press).

——(2003) *Animal Rights, Human Wrongs: An Introduction to Moral Philosophy* (Lanham, MD: Rowman & Littlefield).

——(2004) *The Case for Animal Rights*, 2nd edn (Berkeley: University of California Press).

Reid, Mark D. (2010) 'Moral Agency in Mammalia', *Between the Species* 13/10: 1–24.

Reinders, J.S. (2002) 'The good life for citizens with intellectual disability', *Journal of Intellectual Disability* 46/1: 1–5.

Reus-Smit, Christian (2001) 'Human Rights and the Social Construction of

Sovereignty', *Review of International Studies* 27: 519–538.

Reynolds, Henry (1996) *Aboriginal Sovereignty: Reflections on Race, State and Nation* (St. Leonards, New South Wales: Allen and Unwin).

Rioux, Marcia and Fraser Valentine (2006) 'Does Theory Matter? Exploring the Nexus between Disability, Human Rights and Public Policy', in Dianne Pothier and Richard Devlin (eds.) *Critical Disability Theory* (Vancouver: University of British Columbia Press), 47–69.

Ritter, Erika (2009) *The Dog by the Cradle, The Serpent Beneath: Some Paradoxes of HumanAnimal Relationships* (Toronto: Key Porter).

Robinson, Randall (2000) *The Debt: What America Owes to Blacks* (New York: Dutton).

Rollin, Bernard (2006) *Animal Rights and Human Morality*, 3rd edn (Amherst, NY: Prometheus Books).

Rolston, Holmes (1988) *Environmental Ethics: Duties to and Values in the Natural World* (Philadelphia: Temple University Press).

——(1999) 'Respect for Life: Counting what Singer Finds of No Account', in Dale Jamieson (ed.) *Singer and His Critics* (Oxford: Blackwell), 247–268.

Rowlands, Mark (1997) 'Contractarianism and Animal Rights' *Journal of Applied Philosophy* 14/3: 235–247.

——(1998) *Animal Rights: A Philosophical Defence* (New York: St. Martin's Press).

——(2008) *The Philosopher and the Wolf: Lessons from the Wild on Love, Death and Happiness* (London: Granta Books).

Ryan, Thomas (2006) 'Social Work, Independent Realities and the Circle of Moral Considerability: Respect for Humans, Animals and the Natural World' (PhD, Department of Human Services, Edith Cowan University, Australia). Available at http://ro.ecu.edu.au/cgi/viewcontent.cgi?article=1097&context=theses.

Ryden, Hope (1979) *God's Dog: A Celebration of the North American Coyote* (New York: Viking Press).

——(1989) *Lily Pond: Four Years with a Family of Beavers* (New York: Lyons & Burford).

Sagoff, Mark (1984) 'Animal Liberation and Environmental Ethics: Bad Marriage, Quick Divorce', *Osgoode Hall Law Journal* 22/2: 297–307.

Sanders, Clinton R. (1993) 'Understanding Dogs: Caretakers' Attributions of Mindedness in Canine-Human Relationships', *Journal of Contemporary Ethnography* 22/2: 205–226.

——and Arnold Arluke (1993) 'If Lions Could Speak: Investigating the Animal-Human Relationship and the Perspectives of Non-Human Others', *Sociological Quarterly* 34/3: 377–390.

Sapontzis, Steve (1987) *Morals, Reason, and Animals* (Philadelphia: Temple University Press).

——(ed.) (2004) *Food for Thought: The Debate over Eating Meat* (Amherst, NY: Prometheus Books).

Satz, Ani (2006) 'Would Rosa Parks Wear Fur? Toward a nondiscrimination approach to animal welfare', *Journal of Animal Law and Ethics* 1: 139–159.

——(2009) 'Animals as Vulnerable Subjects: Beyond Interest-Convergence, Hierarchy, and Property', *Animal Law* 16/2: 1–50.

Schlossberg, David (2007) *Defining Environmental Justice: Theories, Movements, and Nature* (Oxford: Oxford University Press).

Scott, James (1998) *Seeing Like a State: How Certain Schemes to Improve the Human Condition Have Failed* (New Haven: Yale University Press).

Scruton, Roger (2004) 'The Conscientious Carnivore', in Steven Sapontzis (ed.) *Food For Thought: The Debate over Eating Meat* (Amherst, NY: Prometheus), 81–91.

Scully, Matthew (2002) *Dominion: The Power of Man, the Suffering of Animals, and the Call to Mercy* (New York: St Martin's Press).

Serpell, James (1996) *In the Company of Animals: A Study of Human-Animal Relationships* (Cambridge: Cambridge University Press).

Shadian, Jessica (2010) 'From States to Polities: Reconceptualising Sovereignty through Inuit Governance', *European Journal of International Relations* 16/3: 485–510.

Shelton, Jo-Ann (2004) 'Killing Animals That Don't Fit In: Moral Dimensions of Habitat Restoration', *Between the Species* 13/4: 1–19.

Shepard, Paul (1997) *The Others: How Animals Made Us Human* (Washington DC: Island Press).

Shue, Henry (1980) *Basic Rights: Subsistance, Affluence, and U.S. Foreign Policy*

(Princeton: Princeton University Press).

Silvers, Anita and L.P. Francis (2005) 'Justice through Trust: Disability and the 'Outlier Problem' in Social Contract Theory', *Ethics* 116: 40–76.

——and Leslie Pickering Francis (2009) 'Thinking about the Good: Reconfiguring Liberal Metaphysics (or not) for People with Cognitive Disabilities', *Metaphilosophy* 40/3: 475–498.

Simmons, Aaron (2009) 'Animals, Predators, the Right to Life, and the Duty to Save Lives', *Ethics And The Environment* 14/1: 15–27.

Singer, Peter (1975) *Animal Liberation* (New York: Random House).

Singer, Peter (1990) *Animal Liberation*, 2nd edn (London: Cape).

——(1993) *Practical Ethics*, 2nd edn (Cambridge: Cambridge University Press).

——(1999) 'A Response', in Dale Jamieson (ed.) *Singer and His Critics* (Oxford: Blackwell), 325–333.

——(2003) 'Animal Liberation at 30', *New York Review of Books* 50/8.

——and Paola Cavalieri (2002) 'Apes, Persons and Bioethics', in Biruté Galdikas et al.(eds.) *All Apes Great and Small*, vol. 1: *African Apes* (New York: Springer), 283–291.

Slicer, Deborah (1991) 'Your Daughter or Your Dog? A Feminist Assessment of the Animal Research Issue', *Hypatia* 6/1: 108–124.

Smith, Graham (2003) *Deliberative Democracy and the Environment* (London: Routledge).

Smith, Martin Cruz (2010) *Three Stations* (New York: Simon and Schuster).

Smith, Mick (2009) 'Against Ecological Sovereignty: Agamben, politics and globalization', *Environmental Politics* 18/1: 99–116.

Smuts, Barbara (1999) 'Reflections', in J. M. Coetzee, *The Lives of Animals*, ed. Amy Gutmann (Princeton: Princeton University Press), 107–120.

——(2001) 'Encounters with Animal Minds', *Journal of Consciousness Studies* 8/5–7: 293–309.

——(2006) 'Between Species: Science and Subjectivity', *Configurations* 14/1: 115–126.

Somerville, Margaret (2010) 'Are Animals People?', *The Mark*, 25 January 2010. Available at http://www.themarknews.com/articles/868-are-animals-people).

Sorenson, John (2010) *About Canada: Animal Rights* (Black Point, Nova Scotia: Fernwood Publishing).

Spinner-Halev, Jeff (1994) *The Boundaries of Citizenship: Race, Ethnicity, and Nationality in the Liberal State* (Baltimore, MD: Johns Hopkins University Press).

Steiner, Gary (2008) *Animals and the Moral Community: Mental Life, Moral Status, and Kinship* (New York: Columbia University Press).

Stephen, Lynn (2008) 'Redefined Nationalism in Building a Movement for Indigenous Autonomy in Southern Mexico', *Journal of Latin American Anthropology* 3/1: 72–101.

Sullivan, Robert (2010) 'The Concrete Jungle', *New York Magazine* (online), 12 September 2010. Available at http://nymag.com/news/features/68087.

Sunstein, Cass (2002) *Risk and Reason* (Cambridge: Cambridge University Press).

——and Martha Nussbaum (eds.) (2004) *Animal Rights: Current Debates and New Directions* (Oxford: Oxford University Press).

Swart, J. (2005) 'Care for the Wild: An Integrative View on Wild and Domesticated Animals', *Environmental Values* 14: 251–263.

Tan, Kok-Chor (2004) *Justice Without Borders: Cosmopolitanism, Nationalism, and Patriotism* (Cambridge: Cambridge University Press).

Tashiro, Yasuko (1995) 'Economic Difficulties in Zaire and the Disappearing Taboo against Hunting Bonobos in the Wamba Area' Pan Africa News 2/2 (October 1995). Available at http://mahale.web.infoseek.co.jp/PAN/2_2/tashiro.html.

Taylor, Angus (1999) *Magpies, Monkeys, and Morals: What Philosophers Say about Animal Liberation* (Peterborough, ON: Broadview Press).

——(2010) 'Review of Wesley J. Smith's A Rat is a Pig is a Dog is a Boy: The Human Cost of the Animal Rights Movement', *Between the Species* 10: 223–236.

Taylor, Charles (1999) 'Conditions of an Unforced Consensus on Human Rights', in Joanne Bauer and Daniel A. Bell (eds.) *The East Asian Challenge for Human Rights* (Cambridge: Cambridge University Press), 124–145.

Taylor, Paul (1986) *Respect for Nature: A Theory of Environmental Ethics* (Princeton: Princeton University Press).

Thomas, Elizabeth Marshall (1993) *The Hidden Life of Dogs* (Boston: Houghton

Mifflin).

——(2009) *The Hidden Life of Deer: Lessons from the Natural World* (New York: HarperCollins).

Thompson, Dennis (1999) 'Democratic Theory and Global Society', *Journal of Political Philosophy* 7: 111–125.

Thompson, Jo Myers, M. N. Lubaba, and Richard Bovundja Kabanda (2008) 'Traditional Land-use Practices for Bonobo Conservation', in Takeshi Furuichi and Jo Myers Thompson (eds.) *The Bonobos: Behavior, Ecology, and Conservation*(New York: Springer), 227–245.

Titchkovsky, Tania (2003) 'Governing Embodiment: Technologies of Constituting Citizens with Disabilities', *Canadian Journal of Sociology* 28/4: 517–542.

Tobias, Michael and Jane Morrison (2006) Donkey: The Mystique of Equus Asinus (San Francisco: Council Oak Books).

Trut, Lyudmila (1999) 'Early Canid Domestication: The Farm-Fox Experiment', *American Scientist* 87: 160–169.

Tuan, Yi-Fu (1984) *Dominance and Affection: The Making of Pets* (New Haven: Yale University Press).

Turner, Dale (2001) 'Vision: Towards an Understanding of Aboriginal Sovereignty', in Wayne Norman and Ronald Beiner (eds.) *Canadian Political Philosophy: Contemporary Reflections* (Oxford: Oxford University Press).

United Nations (2006) *Livestock's Long Shadow: Environmental Issues and Options* (Rome: Food and Agriculture Organization).

Vaillant, John (2010) *The Tiger: A True Story of Vengeance and Survival* (New York: Alfred A. Knopf).

Valpy, Michael. 'The Sea Hunt as a Matter of Morals', *Globe and Mail*, 8 February 2010, p. A6.

Varner, Gary (1998) *In Nature's Interests? Interests, Animal Rights, and Environmental Ethics* (Oxford: Oxford University Press).

Vaughan, Sarah (2006) 'Responses to Ethnic Federalism in Ethiopia's Southern Region', in David Turton (ed.) *Ethnic Federalism* (London: James Currey), 181–207.

Vellend, Mark, Luke Harmon, Julie Lockwood, et al. (2007) 'Effects of Exotic species

on Evolutionary Diversification', *Trends in Ecology and Evolution* 22/9: 481–488.
Vorhaus, John (2005) 'Citizenship, Competence and Profound Disability', *Journal of Philosophy of Education* 39/3: 461–475.
——(2006) 'Respecting Profoundly Disabled Learners', *Journal of Philosophy of Education* 40/3: 328–331.
——(2007) 'Disability, Dependency and Indebtedness?', *Journal of Philosophy of Education* 41/1: 29–44.
Waldron, Jeremy (2004) 'Redressing Historic Injustice', in Lukas Meyer (ed.) *Justice in Time: Responding to Historical Injustice* (Baden-Baden: Nomos), 55–77.
Ward, Peter (2009) The Medea Hypothesis: Is Life on Earth Ultimately Self-Destructive? (Princeton: Princeton University Press).
Warner, Bernhard (2008) 'Survival of the Dumbest' *The Guardian* (online), 14 April 2008. Available at http://www.guardian.co.uk/environment/2008/apr/14/endangeredspecies.
Wenz, Peter (1988) *Environmental Justice* (Albany: State University of New York Press).
White, Thomas (2007) *In Defense of Dolphins: The New Moral Frontier* (Oxford: Blackwell).
Wiessner, Siegfried (2008) 'Indigenous Sovereignty: A Reassessment in Light of the UN Declaration on the Rights of Indigenous People', *Vanderbilt Journal of Transnational Law* 41: 1141–1176.
Wise, Steven (2000) *Rattling the Cage: Toward Legal Rights to Animals* (Cambridge, MA: Perseus Books).
——(2004) 'Animal Rights, One Step at a Time', in Martha Nussbaum and Cass Sunstein (eds.) *Animal Rights: Current Debates and New Directions* (Oxford: Oxford University Press), 19–50.
Wolch, Jennifer (1998) 'Zoöpolis', in Jennifer Wolch and Jody Emel (eds.) *Animal Geographies: Places, Politics, and Identity in the Nature-Culture Borderlands* (London: Verso), 119–138.
——(2002) 'Anima urbis', *Progress in Human Geography* 26/6: 721–742.
——, Stephanie Pincetl and Laura Pulido (2002) 'Urban Nature and the Nature of

Urbanism', in Michael J. Dear (ed.) *From Chicago to L.A.: Making Sense of Urban Theory* (Thousand Oaks, CA: Sage), 369–402.

Wolff, Jonathan (2006) 'Risk, Fear, Blame, Shame and the Regulation of Public Safety', *Economics and Philosophy*, 22: 409–427.

——(2009) 'Disadvantage, Risk and the Social Determinants of Health', *Public Health Ethics* 2/3: 214–223.

Wong, Sophia Isako (2009) 'Duties of Justice to Citizens with Cognitive Disabilities', *Metaphilosophy* 40/3–4: 382–401.

Wood, Lisa J. et al. (2007) 'More Than a Furry Companion: The Ripple Effect of Companion Animals on Neighborhood Interactions and Sense of Community', *Society and Animals* 15: 43–56.

Young, Iris Marion (2000) *Inclusion and Democracy* (Oxford: Oxford University Press).

Young, Rosamund (2003) *The Secret Life of Cows: Animal Sentience at Work* (Preston UK: Farming Books).

Young, Stephen M. (2006) 'On the Status of Vermin', *Between the Species* 13/6: 1–27.

Zamir, Tzachi (2007) *Ethics and the Beast: A Speciesist Argument for Animal Liberation* (Princeton: Princeton University Press).

Zimmer, Carl (2008) 'Friendly Invaders', *The New York Times*, 8 September 2008. Available at http://www.nytimes.com/2008/09/09/science/09inva.html?pagewanted=1&_r=4&ref= science.

译后记

十多年前我还在读研究生的时候，读到了金里卡的《当代政治哲学》（*Contemporary Political Philosophy: An Introduction*），被其中精彩的哲学论辩深深吸引，成了金里卡的一名学术粉丝。在我看来，《当代政治哲学》堪称哲学写作的典范。遗憾的是，虽然那本书对各派政治理论进行了全面深入的研究，却没有专门探讨动物权利问题。在我看来，一切规范性理论都不应回避动物的地位问题，如果某个道德哲学或政治哲学理论无视这个问题，就说明它是有缺陷的。直到后来，好友张轩向我推荐了本书，我才知道唐纳森和金里卡夫妻二人都是素食主义者和动物权利论者。从某种意义上讲，本书弥补了《当代政治哲学》所缺失的动物研究视角。

哲学著作可以分为两类，一类精于批判性论证，另一类旨在建构理论体系。如果说《当代政治哲学》属于前一类，那么本书就属于后一类。唐纳森和金里卡通过珠联璧合的合作，以金里卡的公民身份理论为基础，建立了一个独具原创性的动物权利论框架。当然，本书也不乏精彩的批判性论证，即使读者对其建构的理论框架持有怀疑态度，他们也可以在各个章节中读到很多精彩的论证，感受到作者之一曾在《当代政治哲学》中展现出来的那种敏锐才思。无论是从哲学论辩的水平，还是从原创精神看来，本书都是一部杰出的学术著作。

也许有的读者会觉得本书的立场“过于超前”，但是如果我们认真阅读了它，并对各个章节的论证进行了细致的研判，就会发现其结论的合理性。其实，几乎所有经典的动物权利论作品都会给读者带来一种“过于超前”的感觉。有时，就连作者本人也觉得自己推出的结论超出了自己的预期。例如，汤姆·雷根曾在《动物权利研究》序言中提到，自己在写作那本书的几个月里，曾感到自己“似乎不再是书的作者”，对“书的走向失去了控制”，他曾相信自己是一名改良主义者，但是完成那本书之后，他被自己书中的论证逻辑说服，“皈依了废除主义的立场”。[1]这就是逻辑的力量。每种动物权利论都有自己的一套相对成熟的论证逻辑。如果我们不同意某本书的结论，就应当深入地了解该书的论证思路，然后通过理性论证来提出反对的理由，而不是出于本能地对所谓“过于超前”的观点予以否定。我发现，中国知网上有很多批评雷根理论的论文，其中大多数论文只是草率地罗列出一些反对意见，缺乏充分的论证。有些作者没有掌握足够的相关文献，甚至都没理解雷根在原书中的完整论证思路，就匆匆发表了论文。他们不知道，自己在论文中提出的一些问题，已经被雷根本人或其他学者在更深入的层次上讨论过了。

那种急于发表论文的迫切需要，使我们产出了很多缺乏严密论证的论文。我几乎可以肯定，《动物社群》在我国正式出版之后，也会出现一大批质疑本书的中文论文。但愿这批论文的作者不再只是罗列出一堆缺乏论证的反对意见，而是对本书有深入理解，并能够提供严密的论证。我相信真理会越辩越明，但前提是我们要提倡一种符合公共理性的学术论辩风气。

1 Regan, Tom. *The case for animal rights.* University of California Press, 2004, xii–xiii.

本书所建立的理论与汤姆·雷根式的道德哲学有所不同，它不是一种单纯基于道德哲学的理论。作为一种政治的动物权利论，它要运用政治理论思维，并着眼于动物保护运动的政治现实。正如作者所指出的，动物保护运动正陷入困境。一方面，动物福利主义和改良主义不仅无力阻止在规模上日益增加的动物苦难，还因为缓解了人们的道德焦虑，缺乏进一步推动动物保护运动前进的动力；另一方面，更激进的废除主义者主张割断人与动物之间的关系，这会疏远盟友（特别是那些喜爱伴侣动物的人士）。在西方，动物保护运动已经发展到了一个瓶颈阶段，需要一种新的理论动力来突破困境。正是在这个背景下，本书应运而生。

我国的情况不同于西方。我们的动物保护尚处于起步阶段，学理上讨论得多，实践中落实得少，在立法方面至今未取得"零的突破"。那么我们把本书引入国内的意义何在？我之所以决定翻译本书，更多是考虑到其学术价值，它具有极强的学术原创性，并且已经在西方学界造成了不小的影响力。本书可以为那些研究动物伦理学、环境伦理学和政治哲学的学者提供帮助。动物正在承受着这个世界上最严重的苦难，一个真正关心现实世界的伦理学家或政治哲学家不可能对动物的苦难无动于衷。我们要看到，当代很多著名哲学家［比如威尔·金里卡、克里斯汀·科尔斯戈德（Christine M. Korsgaard）、罗伯特·诺齐克（Robert Nozick）］等都是关心动物保护的素食主义者，我国学者可以从素食主义的视角重新审视他们的理论，从而可以更全面地理解其哲学思想。本书也适合生态学者和野生动物保护工作者阅读，书中列举的一些关于野生动物保护与城市生态学方面的案例很有参考价值。

本书为喜爱伴侣动物的人士提供了一种更易于接受的动物权利

论。以雷根和弗兰西恩为代表的经典动物权利论片面地强调消极义务，而唐纳森和金里卡的动物权利论则认为人类与家养动物的关系是具有积极意义的。人与伴侣动物之间是能够且应当建立亲近关系的，而且正是这种关系在为动物保护运动提供着持续前进的动力。通过与猫狗的亲近交往，我们可以观察到动物们敏锐的认知能力、其性格的多样性和独特性，及其在交往关系中的主体性。很多素食主义者（包括译者本人）都是因为与伴侣动物的交往，才渐渐开始接受动保思想和素食主义的。不可否认，家养动物在这种伴侣关系中总是作为易受伤害的一方，即使是猫狗等受人欢迎的动物也常常遭受忽视、遗弃和虐待，所以弗兰西恩等人对饲养宠物所提出的质疑是不无道理的。但是，猫狗扮演着“代表”其他家养动物的特殊角色。不敢想象，如果真的实现了废除主义的全面绝育目标，没有了伴侣动物，那么人类对动物的普遍同情会不会被削弱？

但是也有学者质疑，猫的存在对本书构成了挑战。[2] 在跨物种的动物社群中，肉食动物该如何生存？如果猫和鸡都是社群的平等公民，那么能否允许一个公民吃掉另一个公民？这个问题也许可以通过技术革新来克服，等到人造肉技术发展成熟，我们就可以用人造肉来生产宠物食品了。不过，如今的宠物食品里的“肉”，大多是由一些人类不想吃的肉类副产品加工而成的，所以与人类对肉食的需求相比，猫的食物需求也许并没有直接导致太多家养动物受害。但由此引出一个更困难的问题：在大多数人类都难以戒食肉类的当下现实中，我们该如何对待家养动物公民？

2　关于猫带来的各种问题，详见 Palmer, Clare. “Companion cats as co-citizens? Comments on Sue Donaldson’s and Will Kymlicka’s Zoopolis.” *Dialogue: Canadian Philosophical Review/Revue canadienne de philosophie* 52.4 (2013): 759–767.

我对素食主义的前景很乐观，相信未来某一天，素食主义可以成为一种主流生活方式，但那一天不会很快到来（除非突然发生一场全球性生态灾难，使人们迫于生态压力开始吃素）。作为一种政治的动物权利论，它不仅要关注“应然”的道德理想，还要考虑当前“实然”的政治状况。在我看来，本书建立了一个很好的理想正义理论，但是考虑到我们距离理想状态还太遥远，我们同时也需要非理想正义理论。后者可以告诉我们，在理想状态尚未实现的现阶段，我们应当采取何种“过渡性”或“次优”的正义原则。对此，罗伯特·加纳（Robert Garner）已有深入讨论，他研究了非理想的正义理论，认为在通往理想状态的过渡阶段，我们至少应当先让家养动物得到不遭受痛苦的权利。[3]这种非理想理论并非要取代理想理论。理想理论仍然是至关重要的，它时刻发挥着批判现实的作用，可以避免我们因陷入“改良主义陷阱”而裹足不前。心怀理想，着眼现实，这才是动物权利论者应当保持的一种健康心态。

本书的出版得到了很多师友的帮助。首先要感谢莽萍老师，没有她对这项翻译工作的支持和鼓励，就不会有本书的顺利出版。莽萍老师是“护生文丛”的主编，那套丛书曾对我有重要的影响。感谢我的爱人王欣，她对译稿提出了修改意见，并为我提供了生活上的支持。感谢清华大学林子琪博士，她对译稿进行了认真审阅，并对有争议的译法提供了宝贵的建议。感谢济南大学侯广雨同学，他作为正式出版前的第一位读者，提供了宝贵的意见。这些帮助我修改译稿的亲友们并没有逐字逐句对照英文版进行审阅，所以如果出现翻译错误，皆由

3 Garner, Robert. *A theory of justice for animals: Animal rights in a nonideal world.* Oxford University Press, 2013.

我来负责。感谢广西师范大学出版社诸位编辑的编校工作，特别感谢周丹妮编辑的辛苦工作与耐心沟通。如果说翻译是“二次创作”，那么对译稿的编辑就是“三次创作”，编辑们在完善译稿的过程中付出了大量的时间和精力。

作为从事翻译工作多年的译者，我认为“信达雅”俱备的完美翻译是很难实现的。我在翻译过程中遇到了几处难以克服的困难，只能选取一些勉强可以接受的译法。有时我用译者注解释了为何会选取某些似有争议的译法，比如“liminal animals”（边缘动物）、“political agency”（政治能动性）。还有一个需要解释的词是“the wild/wilderness”（荒野），这个译法是有问题的。按理说，我们不能因为某个区域没被人类改造，就说它是“荒”的，例如生命力繁盛的热带雨林和珊瑚礁就不能被称为“荒”野。但是考虑到其他备选词也存在各自的问题，我仍采用了“荒野”这个最常见的译法。在中文写作中，我们可以尽量少用“荒野”一词，我建议用更加中性的“自然”来替代它。

另一个有争议的地方是用来指代动物的第三人称“they/them”，本书迫于出版规范，将其译为了“它们”。细心的读者会发现，在第三人称单数的情形中，唐纳森和金里卡很少用“it”指代动物个体，而每当提及性别明确的动物个体时，作者都会用“she/her”或“he/him”指代动物。作者之所以避免用“it”，是为了表现对动物的尊重，将动物个体与无感受的物体区分开。而中文里的“它”，既可以指涉动物，也可以指涉无感受物，因此具有物化动物的嫌疑。在古代汉语中，“他”曾被用来指代一切事物，这个代词并不对男人与女人、人类与非人进行区分。西学东渐后，由于多种西方语言中对第三人称单数的区分给翻译带来了困难，所以接受西学思想的人开始提倡对汉语中的第三人称进行区分。新文化运动初期，诗人和语言学家刘半农提倡用“她”字指代第三人称女性，以便翻译英语中的“she”。他在编撰《标准国音中小字典》时，明确地用“她”指代第三人称女性，用“它”指代人以外的动物和无感受物。在今天看来，这是一个糟糕的解决方案，它在解决了一个不起眼的翻译问题的同时，带来了两个严重的问题。第一，因为在单数情形中区分了“他 / 她”，所以当我们继续用复数“他们”来指代某个男女混合的群体时，就有了强调男性支配地位的嫌疑，而英文中的“they”就没有这个问题。第二，这个解决方案细致地区分了男人与女人、人类与非人，却将动物和无感受物归为一类，这就使“它”这个字具有了物化动物的嫌疑。[4] 本书迫于出版规范，将“they”译为了“它们”，此举实属无奈。我认为，在中文写作中，最好不要用“它 / 它们”来指代动物。我们可以考虑用“他 / 他们”指代动物，尽力恢复原来古汉语中“他”字的用法。也可以考虑用“牠 / 牠们”来指代动物。另外，我们还可以像唐纳森和金里卡那样，在确定动物个体性别的情况下，用“她 / 他”来指代动物。

读者如果发现本书的翻译存在问题，可以通过电子邮件与我联系（starry0105@sohu.com）。我接受读者的批评与指正。

王珀

济南大学

2021 年 9 月 17 日

4 上述关于中文第三人称用法的历史，引自林子琪博士的译著《肉食的性政治》（卡罗尔 · 亚当斯著，待出版）中的译者注。